COMPAGNIE
DES
MESSAGERIES MARITIMES

LA QUESTION
DU
TONNAGE DE CAPACITÉ DES NAVIRES
AU POINT DE VUE DE LA PERCEPTION DES DROITS DE NAVIGATION
DANS LE CANAL MARITIME DE SUEZ

EXPOSÉ
PRÉSENTÉ PAR LE CONSEIL D'ADMINISTRATION

Avec Documents justificatifs

A L'APPUI DE SON RAPPORT A L'ASSEMBLÉE GÉNÉRALE DES ACTIONNAIRES DU 30 MAI 1874.

PARIS
IMPRIMERIE CENTRALE DES CHEMINS DE FER
A. CHAIX ET Cie
RUE BERGÈRE, 20, PRÈS DU BOULEVARD MONTMARTRE
1874

AVERTISSEMENT

Les notes de référence et les explications données au bas des pages par les administrateurs des Messageries sont imprimées en italiques pour les distinguer des notes reproduites des textes officiels.

On a également fait emploi des italiques dans le corps des textes pour marquer les passages qu'il y avait intérêt à faire ressortir pour la clarté de la discussion.

ORDRE DES MATIÈRES

EXPOSÉ

DOCUMENTS JUSTIFICATIFS

I. Documents judiciaires.

II. Documents officiels français.

III. Actes et décisions du Gouvernement impérial ottoman et du Gouvernement de S. A. le Khédive.

(Documents officiels)

IV. Procès-verbaux des séances (extraits) et avis final de la Commission internationale du tonnage à Constantinople.

COMPAGNIE DES MESSAGERIES MARITIMES

EXPOSÉ

DE LA QUESTION DU

TONNAGE DE CAPACITÉ DES NAVIRES

Au point de vue de la perception des droits de navigation dans le Canal maritime de Suez

Le 1er janvier 1873 (1), le Gouvernement impérial ottoman avait proposé à toutes les puissances maritimes la réunion à Londres ou à Constantinople d'une commission de délégués techniques ayant pour objet la recherche du meilleur mode de mesurer la capacité des navires.

L'occasion de cette réunion était la difficulté soulevée par l'interprétation que la Compagnie du Canal de Suez donnait de l'article 17 de l'acte de concession, interprétation que la Sublime Porte, suivant une déclaration antérieure de Khalil Chérif-Pacha, n'avait jamais couverte de son approbation. Mais ce n'était pas seulement pour résoudre cette difficulté que la réunion d'une commission internationale était provoquée. La Porte tenait à honneur l'initiative d'une réforme généralement désirée par toutes les marines. Il s'agissait de doter le commerce maritime

(1) *V. n° 14, p. 105, la circulaire du ministre des affaires étrangères de Turquie aux représentants du Gouvernement impérial à l'extérieur.)*

d'un système uniforme de tonnage devant servir à l'assiette identique des taxes que les navires ont à payer dans tous les ports du monde, et la solution de la question spéciale au péage du Canal de Suez ne devait être que la conséquence de l'accord qui se serait préalablement établi sur la question générale. Le ministre des affaires étrangères de Turquie, dans sa dépêche du 25 décembre 1872, avait marqué avec précision l'enchaînement d'études que, dès ce premier moment, la Porte jugeait le meilleur pour arriver à ce but particulier (1).

Cette dépêche suivait de très-près la protestation que le Gouvernement impérial, sur la demande de M. de Lesseps, avait formulée contre le jugement rendu en faveur de la Compagnie des Messageries par le Tribunal de commerce de la Seine. Le Gouvernement avait revendiqué, le président de la Compagnie venait de lui reconnaître le droit d'interpréter l'acte de concession couvert de sa sanction. Le 9 novembre, M. de Lesseps avait écrit : « La Compagnie s'en rapportera à la décision qui sera rendue par le Gouvernement ottoman (2). »

C'est de très-bonne foi et en croyant simplement se conformer à la procédure réglée par l'acte de concession, que les administrateurs des Messageries avaient été induits à engager à Paris ce litige que la Compagnie du Canal semblait alors encourager, car elle le donnait en exemple aux armateurs italiens, dont les réclamations, comme celles des Anglais, avaient devancé (3) celles de la Compagnie postale française, et cela pour les détourner de recourir à la voie diplomatique. Même devant le Tribunal de commerce de la Seine, auquel elle déniait le droit d'interpréter un acte de concession relevant de la souveraineté du Sultan, la Compagnie du Canal s'était abstenue d'invoquer le firman impérial de ratification de

(1) *V. n° 13, p. 103, la dépêche de Khalil Chérif-Pacha à l'ambassadeur de Turquie à Paris du 25 decembre 1872.*

(2) *V. annexe au n° 13, p. 104.*

(3) *V. n° 121, p. 321, la lettre de M. Ferdinand de Lesseps au ministre des affaires rangères (M. le comte de Rémusat), du 4 juillet 1872.*

cet acte, dont l'article 16 a expressément revendiqué pour les tribunaux égyptiens la juridiction attribuée par l'acte originel, qui n'était guère modifié que sur ce point spécial, aux tribunaux français du ressort de Paris. C'est à Constantinople seulement, et lorsque la protestation de la Porte était déjà publiée, que les administrateurs avaient été éclairés sur le véritable état de cette question de juridiction, et aussitôt, à l'exemple de M. de Lesseps, ils avaient déclaré s'en remettre pour l'avenir à la décision de S. M. I. le Sultan.

D'un autre côté, M. de Lesseps, dans un mémoire soumis à la Porte, le 17 janvier 1873, avait formellement sollicité la réunion de la Commission internationale pour l'unification du tonnage (1).

Jamais, depuis lors, les administrateurs des Messageries n'ont cessé d'exprimer le même vœu. De la part du président de la Compagnie du Canal, la manifestation de ce désir n'était pas un fait nouveau. Elle s'était accusée en 1868, dans un autre document (2) qu'invoquait le Mémoire du 17 janvier 1873, et dont le texte original, récemment retrouvé dans les archives des Messageries, devait révéler si clairement le sens que la Compagnie concessionnaire avait, à l'origine, attaché aux mots : *tonneau de capacité des navires* inscrits dans l'article 17. La grande Commission technique de marins et d'ingénieurs, à laquelle s'adressait cet exposé de 1868, avait elle-même subordonné toute modification des conditions du péage à l'intervention activement sollicitée d'un règlement international (3).

En 1869, et jusqu'en janvier 1870 (4), M. de Lesseps et

---

(1) *V. n° 44, p. 323. — Me Allou, devant la Cour d'appel de Paris, a également et à plusieurs reprises réclamé au nom de la Compagnie le règlement de la question du tonnage par un concert international. V. n° 45, p. 333.*

(2) *V. n° 56, p. 308, le document intitulé : Exposé de M. Ferdinand de Lesseps, président-directeur de la Compagnie, à MM. les membres de la Commission chargée d'examiner les conditions de l'exploitation du Canal, au nom du Conseil d'administration et du Comité de direction. (16 octobre 1868.)*

(3) *V. n° 57, p. 310, le texte de l'avis de la Commission de 1868.*

(4) *V. n° 58, p. 314.*

après lui, le vice-président de la Compagnie, M. le duc d'Albuféra, avaient officiellement pressé le ministère des affaires étrangères de France de hâter ce règlement dans l'intérêt de la marine française, qui subissait, disaient-ils, pour l'application des taxes dans le Canal, un traitement plus onéreux que les navires anglais et américains. La Compagnie du Canal allait jusqu'à demander qu'en attendant l'entente universelle qui tardait trop à se produire et pour la faciliter, un acte du Gouvernement français rendît immédiatement applicable à la marine française le *mode de jaugeage anglais*. C'est bien le mot *jaugeage* qui est employé par la Compagnie dans les lettres dont il s'agit. Et dans la réponse du ministre (1), (le Prince de la Tour-d'Auvergne) à la première de ces lettres, c'est encore un *système de jaugeage international* concerté avec le Gouvernement britannique qui est expressément l'objectif des efforts communs; d'où cette conséquence incontestable que jusqu'en 1870, non-seulement le Gouvernement et la Compagnie n'envisageaient comme désirable et possible aucune autre solution de la question du tonnage devant servir de base au péage, que celle qui résulterait d'un accord international, mais aussi qu'ils n'établissaient alors aucune distinction entre le tonneau de jauge et le tonneau de capacité des navires, puisque dans leur pensée commune l'accord international devait se faire sur le tonnage officiel anglais; autrement la sollicitude exprimée pour la marine française à l'occasion des inégalités de la perception, sollicitude dont témoignait déjà l'exposé de 1868, serait impossible à expliquer.

Cependant, à Constantinople, en 1873, après l'arrêt de la Cour d'appel de Paris qui annulait le jugement de première instance, une nouvelle visée se fait jour. La Compagnie de Suez se dégage de l'éventualité d'une solution internationale et presse le Gouvernement impérial de donner par la voie administrative l'interprétation de l'article 17 et la décision qu'elle a d'avance acceptées.

---

(1) *V. n° 7, p. 92.*

Le Gouvernement impérial se rend aux instances de la Compagnie. La lettre vizirielle du 17 djemazi ul ewel 1290 — 20 juin 1873 — (1) fait connaître à S. A. le Khédive qu'en ratifiant l'acte de concession, « la Sublime Porte n'a pas eu en » vue le tonnage inscrit sur les papiers de bord de telle ou telle » puissance... Les navires de tout pavillon qui transitent dans » le canal devant être soumis à une taxe égale... et les diffé- » rents gouvernements n'ayant pas encore adopté un système » de tonnage identique.... l'expression de *tonneau de capacité* » devait s'appliquer au tonneau qui serait plus tard adopté par » tous les gouvernements et par le Gouvernement impérial » pour sa marine.

» Dans cet ordre d'idées, il serait naturel d'adopter le ton- » nage qui donnerait avec la plus grande approximation la ca- » pacité utilisable. Or, comme parmi les systèmes officiels ac- » tuellement en usage, le système Moorsom est évidemment » celui qui en approche le plus, la Sublime Porte est d'avis » qu'on devrait s'en tenir au *net tonnage* fixé d'après ce sys- » tème. Toutefois, dans le cas où les puissances ou M. de Les- » seps ne désireraient pas continuer à maintenir ce système, il » serait nécessaire de réunir une commission internationale à » l'effet de déterminer la capacité utilisable. »

Cette interprétation différait essentiellement de celle que le Tribunal de commerce avait rendue en faveur des Messageries. En engageant le litige, les administrateurs de cette Compagnie agissaient sous l'impression que l'acte de concession, rédigé par M. de Lesseps en vue d'une entreprise réalisée au moyen de capitaux français et soumise, par une clause expresse, à la juridiction française, bien qu'elle relevât de la souveraineté ottomane, avait entendu par les mots *tonneau de capacité des navires* la mesure maritime française en vigueur au moment de la concession. Il n'y avait eu entre les parties, devant les juges français de première instance et d'appel, aucune divergence sur le

(1) *V. n° 15, p. 106.*

principe. Le désaccord ne s'était produit que sur la détermination de la mesure française à laquelle se rapportait l'expression *tonneau de capacité de navires*.

La décision du Gouvernement ottoman est tout autre. Elle écarte implicitement le tonnage officiel français ; elle ne laisse à opter qu'entre le système officiel Moorsom, c'est-à-dire le tonnage net déterminé d'après la loi anglaise de 1854 ou un règlement international.

La Compagnie des Messageries n'a pas hésité à se soumettre à la décision du Gouvernement ottoman, quelle que fût celle des deux solutions indiquées qui dût être préférée. La France, par un décret du 24 décembre 1872 (1), réalisant le programme indiqué en 1870 par M. le duc d'Albuféra au nom de la Compagnie du Canal, et sur les conclusions conformes de la Commission intérieure à laquelle était déférée depuis dix ans l'étude d'un règlement international du tonnage, venait de s'approprier la loi anglaise de 1854, qui devenait désormais la loi française. Bien qu'il dût résulter pour les Messageries de l'adoption du système Moorsom comme base du péage dans le Canal de Suez, une perte annuelle de 120,000 francs, les administrateurs ne pouvaient que s'incliner. Dès le 13 août 1873, ils ont fait connaître à M. le duc de Broglie (2) leur résolution à cet égard en sollicitant, s'il y avait lieu, l'intervention du département des affaires étrangères pour hâter la seconde solution éventuellement réservée par la Sublime Porte et qui devait dépendre d'un règlement international. Le 14 août, ils faisaient la même notification à la Compagnie du Canal, mais sans obtenir aucune réponse.

Les faits répondaient assez d'eux-mêmes. La Compagnie de Suez continuait à appliquer son règlement du 4 mars 1872, qui taxe le *gross tonnage*, c'est-à-dire le tonnage de capacité brute de

---

(1) *V. n° 8 p. 93, le décret du 24 décembre 1872 et le rapport qui l'a motivé.*

(2) *V. n° 53, p. 371*

la loi de 1854, et affirmait (1) qu'en procédant ainsi elle se conformait à la décision de la Porte, le tonnage net déterminé par le décret de 1872 étant notoirement, disait-elle, au-dessous de la capacité utilisable dont le système Moorsom ne donne encore dans le *gross tonnage* qu'une expression affaiblie.

En émettant une telle prétention, la Compagnie de Suez ne se conformait à aucune des deux alternatives offertes par la Porte. La lettre vizirielle ne l'avait pas laissée juge de la détermination du tonnage. La Porte n'admettait aucune solution qui n'eût pas pour base un système officiel de mesurage et, si l'accord ne pouvait pas se faire, comme elle le conseillait, sur l'adoption du tonnage net officiellement fixé par le système Moorsom, elle ne reconnaissait d'autre issue possible que celle qui serait donnée par une décision internationale.

Aussi, une seconde lettre vizirielle (6 djemazi ul ahir 1290 — 8 juillet 1873), (2) avait-t-elle invité S. A. le Khédive à « pré-
» venir la Compagnie de la responsabilité qu'elle assumerait si
» elle n'exécutait pas la décision de la Porte. »

Cet avertissement restant sans effet, la Porte convoqua la Commission internationale à Constantinople.

Une circulaire ministérielle (3) du 13 août aux représentants du Gouvernement ottoman à l'extérieur fait connaître dans quelle mesure la commission appelée à résoudre la question générale du tonnage serait saisie de la question spéciale au péage dans le canal de Suez.

La Commission internationale se réunit à Constantinople le 6 octobre. Toutes les puissances de l'Europe, sauf le Portugal, y sont représentées (4). Les États-Unis d'Amérique manquent à l'appel, mais il est notoire qu'un oubli de forme a seul motivé leur abstention. Il serait facile de prouver au besoin que

(1) *V. n° 48, p. 342, la lettre de M. Ferdinand de Lesseps à S. E. Nubar-Pacha du 16 août 1873.*

(2) *V. n° 16, p. 108.*

(3) *V. n° 17, p. 108.*

(4) *V. n° 21, p. 119, la liste des membres de la Commission internationale.*

l'honorable ministre d'Amérique à Constantinople s'est constamment uni d'intention aux doctrines et aux solutions que l'unanimité de la Commission a consacrées. Les agents diplomatiques ne comptent dans cette assemblée qu'en nombre restreint. La majorité des délégués appartient à la marine ou à quelqu'une des spécialités savantes qui en relèvent. La France est représentée par un de ses consuls généraux les plus distingués et par un éminent inspecteur général des ponts et chaussées, qu'elle n'a évidemment choisi de préférence à un ingénieur des constructions navales que parce qu'il s'était fait, depuis plusieurs années, dans l'étude des questions du tonnage en rapport avec l'entreprise du Canal de Suez, une spécialité notoire. Si la Compagnie du Canal avait eu le droit de désigner son délégué, elle n'en pouvait rencontrer aucun qui lui offrît plus de garanties, car elle l'avait depuis longtenps appelé dans ses conseils, et c'est à lui qu'elle avait confié, en 1868 et en 1872, la présidence des grandes commissions dont l'avis, variant avec les années, était la seule justification du système de perception que l'Europe, par ses représentants techniques, allait contrôler à son tour.

On affirme volontiers que la Compagnie de Suez a été condamnée sans être entendue. Accepter cette allégation ce serait bien mal reconnaître les efforts des deux délégués français. Le témoignage des Messageries n'est pas suspect. Ce n'est certainement ni la cause de la navigation ni la leur qui a été défendue au nom de la France devant la Commission internationale. Mais tous ceux qui liront sans prévention les procès-verbaux de cette docte assemblée rendront hommage au savoir, au talent et à la persévérance avec lesquels ont été soutenus les principes que la Compagnie de Suez voulait imposer au commerce maritime (1). Ce qui rendait inévitable l'échec de cette campagne,

(1) *Si la Compagnie n'a pas été directement entendue, c'est qu'elle ne l'a pas voulu (V. la lettre de M. de Lesseps à S. E. Nubar-Pacha, n° 50, p. 543). Ses doctrines n'en ont pas moins été développées et soutenues devant la Commission, notamment par M. Rumeau dans les séances des 18 octo (n° 24, p. 132), 22 octobre (n° 25, p. 152) et 25 octobre 1873 (n° 26, p. 191).*

c'est la faiblesse même de la position, résultant pour les délégués français des actives démarches longtemps poursuivies par la France pour obtenir le résultat que l'on venait, en son nom, mettre en question.

Le décret de 1872, consacrant la conclusion d'un rapport de la Commission française, qui depuis 1863 préparait l'unification internationale du tonnage sur la base de la loi anglaise de 1854, condamnait à l'avance la prétention aujourd'hui soulevée de définir un tonneau de capacité des navires qui différât du type que la France avait longtemps recommandé, qu'elle venait d'adopter elle-même comme fondement de son tonnage officiel. Dans la Commission, on s'en convaincra bientôt en lisant les procès-verbaux détachés par extraits du compte rendu officiel publié par les soins de la Porte (1), il ne s'est pas trouvé, hormis les délégués de France et de Russie, une seule voix technique pour défendre l'identité que, dans l'intérêt du péage de 1872, les honorables délégués de ces deux puissances cherchaient à établir entre la mesure du contenant et celle du contenu, entre la tonne de capacité du navire et la tonne d'encombrement en marchandises, il faudrait dire l'une des tonnes d'encombrement, car la mesure varie selon le pays où l'on opère et selon la nature infiniment variable des éléments concourant à former les cargaisons (2). Des voix autorisées ont établi d'une manière irréfutable que si la loi du mesurage des navires doit être l'uniformité, puisqu'on veut assurer en tout lieu aux navires de toute nationalité une parfaite identité de traitement, la loi des transactions commerciales est au contraire la liberté. L'honorable M. Rumeau ayant soutenu, conformément à l'arrêt de la Cour de Paris, que le tonneau d'encombrement de $1^{m},44$, dont l'origine remonte à l'ordonnance de 1681, reste encore et doit rester pour le monde entier le type légal du ton-

(1) *V. la série de ces extraits composant le fascicule IV du recueil de documents, pages 114 à 303.*

(2) *V. nº 56, p. 393, la note soumise par M. Girette à la Commission internationale le 28 octobre 1873.*

neau de capacité des navires, il lui a été répondu que cette doctrine, contestée même en France cinquante ans après la publication de l'ordonnance de Colbert, avait depuis longtemps cessé d'être vraie dans notre pays, où les dernières traces en ont été effacées par la loi de nivôse an II, rendue sur le rapport du savant géomètre Legendre. Et qui a donné principalement cette démonstration? Est-ce le délégué d'Angleterre? non, c'est un capitaine de vaisseau de la marine royale de Hollande (1), c'est un inspecteur distingué des constructions navales d'Espagne (2), c'est l'inspecteur général du génie maritime d'Italie (3), tous initiés (il suffit de leurs exposés pour s'en assurer) aux notions qu'enseigne en France l'école d'application des constructions navales ; c'est aussi un inspecteur de la navigation à Trieste, savant praticien, qui a donné peut-être l'explication la plus claire des principes qui ont fait de l'ordonnance de 1681 la véritable loi du tonnage maritime, lorsqu'elle était appliquée dans l'esprit de son auteur, et qui la condamnent au contraire comme caduque depuis que la pratique du jaugeage a dévié de la théorie originaire. L'explication mérite d'être lue (4) : elle jettera la lumière sur cette question obscurcie de tant de confusions et d'incertitudes.

« L'ordonnance de Colbert de 1681—dit M. Zamara —prescri-
» vait que : pour connaître le port et la capacité d'un vaisseau
» et en régler la jauge, le fond de la cale, qui est le lieu de la
» charge, sera mesuré à raison de 42 pieds cubes par tonneau
» de mer.

» Par conséquent, on ne mesurait que l'espace au dessous
» du pont de la cale, quoique, bien des fois, quand le navire
» était chargé, ce pont se trouvât 2, 3 et même 4 pieds sous
» la ligne de flottaison en charge.

---

(1) *V. nos 24 et 26, p. 123 et 182, Exposé de M. le capitaine de vaisseau Jansen.*
(2) *V. no 26, p. 178, discours de M. Togores.*
(3) *V. no 24, p. 140, discours de M. le commandeur Mattei.*
(4) *V. no 26, p. 175.*

» . . . En ne mesurant (ainsi) que le fond de la cale suivant » l'ordonnance de 1681, le diviseur était 51 en mesures anglai- » ses (l'équivalent du diviseur 42 francais), et par ce diviseur » on trouvait le nombre d'unités de poids que le navire pou- » vait transporter d'après la méthode de Colbert.

» Or ce poids, exprimé en tonneaux de 2,000 livres qu'un na- » vire pouvait transporter, est une quantité fixe, soit qu'on » mesure seulement le fond de la cale, soit qu'on mesure la » capacité entière du navire.

» Il est donc évident que si l'on mesure un plus grand es- » pace que le fond de la cale, on doit, pour avoir le même » quotient, augmenter le diviseur dans le même rapport qu'il » y a entre les divers espaces mesurés.

» Par conséquent, si on mesure un espace deux fois plus » grand, on doit prendre un diviseur qui soit aussi deux fois » plus grand ; si l'espace est trois fois plus grand, le diviseur » original doit être multiplié par 3.

» Il en est de même si l'on considère les 50 pieds cubes » comme unité d'espace ; car si l'on veut diviser la capacité en- » tière du navire par le même diviseur qu'on employait en ne » mesurant que le fond de la cale, on supposerait qu'un navire » pourrait toujours être chargé tout entier comme il peut l'être » au fond de la cale, ce qui n'est pas le cas.

» Voilà pourquoi on a toujours augmenté, depuis 1681, le di- » viseur en proportion de l'espace qu'on comprenait dans le » mesurage.

» . . . C'est pour cela que l'on a adopté (en dernier lieu) un » mesurage intérieur de toute la capacité du vaisseau avec un » diviseur moyen basé sur le tonnage de plusieurs milliers de » navires, et ce diviseur est le diviseur 100 de la loi anglaise. »

La lecture des procès-verbaux de la Commission internationale permettra seule de suivre, en en saisissant la coordination, les développements de cette importante discussion. Il sera pourtant facile, en se reportant au n° 60 du recueil annexé au présent exposé (1), de vérifier la parfaite vérité des déductions de M. Zamara.

Les Messageries entretiennent actuellement neuf grands paquebots sur la ligne principale de l'Indo-Chine ; ce sont ceux qui traversent une fois chaque semaine le canal maritime de Suez. Ces neuf paquebots, qui ne sont pas tous du même type, mais qui sont tous de grands navires munis de machines puissantes, ont chacun en moyenne un tonnage de déplacement, en pleine charge, de 4,594 tonneaux, c'est-à-dire qu'ils pèsent en pleine charge 4,594,000 kilogrammes. La capacité totale intérieure de chacun d'eux, mesurée par le procédé rigoureux de Moorsom, représente en moyenne 9,436 mètres cubes. Cette capacité totale, divisée par 2m, 83 cubes (équivalent de 100 pieds cubes anglais) est ce que, d'après le système Moorsom, la Commission internationale a défini le tonnage brut.

De ce tonnage brut, la Commission a reconnu qu'il fallait déduire, comme ne devant pas compter pour l'impôt maritime, les espaces qui ne pouvaient pas manifestement être utilisés pour le chargement des marchandises ou l'installation des passagers, en un mot tout ce qui ne pouvait pas servir à la production du fret.

Ces déductions, que la pratique de toutes les marines a d'ailleurs depuis longtemps consacrées en principe, s'appliquent, après un prélèvement limité pour le logement de l'équipage, à la chambre des machines, à celle des chaudières et à l'emplacement consacré aux approvisionnements de combustible. Sans entrer dans des explications que le cadre de cette note interdit, on constatera seulement que la Commission internationale, et cela sur la proposition du principal commissaire anglais, a pris à tâche de resserrer d'aussi près que possible les déductions nécessaires pour la machine et le combustible, et que ce travail a eu pour effet de faire décroître de 10 0/0, en moyenne, la part proportionnelle des espaces déduits du tonnage brut d'un navire comme n'étant pas commercialement utilisables, et d'aug-

(1) *V. n° 60, p. 403.*

menter, par conséquent, d'un dixième la part des espaces qui doivent être soumis à l'impôt maritime, parce qu'ils sont réputés utilisables pour la production du fret. C'est cette dernière part qu'on qualifie le tonnage net d'un navire et que la Commission internationale, sur la proposition de l'un des commissaires ottomans (l'amiral Salih-Pacha), a déclaré, à l'unanimité des puissances présentes (la France et la Russie s'abstenant), ne différer en rien de la capacité utilisable (1). Il semble clair, en effet, qu'étant admise la déduction de tout ce qui manifestement ne peut pas être utilisé, l'espace qui reste libre est le maximum de ce qui peut être qualifié la capacité utilisable.

Cela est hors de doute. Aussi n'est-ce pas sur ce point que la France et la Russie, qui l'a constamment appuyée, se trouvaient en dissidence et manquaient à l'unanimité. Les délégués français prétendaient, laissant de côté le décret de 1872 et le tonneau de jauge qu'il établit, qu'il fallait compter autant de tonneaux de capacité utilisable à bord, que le navire, après les déductions indiquées, pouvait contenir de tonneaux d'encombrement de $1^{m3},44$, suivant l'ordonnance de Colbert. Ils admettaient évidemment comme établi que le navire peut normalement porter, en restant navigable, autant de tonneaux de mer du poids de 1,000 kilogrammes, qu'il peut contenir ainsi d'unités d'espace de $1^{m3},44$. Et pour qu'il ne subsiste aucun doute sur cette connexité, si bien expliquée par l'inspecteur du port de Trieste, on trouve au procès-verbal n° XII (2) la constatation d'une communication faite à la Porte au nom du Gouvernement français et dont voici textuellement la teneur :

« Le nombre de tonneaux officiels résultant de l'application » du système Moorsom étant manifestement inférieur au nombre » de tonneaux de marchandises du poids de 1,000 kilogrammes » qu'un navire peut prendre à fret, le Gouvernement français » demande, dans l'intérêt de la Compagnie du Canal, que la » Commission recherche l'écart entre ces deux nombres. »

---

(1) *V. n° 53, p. 271 à 274, séance du 2 décembre 1873.*

(2) *V. n° 30, p. 229.*

Cette recherche, la Commission a offert aux délégués français de la poursuivre avec eux. Par les raisons qu'on pourra lire au procès-verbal n° XV (1), ils se sont abstenus. Le principal délégué russe, qui persistait à défendre, en leur absence, la cause de la capacité utilisable envisagée comme s'écartant du tonnage net, mis en demeure de dégager cet écart, a reconnu (2) « qu'il y a impossibilité pratique de fixer l'écart dont il s'agit » d'une manière constante. »

On ne peut que regretter que la discussion de cette question si obscure n'ait pas été poussée à fond par les commissaires qui l'avaient provoquée; mais pour combler cette lacune, la démonstration de fait tirée, comme exemple, de la flotte des Messageries dans l'Indo-Chine, ne sera pas sans utilité. Le tonnage net de chacun des neuf paquebots dont on a précédemment indiqué le déplacement en pleine charge et la capacité totale, est, en moyenne, de 2,275 tonneaux, et c'est à raison de la taxe normale de 10 francs appliquée à ce tonnage que, selon l'avis unanime de la Commission internationale, aujourd'hui consacré par l'approbation de tous les gouvernements et par la sanction de la Porte, les Messageries devront acquitter le péage dans le canal de Suez dès qu'auront cessé les circonstances transitoires qui entraîneront à la charge des armateurs, pendant une période indéterminée, la surtaxe dont il reste à parler. Eh bien, si l'on cherche, ainsi que le désirait le Gouvernement français dans l'intérêt de la Compagnie du Canal, l'écart qui est supposé toujours exister entre le tonnage officiel net et le nombre de tonneaux de mer du poids de 1,000 kilogrammes que le navire peut prendre à fret en restant navigable, on verra ce que le péage peut y gagner. C'est ici que devient instructif le tableau du *rapport du poids au volume*, classé sous la lettre C au n° 60 du Recueil de documents ci-joint (3).

---

(1) *V. n° 55, p. 275.*
(2) *V. n° 55, p. 269.*
(3) *V. n° 60, p. 407.*

Le tableau C montre que le navire jaugé officiellement pour 2,275 tonneaux de capacité utilisable ou de tonnage net, ne peut pas recevoir en poids, comme chargement productif de fret, plus de 1,121,000 kilogrammes. Pourquoi? Parce que le gréement, les installations pour les passagers, l'armement complet, les approvisionnements de charbon, d'eau, de vivres, ont prélevé comme poids non productif de fret 3,473,000 kil. sur le plus grand déplacement en pleine charge de 4,594 tonneaux, que le navire ne doit pas excéder pour rester navigable.

On a dit, il est vrai, et c'est là un des développements auxquels s'est livré avec le plus de complaisance l'éloquent défenseur de la Compagnie du Canal devant la Cour d'appel de Paris, qu'il n'était pas étonnant que les paquebots des Messageries n'offrissent qu'un tonnage limité pour la cargaison, puisque les principales facultés de transport étaient réservées sur ces navires spéciaux à l'installation des passagers, qui procurent, disait-on, à l'exploitation ses plus beaux bénéfices, « à ce chargement en « *tonnes humaines* que les paquebots portent au Japon au prix » de 4,000 francs, en regard des 150 francs que rapporte la » tonne de marchandises (1). » Les Messageries pourraient se borner à répondre, leurs statistiques en main, qu'en 1872 et en 1873, le produit du transport des passagers, quoique l'installation qui leur est nécessaire absorbe en effet à bord de larges espaces, ne représente pas au-delà de 32 0/0 des recettes commerciales de l'exploitation.

Mais ce n'est pas du défaut d'espace qu'il s'agit, c'est de la limite nécessaire du poids qu'un navire peut porter. Or, comme l'a dit M. Zamara, ce poids est une quantité fixe qu'on ne dépassera pas, une fois la limite atteinte, sans rendre le navire innavigable. Le tableau C permet de pousser la vérification de cette loi jusqu'à l'absurde. Lorsque le navire qui est ici donné comme exemple ne peut plus recevoir à bord que 1,121 tonneaux de marchandises du poids de 1,000 kilogrammes, il offre

---

(1) *V. n° 45, p. 332, la plaidoirie de Me Allou (3e extrait).*

encore la disponibilité d'une capacité nette de 6,160 mètres cubes. C'est donc 5 mètres cubes 49 pour 1,000 kilogrammes. Qu'on aille plus loin, le navire est complétement armé, mais sans eau ni vivres. Il ne peut plus, dans ces conditions, recevoir de passagers et devient un magasin flottant ; même alors, le navire ne pourra recevoir à fret au-delà de 1,416,000 kilogrammes, et le rapport du poids au volume sera encore de 4 mètres cubes 70. En le supposant sans charbon, on trouve encore 3 mètres cubes 82 de vide pour un tonneau de poids ; si on le suppose sans machine, ramené, par conséquent, à l'état d'un navire à voiles, le vide est de 3 mètres cubes 54 pour un tonneau.

Descendît-on, ce qui ne ferait du vaisseau qu'une épave, à supposer la coque nue, c'est-à-dire une simple charpente de bois et de fer, sans mâture ni menuiserie, ni aucun approvisonnement à bord, on n'arriverait jamais, pour les navires de cet échantillon, qu'au rapport de 3 mètres cubes 05 de vide pour un tonneau de 1,000 kilogrammes. Voilà la mise en pratique du point de doctrine exposé par M. Zamara ; et l'on est bien loin du rapport établi par l'ordonnance de Colbert entre le volume de 1 mètre cube 44 et le poids de 1,000 kilogrammes.

Est-ce à dire que tous les navires soient, quant au rapport du poids au volume, dans les conditions que l'on vient de relever sur les paquebots des Messageries? Non, assurément. Tel navire construit pour porter habituellement des chargements de houille ou de guano se présentera sous un tout autre aspect. Mais ces constructions elles-mêmes n'échapperont pas dans la juste mesure à l'application de la loi qui a été exposée devant la Commission internationale et qui a déterminé l'unanimité des votes.

C'est pour cela qu'il n'est jamais venu à la pensée des administrateurs des Messageries, comme on l'a prétendu (1), de ne

---

(1) *V. nº 47, p. 340, le rapport de M. Ferdinand de Lesseps à l'Assemblée générale des actionnaires de la Compagnie du Canal, du 15 juillet 1873 (3e extrait).*

payer dans le canal de Suez que sur le poids : ils reconnaissent que le paquebot donné en exemple doit payer sur la base d'un tonnage officiel de 2,275 tonneaux, parce que c'est le tonnage que lui assigne aujourd'hui la loi ; mais si la Compagnie de Suez contestait cette loi en invoquant, avec l'arrêt de la Cour de Paris, l'ordonnance de 1681, on répondrait au nom des Messageries, la règle de Colbert en main, que le navire ne doit pas payer pour plus de 1,416 tonneaux, puisqu'il ne peut pas recevoir, en chargement productif de fret, plus de 1,416,000 kilogrammes sans cesser d'être navigable. Et comment la Compagnie du Canal pourrait-elle contredire cette affirmation d'un fait certain? On lui opposerait les déclarations sans nombre faites depuis deux ans dans ce sens par tous ceux qui la dirigent, l'inspirent ou la défendent (1); mais l'interprétation de l'arrêt de la Cour de Paris n'est ici qu'une question incidente, et c'est aux conclusions de la Commission internationale qu'il faut revenir.

Après avoir résolu la question du tonnage général, la Commission, sur la question spéciale au Canal de Suez, ne pouvait aboutir qu'à condamner la mesure arbitraire pratiquée par la Compagnie depuis le 4 mars 1872. Il suffisait qu'elle eût constaté qu'il y avait identité entre le tonnage net et la capacité utilisable pour que, virtuellement, cette conclusion s'imposât, puisque la Porte avait précédemment déclaré, sur la demande de M. de Lesseps et sans être contredite par lui, que dans sa pensée la capacité utilisable devait être la base de la perception.

Le Gouvernement ottoman se préoccupait de cette issue, car on représentait, non sans raison, que pendant deux ou trois années encore, la Compagnie ne pourrait pas soutenir son exploitation avec le seul revenu de la taxe normale de 10 francs appliquée au tonnage net international. D'un autre côté, toucher

---

(1) *V. n° 40, p. 317, la lettre de M. Ch.-Aimé de Lesseps à un actionnaire (3 mai 1872);*

V. n° 45, p. 325, la plaidoirie de Me Allou devant la Cour de Paris (1er extrait)

V. n° 46, p. 334, la déclaration de M. Dauprat.

au contrat de concession pour établir, à titre normal, la base d'une taxe qui avait été solennellement annoncée au commerce maritime comme un maximum qui ne serait jamais dépassé, paraissait une mesure aventureuse et qui pourrait même n'être pas sans périls pour l'avenir de la Compagnie.

C'est alors qu'un des membres de la Commission internationale, le délégué de Suède et de Norwége, notoirement animé du plus vif intérêt pour l'œuvre du Canal, dont le ministre de Suède à Constantinople s'était de tout temps montré le sympathique défenseur, reprit indirectement la suggestion dont la première formule avait été donnée par les Messageries, en février 1873, d'une surtaxe temporaire que la Porte pourrait accorder gracieusement à la Compagnie, indépendamment de la taxe maximum que lui attribue l'article 17 de l'acte de concession laissé intact. A cette ouverture, les délégués anglais répondirent aussitôt par un acte honorable d'initiative. Ils proposèrent à l'agrément de leurs collègues (dans une négociation extra-officielle) la combinaison jugée par eux la plus pratique pour concilier un acte de libérale assistance envers la Compagnie du Canal avec le respect du droit. Cette combinaison, qui n'est autre que celle qu'on a fait prévaloir, avec quelques modifications favorables à la Compagnie, consistait dans la concession transitoire d'une surtaxe de 3 francs, qui serait maintenue jusqu'à ce qu'il eût passé dans le Canal pendant une année 2 millions de tonnes nettes, mesurées selon la règle internationale. La surtaxe devait décroître d'année en année, pour cesser définitivement d'être perçue dès que 2 millions 300,000 tonnes auraient transité en un an par le Canal. Repoussé d'abord par les délégués français, repris ensuite par les commissaires russes, cet arrangement, qu'on a qualifié de *transaction* pour le rendre acceptable à la Compagnie (car dans la pensée d'aucun commissaire, il ne s'agissait d'abandonner une partie quelconque du droit), obtint promptement faveur auprès de la Porte, qui résolut de provoquer, pour le réaliser, l'intervention officielle de la Commission, attentive jusque-là à ne pas sortir, même dans une intention bienveillante, des limites imposées aux délégués par la teneur de la convocation et par les instructions reçues de leurs Gouvernements respectifs. Tous ces faits, qui se sont successivement enchaînés sans constatation officielle, sont parfaitement connus à Constantinople.

Le 9 décembre, le président de la Commission recevait et lisait officiellement à ses collègues une lettre significative du ministre des affaires étrangères (Rachid-Pacha).

Cette lettre est intégralement reproduite aux Annexes (1); mais elle offre assez d'intérêt pour qu'on en cite ici le début et la conclusion :

« En présence des conséquences inévitables de la *situation* » *légale qui vient d'être ainsi fixée de manière à mettre un terme* » *aux controverses et aux équivoques du passé*, écrit le ministre, » le Gouvernement impérial a été heureux d'apprendre les ef- » forts tentés avec succès par les délégués de plusieurs puis- » sances maritimes, pour amener dans la pratique *des adoucis-* » *sements transactionnels en faveur d'une œuvre unique dans son* » *genre*.

» . . . .

» Je viens prier Votre Excellence d'engager les délégués à » vouloir bien compléter leurs travaux en formulant, au nom de » leurs Gouvernements et dans un esprit d'équité bien entendu, » les *nouvelles conditions dont le bénéfice pourra être assuré dans* » *l'avenir à la Compagnie universelle du Canal de Suez.* »

Rien n'est mieux fait que cette communication pour donner à réfléchir à ceux qui persistent à représenter la Porte, dans toute cette affaire, comme dominée par la pression d'une coalition de puissances décidées à poursuivre la Compagnie jusqu'à la ruine pour s'emparer de ses dépouilles.

La Porte encourage la Commission à régulariser la tentative spontanée de quelques-uns de ses membres et à la formuler après lui avoir concilié l'approbation des Gouvernements représentés, pour qu'elle puisse à son tour se l'approprier. Et en fait, c'est là le résultat qui s'est produit.

---

(1) *V.* n° 34 p. 275.

On lira, comme un des documents les plus intéressants du recueil, le rapport exprimant sur toutes les questions déférées à son examen l'avis définitif de la Commission internationale (1). La transaction proposée y est inscrite avec des amendements calculés pour assurer un million de francs de plus à la Compagnie avant toute décroissance de la surtaxe, et pour ne faire cesser cette surtaxe que lorsque la perception normale de 10 francs, résultant de plein droit du contrat intégralement respecté, aura produit en une année vingt-six millions de francs.

Est-ce là un résultat qu'il soit permis de dénoncer comme une violation du droit ?

Le procès-verbal de la séance de clôture, qui enregistre le vote unanime des résolutions successivement adoptées et l'approbation de toutes les puissances notifiée aussitôt par le télégraphe, constate aussi (2) la satisfaction avec laquelle le premier délégué de Russie, un des défenseurs les plus zélés de la Compagnie du Canal, a salué l'entente enfin obtenue et qu'il avait activement contribué a préparer.

Pour leur part, les administrateurs des Messageries ont accueilli cette solution et les sacrifices qu'elle impose au commerce maritime comme les conséquences inévitables de la situation difficile dans laquelle l'œuvre du Canal s'est trouvée placée par l'insuffisance de ses premières ressources d'exploitation. Dans les calculs qui ont précédé la concession, M. Ferdinand de Lesseps attachait ses principales prévisions de revenu au transit des navires à voiles qu'il comptait détourner de la voie du Cap (3). Cet espoir ne devait pas se réaliser ; la nature des choses s'y opposait, l'expérience l'a démontré. Si le Canal eût été ouvert en 1863, suivant les premières prévisions du fondateur, l'aliment lui aurait absolument manqué. Le retard de six

(1) *V. 1re annexe au n° 35, p. 283.*

(2) *V. n° 35, p. 281.*

(3) *V. n° 41, p. 319, un extrait de la réponse de la Compagnie du Canal (juin 1872) au mémoire à consulter de la Compagnie des Messageries.*

années imposé à l'exécution des travaux est devenu, contre toute attente, une garantie de salut pour l'entreprise.

Pendant ces six ans, en effet, s'était préparée la révolution, décidée aujourd'hui, qui, allongeant les bâtiments en fer dans des proportions imprévues, susbtituant aux machines à basse pression les *compound engines* et, rendant ainsi possible la navigation au long cours par la vapeur à des conditions relativement économiques, a sauvé l'exploitation de la ruine à laquelle elle n'eût pas échappé sàns ce concours fortuit de circonstances inespérées (1).

Qu'eût-elle pu faire, si ce concours avait manqué, pour s'assurer le minimum du revenu nécessaire à l'entretien de la voie nouvelle? Elle n'aurait pas taxé les navires à voiles qui ne passent point. Eût-elle décuplé les taxes des paquebots du service postal ou des rares steamers de guerre qui pouvaient seuls alors s'engager dans la navigation de l'océan Indien, elle n'en eût retiré, encore bien plus qu'elle n'a trouvé en 1870, dans les premiers résultats de son exploitation, que des ressources aussi insuffisantes pour elle qu'impossibles à fournir par les armateurs.

Le plus difficile est fait aujourd'hui. La révolution, dans le mode de construction des navires et des machines, est entrée dans une voie d'application qui s'élargira rapidement. Si la Compagnie du Canal avait pu attendre sans rien exiger du commerce au delà du maximum très-élevé de la perception autorisée par l'acte de concession, elle eût fait acte de prévoyance, car le mouvement de la flotte commerciale, dont l'expansion lui garantira seul la prospérité, se serait prononcé d'autant plus vite. Elle était hors d'état d'attendre, et c'est ce qui peut expliquer la tentative extralégale du 4 mars 1872. C'est en tout cas ce qui justifie les mesures adoptées par le Gouvernement ottoman sur la proposition de tous les gouvernements de l'Europe et ce qui doit faire accepter comme nécessaire par le commerce maritime la part de sacrifices qui lui reste imposée.

(1) *V. p. 241 l'opinion exprimée par le capitaine de vaisseau Jansen.*

Cette part, pour les Messageries, sera encore sensiblement onéreuse; mais, du moins, les armateurs n'auront plus à craindre les aggravations que rendait toujours imminentes un régime de perception qui n'avait que la nécessité pour guide, et pour limite que la modération de ceux-là mêmes sur lesquels pesait cette nécessité. Désormais, la Compagnie des Messageries sait qu'au Gouvernement français seul appartiendra, comme c'est la règle de toutes les nations, le droit de mesurer ses paquebots et de leur attribuer le tonnage qui sera partout, sur la foi de leurs papiers de bord officiels, la base de l'impôt qu'ils devront payer; et c'est beaucoup d'avoir acquis cette sécurité.

Ce n'est pas sans effort qu'elle a été obtenue; la lutte a souvent été pénible par le seul fait que la défense du droit, impérieusement imposée aux administrateurs par leur situation de mandataires, rencontrait dans la popularité justement attachée au nom et à la grande conception de M. de Lesseps, l'obstacle le plus difficile à surmonter.

Le silence qu'ils ont opposé aux polémiques que les échos de la presse ont partout répercutés, a laissé le champ trop libre, peut-être, à l'odieuse imputation qui les représentait comme sacrifiant au calcul de misérables économies les intérêts de l'influence française en Orient. Mais qui pourra croire à la réalité d'un entraînement contre lequel proteste tout ce qu'on sait du passé des Messageries? Jamais les administrateurs n'ont oublié les obligations attachées, pour la Compagnie, au mandat public dont elle est investie; et lorsque la question débattue à Constantinople a été enfin placée sur le terrain où elle pouvait seulement aboutir, la France a trouvé dans sa compagnie postale son auxiliaire le plus dévoué.

On a pu remarquer, il est vrai, par la succession des faits exposés dans cette note, que ce n'était pas du côté des Messageries que le Gouvernement français avait fait peser à Constantinople l'intervention de ses représentants. Le Gouvernement déclarait agir ainsi pour se conformer aux décisions de la justice. Les Messageries n'ont élevé aucune plainte. Elles ont fait de leur mieux pour suppléer l'appui sur lequel il leur était interdit de compter.

Répondant, le 1er avril 1873 en séance de l'Assemblée nationale, à une question de l'honorable M. Cézanne, M. le comte de Rémusat avait dit :

« Comme compétence et en droit, il s'agit de l'application, » par conséquent de l'interprétation du firman d'institution de » la Compagnie de l'isthme de Suez. Or, la Porte réclame un » droit qui lui appartient comme à tout Gouvernement d'être » seule l'interprète des décrets qu'elle a rendus. C'est donc » d'elle, en définitive, que la question dépend. C'est à la Porte » Ottomane que doivent s'adresser les deux grands intérêts qui » sont ici en présence (1). »

Les Messageries n'ont fait que suivre le conseil que donnait ainsi le ministre des affaires étrangères. Elles ont fait valoir leurs raisons auprès de la Porte Ottomane. Elles les ont produites devant la Commission internationale — qui n'a pas plus entendu leur représentant que M. de Lesseps — par des communications écrites portant exclusivement sur la discussion technique du tonnage (2). Jamais il n'a été fait en leur nom aucune démarche sans que l'ambassade de France en fût préalablement instruite. L'ambassadeur a rendu, de la modération et de la loyauté qui ont présidé à la défense des intérêts de la Compagnie à Constantinople, un témoignage qui est pour elle la compensation de bien des attaques (3).

---

(1) *V. nº 9, p. 96.*

(2) *V. nº 54, p. 375 (1er septembre 1873) Note soumise à la Commission internationale par la Compagnie des Messageries maritimes, — nº 55, p. 388, — lettre de M. Girette à S. E. Edhem Pacha, Président de la Commission internationale pour redresser l'interprétation erronée donnée des règles du tonnage de Moorsom (21 octobre 1873); — nº 56, p. 393, — note soumise à la Commission internationale sur l'impossibilité de confondre la mesure de la capacité des navires, qui doit être constante avec les procédés infiniment variables usités par le commerce pour la mesure des marchandises (28 octobre 1873).*

(3) *V. nº 51, p. 356, la lettre écrite à M. le comte de Vogué par M. Girette (le 9 avril 1873) et nº 10, p. 98, la réponse de l'ambassadeur (10 avril 1873). — V. aussi nº 58, p. 397, la lettre des administrateurs des Messageries (29 novembre 1873) au ministre des affaires étrangères (M. le duc Decazes).*

Tant que le Gouvernement Français a fait dépendre d'une modification de la règle du tonnage, les conditions meilleures qu'il désirait obtenir pour la Compagnie du Canal de Suez, ses efforts ont échoué. Les Messageries avaient prévu ce résultat et respectueusement suggéré la possibilité d'arriver au but en portant la discussion sur la quotité de la taxe (1). Ce n'était pas là, certainement, l'acte de la volonté de nuire qu'on a prêtée aux Messageries et que leur conduite a démentie lorsque, le moment venu de faire aboutir dans le sens de la conciliation une négociation entourée de tant d'obstacles, elles ont mis au service de l'ambassade de France leur influence et leur crédit.

Aujourd'hui, la situation est réglée.

Il semble impossible que la Compagnie de Suez, autorisée désormais à percevoir, à titre légitime, la presque totalité du péage qu'elle obtenait d'une interprétation abusive, veuille mettre en question les résultats dont elle est redevable au bon vouloir de la Porte Ottomane et de l'Europe entière, résultats qui assurent immédiatement son existence et lui ouvrent de fécondes perspectives d'avenir.

En 1857, au lendemain de la rédaction de son contrat (2), en 1868, à la veille d'ouvrir son exploitation (3), jusqu'en 1870, avec l'appui du Gouvernement français, elle poursuivait, sur la base du système de jaugeage anglais, l'unification du tonnage (4). L'Europe, à l'unanimité, vient de lui donner ce tonnage en l'amplifiant à son profit d'un dixième. Elle le lui donne par l'intervention du règlement international qu'elle sollicitait autrefois

---

(1) *V. n° 52, p. 358, la lettre des administrateurs des Messageries au ministre des affaires étrangères (M. le comte de Rémusat) du 10 mai 1873.*

(2) *V. n° 45, p. 327, la plaidoirie de Me Allou devant la Cour de Paris (2me extrait) au sujet des déclarations faites à Birmingham et à Liverpool en 1857, par M. Lange au nom et en présence de M. Ferdinand de Lesseps.*

(3) *V. n° 36, p. 308, l'exposé de M. Ferdinand de Lesseps du 16 octobre 1868 devant la Commission chargée d'organiser l'exploitation du Canal.*

(4) *V. n° 38, p. 314, la lettre de M. le duc d'Albuféra du 11 janvier 1870 au ministère des affaires étrangères (M. le prince de la Tour d'Auvergne).*

comme la seule consécration possible du droit et dont (1) elle ne saurait contester aujourd'hui l'autorité, sans méconnaître le caractère même de son institution. La Compagnie n'agit pas sur un sol qui lui appartienne. Elle a obtenu le droit de creuser en territoire ottoman un grand canal maritime, qui devait être la voie à toujours ouverte au commerce de toutes les nations. Si jamais il y eut une œuvre internationale et placée, à ce titre, sous l'empire du droit public que le monde reconnaît et respecte, c'est assurément celle-là.

On a parlé d'un abus d'autorité inspiré par un sentiment cupide. Mais qui le croira en lisant les procès-verbaux de la Commission internationale? Le seul fait de la surélévation d'un dixième imprimée volontairement par les commissaires au tonnage net au moyen du calcul rigoureux des déductions, écarterait jusqu'à la pensée d'aussi pénibles suspicions. Cette réforme, en effet, atteindra les navires à vapeur dans tous les ports du monde, et le surcroît d'impôt qui frappera par suite la navigation s'élève, à coup sûr, à des proportions décuples de la somme que la Compagnie de Suez pouvait gagner ou perdre selon les solutions adoptées par la Commission. Et, d'ailleurs, dans la discussion des règles du tonnage a-t-il été prononcé, même par ceux qui condamnaient l'irrégularité des procédés de perception, une seule parole qui exprimât pour l'œuvre du Canal un sentiment autre que celui de la sympathie? Et, lorsqu'il s'est agi d'examiner dans quelle mesure il fallait venir en aide à la Compagnie et par conséquent d'apprécier ses besoins, s'est-il produit un acte quelconque d'ingérence motivé par le désir de contrôler ses dépenses de gestion? Non : la Commission a admis, sans discussion, les indications apportées, dans l'intérêt de la Compagnie, par les délégués français (2). Son unique préoccupation a été manifestement de ménager à la Compagnie le plus large accroissement

(1) *V. n° 31, p. 240, la remarque faite à ce sujet par M. le capitaine de vaisseau Jansen.*

(2) *Il faut constater que le chiffre de dépenses de 17 millions admis comme base, excède de 1 million le chiffre indiqué par les rapports de M. de Lesseps aux asemblées générales des actionnaires de 1872 et de 1873, comme la base normale des charges de la Compagnie (V. nos 45 et 47 p. 322 et 337).—V. aussi sur ce point l'affirmation de M. le colonel Stokes, p. 256.*

de recettes compatible avec la nécessité de ne pas dépasser la mesure de ce que la navigation pouvait transitoirement supporter.

N'est-ce pas pour les intérêts qui se groupent autour de cette œuvre une sécurité inestimable que de se sentir, après tant de mécomptes, couverts de la sollicitude du monde civilisé? A supposer que le complément de ressources que la surtaxe promet à la Compagnie, en laissant intact le contrat de concession, ne dût pas suffire à la tirer des embarras qui pèsent encore sur elle, n'est-il pas évident que l'Europe viendrait à son aide précisément parce qu'elle est une œuvre internationale?

Du commerce maritime on ne peut pas raisonnablement attendre un surcroît nouveau de sacrifices; car l'extrême limite est atteinte; pour mieux dire, elle est dépassée. Mais il n'y a pas que le commerce qui use de la voie nouvelle. Elle est devenue un instrument indispensable pour les communications générales. La politique, qui trouve son avantage à l'utiliser, semble devoir justement contribuer à l'entretenir et à compléter, au besoin, la rémunération des capitaux qui l'ont ouverte.

Est-ce en s'appuyant de l'autorité de la justice que l'on voudrait mettre en échec les résolutions prises à Constantinople?

Les Messageries ne parleront qu'avec respect de l'arrêt de la Cour de Paris. La Cour de cassation a confirmé cet arrêt, aujourd'hui définitif. Mais la Cour souveraine n'a rejeté le pourvoi que par des raisons de compétence, et, pour comprendre nettement l'état de la question au point de vue juridique, ceux que les Messageries ont le regret d'avoir pour adversaires n'ont qu'à lire les conclusions du ministère public sur lesquelles le rejet a été prononcé :

« Assurément, a dit le savant avocat général M. Reverchon,
» si, pour justifier la thèse de la Compagnie des Messageries,
» ... il suffisait de montrer que la solution consacrée par l'ar-
» rêt attaqué peut éveiller des doutes, nous conclurions sans
» hésiter et sans rien préjuger à ce que le pourvoi fût renvoyé
» par vous à subir l'épreuve d'un débat contradictoire devant
» la Chambre civile. ....

» .....Or, ces doutes apparaissent de plusieurs côtés. Ils sor-
» tent, avant tout, de ce résultat possible sans doute mais
» étrange, que la Compagnie de Suez demeurait ainsi libre de
» choisir le mode de jaugeage qu'elle trouvait le plus avantageux
» et non pas de le choisir une fois pour toutes au début de la
» concession ou de l'exploitation, mais de le faire varier à son
» gré et à chaque instant pendant toute la durée d'une con-
» cession de quatre-vingt-dix-neuf ans, sans autre garantie
» contre les abus que la garantie de son propre intérêt, dans
» l'appréciation duquel elle pouvait être dominée et égarée
» par des nécessités financières plus ou moins impérieuses.
» Encore une fois, le firman peut l'avoir entendu ainsi ; il ne
» nous paraît guère vraisemblable qu'il l'ait entendu ainsi.

» A cette première et considérable raison de douter s'en
» ajouteraient d'autres que nous nous bornons à indiquer.
» Le Tribunal de commerce avait condamné la prétention de
» la Compagnie de Suez, et il l'avait condamnée par un jugement
» dont les motifs soutiennent parfaitement la comparaison avec
» ceux de l'arrêt qui l'a réformé. L'honorable magistrat qui a
» porté la parole au nom du ministère public devant la Cour
» d'appel, avait également conclu dans le même sens, après
» une remarquable discussion que les journaux judiciaires nous
» ont conservée. Enfin la Commission internationale, réunie à
» Constantinople, paraît s'être également prononcée contre le
» système de la Compagnie de Suez, et il serait difficile
» de mettre en question l'autorité d'une pareille opinion.

» Mais en définitive, que résulte-t-il de là ? qu'il y a doute. Or
» le doute, même sérieux, ne suffit pas pour entraîner la cas-
» sation d'un arrêt par application de l'article 1134 ; il faut une
» évidence indiscutable et absolue.....

» L'arrêt attaqué nous paraît donc, en dernière analyse, s'être
» placé et s'être maintenu sur un terrain où votre appréciation
» n'a pas à le suivre, et, par ce motif, nous estimons qu'il y a
» lieu de rejeter le pourvoi (1). »

---

(1) *V. n° 4, p. 75.*

L'honorable M. Reverchon évoquait les réquisitions du ministère public devant la Cour d'appel de Paris. Il sera donc permis de rappeler, en terminant, les graves paroles par lesquelles M. l'avocat général Hémar a conclu (1) :

« C'est à la diplomatie seule qu'il appartient de mettre un » terme à cette situation. Que la Compagnie du Canal de Suez » se garde de substituer à cette action les efforts de son initia- » tive personnelle : elle s'engagerait ainsi dans une voie sans » issue. Elle compromettrait ainsi sa dignité et la renommée » acquise par d'immortels services rendus à la civilisation, en » donnant trop souvent à la justice le spectacle de prétentions » mal fondées. »

Paris, le 30 mai 1874.

---

(1) *V. n° 2, p. 67.*

DOCUMENTS JUSTIFICATIFS

I

DOCUMENTS JUDICIAIRES

N° 1. — Jugement du Tribunal de commerce de Paris, *condamnant la Compagnie du Canal de Suez à restituer à la Compagnie des Messageries maritimes les taxes indûment perçues depuis le 1er juillet 1872 (26 octobre 1872).*

N° 2. — Conclusions de M. l'avocat général Hémar devant la Cour d'appel de Paris, *tendant à la confirmation du jugement de première instance (6 mars 1873).*

N° 3. — Arrêt de la Cour d'appel de Paris (11 mars 1873), *annulant le jugement de première instance.*

N° 4. — Conclusions de M. l'avocat général Reverchon devant la Chambre des requêtes de la Cour de Cassation (23 février 1874) :

L'avocat général, sans dissimuler ses doutes sur le bien jugé, au fond, de l'arrêt déféré à la Chambre des requêtes, estime que le pourvoi doit être rejeté, l'interprétation d'un contrat étranger donnée par l'arrêt, même en la supposant erronée, échappant à la censure de la Cour de cassation.

N° 5. — Arrêt de la Cour de cassation (Chambre des requêtes), *rejetant le pourvoi conformément aux conclusions de M. l'avocat général Reverchon* (3 février 1874).

N° 6. — Assignation donnée à la Compagnie du Canal de Suez (25 avril 1873, devant le Tribunal de commerce de Paris :

L'arrêt de la Cour d'appel devenant définitif, la Compagnie demande qu'il soit établi, à dire d'experts, conformément aux principes posés par cet arrêt, que la Compagnie du Canal l'oblige à payer au delà de ce qu'elle doit pour la quantité de tonneaux de mer de 1,000 kilogrammes que les paquebots peuvent réellement porter en restant navigables, et réclame la restitution de l'excédant indûment perçu.

N° 1

TRIBUNAL DE COMMERCE DE LA SEINE

PRÉSIDENCE DE M. DAGUIN

Jugement rendu le 26 octobre 1872 entre la Compagnie des Messageries maritimes et la Compagnie du Canal maritime de Suez.

Sur la fin de non-recevoir opposée :

Attendu que cette exception est basée sur ce qu'il n'existerait pas de lien de droit entre la Compagnie des Messageries maritimes et la Compagnie universelle du Canal maritime de Suez ;

Que cette dernière soutient qu'elle est une Société égyptienne et par conséquent étrangère, qui a simplement revêtu la forme de la Société anonyme française par actions; que le Vice-Roi, en sa qualité de Chef d'État autorisant la création d'une Société anonyme, ne représente dans le firman ou contrat que son pays et ses nationaux et ne stipule qu'en faveur de ceux à qui il impose les charges; que les clauses de l'article 17 du firman n'ont été imposées à la Compagnie de Suez qu'au profit de l'Égypte et non au profit de tiers inconnus;

Mais attendu que le contraire ressort de l'examen du firman : que, par l'article 14, S. A. le Vice-Roi déclare solennellement pour lui et ses successeurs, sous la réserve de la ratification de S. M. I. le Sultan, que le grand Canal maritime de Suez à Péluse et les ports en dépendant sont ouverts à toujours, comme passages neutres, à tous navires de commerce traversant d'une mer à l'autre, sans aucune distinction, exclusion et préférence de personnes ou de nationalités, moyennant le paiement des droits et l'exécution des règlements établis par la Compagnie universelle concessionnaire pour l'usage dudit Canal et dépendances;

Attendu, en outre, que l'article 15 stipule qu'en conséquence du principe posé dans l'article précédent, la Compagnie universelle concessionnaire ne pourra, dans aucun cas, accorder à aucun navire, compagnie ou particulier, aucuns avantages ni faveurs qui ne soient accordés à tous autres navires, compagnies ou particuliers dans les mêmes conditions;

Que les termes de ces deux articles ne laissent aucun doute sur la volonté de S. A. le Vice-Roi, d'établir vis-à-vis de la Compagnie universelle concessionnaire les droits et garanties de tous ceux qui entendraient user du passage dans le grand Canal maritime et les ports en dépendant, sans distinction de nationalités et de les consacrer dans le firman qui est leur loi et constitue un véritable cahier des charges;

Attendu que le litige a pour objet le paiement de droits établis par la Compagnie de Suez pour l'usage dudit Canal en application de l'article 17 du firman; que la Compagnie des Messageries maritimes soutient que cette application viole les garanties expressément stipulées à son égard et qu'elle serait fondée à en demander le redressement en justice;

Attendu qu'il ressort des deux articles susvisés que le firman a établi entre la Compagnie de Suez et les tiers non dénommés, faisant traverser par leurs navires le Canal maritime, un lien de droit; que comme conséquence la Compagnie demanderesse est en droit d'intenter une action contre la Compagnie défenderesse;

Attendu d'ailleurs que, s'il est vrai que la Compagnie universelle de Suez soit une compagnie égyptienne et ait son siége à Alexandrie, elle a revêtu la forme de la Société anonyme française par actions et a établi son domicile administratif à Paris; que c'est là qu'elle a fait élection de domicile légal et attributif de juridiction, où doivent lui être faites toutes significations; qu'à tous égards donc la fin de non-recevoir doit être écartée;

Par ces motifs, le Tribunal *rejette l'exception.*

Au fond :

Attendu qu'il appert des documents soumis au Tribunal qu'à la date du 30 novembre 1854, S. A. Mohammed Saïd-Pacha, Vice-Roi d'Égypte, donnait à son ami Ferdinand de Lesseps pouvoir exclusif à l'effet de constituer et diriger une Compagnie universelle pour le percement de l'isthme de Suez, l'exploitation d'un passage propre à la grande navigation, la fondation ou l'appropriation de deux entrées suffisantes, l'une sur la Méditerranée, l'autre sur la mer Rouge, et l'établissement d'un ou deux ports; que sur les représentations de Ferdinand de Lesseps, pour constituer la Compagnie susindiquée dans les formes et conditions généralement adoptées pour les Sociétés de cette nature, S. A. Saïd-Pacha, par un firman en date du 5 janvier 1856, stipulait d'avance d'une façon plus détaillée et plus complète, d'une part, les charges, obligations et redevances auxquelles cette Société sera soumise, d'autre part les concessions, immunités et avantages auxquels elle aura droit, ainsi que les facilités qui lui seront accordées pour son administration ;

Attendu que la Compagnie du Canal maritime de Suez, une fois constituée, eut pour première préoccupation le creusement du Canal et sa mise en état de parfaite navigabilité; que, ce but atteint, elle publiait, le 17 août 1869, un premier règlement de navigation dont l'article 11 était ainsi conçu :

« Les droits à payer sont calculés sur le tonnage réel des navires, » quant aux droits de transit, de remorquage et de stationnement; » jusqu'à nouvel ordre la perception sera faite d'après les papiers » officiels du bord. »

Attendu que ce premier règlement resta en vigueur jusqu'au 1er juillet 1872;

Qu'en effet, le 4 mars 1872, le Conseil d'administration de la Compagnie du Canal maritime de Suez prenait la décision suivante :

« *Premièrement,*

» A partir du 1er juillet 1872, la Compagnie universelle du Canal » maritime de Suez percevra le droit spécial de navigation de » 10 francs par tonne sur la capacité réelle des navires;

« *Deuxièmement,*

» Le *gross tonnage* ou tonnage brut inscrit sur les papiers de » bord des navires jaugés d'après la méthode anglaise actuellement » en usage, servira de base à cette perception ;

» *Troisièmement,*

» Les navires de toutes nations dont les papiers de bord n'indi- » queront pas ce tonnage établi d'après la méthode ci-dessus, y

» seront ramenés au moyen du barême le plus récent de la commis-
» sion internationale du Bas-Danube, rectifié ou complété au besoin;

» *Quatrièmement,*

» Les bâtiments qui n'auraient pas de papiers de bord, ou n'en au-
» raient que d'incomplets, seront jaugés par les agents de la Com-
» pagnie, d'après les règles actuellement en usage en Angleterre pour
» mesurer les navires chargés ;

» *Cinquièmement,*

» Tous les espaces couverts à demeure ou provisoirement qui ne
» seraient pas compris dans le tonnage officiel du navire seront jau-
» gés par les agents de la Compagnie, suivant la règle actuellement
» en usage en Angleterre ; le tonnage obtenu sera soumis à la
» taxe ;

» Tout en adoptant comme base de la perception de ses droits le
» tonnage résultant du mode de mesurage d'après la méthode indi-
» quée, la Compagnie du Canal maritime de Suez ne renonce pas,
» pour l'avenir, à l'application de tel mode de jauge qui se présen-
» terait avec des avantages de précision supérieurs à ceux du mode
» actuel. »

Attendu que la Compagnie anonyme des Messageries maritimes voit, dans l'application de ce tarif nouveau, une violation de l'article 17 du firman du 5 janvier 1856, et demande en conséquence l'annulation de ce tarif, le rétablissement de la perception de 10 francs, valeur monétaire française, par tonne de capacité de ses navires inscrite au livre de bord suivant le mode de jaugeage déterminé par l'ordonnance de 1837, et enfin le remboursement, sur simple état fourni par elle à la Compagnie de Suez, de l'excédant de taxe qu'elle aura été obligée d'acquitter pour ses navires, du 1er juillet dernier juqu'à ce dernier jour;

Attendu que l'article 17 du firman invoqué par la Compagnie demanderésse est ainsi conçu :

« Pour indemniser la Compagnie universelle de Suez des dépenses
» de construction, d'entretien et d'exploitation qui sont mises à sa
» charge par les présentes, nous l'autorisons, dès à présent et pen-
» dant toute la durée de sa jouissance, telle qu'elle est déterminée
» par les paragraphes 1 et 3 de l'article précédent, à établir et per-

» cevoir pour le passage, dans les canaux et les ports en dépendant, » des droits de navigation, de pilotage, de remorquage, de halage et » de stationnement, suivant des tarifs qu'elle pourra modifier à toute » époque, sous la condition expresse :

» *Premièrement.* — De percevoir ces droits sans aucune exception » ni faveur sur tous les navires dans des conditions identiques;

» *Deuxièmement.* — De publier les tarifs trois mois avant la mise en » vigueur, dans les capitales et les principaux ports de commerce des » pays intéressés;

» *Troisièmement.* — De ne pas excéder, pour le droit spécial de » navigation, le chiffre maximum de 10 francs par tonneau de ca- » pacité des navires et par tête de passager. »

Attendu qu'il ressort de l'examen de cet article qu'en laissant à la Compagnie de Suez la faculté de modifier à son gré les droits de pilotage, de remorquage, de halage, de stationnement, le firman imposait, de condition expresse, une limite absolue à la modification des droits de navigation qui ne pouvaient excéder 10 francs par tonneau de capacité;

Attendu que par cette stipulation, les contractants, pénétrés de la grandeur de leur œuvre qui ouvrait une voie nouvelle au commerce du monde et devait entraîner des transformations importantes et coûteuses dans le matériel maritime, entendaient, pour toute la durée de la concession, assurer à ceux dont les navires traverseraient le canal un maximum pour les droits de navigation;

Que cette garantie ne pouvait être sérieuse qu'autant que la base de ce maximum, une fois déterminée et portée à la connaissance du public, serait invariablement fixée, sans qu'aucun des contractants pût avoir à l'interpréter ultérieurement;

Attendu que le chiffre de perception maxima susvisé est le résultat de la multiplication de deux facteurs qui en sont les éléments constitutifs; qu'il n'existe aucun doute possible sur la valeur des 10 francs qui sont le premier des éléments dont se compose la taxe à percevoir, puisque le franc est une valeur monétaire officielle française parfaitement certaine et indiscutable; qu'il ne saurait en exister davantage en ce qui concerne le second des éléments dont se compose la taxe à percevoir et qui est ainsi spécifié dans le firman de concession : *tonneau de capacité;*

Qu'en effet, cette désignation, qui indique que la perception du droit aura lieu en tenant compte de la capacité du navire et non de l'importance de son chargement, serait vague et contraire même à l'essence du firman, si la détermination du nombre des tonneaux de capacité compris dans un navire avait été laissée à l'appréciation de la Compagnie de Suez, qui deviendrait ainsi juge en sa propre cause;

Attendu que la signification des mots *tonneau de capacité* n'est pas douteuse; que, dans le langage de l'Administration, du commerce et des navigateurs, ces expressions ou celle du tonneau de jauge sont employées indifféremment.

Attendu que le firman de concession, en adoptant l'unité monétaire française comme un des éléments de la taxe, a incontestablement entendu employer le système légal français de mesurage de jauge comme second élément de la fixation de cette taxe; que dès lors le nombre des tonneaux de capacité, auquel est applicable la taxe de 10 francs, est déterminé par l'ordonnance du 18 novembre 1837, aux termes de laquelle le jaugeage ou la capacité légale des navires sont calculés d'après des procédés précis et déterminés par les autorités constituées à cette fin et inscrits ensuite sur les navires eux-mêmes et sur leurs papiers de bord;

Attendu que, pour repousser cette interprétation du contrat, on ne saurait s'arrêter au moyen tiré de ce que le jaugeage légal français ne serait pas l'expression vraie de la capacité du navire utilisable pour le fret, et lui serait sensiblement inférieur;

Qu'en effet, cette circonstance ne devait être ignorée d'aucune des parties contractantes, et notamment de Ferdinand de Lesseps qui, dans sa détermination du chiffre de 10 francs, n'a pu manquer de tenir compte de la façon dont le jaugeage officiel français s'établit;

Attendu, d'ailleurs, qu'il appert des documents soumis au Tribunal, que l'interprétation de l'article 17 du firman a été donnée par de Lesseps lui-même à une époque où l'esprit dans lequel avait été rédigé ledit article était parfaitement présent à sa mémoire;

Qu'en effet, de Lesseps, ayant entrepris un voyage en Angleterre en 1857, l'année qui suivit celle de la signature du firman, pour se mettre en contact avec le public commercial des centres les plus importants et fournir des renseignements sur sa vaste entreprise, déclarait notamment à Birmingham que le droit de 10 francs stipulé en l'article 17 s'appliquait au *register tonnage*, c'est-à-dire au tonnage net officiel; qu'il ne s'agissait donc pas pour lui d'un tonnage à déterminer ultérieurement, mais d'un tonnage parfaitement défini, qu'il qualifiait devant des armateurs et des négociants anglais dans leur langue, mais qui, en réalité, était bien dans sa pensée le tonnage légal français, très-peu différent au surplus du *register tonnage;* qu'à tous égards donc, c'est le tonnage légal français qui doit servir à déterminer le second élément constitutif du maximum stipulé au paragraphe 3 de l'article 17 du firman;

Attendu d'ailleurs que cette interprétation du contrat ne s'oppose en aucune façon à l'application du paragraphe premier de l'article susvisé, non plus qu'à l'adoption d'un autre mode de mesurage applicable à toutes les nations qui résulterait de conventions internationales;

Qu'en effet ces tonnages diversement déterminés peuvent toujours être ramenés, au moyen de coefficients convenablement calculés, au tonnage légal français, qui constitue pour la durée de la concession la seconde base du maximum susvisé;

Attendu qu'il ressort de l'examen du tarif du 4 mars 1872, qu'il a pour objet de modifier sensiblement, au préjudice des navires transitant par le Canal de Suez, l'un des éléments constitutifs de la taxe à percevoir et par conséquent cette taxe elle-même;

Qu'en effet ce tarif porte qu'à l'avenir le droit de navigation de 10 francs par tonne sera perçu sur la capacité réelle des navires, au lieu d'être perçu sur la capacité légale déterminée par le nombre de tonneaux de jauge calculés d'après les prescriptions de la loi et des usages existant en France à l'époque de la signature du firman de concession;

Qu'il porte encore que la perception aura lieu sur le *gross tonnage* ou tonnage brut établi d'après la méthode anglaise, substituant ainsi à la base antérieure de perception, tout à la fois une autre quotité et un autre mode de l'établir;

Que le mode de jaugeage nouveau prescrit par la Compagnie universelle du Canal de Suez diffère essentiellement de celui qu'a consacré le firman de concession, et qu'il a été calculé pour augmente notablement le produit de la perception;

Attendu enfin que la Compagnie de Suez, non contente d'avoir interprété une première fois à son profit l'article 17 du firman, se réserve expressément de modifier, quand elle le jugera convenable, cette première interprétation, et de maintenir ainsi les intérêts maritimes du monde dans une incertitude permanente contraire à l'esprit comme à la saine interprétation du firman ; qu'à tous égards, de telles prétentions doivent être repoussées ;

Attendu qu'il est établi que depuis le 1er juillet 1872, la Compagnie anonyme des Messageries maritimes a payé comme contrainte et forcée, et sous la réserve formelle de ses droits, l'excédant de taxe résultant du tarif nouveau, que dans ces circonstances, sans s'arrêter aux divers moyens invoqués à son profit par la Compagnie du Canal maritime de Suez, il y a lieu de déclarer ladite Compagnie des Messageries bien fondée en ses diverses demandes, fins et conclusions.

PAR CES MOTIFS :

Le tribunal, jugeant *en premier ressort*,

Dit que c'est à tort et sans droit que la Compagnie universelle du Canal maritime de Suez, par sa délibération en date du quatre mars mil huit cent soixante-douze, a déclaré modifier la taxe perçue pour droit spécial de navigation sur les navires transitant par le Canal maritime de Suez ;

Dit en conséquence que la taxe à payer par la Compagnie anonyme des Messageries maritimes pour droit spécial de navigation demeure fixée à dix francs, valeur monétaire française, par tonne de capacité de ses navires, inscrite au livre de bord et suivant le mode de jaugeage déterminé par l'ordonnance de mil huit cent trente-sept ;

Donne acte à ladite Compagnie des Messageries maritimes de ce qu'elle a déclaré n'acquitter la taxe nouvelle à compter du premier juillet mil huit cent soixante-douze que comme contrainte et forcée et sous toutes réserves;

Condamne la Compagnie universelle du Canal maritime de Suez par les voies de droit, à *payer et restituer à la Compagnie anonyme des Messageries maritimes l'excédant de taxe qu'elle a été obligée d'acquitter pour ses navires du premier juillet mil huit cent soixante-douze à ce jour, avec les intérêts suivant la loi, lesdits excédants à déterminer par état ;*

Et condamne la Compagnie universelle du Canal maritime de Suez en tous les dépens et même au coût de l'enregistrement du présent jugement; les dépens du chef de la Compagnie des Messageries maritimes sont taxés et liquidés à la somme totale de *cent vingt francs et quatre-vingt-quinze centimes*, y compris l'enregistrement du pouvoir, l'assignation, le placement, l'appel de la cause, les jugements des trois et dix-sept juillet, neuf et vingt-trois septembre mil huit cent soixante-douze, le droit de transcription du présent jugement sur la feuille d'audience, le timbre d'icelle, la mention du répertoire, la rédaction des qualités, le papier de l'expédition et les rôles du présent jugement, non compris son enregistrement;

Ordonne que le présent jugement sera exécuté selon sa forme et teneur et en cas d'appel par provision pour le principal et les intérêts seulement sans qu'il soit besoin par la Compagnie anonyme des Messageries maritimes de donner caution, attendu sa solvabilité notoire.

N° 2.

COUR D'APPEL DE PARIS (1re Chambre).

PRÉSIDENCE DE M. LE PREMIER PRÉSIDENT GILARDIN.

(Audience du 6 mars 1873.)

Conclusions de M. l'avocat général Hémar, dans le procès de la Compagnie des Messageries maritimes contre la Compagnie du Canal de Suez.

MESSIEURS,

Je vous demande la permission d'aborder sans préambule la discussion de ce procès. Que vous dirais-je, en effet? que cette cause est d'une haute importance; qu'elle touche aux intérêts généraux des marines marchandes du monde entier; que votre arrêt doit réagir sur les destinées de cette grande Compagnie du Canal maritime de l'isthme de Suez qui soutient, dans l'Orient, l'honneur de la civilisation française; tout cela, vous le savez comme moi. Ce sont des vérités dont nous sommes tous ici pénétrés au même degré. J'entre donc immédiatement en matière.

J'indique d'abord les documents de la cause.

En vertu de deux firmans rendus par Mohammed Saïd, Vice-Roi d'Egypte, les 30 novembre 1854 et 5 janvier 1856, M. Ferdinand de Lesseps et la Compagnie qu'il est chargé de constituer obtiennent la concession des travaux de percement de l'isthme de Suez et de l'exploitation d'un passage propre à la grande navigation.

L'article 17 du firman de 1856 indemnise la Compagnie des travaux de construction, d'entretien et d'exploitation en autorisant la perception à son profit, pendant toute la durée de la concession, des droits de pilotage, de remorquage, de halage, de stationnement et de navigation, « sous la condition expresse de ne pas excéder, pour le droit spécial de navigation, le chiffre maximum de 10 francs par tonneau de capacité des navires et par tête de passager. »

Le 17 août 1869, la Compagnie publie un règlement dont l'article 11 est ainsi conçu : « Les péages sont calculés sur le tonnage réel des navires, quant aux droits de transit, remorquage et stationnement. Jusqu'à nouvel ordre, la perception sera faite d'après les papiers officiels du bord. »

Le 4 mars 1872, nouveau règlement exécutoire à partir du 1er juillet suivant, dont voici les dispositions essentielles :

1° Le droit spécial de navigation n'est pas perçu d'après les papiers de bord, mais sur le *gross tonnage*, ou tonnage brut inscrit sur ces papiers, pour les navires jaugés d'après la méthode anglaise en vigueur ;

2° Pour les navires qui n'ont pas été jaugés d'après cette méthode, leur tonnage est ramené au tonnage anglais au moyen du barême de la commission internationale du Bas-Danube ;

3° La Compagnie jaugera également les espaces couverts provisoirement ou à demeure qui ne seraient pas compris dans le tonnage officiel.

4° La Compagnie ne renonce pas, pour l'avenir, à l'application de tel mode de jaugeage qui se présenterait avec des avantages de précision supérieure.

Ce règlement élève le droit de péage de 40 0/0 environ. La Compagnie des Messageries soutient même que l'aggravation atteint le chiffre de 66 0/0.

Les Messageries soutiennent que ce règlement est illégal; elles demandent qu'il soit mis à néant pour l'avenir, et réclament la restitution de l'excédant des droits perçus depuis le 1er juillet, mais acquittés sous réserve. A l'appui de leur demande, elles affirment: 1° qu'il existe entre elles et la Compagnie du Canal de Suez un lien de droit; 2° que les tribunaux français sont compétents pour rechercher si ce lien de droit a été violé; 3° que la Compagnie du Canal de Suez a violé ce lien de droit.

Je dois rechercher si ce lien de droit existe, car la Compagnie de Suez en conteste l'existence, et, si sa thèse était exacte, le procès manquerait de base juridique. Or ce lien de droit existe; il est facile de le prouver. Le Vice-Roi, autorisé par un firman de la Sublime Porte du 19 mars 1866, fait construire un canal qui réunit la Méditerranée à la mer Rouge. Il acquiert sur ce canal, d'après les principes du droit public, le droit de domaine et le droit d'empire. Il a le droit de domaine, car ce canal est sa propriété, et il en reprend la possession à l'expiration de la concession consentie à la Compagnie chargée des travaux (firman de 1854, art. 10; firman de 1856, art. 16). Il a le droit d'empire; donc il use du canal à sa volonté et il y commande en maître. Il peut en réserver l'usage à ses sujets égyptiens, comme il peut l'ouvrir à toutes les marines marchandes, sans conditions ou sous certaines conditions. (V. Vattel, *Droit des gens*, livre Ier, chap. IX, nos 101 et 103; liv. II, chap. VII, n° 94; chap. VIII, n° 100.)

Or, dans le plein exercice de sa puissance souveraine, il édicte la loi suivante: « Nous déclarons solennellement, pour nous et nos successeurs, sous la réserve de la ratification de S. M. I. le Sultan, le grand Canal maritime de Suez à Péluse et les ports en dépendant, ouverts à toujours, comme passages neutres, à tout navire de commerce traversant d'une mer à l'autre, sans aucune distinction, exclusion ni préférence de personnes ou de nationalité, moyennant le paiement des droits et l'exécution des règlements établis par la Compagnie universelle concessionnaire pour l'usage dudit canal et dépendances. » Les conséquences juridiques de cet acte du Khédive apparaissent nettement. Les Messageries ont le droit de transit à la condition d'acquitter le péage; la Compagnie du Canal de Suez doit laisser passer les Messageries après paiement de la redevance. Droits et devoirs corrélatifs. Le lien de droit est créé.

Si ce lien de droit est méconnu par la Compagnie du Canal de Suez, les tribunaux français sont-ils compétents pour connaître du litige qui s'élève à cette occasion? La question de compétence est posée.

Je définis d'abord l'état légal de la Compagnie du Canal de Suez en Egypte et en France. En Egypte, la Compagnie est une Société commerciale qui opère sous la forme anonyme. Cette Société a fait une entreprise de travaux publics. Elle a acquis des terrains, creusé un canal et construit deux ports dont elle doit assurer l'entretien. Elle trouve sa rémunération dans la perception, pendant quatre-vingt-dix-neuf ans, à partir de l'ouverture du canal à la grande navigation, des produits utiles de l'œuvre qu'elle a exécutée (firman de 1856, art. 17. Statuts, art. 2). Le siége social est à Alexandrie (statuts, art. 3). Enfin, la Société est une personne morale égyptienne (convention du 22 février 1866, art. 16). En France, la Compagnie de Suez est une société anonyme étrangère. Elle a dans notre pays son domicile administratif et judiciaire (Statuts, art. 3 et 73). Son existence y est légalement reconnue (Lois des 30 mai, 11 juin 1857; Décrets des 7, 18 mai 1859).

La Compagnie des Messageries, société française, est donc fondée, aux termes de l'article 14 du Code civil, à traduire la Compagnie du Canal de Suez, société étrangère, devant les tribunaux français. Nul doute ne saurait s'élever sur le droit qui découle de l'article 14. Peu importe que les engagements procèdent du contrat, du quasi-contrat, du délit ou du quasi-délit; peu importe que la personne engagée soit une personne morale. La loi ne fait aucune distinction à cet égard. (Demolombe, I, n°s 250, 251 *ter*.) Elle accorde aux intérêts français son énergique et utile protection, en ouvrant à tous les citoyens un forum où ils trouvent une justice qu'ils ne pourraient obtenir à l'étranger.

Contre cette solution, la Compagnie de Suez objecte :

1° Qu'elle n'a pas contracté d'obligation envers les Messageries.

Elle nie à tort le lien de droit dont nous avons prouvé l'existence. Remarquons, d'ailleurs, que si elle a perçu des droits supérieurs à ceux que le firman autorise, elle est soumise à la répétition de l'indû (art. 1235, 1376);

2° Qu'elle est une Société égyptienne, et qu'en cette qualité elle est soumise aux lois et usages de l'empire ottoman. Dans le même ordre d'idées, on peut encore invoquer l'article 16 de la convention du 22 février 1866, passée entre Ismaïl-Pacha et M. de Lesseps. Cet article porte : « Les différends, en Égypte, entre la Compagnie et les particuliers, à quelque nationalité qu'ils appartiennent, seront jugés par les tribunaux locaux, suivant les formes consacrées par les lois et usages du pays et les traités. »

L'objection n'est pas fondée. S'il est incontestable, en effet, que la Société du Canal de Suez est égyptienne, il n'en résulte pas qu'en France l'article 14 ne puisse être invoqué contre elle. A ce point de vue, le droit public nous défend de nous préoccuper de la compétence turque et des conventions intervenues entre le Vice-Roi et la Compagnie. Toutes les souverainetés sont égales entre elles et indépendantes les unes des autres. L'acte de la souveraineté ottomane ne peut donc anéantir l'acte de la souveraineté française. Or, le souverain français attribue compétence aux tribunaux français pour connaître des contestations entre Français et étrangers. Ni la convention intervenue ni la législation turque ne peuvent effacer de nos Codes la disposition écrite dans l'article 14 du Code civil.

On insiste cependant et on soutient qu'en usant du canal de Suez, les Messageries ont renoncé au forum de l'article 14 et accepté la juridiction indiquée par la convention. Les Messageries répondent que l'article 16 de la convention de 1866 constitue une modification aux statuts, et que cette modification n'ayant pas été régulièrement publiée n'est pas obligatoire pour les tiers.

La Compagnie du canal de Suez réplique à son tour que la nécessité de cette publication, résultant de la loi française, ne s'impose pas à une société égyptienne régie par la législation locale. Il faut remarquer cependant que l'article précité de la convention soumet la Compagnie, en ce qui touche sa constitution, aux lois qui, en France, régissent les sociétés anonymes, et qu'en conséquence la thèse des Messageries conserve sa valeur juridique.

Mais je crois qu'il faut opposer à l'objection une réponse plus large.

La question de savoir s'il est permis à un Français de renoncer au bénéfice de l'article 14, quoique controversée, est, en général, résolue dans le sens de l'affirmative. J'approuve cette solution en principe et je ne fais pas difficulté de reconnaître que le Français qui a traduit l'étranger devant un tribunal étranger n'est plus recevable à exercer la même action en France. La renonciation résulte, dans cette hypothèse, d'un fait qui ne paraît pas comporter une autre interprétation. Mais c'est là une simple considération de fait, et quelques arrêts ont pu, dans cet ordre d'idées, décider que les circonstances permettaient une conclusion opposée. Il faut donc rechercher si, en fait, les Messageries, en transitant par l'isthme de Suez, ont voulu renoncer à la compétence qu'elles revendiquent aujourd'hui. Poser la question est aussi la résoudre. Le fait invoqué n'implique pas une renonciation qui, par sa nature, ne se suppose pas facilement.

La Compagnie de Suez objecte enfin :

3° Qu'il s'agit d'interpréter un acte de concession émané d'un gouvernement étranger; que cette interprétation est du ressort du gouvernement auteur de la concession, et que les tribunaux français ne peuvent la donner sans envahir la souveraineté étrangère.

Cette objection est grave. Je crois, et je le démontrerai dans un instant, que le droit d'interprétation nous appartient. Mais n'est-il pas évident, tout d'abord, que la juridiction française peut appliquer le firman de 1856 aux relations de la Compagnie de Suez avec les Messageries? Or, si le firman est clair, s'il s'explique sur la méthode de jaugeage des navires, soit pour la fixer légalement, soit pour laisser à cet égard un droit d'élection à la Compagnie, nous sommes autorisés à en faire l'application au fait de la cause. Envisagée sous cet aspect, la question de compétence se rattache à celle du fond, et j'y arriverai ultérieurement.

Ce point réservé, j'affirme que l'interprétation du firman relève de notre compétence. Je précise cependant l'étendue et les limites de ce droit.

Le firman, dans son ensemble, contient deux ordres de dispositions : des dispositions contractuelles et des dispositions législatives. Les dispositions contractuelles, qui établissent un lien de droit entre la Compagnie et le Khédive, sont celles qui prononcent la concession, qui en règlent les conditions et qui indiquent les droits et les devoirs réciproques des parties contractantes. A ce point de vue, le caractère contractuel du firman est indéniable. Il a été hautement reconnu par la sentence arbitrale rendue en 1864 par l'empereur Napoléon III. Les dispositions législatives se rapportent soit aux relations du Vice-Roi avec les marines étrangères : tel est, par exemple, l'article 14, qui ouvre le Canal à toutes les marines marchandes et le neutralise; soit aux rapports de la Compagnie avec ces mêmes marines lorsque, réglant le tarif du péage, le Khédive consacre le cahier des charges de la Compagnie concessionnaire. Je n'ai pas besoin d'établir que le firman, dans cette partie, constitue un véritable cahier des charges, l'intitulé de ce document le déclarant d'une façon positive.

En ce qui touche l'interprétation des dispositions contractuelles et l'appréciation du contentieux qui s'y rattache, votre imcompétence est absolue, alors même qu'il ne s'agirait pas d'une société égyptienne. Ce n'est pas seulement parce que ces questions doivent se décider en vue du droit public turc, dont nous ne sommes pas les ministres ; c'est surtout parce que le droit de juger est une attribution de la souveraineté, et que juger le Khédive à ce point de vue, serait soumettre la souveraineté *égyptienne* à la souveraineté *française*. Telle est la doctrine de Vattel : « De cette liberté et indépendance, dit cet auteur, il suit que c'est à chaque nation de juger de ce que sa conscience exige d'elle, de ce qu'elle peut ou ne peut pas, de ce qui lui convient ou ne lui convient pas de faire.... Dans tous les cas, donc, où il appartient à une nation de juger de ce que son devoir exige, une autre ne peut la contraindre à agir de telle ou telle manière ; car, si elle l'entreprenait, elle donnerait atteinte à la liberté des nations. » (*Droit des gens,* Préliminaires, 16.)

Les mêmes principes ont inspiré l'arrêt célèbre rendu par la Cour de cassation le 22 janvier 1849, dans l'affaire du Gouvernement espagnol (Dalloz, R. P., 49, 1-1. Lambége et Pujol contre le Gouvernement espagnol). Nous prononcer sur l'exécution ou l'inexécution du contrat de concession serait nous reconnaître le droit de prescrire au Vice-Roi les obligations qu'il doit remplir et de le rappeler à ses devoirs. Or, il n'est pas notre justiciable.

En France, de semblables questions se portent devant la juridiction administrative. En Égypte, la convention de 1866 en attribue la connaissance à la justice locale.

Au contraire, notre compétence est incontestable en ce qui touche le contentieux dérivant des dispositions législatives et les litiges que soulèvent l'application et l'interprétation du cahier des charges. Il ne s'agit pas, en effet, de dicter à un souverain indépendant le devoir qu'il doit remplir, mais de subordonner à notre juridiction une Compagnie égyptienne, et de juger un différend privé entre un Français et un étranger.

L'article 14 du Code civil nous en donne le droit, nous en impose l'obligation. Que deviendrait, en effet, cet article, si une autre solution pouvait prévaloir? Quelle serait la valeur de la protection qu'il veut assurer aux citoyens? Il ne serait plus possible de statuer sur les engagements nés à l'étranger, car tous ces engagements sont régis par la loi étrangère que nous sommes tenus d'appliquer et par là même d'interpréter.

J'ajoute que nous n'hésitons jamais sur notre compétence, qu'il s'agisse, soit de faire application à l'étranger de son statut personnel, soit de nous prononcer sur les contestations qui peuvent s'élever entre un Français et les sociétés constituées à l'étranger pour l'exploitation des canaux ou des chemins de fer.

On oppose cependant que le firman n'est en lui-même qu'un décret, un acte administratif du pouvoir étranger. Qu'importe? Cette considération n'a pas ici plus de valeur que s'il s'agissait d'un acte émanant du pouvoir exécutif français. N'oublions pas, en effet, que la Cour de cassation a, par une jurisprudence constante, affirmé la compétence des tribunaux ordinaires en matière d'interprétation des cahiers des charges des chemins de fer, sans distinguer s'ils étaient homologués par une loi ou un décret. (Voy. loi du 11 juin 1842, art. 6, § 2. — Sénatus-consulte du 25 décembre 1852. — Req. rej. 5 février 1861, Contet-Muiron c. Chemin de fer du Nord. — Civ. rej. 30 mars 1863, Chemin de fer de Paris à Lyon et à la Méditerranée c. camionneurs de Cette. — D. P., 61, 1, 364; 61, 1, 178. — Dalloz, Répertoire, v° Voirie par chemin de fer, n°s 493, 494.)

Notre compétence est certaine et j'aborde l'examen du fond.

J'ai exposé déjà l'économie du règlement du 4 mars 1872. Les conséquences pratiques que cette innovation entraîne sont: en droit, que la Compagnie de Suez est laissée par le firman libre de choisir à son gré le mode de jaugeage qu'elle considère comme le plus exact ou le plus avantageux; en pratique, l'adoption de la méthode anglaise dont les résultats sont majorés dans une importante proportion. La Cour se rappelle que la méthode anglaise, plus flexible que l'ancienne méthode française, mesure séparément chaque partie des navires à voiles, additionne toutes ces dimensions et en divise le total par 100 pieds cubes anglais, soit, en mesures métriques, 2 m. 83 c. ; que le résultat de cette division donne le gross tonnage ; qu'en ce qui touche les steamers, l'emplacement de la machine est mesuré et déduit, et qu'on arrive ainsi au net tonnage ou registred tonnage, et qu'enfin, sur les papiers de bord de navires à vapeur, on trouve la double mention du gross tonnage et du registred tonnage. Aujourd'hui le mode de jaugeage anglais est adopté par le Danemark, les États-Unis, l'Autriche. Il vient prendre place dans les institutions maritimes françaises par le décret du 24 décembre 1872. Il ne donne pas un tonnage supérieur à l'ancien tonnage français, ainsi que l'atteste M. Teisserenc de Bort dans le rapport qui précède le décret précité.

On peut dès lors juger de l'importance de l'innovation introduite dans la perception du droit, par le règlement du 4 mars. Les steamers sont traités comme les voiliers et acquittent le péage sur la base du gross tonnage, sans déduction de la machine pour les navires à vapeur. Prétention exorbitante, disent les Messageries. C'est le canal fermé! c'est la marine marchande renvoyée au cap de Bonne-Espérance! Nous n'avons pas à apprécier cet aspect de la question. Le règlement, rapproché des firmans de 1854 et de 1856 est-il légal? Tel est le litige dont vous êtes saisis. Or il est légal, si la Compagnie de Suez prouve que la tonne de capacité est distincte de la tonne de jauge, et que le droit d'élection entre les différentes méthodes de jaugeage lui a été réservé. Or, la Compagnie de Suez ne peut définir la tonne de capacité. En 1855, M. de Lesseps considère la tonne de capacité comme étant la tonne, en poids, de 1,000 kilogrammes (voir lettre de M. Dauprat). En 1868, il la cherche en dehors de toutes les mesures de capacité connues, en proposant la création d'un tonneau marin type. (Exposé de 1868, p. 32-33). En 1871, la Commission qui élabore le règlement du 4 mars 1872, la confond avec la tonne d'encombrement de $1^{m},44$. Dans le procès actuel, en première instance, la tonne de capacité n'est autre que la tonne métrique, mesure aussi inconnue dans notre législation que dans les habitudes commerciales. Enfin, devant vous, on revient à la tonne d'encombrement. (Voir note de Me Champetier de Ribes.)

En ce qui touche la liberté de choisir entre les méthodes de jaugeage, mêmes incertitudes. En 1855, le firman est discuté entre M. de Lesseps et M. Ruyssenærs, représentant le Khédive. Qu'a-t-on voulu faire alors? La lettre de M. Ruyssenærs, interprétée sans parti pris, permet de croire qu'on a pensé successivement à prendre pour base du péage, soit le manifeste, soit le chargement réel des navires à chaque passage. En 1856, pendant que MM. Barthélemy Saint-Hilaire et Chancel admettent la possibilité de majorer les tonnages officiels, M. de Lesseps, dans sa courageuse campagne des meetings, affirme au commerce anglais que le droit sera payé sur le « registred tonnage ». Enfin, en 1868, il se prononce pour le tonnage officiel et refuse de tenir compte du chargement réel du navire, alors même que ce chargement dépasse la jauge officielle déclarée. (Exposé de 1868, p. 32.) Malgré l'avis de la Commission, délibérant sur les propositions du directeur-président, le droit de récuser les tonnages officiels est affirmé dans le règlement du 17 août 1869. Le mot « tonnage réel » apparaît. Le règlement de 1872 consomme l'innovation annoncée depuis 1869.

Le Vice-Roi a-t-il laissé à la Compagnie un droit de cette gravité? Il ne pouvait le faire. Il ne l'a pas fait.

Il ne pouvait le faire.

On comprend, en effet, la liberté de tarif laissée à la Société concessionnaire pour les droits de pilotage, de remorquage, de halage et de stationnement. Chaque navire est libre de payer ces droits ou de s'y soustraire en ne réclamant pas un service dont il est juste de payer le prix, s'il est rendu. Mais cette même liberté, accordée sans limitation pour le droit de navigation, droit qui frappe tous les navires usant du Canal, ne pouvait ni se demander ni s'obtenir. En cette matière, tout devait être fixe, certain, déterminé. L'intérêt politique l'exigeait, car la Compagnie, maîtresse du droit de navigation, était maîtresse de fermer ou d'ouvrir le Canal au gré de ses caprices. L'intérêt économique ne parlait pas moins haut. Que devenait, en effet, la transformation de la marine marchande en marine à vapeur? C'était une œuvre de longue haleine qui ne pouvait être entreprise que si les calculs de l'armateur n'étaient pas exposés à être renversés du jour au lendemain par un rehaussement inattendu des tarifs.

Or la liberté en matière de jaugeage permettait tout cela.

Plus d'avenir, plus de certitude, plus de prévision raisonnable! Sans doute, le droit ne dépasserait pas 10 francs par tonneau de capacité. Mais la Compagnie pouvait, par une méthode de jaugeage heureusement conçue, faire apparaître tel nombre de tonneaux qu'il lui plaisait. Il n'y avait plus de limites. Où donc devra-t-on s'arrêter? Au tonnage réel représentant la somme des capacités utilisables d'un navire? Qu'est-ce que ce tonnage si l'arbitraire préside à la détermination des prétendues capacités utilisables? Et pourtant le Khédive, bravant les difficultés politiques qu'un pareil système devait enfanter chaque jour, aurait fait à M. de Lesseps cette redoutable concession! S'il en eût été ainsi, M. de Lesseps devait le faire écrire clairement dans le firman, dont il était admis à discuter les termes et la rédaction. Au lieu de cela, le firman porte: Tonneau de capacité.

Quelle est l'interprétation légale de cette expression? Les Messageries soutiennent que tonneau de capacité veut dire tonne de jauge; que la tonne de jauge est l'un des éléments du jaugeage; que le jaugeage est une opération réglée par la loi de chaque nation maritime, et que l'emploi des mots tonnes de capacité implique l'obligation, pour la Compagnie du Canal de Suez, d'accepter comme base de perception les tonnages officiels. Cherchons donc à déterminer quelle est la valeur légale de l'expression employée et poursuivons cette recherche dans la législation française, car la traduction officielle du firman de 1856 employant une expression empruntée au droit maritime français, il en résulte que cette expression doit avoir un sens dans notre législation.

Le tonneau de mer s'entend du tonneau en poids et du tonneau en volume. D'après les lois du 13 brumaire an IX et du 4 juillet 1837, 1,000 kilogrammes représentent le poids du mètre cube d'eau et du tonneau de mer. Le tonneau en volume est une mesure de capacité qui, dans notre ancien droit, prenait aussi le nom de tonneau d'encombrement. D'après l'usage bordelais, ce tonneau équivalait à 42 pieds cubes, c'est-à-dire à l'espace occupé dans un navire par l'arrimage de quatre barriques de vin de Bordeaux d'un poids total de 2,000 livres. L'ordonnance de la marine, d'août 1681, prit ce tonneau comme unité de mesure dans l'opération du jaugeage. L'ordonnance (liv. II, titre X. art. 5) porte en effet: « Pour connaître le port et la capacité d'un vaisseau et en régler la jauge, le fond de cale, qui est le lieu de la charge, sera mesuré à raison de 42 pieds cubes pour tonneau de mer. » D'après cette première méthode de jaugeage officiel, le calcul des trois dimensions est appliqué à la cale, le produit est divisé par 42 pieds cubes; le quotient indique le nombre de tonneaux ou le tonnage. Il est bien évident qu'ici la tonne de jauge et la tonne de capacité expriment la même idée. Ce sont deux expressions synonymes désignant une seule et même unité de mesure, dont les multiples indiquent « le port et la capacité du vaisseau ».

Il faut remarquer en outre que le tonnage de 1681 est un tonnage moyen et que le législateur n'a pas l'intention d'atteindre toutes les capacités réellement utilisées des navires. Vâlin, dans son commentaire sur cet article, en donne les raisons suivantes : 1° On charge souvent des marchandises dans l'entrepont qui n'est pas jaugé, « mais qui est naturellement réservé pour les rechanges du navire et les besoins de l'équipage; » 2° le jaugeage ne s'applique exactement qu'aux navires de forme carrée. Il n'atteint pas toutes les parties des navires de construction effilée. Valin fait à ce sujet l'observation suivante, dont je signalerai bientôt l'importance historique : « Tous les pieds cubes d'un navire effilé ou de construction qui se termine en pointe de l'avant à l'arrière ne tournent pas à compte pour la charge comme ceux d'un navire de figure carrée ou approchante; et c'est à quoi l'on ne fait pas toujours assez attention. C'est pour cela aussi que les jauges d'un même navire diffèrent, quelquefois assez considérablement, suivant que les jaugeurs sont plus ou moins exacts ou équitables. » Ce qui conduit à reconnaître qu'une méthode de jaugeage qui atteindrait toutes les parties d'un navire effilé ferait ressortir un tonnage exagéré.

De 1681 à l'an II, plusieurs faits importants se produisent. Pour se soustraire au paiement des droits, on diminue la cale en abaissant le plancher qui la sépare de l'entrepont et l'on charge les marchandises dans cet entrepont. En outre, on recherche de plus en plus les conditions favorables au développement de la vitesse; la forme carrée est abandonnée dans la construction des navires; la forme effilée est plus généralement adoptée. La méthode de 1681 ne répond donc plus à la situation nouvelle que les circonstances ont créée. Les décrets des 27 vendémiaire an II, article 34 et 12 nivôse an II imposent à la marine marchande une méthode de jaugeage préparée par les travaux de Legendre, et restée en vigueur jusqu'à la fin de 1872.

D'après cette méthode, ce n'est plus seulement la cale qui est mesurée; tout le navire, sauf certaines déductions, est soumis au calcul des trois dimensions. Le produit des trois dimensions multipliées les unes par les autres trace autour du navire un parallélipipède fictif qui circonscrit le bâtiment tout entier et dont il est facile d'obtenir, par le calcul, la mesure exacte. Cette mesure ne peut être le tonnage, car il est évident qu'il faut déduire, d'une part, les espaces libres entre le parallélipipède et les parois du navire, d'autre part, dans l'intérieur du bâtiment, les parties consacrées au logement des matelots, aux vivres, aux agrès, etc., ces parties n'étant pas susceptibles de produire le fret, et devant, par ces motifs, échapper à l'impôt. Ces déductions opérées, une question délicate se présente. Convient-il de rechercher combien les espaces réputés utilisables contiennent de fois 42 pieds cubes?

Procéder ainsi eût été commettre une injustice intolérable. Il est, en effet, certain que toutes les parties réputées utilisables ne peuvent être constamment utilisées. Si le plein chargement se comprend pour les marchandises plus encombrantes que pesantes, il devient inadmissible dans l'hypothèse opposée. Le navire coulerait bas. La charge varie, en outre, dans une large proportion, suivant la saison du voyage, sa durée, les mers que le navire doit affronter, l'âge de ce navire, et même, à poids égal, suivant la nature de la marchandise transportée. Il n'y a donc pas de port constant ni de tonnage invariable. De là la nécessité de faire un arbitrage entre toutes ces données divergentes. Mais comment? On ne peut songer à ne faire porter la jauge que sur une partie du navire, car ce serait ouvrir une porte à la fraude. Il faut donc augmenter l'unité qui sert de base au calcul, pour arriver à des résultats équitables. On obtient ainsi un tonnage moyen, qui tantôt sera dépassé, tantôt sera atteint, au-dessous duquel restera parfois le chargement réel, mais qui, dans ses applications réitérées, ne s'éloignera pas sensiblement du fret moyen. C'est ce que fit le législateur de l'an II, en portant la tonne de jauge de 42 pieds cubes à 95, puis à 94 pieds cubes.

La division du parallélipipède fictif par ce chiffre donne, au quotient, le tonnage légal.

Les conséquences de ce système sont faciles à saisir : 1° le tonnage reste un tonnage moyen parce qu'il n'existe pas de tonnage réel; 2° la tonne de capacité ou de jauge n'est plus équivalente à la tonne d'encombrement; elle est représentée par 94; 3° la tonne d'encombrement reste fixée à 42 pieds cubes ($1^{m},44$). Elle devient, sous le nom de tonneau d'affrétement, l'unité régulatrice du contrat de ce nom. La Compagnie du Canal de Suez rejette cette interprétation. Elle ne considère le diviseur 94 que comme un chiffre abstrait, ne représentant pas la tonne de jauge ou de capacité, mais comme un moyen de déterminer combien les parties utilisables d'un navire sont présumées contenir de fois 42 pieds cubes. Cette thèse est contraire au texte de l'ordonnance de 1681, à l'esprit de cette ordonnance et des lois de l'an II, enfin à la notion même de la division, car, dans ce système, il n'existerait plus de corrélation mathématique entre le quotient et le diviseur, chacune de ces expressions représentant des unités différentes.

Mais ce n'est là pour la Compagnie qu'une critique théorique. Elle se déclare prête à accepter le jaugeage de l'an II; elle repousse, au contraire, le jaugeage édicté par les deux ordonnances des 18 novembre 1837 et 12 août 1839, qu'elle qualifie de jaugeage falsifié.

Ces deux ordonnances, en adoptant pour diviseur le chiffre de $2^{m},83$ ($3^{m},80$ si l'on ne tient pas compte de l'espace compris entre le parallélipipède et le navire à jauger) et en accordant une déduction de 40 0/0 pour la machine à vapeur, portent en réalité à 110 pieds la tonne de jauge et abaissent le tonnage d'environ un cinquième.

Pourquoi cet abaissement? Pour favoriser une fraude, dit la Compagnie de Suez. Et le Gouvernement aurait prêté les mains à une fraude qui fait perdre au Trésor un cinquième des droits de navigation! C'est là une exagération insoutenable. Les deux ordonnances de 1837 et de 1839 ont été inspirées par des considérations d'une autre nature et s'expliquent par des faits bien connus.

Le jaugeage de l'an II était considéré partout comme excessif. Partout, à l'étranger, la méthode de jaugeage avait été calculée pour donner naissance à des perceptions moins écrasantes. Seule, la France maintenait un procédé suranné. Aussi les marines étrangères avaient-elles fait entendre des réclamations très-vives. Les États-Unis en particulier refusaient de s'y soumettre plus longtemps. Leurs navires, aménagés pour le transport du coton, marchandise encombrante, supportaient, en arrivant dans les ports français, des droits intolérables. Il fallut écouter leurs plaintes. L'article 5 du traité du 24 juin 1822 les admit à payer le droit de tonnage d'après le registre américain. Or, les navires français payant aux États-Unis d'après le tonnage déterminé par les procédés de l'an II, notre marine se trouvait placée dans des conditions d'inégalité désastreuses. Une seconde cause rendait un dégrèvement indispensable. La forme effilée avait définitivement pris, dans les constructions navales, le dessus sur la forme carrée, et tandis que le jaugeage accusait toujours les mêmes résultats, les espaces utilisables avaient diminué. Les faits justifiaient ainsi les prévisions de Valin. Il y avait donc à la fois inégalité pour notre marine marchande dans ses rapports avec les puissances étrangères et injustice dans ses relations avec la douane française. Cet ensemble de raisons nécessitait une réforme qui fut réalisée en 1837. Le rapport adressé au roi, par M. Martin (du Nord), ministre du commerce, expose très-nettement tous ces motifs. Le Gouvernement cédait à une nécessité qui depuis longtemps était évidente pour tous.

Les attaques dirigées contre ces ordonnances sont donc téméraires. La Compagnie du Canal de Suez allègue vainement que le tonnage résultant de cette législation est inférieur de 30 0/0 au tonnage sincère. C'est une assertion qui ne se trouve que dans ses conclusions ou dans les publications qu'elle inspire et que les faits démentent. Elle ajoute encore que la tonne de jauge n'est pas la tonne de capacité; que la tonne de jauge est l'unité qui sert d'assiette à l'impôt, que la tonne de capacité est l'unité qui sert à la détermination des espaces utilisables; et que dès lors l'expression tonne de capacité, employée dans le firman de 1856, ne la soumet pas aux tonnages officiels. En un mot, elle nie la synonymie de ces deux expressions.

Cette négation est contraire :

1° *A la raison.* — Car les espaces utilisés d'un navire variant constamment, la capacité d'un navire ne peut être représentée que par une moyenne. Or la tonne de capacité telle que la Compagnie de Suez la comprend n'est pas une tonne moyenne;

2° *A notre système de poids et mesures.* — La loi définit le tonneau de mer. L'usage commercial et administratif reconnaît la tonne de jauge et la tonne d'affrétement. Il n'y a rien en dehors de ces mesures. La tonne de capacité est la tonne de jauge, ou elle n'est pas;

3° *A la langue maritime.* — Ainsi que le prouvent le parère des courtiers de Marseille, l'article de M. Jules Merchant, dans le *Journal des Économistes*, la loi italienne de 1861, *Sulle tasse maritime* et l'arrêt de la Cour de Poitiers du 1er mars 1839 (D. P. 39, 2, 102);

4° *A la langue diplomatique.* — Des traités nombreux règlent la perception des droits de navigation dus par les navires français dans les ports étrangers, et réciproquement. Ces droits sont payés sur la base de la tonne de jauge. Dans tous ces actes, les mots jauge et capacité sont synonymes.

Voir :

27 juin 1858, traité avec la Chine, article 22;
9 mars 1861, traité avec le Pérou, article 11;
2 août 1862, traité avec la Prusse, article 3;
14 février 1865, traité avec la Suède et la Norwége, article 3;
9 juin 1865, traité avec le Mecklembourg-Schwérin, article 5;
16 décembre 1866, traité avec l'Autriche, article 3, et le protocole final, paragraphe 2 A, article 3.

Concluons. Aux termes du firman de 1856, la Compagnie de l'isthme de Suez, dans ses rapports avec la Compagnie des Messageries, société française, ne pouvait se soustraire au tonnage officiel français. Le règlement de 1872 est donc illégal et les excédants de perception doivent être restitués.

Cette solution ne viole pas l'égalité de traitement que la Compagnie du Canal de Suez est tenue d'assurer à tous les pavillons. Si la Compagnie se considère comme soumise, d'une façon générale, au tonnage français, elle pourra ramener à cette base tous les autres tonnages étrangers au moyen d'un barême équitable, comme le fait la commission du Bas-Danube, et comme elle-même se déclare prête à le faire dans le règlement de 1872.

Si, au contraire, elle croit devoir accepter le tonnage indiqué sur les papiers de bord de chaque navire, elle ne devra pas s'inquiéter d'une inégalité qui ne provient pas de son fait et qui ne la soumet à aucune responsabilité.

C'est à la diplomatie seule qu'il appartient de mettre un terme à cette situation. Que la Compagnie du Canal de Suez se garde de substituer à cette action les efforts de son initiative personnelle : elle s'engagerait ainsi dans une voie sans issue. Elle compromettrait aussi sa dignité et la haute renommée acquise par d'immortels services.

rendus à la civilisation, en donnant trop souvent à la justice le spectacle de prétentions mal fondées.

N° 3.

COUR D'APPEL DE PARIS (1re CHAMBRE)

PRÉSIDENCE DE M. LE PREMIER PRÉSIDENT GILARDIN

Arrêt (11 mars 1873).

« LA COUR,

» Considérant que la Compagnie des Messageries maritimes a eu à acquitter aux mains de la Compagnie universelle du Canal de Suez, pour le passage de ses navires dans le Canal, des droits de navigation déterminés par un firman de concession du Gouvernement égypto-ottoman ;

» Qu'elle actionne la Compagnie de Suez, laquelle est une Société égyptienne, en restitution de sommes perçues par celle-ci au delà de la taxe des droits légitimes de navigation ;

» Que, sur le déclinatoire opposé par la Compagnie de Suez, la Cour doit, en premier lieu, examiner sa compétence.

» SUR LA COMPÉTENCE :

» Considérant que, si la Compagnie de Suez avait perçu des péages dépassant le taux au maximun fixé par le firman de sa concession, elle aurait manqué à une obligation qui lui était imposée envers les tiers ;

» Que cette perception illégitime aurait constitué de sa part un quasi-délit ;

» Qu'ainsi se serait formé entre les parties le lien de droit par suite duquel la Compagnie des Messageries aurait action, selon l'article 14 du Code civil, pour poursuivre la Compagnie étrangère de Suez devant les tribunaux français, en exécution d'obligations ayant pris naissance à l'étranger ;

» Considérant que la Compagnie de Suez excipe à tort de l'article 16 du firman du 22 février 1866, portant que les différends soulevés en Égypte entre la Compagnie et des particuliers de toute nationalité doivent être soumis à la justice égyptienne ;

» Considérant que cette disposition du firman n'a pu enlever aux Français le droit qu'ils tiennent de l'article 14 du Code civil, de pouvoir citer l'étranger devant les tribunaux français ;

» Que ce droit ne pourrait être perdu pour eux que s'ils y avaient volontairement renoncé;

» Qu'une renonciation de ce genre ne peut, dans l'espèce, s'induire du fait de la Compagnie des Messageries maritimes, qui n'a acquitté le péage d'entrée du Canal qu'en obéissant à des exigences de perception, et qu'avec toutes réserves ;

» Que, dans la cause, la compétence des tribunaux français est donc démontrée.

» Au fond :

» Considérant que les parties sont en désaccord sur le sens de l'article 17 du firman de concession du 5 janvier 1856, qui autorise la Compagnie de Suez à percevoir une taxe de droit de navigation, et qui règle les bases d'après lesquelles cette taxe sera perçue ;

» Que l'article 17 impose à la Compagnie ces deux obligations :
» 1° de ne pas excéder, pour le droit spécial de navigation, le
» chiffre maximun de 10 francs par tonneau de capacité des navires
» et par tête de passager; 2° de percevoir les droits, sans aucune
» exception ni faveur, sur tous les navires dans des conditions
» identiques; »

» Considérant que la Compagnie des Messageries maritimes soutient que l'article 17, qui rattache la perception du droit de navigation à la monnaie française, ainsi qu'au tonneau de mer français, a entendu, dans le même ordre d'idées, que le tonnage à admettre comme moyen général d'établissement de la taxe fût le tonnage officiel français ;

» Que la prétention contraire de la Compagnie de Suez se formule ainsi : la Compagnie devait, d'après l'article 17, maintenir, sans avantage d'aucune sorte, une rigoureuse égalité de perception de la taxe entre les navires de tous les pavillons; ce résultat ne pouvait être atteint qu'en ramenant à l'unification d'un tonnage la variété des tonnages officiels des diverses marines marchandes, d'où seraient sorties de grandes inégalités; dans cet état, qui accusait une regrettable confusion du droit international, la Compagnie de Suez, responsable de la perception égale de la taxe, a dû être autorisée à l'établir sur le procédé d'évaluation de tonnage le plus propre à révéler pour les navires de tout pavillon, abstraction faite des jaugeages officiels, la capacité réellement utilisable de l'espace susceptible de contenir sans innavigabilité un nombre déterminé de tonneaux français de mer;

» Considérant que, devant ces prétentions respectives des parties, l'article 17 du firman de concession est à interpréter;

» En droit:

» Considérant qu'on ne saurait dénier à la Cour la faculté d'interpréter le firman pour la détermination des droits privés dont elle est juge;

» Que, vainement on allègue qu'elle porterait atteinte, par là, à une souveraineté étrangère, la concession du Canal de Suez ne devant être interprétée que par le Gouvernement égypto-ottoman, qui en est l'auteur;

» Considérant que, d'une part, l'article 14 du Code civil attribue une juridiction exceptionnelle et absolue aux tribunaux français pour statuer, sans exception aucune, sur toutes les obligations nées en pays étrangers, dont un étranger peut être tenu envers un Français, et que l'application de cet article doit être faite à tout débat qui s'agite, pour des droits privés, entre personnes privées;

» Que, d'autre part, l'article 4 du Code civil commande, dans tous les cas, au juge de juger, sous peine de déni de justice;

» Qu'il suit de ces textes de loi que les tribunaux français ne peuvent être arrêtés dans l'accomplissement de leur mission par la nature, quelle qu'elle soit, administrative ou législative, des actes d'où aurait pu dériver, en pays étranger, l'obligation d'un étranger envers un Français;

» Que le droit des Français ayant été placé, à cet égard, sous la protection de la justice française, celle-ci doit trouver en elle-même les moyens complets de son exercice, sans avoir à attendre, pour une interprétation quelconque, le secours d'une autorité ou d'une justice étrangère;

» Que nulle atteinte n'en saurait résulter pour la souveraineté étrangère, puisqu'en pareil cas la décision du juge français ne porte au fond que sur des droits privés, et que, de toute façon, cette décision ne peut avoir force de chose jugée et force exécutoire, à l'étranger, qu'en vertu d'un *exequatur* du Gouvernement étranger;

» En fait :

» Considérant que, suivant l'article 17 du firman, le péage du Canal doit être, au maximum, de 10 francs par tonne de capacité;

» Que ce texte, ainsi que cela est de part et d'autre reconnu, se réfère à la monnaie française du franc, et à la tonne maritime française;

» Que les mots « tonne de capacité » s'entendent d'une mesure de vide ou de volume, par opposition à la tonne effective et matérielle de marchandise;

» Que cette mesure de la tonne, qui n'a jamais varié en France depuis l'ordonnance de 1681, de Colbert, est, dans le système métrique actuel, le cube de $1^{m},44$ c.;

» Que telle est, définition donnée, la capacité de la tonne ou la tonne de capacité;

» Considérant que l'acte de concession, ne mentionnant que la tonne de capacité, ne dit rien du procédé par lequel on calculera dans le navire le nombre des tonnes et on établira le tonnage, à l'effet de supporter la taxe;

» Que c'est à ce silence de la convention qu'il faut suppléer;

» Considérant que la partie qui prend un engagement garde, pour ce qui tient au moyen de l'exécuter, une liberté que des dispositions expresses de la convention auraient seules pu lui ôter ou restreindre; que la convention n'ayant prescrit à la Compagnie de Suez aucune jauge officielle, ni aucune méthode déterminée de tonnage, la Compagnie est restée, à cet égard, en possession de sa liberté; qu'elle est libre d'adopter le mode de jaugeage qui lui convient le mieux, pourvu qu'elle demeure dans les termes stricts de son contrat, et qu'il ne soit jamais perçu qu'un maximum de 10 francs par tonne de capacité de $1^{m},44$ c. réellement existante dans les parties du navire disponibles au fret et au transport;

» Considérant que cette interprétation se confirme par le paragraphe 8 de l'article 34 des statuts de la Compagnie, qui sont annexés au firman de concession, et servent à en préciser le sens et la portée ;

» Que ledit article est conçu en ces termes :

» Le Conseil d'administration statue sur les objets suivants... conditions et mode de perception des tarifs » ;

» Que ces expressions s'appliquent, par leur généralité, à l'opération du tonnage, qui est un mode de perception des tarifs ;

» Que, de l'avis de la Compagnie des Messageries elle-même, la Compagnie de Suez use de sa liberté dans l'opération du tonnage, puisqu'on ne lui conteste point le pouvoir de fixer les divers coefficients ou le barême général aux moyens desquels elle ramènerait les tonnages officiels des navires des diverses nations à la base d'une taxe uniformément perçue, sans faveur pour aucun pavillon ;

» Qu'en présence des textes ci-dessus, soit du firman, soit des statuts, la Compagnie de Suez doit être libre aussi bien de déterminer le mode fondamental du tonnage, pour les navires, que le mode particulier des coefficients applicables à la jauge officielle des navires des diverses nations ;

» Considérant aussi que l'interprétation doit se faire, surtout dans les actes consentis par l'autorité publique, d'après l'objet le plus équitable que les parties contractantes pouvaient avoir en vue ;

» Qu'il s'agissait de la perception d'un droit de navigation sur une faculté de fret ou de transport ;

» Qu'il était juste, en soi, que la perception du droit se fît sur toute la capacité utilisable du navire puisque le navire profitait commercialement, dans toute cette mesure, de l'avantage de la traversée sur le Canal ;

» Qu'il est notoire qu'à l'époque de la concession, partout, même en France, les tonnages officiels n'étaient, par des causes qui se rattachaient à la concurrence des marines marchandes, qu'une expression souvent très-affaiblie et toujours inexacte du nombre des tonneaux que les navires étaient capables de porter ;

» Que l'adoption, par la Compagnie de Suez, d'un tonnage dégagé des atténuations des patentes officielles, et répondant, à la vérité, du fret et du transport, ne pouvait donc que prêter à la perception du droit de navigation sa base la plus juste ;

» Que tel est le caractère du gross tonnage anglais, que la Compagnie de Suez a adopté par son règlement de navigation du 4 mars 1872, qui a donné lieu au procès;

» Que le choix de la Compagnie se justifie d'autant mieux, que ce gross tonnage tend à se généraliser dans la pratique maritime, et que la France se l'est approprié, depuis le commencement du procès, par le décret du 28 décembre 1872;

» Que, si, au gross tonnage anglais, la Compagnie de Suez a fait, il est vrai, une addition pour atteindre à une détermination plus exacte de la capacité utilisable du navire, on n'a point cherché à démontrer ni même allégué devant la Cour que ce mode de jaugeage dût conduire à compter plus de tonnes de 1 m. 44 c. qu'il n'en entre réellement dans les flancs des navires réservés à la cargaison et au transport;

» Considérant, enfin, pour donner un dernier fondement à cette interprétation, que la commune intention des parties contractantes, tant du Khédive que de la Compagnie de Suez, s'est clairement révélée, soit dans les faits qui se sont produits lors de la préparation du contrat, soit dans les faits qui l'ont suivi et qui en ont marqué l'exécution volontaire par le Gouvernement égypto-ottoman et par la Compagnie;

» Considérant, quant aux premiers de ces faits, que le témoignage du consul général des Pays-Bas, M. de Ruyssenaers, chargé par le Khédive d'arrêter, avec M. de Lesseps, le texte français du contrat, et le témoignage concordant de Mougel-Bey, actuellement membre du Conseil du ministère des travaux publics en Turquie, ne laissent pas de doute sur le sens qu'on a voulu attacher aux mots « tonne de capacité » dans l'article 17 du firman;

» Que ces mots « tonne de capacité » ont été substitués, sur une observation de M. de Ruyssenaers, au mot « tonne », qui se trouvait seul dans le texte primitif, et que M. de Ruyssenaers a rendu compte, de la manière suivante, de ce changement : « Cette expression m'a » paru indiquer la capacité réelle du navire, le complet chargement » qui pouvait y être placé; c'est le sens que j'y donnais dans ma » pensée; j'acceptai, par conséquent, cette rédaction, et elle fut » approuvée par S. A. Mohamed Saïd; »

» Qu'il est certain, par là, que, dans les pourparlers officiels qui ont élaboré la concession et fixé la rédaction reproduite par l'article 17 du firman, il était entendu que les droits de navigation se percevraient sur le nombre des tonnes représentant toute la capacité utilisable ou tout le chargement possible des navires (1);

» Considérant que l'exécution donnée à la concession, soit par la puissance publique en Égypte, soit par la Compagnie de Suez, n'a pas attesté moins démonstrativement que tel était le véritable sens du contrat;

» Qu'en effet, dès le début, la Compagnie de Suez, affirmant toute l'étendue de son droit, a déclaré, par son premier règlement de navigation, du 17 août 1869, que le droit serait perçu sur le tonnage réel et que, jusqu'à nouvel ordre seulement, les papiers officiels de bord serviraient à l'établissement du droit;

» Que, depuis, la Compagnie n'a cessé de mettre publiquement à l'étude, dans des commissions formées des hommes les plus compétents, la question du meilleur mode de tonnage, jusqu'au règlement de navigation définitif du 4 mars 1872;

» Que ces actes divers n'ont soulevé aucune opposition du Khédive ni du gouvernement du Sultan (2), malgré des réclamations insistantes qui s'étaient produites jusque par la voie diplomatique;

» Que, d'un commun accord, l'exécution de la concession a donc eu lieu dans le sens qui autorisait la Compagnie de Suez à ne s'astreindre à aucun tonnage officiel et à régler le péage du Canal sur le nombre vrai des tonnes qu'un navire pouvait porter sans cesser d'être navigable;

» Que cette exécution du contrat avec l'approbation tacite du souverain a d'autant plus de force probante, qu'il s'agit d'un péage de navigation, qui est généralement considéré comme une sorte d'impôt et d'attribut de la puissance publique; qu'un commissaire ottoman était placé près de la Compagnie de Suez avec la mission de surveiller, dans l'intérêt public, l'exécution régulière de la concession; et que, si la Compagnie avait forcé abusivement la base de la perception de cette sorte d'impôt qui lui était abandonné, l'autorité aurait eu le strict devoir de réprimer une infraction au contrat, qui serait devenue une prévarication véritable;

---

(1) *V. n° 46, p. 334, la déclaration de M. Dauprat.*

(2) *V. n° 12, p. 103, l'invitation donnée à la Compagnie, le 22 juin 1872, de surseoir à la modification de la perception;*

— n° 13, p. 103, la dépêche du ministre des affaires étrangères de Turquie, du 25 décembre 1872.

» Considérant qu'il suit de l'interprétation du firman fixée par toutes les raisons qui précèdent, que la Compagnie de Suez n'a point outre-passé son droit en établissant le règlement de navigation du 4 mars 1872 et en opérant les perceptions de péage qui en ont été la conséquence;

» Par ces motifs :

» Statuant sur l'appel interjeté par la Compagnie de Suez, du jugement rendu entre les parties, au Tribunal de commerce de la Seine, sous la date du 26 octobre 1872;

» Met à néant le jugement;

» Décharge la Compagnie universelle du Canal de Suez des dispositions et condamnations contre elle prononcées;

» Faisant ce que les premiers juges auraient dû faire;

» Déclare la Compagnie des Messageries maritimes mal fondée en ses demandes, fins et conclusions; l'en déboute;

» Ordonne la restitution de l'amende;

» Et condamne la Compagnie des Messageries maritimes à tous les dépens de première instance et d'appel. »

N° 4.

COUR DE CASSATION (CHAMBRE DES REQUÊTES)

PRÉSIDENCE DE M. DE RAYNAL.

(Audience du 23 février 1874.)

Conclusions de M. l'avocat général Reverchon devant la Chambre des requêtes de la Cour de cassation.

Messieurs, l'honorable avocat qui vient de donner à la Cour une preuve nouvelle de la précoce maturité de son talent n'a pas eu de peine à apercevoir l'écueil sur lequel le pourvoi courait risque d'échouer; son mémoire ampliatif d'abord, sa plaidoirie ensuite vous ont montré qu'il sentait très-bien que la principale difficulté de sa tâche consistait à trouver et à vous signaler, dans l'arrêt attaqué, des solutions de droit, et surtout des erreurs de droit, qui fussent de nature à tomber sous votre contrôle.

Il y a bien, dans cet arrêt, une première solution de droit : c'est celle par laquelle la Cour de Paris a rejeté les deux exceptions que la Compagnie du Canal de Suez avait soulevées et qui tendaient, l'une et l'autre, à décliner la juridiction française. La Compagnie des Messageries, même après avoir combattu ces exceptions en première instance et en appel, serait incontestablement recevable à les reprendre aujourd'hui pour son compte, et la Compagnie de Suez serait mal venue à s'étonner ou à se plaindre de voir reproduire devant vous son propre système, qu'apparemment elle n'a proposé que parce qu'elle le croyait fondé. Mais la Compagnie des Messageries n'a point usé de ce droit; l'arrêt attaqué lui paraît bien rendu au point de vue de la compétence, et nous partageons sa manière de voir à cet égard.

Est-il également bien rendu au fond?

Assurément, si vous deviez prendre un parti sur les points qui ont été plus particulièrement discutés dans la dernière partie de la plaidoirie que vous venez d'entendre, les arguments qui vous ont été présentés pourraient être de nature à déterminer, tout au moins, l'admission du pourvoi. Mais ici une question préalable s'impose à votre examen : c'est celle de votre propre compétence, c'est celle de savoir si vous pouvez apprécier en lui-même le moyen de cassation qui vous est soumis, et d'abord si vous pouvez l'apprécier en considérant le firman du Vice-Roi d'Égypte comme une loi.

Votre jurisprudence a depuis longtemps admis que, si la violation d'une loi étrangère ne peut, en thèse générale, donner ouverture à cassation, il y a lieu de faire exception à ce principe lorsque la violation de la loi étrangère entraînerait la violation de la loi française; vous l'avez souvent jugé et vous avez encore rappelé cette double proposition dans un arrêt que vous avez rendu, le 18 de ce mois, sur un pourvoi de la Compagnie des chemins de fer d'Alsace-Lorraine.

Mais doit-il en être de même dans la situation inverse, sur laquelle votre jurisprudence ne paraît pas avoir eu encore à se prononcer, c'est-à-dire lorsque l'on allègue la violation, non de la loi française par la violation de la loi étrangère, mais la violation de la loi étrangère par la violation de la loi française?

Ce qui vous a sans doute conduits à admettre que la violation de la loi étrangère peut et doit donner ouverture à cassation quand elle a entraîné la violation de la loi française, c'est qu'il s'agit alors d'assurer l'exacte et uniforme application de la loi française elle-même. Celle-ci, en effet, lorsqu'elle renvoie expressément à la loi étrangère, par exemple dans le cas prévu par l'article 47 du Code civil, introduit en quelque sorte la loi étrangère dans la législation française; elle fait en quelque sorte de la loi étrangère une loi française, et dès lors, pour remplir le vœu du législateur français, pour atteindre le but qu'il s'est proposé, vous pouvez et vous devez vérifier si la loi étrangère, accidentellement devenue française, a été bien ou mal appliquée. Mais c'est là une exception aux principes ordinaires de votre compétence, et cette exception ne saurait être étendue au delà des motifs qui l'ont fait établir.

Ces motifs s'appliquent-ils au cas où la loi étrangère, qui se serait référée à la loi française, aurait été violée par la violation ou la fausse application de la loi française? nous hésitons beaucoup à le penser. Le législateur étranger qui s'approprie une loi française fait de celle-ci, en ce qui le concerne, une loi étrangère, et lorsque le juge, même français, appelé à appliquer la loi étrangère, se trompe sur le sens de la loi française accidentellement devenue étrangère, il ne fait que violer ou faussement appliquer la loi étrangère; votre contrôle n'aurait plus sa raison d'être, ou du moins il n'aurait qu'une raison d'être trop indirecte et trop éloignée pour qu'il doive s'exercer.

Nous disions tout à l'heure que votre jurisprudence ne fournit pas de précédent pour l'hypothèse qui nous occupe; mais nous avons rencontré un précédent, sinon identique, du moins analogue, dans une jurisprudence voisine de la vôtre, dans la jurisprudence belge. La Cour de cassation belge admet, comme vous, que la violation de la loi étrangère peut exceptionnellement donner ouverture à cassation, lorsque cette violation a entraîné celle de la loi belge. Mais elle a jugé, le 9 mars 1871 (*Belgique judiciaire*, 1871, page 532), que la violation de la loi étrangère ne pouvait être invoquée devant elle, alors même que, la loi étrangère étant identique à la loi belge, le juge belge était appelé à vérifier si la loi étrangère avait été bien appliquée par le tribunal étranger dont il avait à rendre la sentence exécutoire en Belgique *après révision*. Là aussi l'on disait que, les deux lois étant les mêmes, la fausse interprétation de l'une équivalait à la fausse interprétation de l'autre et que l'intérêt de la saine et uniforme application de la loi belge exigeait l'intervention de la Cour de cassation. Cette Cour ne s'est point arrêtée à l'argument, elle n'a vu là et il n'y avait là qu'une violation de la loi étrangère, non de la loi belge elle-même, elle a donc rejeté le pourvoi.

Ce que nous venons de dire suppose que le firman du Vice-Roi d'Égypte était une loi, et l'on peut, en effet, lui attribuer ce caractère, puisque, en Égypte, le pouvoir législatif et le pouvoir exécutif sont concentrés et confondus dans la même main. Mais,en réalité, est-ce bien sur le sens de la loi française à laquelle le firman se serait référé, que l'arrêt de la Cour de Paris s'est mépris, s'il s'est mépris? Il nous semble, quant à nous, que son erreur, si erreur il y a, aurait uniquement porté sur l'intention des parties contractantes, sur l'interprétation de la concession faite par le Vice-Roi à la Compagnie de Suez et acceptée par celle-ci, en un mot sur le sens et la portée d'une convention. Le pourvoi soutient, il est vrai, que le firman qui contient cette convention n'a pas entendu se référer seulement à la tonne maritime française, représentant ou servant à apprécier une certaine capacité utilisable des navires; qu'il s'est référé aussi à la méthode prescrite par la législation française de 1856, c'est-à-dire par les ordonnances des 18 novembre 1837 et 18 août 1839, pour évaluer cette capacité. Mais la question devant les juges du fond était précisément de savoir, avant tout, si le firman s'était, au moins virtuellement, référé à cette méthode, s'il avait entendu en imposer l'emploi à la Compagnie de Suez, ou s'il lui avait tacitement laissé la faculté d'employer une méthode différente. La Cour de Paris, après avoir reconnu que le firman a eu en vue la monnaie française et la tonne maritime française, ajoute qu'il garde le silence sur le procédé par lequel on calculera dans le navire le nombre des tonnes et l'on établira le tonnage servant à l'assiette de la taxe; elle recherche la signification de ce silence, qui lui paraît comporter deux explications, et elle fait son choix entre ces explications par les raisons que vous avez entendues.

Mais, dit le pourvoi, cette argumentation de l'arrêt suppose que deux explications étaient possibles, qu'on pouvait faire une distinction entre l'unité de jauge et la méthode de jaugeage; or, c'est là une erreur, et du moment qu'il était reconnu que le firman avait pris pour base l'unité de jauge française, il y avait *nécessairement* compris la méthode de jaugeage française. — Que l'on ne *dût* pas distinguer, que l'on ait eu tort de distinguer, nous ne serions peut-être pas éloigné de l'admettre, nous pouvons au moins l'admettre hypothétiquement. Mais enfin, on aurait *pu* distinguer explicitement; le firman aurait pu dire que, tout en adoptant l'unité française, il entendait laisser à la Compagnie de Suez, ne fût-ce que provisoirement, la faculté de prendre tel ou tel mode d'évaluation. La tonne maritime, telle que l'entendait la législation française de 1856, n'a pas toujours été susceptible (à supposer qu'elle le soit aujourd'hui) d'être déterminée avec une exactitude géométrique et par des procédés ne laissant place à aucune incertitude; elle exigeait certaines déductions plus ou moins arbitraires; elle ne pouvait être calculée que d'une façon approximative et moyenne, et, par conséquent, à l'aide de procédés qui ont varié plus d'une fois, qui pourront varier encore. Nous en trouvons la preuve dans l'avis même, qu'invoque le pourvoi, de la Commission internationale réunie en 1873 à Constantinople; nous y lisons :

« Partout l'expérience a démontré l'impossibilité de fixer d'une manière constante le port du navire, qui varie nécessairement suivant la nature, la forme et la densité de chacun des éléments concourant à former les cargaisons et selon la saison, l'état de la mer et la durée relative des voyages. Il est toujours possible, au contraire, de mesurer exactement la capacité intérieure du navire et d'en déduire, d'une manière pratique, les espaces qui manifestement ne peuvent pas être utilisés pour la production du fret. C'est à cette conclusion qu'ont abouti les diverses ordonnances réglant ce sujet, *après avoir successivement traversé des phases analogues de tâtonnements et d'études*. Heureusement, après avoir passé par toutes ces phases, *malgré les variations dans les procédés*, on est à la fin arrivé à établir, dans des conditions *à peu près* semblables, une statistique comparable du tonnage des diverses nations, etc. »

Eh bien! en admettant que ces tâtonnements aient aujourd'hui cessé, que ces études aient aujourd'hui abouti, on n'en était pas là en 1856, et l'on peut comprendre que le firman de cette époque, tout en se référant à la tonne française, ne se soit pas *nécessairement* référé aux procédés français alors employés pour la déterminer; on peut, en se pénétrant de l'intérêt légitime qu'inspirait au Vice-Roi la grande œuvre dont M. de Lesseps prenait si hardiment l'initiative, comprendre qu'il ait entendu laisser à M. de Lesseps une latitude exceptionnelle pour les détails de l'exécution. Il aurait pu, nous le croyons, lui accorder explicitement cette latitude; la lui a-t-il accordée implicitement? Il n'y a pas d'autre question devant la Cour, et alors ce n'est plus une question d'interprétation de la loi française, mais d'un acte législatif étranger ou bien d'un simple contrat, et, dans l'une comme dans l'autre de ces hypothèses, la décision de l'arrêt attaqué échappe à votre censure.

La Compagnie demanderesse a essayé en dernier lieu de se placer sous la protection de l'article 1134 du Code civil. Tout en reconnaissant qu'en principe l'interprétation des conventions rentre dans le domaine souverain des juges du fait, elle a rappelé certains arrêts de votre chambre civile (voir notamment ceux des 1er mars 1858, 15 avril 1872, etc.) qui ont fait exception à ce principe dans des cas où le sens du contrat était tellement certain que la prétendue interprétation aboutissait à une flagrante violation de la volonté des parties, et elle s'est efforcée d'établir que telle est ici la situation.

Assurément si, pour justifier la thèse de la Compagnie des Messageries à ce nouveau point de vue, il suffisait de montrer que la solution consacrée par l'arrêt attaqué peut éveiller des doutes, nous conclurions sans hésiter et sans rien préjuger à ce que le pourvoi fût renvoyé par vous à subir l'épreuve d'un débat contradictoire devant la chambre civile. Nous ne voulons certes pas dire que l'erreur de cette solution nous paraisse incontestable; mais nous n'aurions pas besoin, dans ce système, de la trouver incontestable : l'esprit et les traditions de l'institution de la Chambre des requêtes, tels que nous les comprenons et que nous les pratiquons, nous autoriseraient et même nous inviteraient à nous contenter ici de constater que l'interprétation admise par l'arrêt attaqué donne lieu à des doutes graves et sérieux.

Or, ces doutes apparaissent de plusieurs côtés. Ils sortent, avant tout, de ce résultat, possible sans doute, mais étrange, que la Compagnie de Suez demeurait ainsi libre de choisir le mode de jaugeage qu'elle trouvait le plus avantageux, et non pas de le choisir une fois pour toutes au début de la concession ou de l'exploitation, mais de le faire varier à son gré et à chaque instant pendant toute la durée d'une concession de quatre-vingt-dix-neuf ans, sans autre garantie contre les abus que la garantie de son propre intérêt, dans l'appréciation duquel elle pouvait être dominée et égarée par des nécessités financières plus ou moins impérieuses. Encore une fois, le firman peut l'avoir entendu ainsi ; il ne nous paraît guère vraisemblable qu'il l'ait entendu ainsi.

A cette première et considérable raison de douter s'en ajouteraient d'autres, que nous nous bornons à indiquer. Le Tribunal de commerce de la Seine avait condamné la prétention de la Compagnie de Suez, et il l'avait condamnée par un jugement dont les motifs soutiennent parfaitement la comparaison avec ceux de l'arrêt qui l'a réformé. L'honorable magistrat qui a porté la parole au nom du ministère public devant la Cour d'appel avait également conclu dans le même sens, après une remarquable discussion que les journaux judiciaires nous ont conservée(1). Enfin, la Commission internationale réunie en 1873 à Constantinople, paraît s'être également prononcée contre le système de la Compagnie de Suez, et il serait difficile de mettre en question l'autorité d'une pareille opinion.

Mais, en définitive, que résulte-t-il de là? Qu'il y a doute. Or, le doute, même sérieux, ne suffit pas pour entraîner la cassation d'un arrêt par application de l'article 1134; il faut une évidence indiscutable et absolue. Eh bien, cette évidence n'existe pas dans l'espèce; il est impossible de considérer comme incontestablement certaine une interprétation contraire à celle qui, après de longs et solennels débats, a été adoptée par l'arrêt qui vous est déféré, alors surtout que celle-ci, si peu probable qu'elle soit, a pu être dans la pensée du Vice-Roi.

L'arrêt attaqué nous paraît donc, en dernière analyse, s'être placé et s'être maintenu sur un terrain où votre appréciation n'a pas à le suivre, et, par ce motif, nous estimons qu'il y a lieu de rejeter le pourvoi.

---

(1) *V. n° 2, p. 52, les conclusions de M. l'avocat général Hémar.*

N° 5

Arrêt de la Cour de cassation (Chambre des requêtes), (25 février 1874).

La Cour, conformément aux conclusions de l'avocat général, a rejeté le pourvoi par l'arrêt suivant :

« La Cour,

» Sur le moyen unique pris de la violation de l'article 17 du firman de concession du 5 janvier 1856, ainsi que des lois des 27 vendémiaire an II, 12 nivôse an II, 5 juillet 1836 et des ordonnances des 18 novembre 1837 et 18 août 1839, et de la fausse application de l'article 5, titre X de l'ordonnance de 1681 :

» Attendu que la Cour de cassation, instituée pour maintenir l'unité de la loi française par l'uniformité de la jurisprudence, n'a pas la mission de redresser la fausse application des législations étrangères;

» Que les arrêts des Cours d'appel ne peuvent pas, par conséquent, être cassés pour violation d'une loi étrangère, à moins que cette violation ne devienne la source d'une contravention expresse à une loi française;

» Attendu qu'il résulte des déclarations de l'arrêt attaqué que le firman du Vice-Roi d'Égypte, du 5 janvier 1856, adopte, comme base de la perception du droit de navigation concédé à la Compagnie du Canal de Suez, la tonne maritime française, mais qu'il abandonne à cette Compagnie le choix du mode de jaugeage, pourvu qu'elle demeure dans les termes stricts de son contrat, et qu'elle ne perçoive jamais qu'un maximum de 10 francs par tonne de capacité de $1^{m},44$ réellement existante dans les parties du navire disponibles au fret et au transport;

» Que vainement la demanderesse prétend que l'unité de jauge ne pouvait pas être distinguée de la méthode de jaugeage, et que, du moment qu'il était reconnu que le droit concédé devait être établi sur une base française, il en résultait nécessairement que l'on devait se conformer, pour la méthode de jaugeage, à la législation française;

» Qu'il s'agissait précisément de savoir si telle avait été l'intention des parties contractantes;

» Que la Cour de Paris, en décidant, comme elle l'a fait, cette question, s'est bornée à interpréter l'acte de concession qui lui était soumis, et qu'elle n'a pu violer, même indirectement, les lois françaises visées au pourvoi;

» D'où il suit que sa décision, même en admettant qu'elle n'ait pas fait une saine interprétation du firman et que cet acte ait le caractère d'une loi, échappe à la censure de la Cour de cassation;

» Par ces motifs,

» Rejette. »

(*Extrait du* Droit, *journal des Tribunaux, du 13 mars 1874.*)

N° 6

Assignation donnée à la Compagnie du Canal de Suez, le 25 avril 1873, devant le Tribunal de commerce de la Seine.

L'an 1873, le 25 avril.

A la requête de la Compagnie anonyme des Messageries maritimes, dont le siége est à Paris, rue Notre-Dame-des-Victoires, n° 28, agissant poursuites et diligences de ses administrateurs,

J'ai,

Soussigné, donné assignation à la Compagnie universelle du Canal maritime de Suez

A comparaître le

Pour:

Attendu qu'à la date du 5 janvier 1856, S. A. le Khédive a édicté un firman qui autorisait, au profit de M. F. de Lesseps, la création et l'exploitation emphytéotique du Canal maritime de Suez;

Que parmi les clauses qui, dans cet acte souverain, régissent l'exploitation du Canal figure spécialement la condition suivante :

« De ne pas excéder pour le droit spécial de navigation le chiffre » maximum de 10 francs par tonne de capacité des navires et par » tête de passager (article 17) ; »

Attendu qu'à la date du 4 mars 1872, le Conseil d'administration a décidé « qu'à partir du 1er juillet 1872, la Compagnie universelle du » Canal maritime de Suez percevrait le droit spécial de navigation » de 10 francs par tonne sur la *capacité réelle* des navires, et que le » gross tonnage ou tonnage brut inscrit sur les papiers de bord des » navires jaugés d'après la méthode anglaise actuellement en usage » servirait de base à cette perception ; »

Attendu que la Compagnie des Messageries maritimes a introduit devant le Tribunal de commerce de la Seine une instance contre la Compagnie de Suez pour « voir dire que c'est à tort et sans droit » que ladite Compagnie, par sa délibération en date du 4 mars » 1872, a déclaré modifier la taxe perçue pour droit spécial de navi- » gation sur les navires transitant par le Canal maritime de Suez; — » voir dire en conséquence, qu'à l'avenir comme par le passé, la » taxe à payer par la Compagnie anonyme des Messageries mariti- » mes pour droit spécial de navigation sera de 10 francs, valeur » monétaire française, *par tonne de capacité de ses navires, inscrite* » *au livre de bord, suivant le mode de jaugeage déterminé par l'or-* » *donnance de 1837* ; — voir donner acte à la Compagnie des Message- » ries maritimes de ce qu'elle n'entendait acquitter la taxe nouvelle » à partir du 1er juillet 1872, que comme contrainte et forcée et » sous toutes réserves ;

» S'entendre condamner dès à présent la Compagnie défenderesse » à restituer sur simple état à la Compagnie des Messageries mariti- » mes l'excédant de taxe qu'elle aurait été obligée d'acquitter pour ses » navires à compter du 1er juillet 1872, avec intérêts du jour de l'indue » perception ; »

Attendu qu'en réponse à cette demande, la Compagnie du canal Maritime de Suez a pris et notifié des conclusions de défense tendant à ce qu'il plût au Tribunal :

« Déclarer la Compagnie des Messageries maritimes non recevable, » en tous cas mal fondée dans sa demande et la condamner aux » dépens; »

Attendu que, sur ces conclusions respectives, le Tribunal de commerce a rendu le 26 octobre 1872 un jugement dûment enregistré, lequel, adoptant les motifs développés au nom de la Compagnie des Messageries maritimes, a sanctionné purement et simplement dans son dispositif les conclusions par elle prises, telles qu'elles ont été ci-dessus reproduites;

Mais attendu que la Cour de Paris, saisie de l'appel interjeté par la Compagnie de Suez, a infirmé la décision du Tribunal de commerce par un arrêt rendu le 11 mars 1873, dont il importe de transcrire le dispositif: « Met à néant le jugement, décharge la Compa- » gnie universelle du Canal de Suez des dispositions et condamna- » tions contre elle prononcées; faisant ce que les premiers juges » auraient dû faire, déclare la Compagnie des Messageries maritimes » mal fondée en ses demandes, fins et conclusions, l'en déboute et » la condamne à tous les dépens; »

Attendu qu'en reproduisant littéralement les termes des conclusions respectivement prises au cours du débat, la Compagnie des Messageries maritimes vient de fixer par cela même la portée de la décision rendue par la Cour d'appel de Paris; qu'il est jugé que les Messageries maritimes sont sans droit pour exiger que la taxe perçue pour le transit de leurs navires par le Canal de Suez soit établie *sur le nombre de tonneaux de capacité attesté par les papiers de bord, suivant le mode de jaugeage déterminé par les ordonnances de 1837 et de 1839*, et pour réclamer la restitution des droits déjà perçus dans la mesure où ils auraient excédé les limites posées par le tonnage officiel; que telle est la portée et l'unique portée de l'arrêt du 11 mars en tant qu'il revêt l'autorité de la chose jugée;

Attendu qu'après l'avoir ainsi déterminée, la Compagnie des Messageries entend avant tout faire réserve expresse du pourvoi en cassation qu'elle a déposé contre ledit arrêt; mais qu'en attendant les résultats de ce pourvoi, elle ne saurait être tenue, ni définitivement, s'il vient à être rejeté, ni même provisoirement, s'il doit triompher, de subir les perceptions abusives dont ses navires à vapeur sont grevés au transit du Canal maritime de Suez;

Qu'elle doit s'incliner devant la décision de la Cour, mais qu'elle a incontestablement le droit, dès aujourd'hui, d'invoquer dans une réclamation nouvelle les principes sur lesquels se fonde cette décision même, et de revendiquer les conséquences irrécusables qui en découlent;

Attendu que tel est en effet le caractère de la présente demande, et que, pour l'établir jusqu'à l'évidence, il importe de rappeler les propositions sur lesquelles repose l'arrêt du 11 mars 1873;

Attendu que la question soulevée par le procès, auquel cet arrêt a mis fin, se concentrait exclusivement sur la signification des mots *tonneau de capacité*, dont l'article 17 du firman fait textuellement la base des perceptions concédées à la Compagnie de Suez;

Attendu que la Compagnie des Messageries maritimes soutenait que *tonneau de capacité* ou *tonneau de jauge*, ce qui est un terme équivalent, devait et ne pouvait signifier que l'unité légale, dont le multiple déterminé par les opérations de la jauge réglementaire exprime la faculté moyenne de transport; autrement dit le tonnage officiel d'un navire;

Attendu que la Compagnie de Suez soutenait au contraire que les expressions contenues au firman ne se rapportaient point nécessairement à cette unité *légale*, et qu'elles pouvaient aussi bien s'appliquer à une mesure réelle consacrée soit par la loi, soit même par la pratique du commerce, qu'elle avait donc le droit, dans le silence du firman, de choisir celui des deux types qui était le plus conforme aux intérêts de sa perception, et qu'elle avait adopté le type de la *mesure réelle* en vue de dégager le tonnage *réel* des navires; que d'ailleurs cette préférence était d'autant plus légitime que, si le tonnage officiel et le tonnage réel s'étaient longtemps confondus dans une même vérité, les ordonnances de 1837 et de 1839, en modifiant les conditions de la jauge réglementaire, en avaient altéré la sincérité et créé désormais entre le tonnage réel et le tonnage légal un antagonisme regrettable, de telle sorte que la Compagnie était autorisée à répudier les fictions du tonnage légal pour s'attacher à la vérité du tonnage réel;

Attendu que c'est ce dernier système qui a prévalu devant la Cour, dont l'arrêt, non-seulement n'a pas sanctionné le mode de perception; inauguré par la délibération du 4 mars 1872, mais a proclamé des principes qui en sont la condamnation la plus formelle ;

Attendu en effet que l'arrêt de la Cour, précisant le mode légal et équitable de la perception du tarif, en a déterminé les conditions avec un caractère de précision qu'il importe de relever ; que, formulant elle-même la prétention de la Compagnie de Suez, elle l'a résumée dans ces termes :

« La Compagnie soutient que, responsable de la perception égale » de la taxe, elle a dû être autorisée à l'établir sur le procédé d'éva- » luation de tonnage le plus propre à révéler, pour les navires de » tout pavillon, abstraction faite des jaugeages officiels, *la capacité* » *réellement utilisable* de l'espace susceptible de contenir SANS INNAVI- » GABILITÉ un nombre déterminé de TONNEAUX FRANÇAIS DE MER ; » et que plus loin, invoquant l'approbation tacite donnée par le Khédive, et le Sultan au règlement du 4 mars 1872, la Cour ajoute que : « l'exécution de la concession a eu lieu dans le sens qui autorisait la » Compagnie de Suez à ne s'astreindre à aucun tonnage officiel et à » régler le péage du Canal sur le nombre VRAI *des tonnes qu'un* » *navire peut* PORTER SANS CESSER D'ÊTRE NAVIGABLE ; »

Attendu qu'il y a lieu de s'arrêter à cette dernière énonciation, comme à une des conditions essentielles qui doivent être respectées dans l'évaluation du tonnage ;

Qu'en effet, ce que représente le tonnage d'un navire, ce n'est pas seulement sa faculté de *contenir*, mais aussi sa faculté de *porter* une quantité déterminée de marchandises, *sans cesser d'être navigable;*

Que la Cour, loin de méconnaître cette vérité élémentaire, en a soigneusement tenu compte, en la réservant à diverses reprises dans les passages de son arrêt ci-dessus reproduits ; d'où il suit que si la Compagnie de Suez est libre de procéder, par telle méthode de jaugeage qui lui conviendra le mieux, à la constatation de la capacité réellement utilisable, elle est tenue de respecter pour la détermination du tonnage, les conditions de *poids*, qui, seules, intéressent la navigabilité du navire ;

Attendu que la seconde de ces deux opérations exige nécessairement l'intervention d'une unité qui serve de diviseur au poids général utilisable ;

Que cette unité de poids est aussi clairement indiquée dans l'arrêt du 11 mars 1873 que l'unité de volume; qu'elle est représentée par le tonneau français de mer, c'est-à-dire par un poids de 1,000 kilos (1);

CELA POSÉ;

Attendu que la méthode inaugurée par le règlement du 4 mars 1872 surélève, dans des proportions considérables, ainsi qu'il en sera justifié, le tonnage, que, dans les termes ci-dessus, la Compagnie de Suez peut attribuer aux navires des Messageries maritimes;

Attendu, pour n'en citer qu'un exemple, que la Compagnie du Canal a perçu la taxe sur le *Meikong* à raison de 3,162 tonneaux au lieu de 1,353 tonneaux de mer de 1,000 kilos qui peuvent être portés dans la capacité utilisable de ce navire, sans altérer ses conditions normales de navigabilité;

Que la Compagnie des Messageries maritimes fournit d'ailleurs au Tribunal tous les éléments utiles pour lui permettre de déterminer, sur les bases fixées par l'arrêt, quel est le nombre de tonneaux pour lequel la taxe devait être appliquée à chacun de ses navires;

Par ces motifs et autres à suppléer et sous réserve du pourvoi déposé par la Compagnie des Messageries maritimes contre l'arrêt du 11 mars 1873;

S'entendre condamner la Compagnie de Suez à restituer à la Compagnie des Messageries maritimes avec intérêts, à compter du jour de chaque indue perception, toutes les sommes qui représenteront les excédants de taxe que celle-ci a été contrainte d'acquitter en vertu du règlement du 4 mars 1872 au delà du nombre de tonneaux de mer de 1,000 kilos qui peuvent être portés dans la capacité utilisable de chacun des navires sans altérer ses conditions normales de navigabilité, le tout conformément aux principes posés par l'arrêt du 11 mars;

Voir fixer le nombre de tonneaux de mer qui peuvent être portés dans la capacité utilisable de chacun des navires des Messageries maritimes ayant subi lesdites perceptions;

---

(1) *Cette interprétation ne fait que confirmer celle que la Compagnie du Canal a constamment donnée au cours du débat et qui se retrouve dans une série de déclarations officielles publiées par elle.* (*V.* n° 40. p. 317, *la lettre de M. Ch. Aimé de Lesseps, vice-président de la Compagnie* — n° 45, p. 325, *Plaidoirie de Me Allou.* — n° 46, p. 334, *Déclaration de M. Dauprat.*)

Savoir :

Pour les navires	*Pei-Ho*	à	*1.353*	*Tonnes*
—	*Ava*		*1.316*	—
—	*Meikong*		*1.353*	—
—	*Cambodge*		*509*	—
—	*Alphée*		*964*	—
—	*Provence*		*509*	—
—	*Tigre*		*1.089*	—
—	*Sindh*		*1.357*	—
—	*Hoogly*		*937*	—
—	*Menzaleh*		*374*	—
—	*Donnaï*		*509*	—
—	*Amazone*		*1.333*	—
—	*Dupleix*		*471*	—
—	*Emirne*		*166*	—
—	*Phase*		*499*	—

Et dans le cas où les chiffres ci-dessus seraient contestés,

Voir dire que, pour déterminer le tonnage qui doit être attribué aux navires des Messageries maritimes, lesdits navires, ou préalablement tels d'entre eux qu'il plaira au Tribunal de désigner, seront soumis à l'examen de tels experts qu'il plaira au Tribunal commettre, lesquels détermineront sur les bases et d'après les règles qui ont été précisées plus haut, la quantité de tonneaux sur laquelle la perception pouvait être effectuée ;

Requérant dépens, intérêts et exécution provisoire du jugement à intervenir, nonobstant opposition ou appel et sans caution, vu la solvabilité notoire de la Compagnie demanderesse.

II

DOCUMENTS OFFICIELS FRANÇAIS.

(16 octobre 1869.)

N° 7. — Réponse du ministre des affaires étrangères (prince de la Tour d'Auvergne) au président de la Compagnie du Canal (1):

Sur les instances de la Commission européenne du Danube, le gouvernement de l'Empereur s'est mis en rapport avec le gouvernement de S. M. Britannique pour élaborer en commun un système international de jaugeage destiné à être soumis à l'acceptation de tous les États.

(24 décembre 1872.)

N° 8. — *Décret ordonnant qu'à compter du 1er juin 1873, les navires de commerce seront jaugés d'après la méthode appliquée en Angleterre, en vertu de loi du 10 août 1854.*

(1er avril 1873.)

N° 9. — Le ministre des affaires étrangères (comte de Rémusat), répondant à une question de M. Cézanne devant l'Assemblée nationale, dit :

La question doit être réglée à Constantinople... c'est à la Porte Ottomane que doivent s'adresser les deux intérêts en présence.

(10 avril 1873.)

N° 10. — Lettre de l'ambassadeur de France à Constantinople (le comte de Vogüé), à M. Girette, administrateur de la Compagnie des Messageries maritimes (2) :

L'ambassadeur reconnaît la modération et la loyauté avec lesquelles les intérêts des Messageries ont été défendus à Constantinople.

(17 novembre 1873.)

N° 11. — Communication de l'ambassade de France à Constantinople, à la Commission internationale du tonnage par l'intermédiaire de la Sublime Porte :

Le nombre de tonneaux officiels résultant de l'application du système Moorsom étant manifestement inférieur au nombre de tonneaux de marchandises du poids de 1,000 kilogrammes qu'un navire peut prendre à fret, le Gouvernement français demande, dans l'intérêt de la Compagnie du Canal, que la Commission recherche l'écart entre ces deux nombres.

---

(1) *V. n° 38, p. 314, la lettre de M. le duc d'Albuféra du 11 janvier 1870.*

(2) *V. n° 50, p. 356, la lettre de M. Girette du 9 avril 1873.*

N° 7

Le ministre des affaires étrangères (prince de la Tour d'Auvergne) au président de la Compagnie du Canal de Suez :

(Paris, 16 octobre 1869.)

« Je ne puis que confirmer l'exactitude des informations qui vous
» ont été données sur les démarches faites par le gouvernement de
» l'Empereur pour provoquer l'adoption, par les diverses puissances,
» d'un mode uniforme de jaugeage basé sur la méthode anglaise.
» Mon département s'est en effet préoccupé précédemment de cette
» importante question, de concert avec les autres administrations
» compétentes, et, sur les instances de la Commission européenne
» du Danube, il s'est mis en rapport avec le gouvernement de
» S. M. Britannique pour élaborer en commun un système interna-
» tional de jaugeage destiné à être soumis à l'acceptation de tous les
» Etats.

» Ces démarches n'ont pas encore abouti à un résultat définitif;
» mais elles se poursuivent, et l'ouverture du Canal de Suez aura
» pour effet de hâter une solution qui intéresse le commerce mari-
» time du monde entier, en faisant ressortir l'impossibilité de main-
» tenir plus longtemps l'état de choses actuel. »

[*Extrait de la lettre de M. le duc d'Albuféra au ministre des affaires étrangères, du 11 janvier 1870* (*V.* N° 38, *p.* 314).]

N° 8

Décret ordonnant qu'à compter du 1er juin 1873, les navires de commerce seront jaugés d'après la méthode appliquée en Angleterre, en vertu de la loi du 10 août 1854.

RAPPORT AU PRÉSIDENT DE LA RÉPUBLIQUE FRANÇAISE.

Monsieur le Président,

Les navires de commerce sont soumis, dans presque tous les pays, à des taxes qui se perçoivent d'après le tonnage officiel de ces navires, c'est-à-dire d'après le résultat de leur jaugeage par les agents de l'État.

En France, le volume du tonneau de mer est fixé par l'ordonnance de marine du mois d'août 1681 à 42 pieds cubes, correspondant dans le système métrique à 1 mètre cube et 44 centièmes. La méthode de jaugeage que la douane française applique remonte à la loi du 12 nivôse an II. *La formule en avait été donnée par le géomètre Legendre* et elle exprimait, dans la mesure où ces appréciations sont possibles, le nombre de tonneaux de marchandises que les navires étaient présumés pouvoir prendre à fret. Mais, d'autres pays ayant adopté des méthodes moins exactes, on fut amené à agir comme eux. L'ordonnance du 18 novembre 1837, qui fait règle aujourd'hui, réduisit d'un sixième le tonnage officiel. Il équivalait, avant cette ordonnance, aux trois cinquièmes environ de la capacité totale des navires. Il n'a représenté, depuis 1837, qu'un peu plus de la moitié de cette capacité.

L'Angleterre est arrivée par une autre voie à des résultats analogues. Chez elle, le tonneau commercial de fret est compté habituellement pour 50 ou 52 pieds cubes (mesure anglaise) répondant en moyenne, à très-peu près, au tonneau de 42 pieds cubes en mesures françaises. Dans la jauge officielle anglaise, le tonneau est calculé à raison de 100 pieds cubes. On lui assigne ainsi un volume presque double du tonneau commercial.

La méthode anglaise et la méthode française ont donc cela de commun qu'elles ne font porter la taxe que sur la moitié environ de la capacité totale des navires. Mais leurs procédés pratiques diffèrent essentiellement. La méthode française attribue indistinctement à tous les navires une seule forme théorique sur laquelle elle établit ses calculs. La méthode anglaise tient compte, au contraire, pour chaque navire, de sa forme effective. Le tonnage officiel anglais a, de la sorte, sur le tonnage officiel francais l'avantage d'être toujours proportionnel au volume effectif des navires. Quand il s'agit des déductions à accorder aux bâtiments à vapeur, l'avantage appartient aussi à la méthode anglaise qui calcule ces déductions d'après l'espace occupé par le moteur et ses dépendances, tandis que la méthode française les fixe uniformément aux deux cinquièmes du tonnage total.

La plupart des nations maritimes emploient aujourd'hui la méthode anglaise. Récemment encore, elle a été appliquée en Autriche, aux États-Unis et en Allemagne. Après avoir pris l'avis d'une commission spéciale, j'ai pensé avec mes collègues aux départements des affaires étrangères, de la marine et des finances, que la France devait aussi adopter cette méthode. De fait, le régime actuel de notre marine ne sera pas sensiblement modifié, et notre adhésion à un système de mesurage qui tend à se généraliser aura pour elle une incontestable utilité. L'industrie maritime est essentiellement, en effet, une industrie internationale. Ses navires ont à lutter avec ceux de tous les autres pays. Il lui importe beaucoup que, partout et pour tous les pavillons, les droits de tonnage soient perçus d'après les mêmes errements.

L'article 6 de la loi du 5 juillet 1836 donne au Gouvernement la faculté de modifier les méthodes de jaugeage. En vertu de cet article, j'ai préparé un décret que j'ai l'honneur, monsieur le Président, de soumettre à votre signature. Il prescrit l'emploi de la méthode anglaise, sous la condition que les mesures seront prises d'après le système métrique. Les trois dimensions des navires seront exprimées en mètres et fractions de mètre, et le produit sera divisé par 2 mètres cubes 83 centièmes, qui correspondent à 100 pieds cubes anglais.

La mise à exécution du décret est fixée au 1er juin prochain. Ce délai suffira pour que, dans tous les ports, les douanes soient en mesure d'appliquer les nouveaux procédés de jaugeage.

Veuillez agréer, monsieur le Président, l'hommage de mon respectueux dévouement.

Le ministre de l'agriculture et du commerce,
E. TEISSERENC DE BORT.

DÉCRET

Le Président de la république française,

Sur le rapport du ministre de l'agriculture et du commerce,

Vu l'article 6 de la loi du 5 juillet 1836 portant : « Le mode de jaugeage prescrit par la loi du 12 nivôse an 11 pourra être modifié par des ordonnances royales ; »

Décrète :

Art. 1er. Les navires de commerce seront jaugés d'après la méthode appliquée en Angleterre, en vertu du bill du 10 août 1854.

Les dimensions servant au calcul du tonnage seront exprimées en mètres et fractions décimales du mètre. Leur produit sera divisé par 2 mètres cubes 83 centièmes.

Le nombre des tonneaux obtenus sera gravé au ciseau sur les faces, avant et arrière du maître bau.

Art. 2. Les dispositions du présent décret recevront leur exécution à dater du 1er juin prochain.

Tout navire qui sera construit postérieurement à cette date devra être soumis aux opérations du jaugeage avant qu'aucune cloison ou qu'aucun compartiment ait été établi à l'intérieur de la cale.

A partir de la même date, les navires composant l'effectif actuel de la marine marchande devront, au fur et à mesure de leur retour en France, et après leur entier déchargement, être laissés vides pendant le délai nécessaire pour le jaugeage, sans que, toutefois, ce délai doive dépasser huit jours.

Les constructeurs propriétaires ou consignataires seront tenus de faire établir, à leurs frais, les échafaudages nécessaires pour le mesurage des dimensions des navires.

Art. 3. Le ministre de l'agriculture et du commerce et le ministre des finances sont chargés, chacun en ce qui les concerne, de l'exécution du présent décret.

Fait à Versailles, le 24 décembre 1872.

A. THIERS.

Par le Président de la république :

Le ministre de l'agriculture et du commerce,

E. TEISSERENC DE BORT.

Le ministre des finances,

LÉON SAY.

N° 9

Déclaration de M. le comte de Rémusat, ministre des affaires étrangères, en réponse à une question de M. Cézanne (séance de l'Assemblée nationale du 1er avril 1873.)

M. DE RÉMUSAT, ministre des affaires étrangères. — Messieurs, la question dont l'honorable préopinant vient d'entretenir l'Assemblée se recommande à toute sa sollicitude. C'est dire qu'elle a déjà attiré l'attention du Gouvernement.

Deux grands intérêts également français étaient en lutte : d'un côté, l'intérêt de la marine marchande, qui veut naviguer au meilleur marché possible ; de l'autre, l'intérêt de la Compagnie de l'isthme de Suez, qui a la prétention fort légitime de retirer un prix rémunérateur des grands travaux, des grands sacrifices qu'elle a faits pour doter non-seulement la France, mais l'Europe, mais le monde, d'un des plus grands services qu'on pût rendre au commerce et même à la civilisation. (Très-bien ! très-bien !)

Tant que la question a été uniquement du ressort des tribunaux, le Gouvernement a dû tenir la balance égale et s'abstenir de paraître prétendre exercer une influence quelconque sur les jugements qui devaient intervenir. Il s'est donc maintenu et se maintient encore dans une grande réserve.

Mais, *diplomatiquement, il a dû s'occuper de l'affaire. La question posée devant la justice et décidée en droit par les tribunaux français n'est pas, malheureusement, décidée en fait. Vous comprenez que les jugements du tribunal de commerce de Paris et l'arrêt de la Cour d'appel de Paris ne s'exécutent pas d'eux-mêmes en Egypte. D'ailleurs, comme compétence et en droit il s'agit de l'application, par conséquent de l'interprétation du firman d'institution de la Compagnie de l'isthme de Suez. Or la Porte Ottomane réclame un droit qui lui appartient comme à tout Gouvernement, d'être seule l'interprète des décrets qu'elle a rendus ; c'est donc d'elle, en définitive, que la question dépend, c'est à la Porte Ottomane que doivent s'adresser surtout les deux grands intérêts qui sont ici en présence.*

Par la même raison nous aurons à agir également auprès de la Porte Ottomane, et je dois m'exprimer avec beaucoup de réserve, puisqu'il y a là deux intérêts si respectables tous les deux.

Cependant, je ne puis pas m'empêcher de dire qu'il y a plus qu'un intérêt de justice; il y a aussi un intérêt politique et d'honneur pour la France à faire en sorte que cette grande œuvre de l'isthme de Suez ne soit pas un sacrifice sans dédommagement pour ceux qui l'ont accomplie au prix de tant d'efforts et avec une si honorable persistance. (Très-bien! très-bien!) Nous devons empêcher par tous les moyens dont nous pouvons disposer que cette œuvre véritablement française ne vienne à passer dans d'autres mains que celles qui l'ont exécutée.

C'est dans cette mesure seulement que je puis m'expliquer, et je prie l'Assemblée de me permettre de ne rien ajouter. Les négociations auxquelles cette affaire donnera lieu sont commencées; elles ne seront pas, j'espère, de longue durée, et je ne fais aucune difficulté de m'engager à mettre sous les yeux de l'Assemblée les pièces de cette négociation quand elle sera terminée. (Très-bien! très-bien!)

N° 10

Lettre de l'ambassadeur de France à M. Girette, administrateur de la Compagnie des Messageries maritimes à Constantinople.

(Péra, 10 avril 1873.)

« Monsieur,

» J'ai reçu la lettre que vous m'avez fait l'honneur de m'écrire pour m'annoncer votre départ (1); j'apprécie le sentiment qui vous porte à quitter Constantinople; il ajoute à l'opinion que m'ont donnée de votre caractère la loyauté et la modération de votre polémique.

» Obligé de se prononcer dans le débat qui vous a conduit ici, le Gouvernement français s'est laissé guider par la justice de son pays: nul ne saurait l'en blâmer, ni s'étonner qu'il s'intéresse au sort des actionnaires français du Canal de Suez, seuls à ne pas profiter d'une œuvre qu'ils ont faite.

» La protection due à une situation aussi respectable n'implique d'ailleurs aucun sentiment qui soit hostile à la Compagnie des Messageries maritimes; si nous avons le regret de la trouver dans les rangs des adversaires du Canal, nous n'oublions pas qu'elle est française par ses capitaux, par son action extérieure, par l'appui qu'à toutes les époques elle a reçu du Gouvernement français.

» Veuillez croire, Monsieur, au bon souvenir que je conserve de nos relations personnelles et recevoir l'assurance de ma considération très-distinguée.

« *Signé :* VOGUÉ. »

---

(1) *V. n° 50, p. 336.*

N° 11

Extrait du procès-verbal N° XII des séances de la Commission internationale du tonnage.

(18 novembre 1873).

« Sur l'invitation de M. le PRÉSIDENT, le secrétaire donne lecture d'une lettre, en date du 17 novembre, adressée par S. EXC. RACHID-PACHA, ministre des affaires étrangères, à S. EXC. EDHEM-PACHA, avec la prière de porter à la connaissance de la Commission internationale une communication que l'ambassade de France vient de faire parvenir, à cet effet, à la Sublime Porte.

» La communication dont il s'agit est conçue dans les termes suivants :

« Les commissaires français ont eu pour mission d'aider, de con-
» cert avec leurs collègues, le Gouvernement ottoman à déterminer
» la capacité utilisable dont le principe est posé par la lettre vizirielle
» et à régler sur cette base le péage du Canal. Du moment que la
» discussion s'éloigne de ce terrain, leur mandat est terminé. La
» Commission s'étant occupée de l'unification des méthodes de jau-
» geage, la majorité des délégués a manifesté sa préférence pour
» le système Moorsom, semblant ainsi exclure l'examen de la ques-
» tion de la capacité utilisable. Les commissaires français ont insisté
» pour que cet examen fût immédiatement abordé ; mais la majo-
» rité n'a pas cru devoir déférer à leur demande. Cette décision
» implique-t-elle, de la part de la Commission, le dessein d'écarter
» cette question de ses délibérations ultérieures ?

» *Le Gouvernement français n'a pas en vue de réformer le système*
» *Moorsom, qui est aujourd'hui la base de ses tarifications ; mais,*
» *comme le nombre de tonneaux officiels qui résulte de ce système est*
» *manifestement inférieur au nombre de tonneaux de marchandises*
» *du poids de 1,000 kilogrammes qu'un navire peut prendre à fret,*
» *il demande que la Commission recherche l'écart existant entre ces*
» *deux nombres, afin que la détermination de cet écart par la Porte*
» *permette à la Compagnie du Canal d'effectuer ses perceptions sur*
» *une base incontestée. S'il n'est pas satisfait à notre demande, le*
» *Gouvernement français ne traitera plus la question que par la voie*
» *diplomatique.* »

III.

ACTES ET DÉCISIONS DU GOUVERNEMENT IMPÉRIAL OTTOMAN ET DU GOUVERNEMENT DE S. A. LE KHÉDIVE.

(DOCUMENTS OFFICIELS)

N° 12. — (22 juin 1872.) Le ministre de l'intérieur en Egypte à l'agent supérieur de la Compagnie du Canal à Alexandrie :

La Compagnie est invitée au nom de la Sublime Porte, à surseoir à toute modification des droits de transit.

N° 13. — (25 décembre 1872.) Le ministre des affaires étrangères (Khalil-Chérif-Pacha) à l'ambassadeur de Turquie à Paris :

La Sublime Porte n'a pas approuvé la modification de la perception. Après entente avec les autres puissances sur une unité de tonnage, elle rendra sa décision à laquelle la Compagnie du Canal s'est engagée à se soumettre.

— Annexe au n° 13. — (9 novembre 1872.)

M. Ferdinand de Lesseps à S. E. le ministre des affaires étrangères à Constantinople :

La Compagnie du Canal s'en rapportera à la décision qui sera rendue par le Gouvernement ottoman.

N° 14. — (1er janvier 1873.) Le ministre des affaires étrangères aux représentants à l'extérieur du Gouvernement impérial ottoman.

Proposition de réunir à Londres ou à Constantinople une Commission internationale pour l'adoption d'un tonnage uniforme.

N° 15. — (17 Djemazi-ul-Ewel 1290 — 20 juin 1873.)

Lettre vézirielle à S. A. le Khédive :

Interprétation par le Gouvernement impérial de l'article 17 de l'acte de concession de l'entreprise du Canal de Suez.

N° 16. — (Djemazi-ul-Ahir 1290 — 8 juillet 1873.)

S. A. le grand vizir à S. A. le Khédive :

Invitation de prévenir la Compagnie de la responsabilité qu'elle assumerait si elle n'exécutait pas la décision de la Sublime Porte.

N° 17. — (13 août 1873.)

Le ministre des affaires étrangères aux représentants à l'extérieur de Gouvernement impérial ottoman :

Circulaire *indiquant dans quelle mesure la Commission Internationale est saisie de la question de la perception des droits dans le Canal de Suez.*

N° 18. — (9 décembre 1873.)

Le ministre des affaires étrangères (Rachid-Pacha) au président de la Commission internationale du Tonnage :

La Sublime Porte, constatant les efforts de plusieurs délégués pour amener dans la pratique, en faveur de la Compagnie du Canal, des adoucissements transactionnels aux conséquences de la situation légale qui vient d'être fixée, invite les délégués à formuler au nom de leurs Gouvernements des propositions dans ce sens.

N° 19. (14 janvier 1874.)

Lettre vizirelle à S. A le Khédive :

Notification de la décision prise par la Sublime Porte sur l'avis unanime de la Commission internationale approuvé par tous les Gouvernements représentés dans cette Commission. Cette décision réglant le tonnage qui doit servir à l'application de la taxe fixée par l'acte de concession, et concédant en outre la perception d'une surtaxe transitoire, devra être exécutée dans le délai de trois mois au plus tard.

N° 20. (Le Caire, 19 mars 1874.)

Le ministre de l'intérieur d'Egypte (S. A. Mehemet Thewik) à M. Ferdinand de Lesseps, au Caire :

La Compagnie du Canal est mise en demeure d'exécuter la décision de la Sublime Porte. Communication des deux lettres vizirielles du 7 mars maintenant et expliquant cette décision.

Annexes au n° 20. — Première annexe. (7 mars 1874.)

S. A. le grand vizir à S. A. le Khédive :

Dans le cas où avant l'expiration du délai de trois mois, la Compagnie n'aurait pas accepté la transaction proposée, le droit de transit devra être perçu sur la base de 10 francs par tonneau, d'après le tonnage net établi par la Commission internationale.

— Deuxième annexe. — (7 mars 1874.)

S. A. le grand vizir à S. A. le Khédive :

Il ne faut pas confondre la question de la surtaxe avec le règlement du tonnage. La Compagnie peut refuser la surtaxe. Elle doit, quant au tonnage se soumettre à la décision de la Sublime Porte, comme elle s'y est engagée.

N° 12.

Le Ministre de l'intérieur en Egypte à l'agent supérieur de la Compagnie du Canal de Suez à Alexandrie.

(22 juin 1872).

Chérif-Pacha informe M. Daubrée que S. A. le Khédive vient de recevoir un télégramme de la Sublime Porte, le priant de faire savoir à la Compagnie qu'elle avait à surseoir à toute modification des droits de transit. Son Excellence demande en même temps à M. Daubrée de transmettre cette communication à l'administration de la Compagnie à Paris et de lui faire connaître la réponse de la Compagnie.

La Compagnie du Canal est invitée à surseoir à toute modification des droits de transit.

N° 13

Le ministre des affaires étrangères (Khalil-Chérif-Pacha) à l'ambassadeur ottoman à Paris.

(25 décembre 1872.)

« Des publications récentes faites par la Compagnie du Canal de » Suez ont été signalées à l'attention du Gouvernement impérial. » Quelques-unes de ces publications ont trait à la modification de la » perception du péage du Canal et donnent à supposer que la » Sublime Porte aurait sanctionné ce changement. Les autres se rat- » tachent à la juridiction dont relève la Compagnie.

» Quant aux premières, je me bornerai à dire que *si le nouveau » mode de perception de la taxe du Canal avait reçu l'approbation » souveraine, un firman impérial en eût instruit le public.* La vérité » est que *le Gouvernement impérial s'est réservé de s'entendre avec » les autres puissances sur une unité de tonnage et d'étudier ensuite » la question du péage, de façon qu'elle puisse arriver à fixer un droit » qui donne satisfaction, autant que possible, aux exigences du com-*

La Sublime Porte n'a pas approuvé la modification de la perception. Après entente avec les puissances sur une unité de tonnage, elle rendra sa décision, à laquelle la Compagnie s'est engagée à se soumettre.

» *merce maritime et aux besoins de la Compagnie du Canal. D'ail-*
» *leurs, Votre Excellence trouvera ci-joint une copie de la lettre par*
» *laquelle M. de Lesseps s'engage, au nom de la Compagnie, à se sou-*
» *mettre à la décision qui sera ultérieurement prise par le Gouverne-*
» *ment impérial à cet égard.*

» . . . . »

Annexe au N° 13

M. Ferdinand de Lesseps à Son Excellence le ministre des affaires étrangères à Constantinople.

« Péra, 9 novembre 1872.

« MONSIEUR LE MINISTRE,

La Compagnie du Canal s'en rapportera à la décision qui sera prise par le Gouvernement ottoman.

» J'ai l'honneur de transmettre à Votre Excellence la copie d'un » jugement prononcé le 26 octobre dernier par le Tribunal de Com- » merce de la Seine, auquel la Compagnie des Messageries maritimes » françaises avait demandé d'interpréter un article de l'acte de con- » cession délivré le 5 janvier 1856, à la Compagnie universelle du » Canal de Suez par le Khédive d'Égypte et confirmé par firman de » S. M. I. le Sultan.

» Avant le prononcé de ce jugement, le 29 septembre dernier, » j'avais adressé au président du Tribunal de commerce de la Seine, » afin de mettre à couvert ma responsabilité à l'égard du Gouverne- » ment ottoman et de constater ses droits, une déclaration tendant à » décliner la compétence du Tribunal de Paris, *l'interprétation d'un* » *acte de concession étant essentiellement du ressort du Gouvernement* » *auteur de la concession et ne pouvant d'aucune manière appartenir* » *à un tribunal étranger.*

» S. A. le Khédive d'Égypte, auquel je communiquai ma déclara- » tion, me fit connaître par le télégramme dont copie ci-jointe, que » son opinion était conforme à la mienne, mais qu'une entente avec » Constantinople était nécessaire avant de la formuler.

» Je me suis empressé d'interjeter appel du jugement du Tribunal » de Commerce de la Seine, auprès de la cour supérieure devant la-

» quelle je vais me présenter, renouvelant ma déclaration d'incom-
» pétence afin de faire annuler le jugement du premier ressort.

» En conséquence, je prie Votre Excellence de me mettre en me-
» sure de m'appuyer sur la protestation de la Sublime Porte en
» faveur de la déclaration de la Compagnie du Canal de Suez, dont
» le siége social est à Alexandrie.

« Quant au fond du procès soulevé par les Messageries maritimes
» françaises, *la Compagnie du Canal de Suez sera toujours prête à*
» *donner à la Sublime Porte tous les renseignements nécessaires afin*
» *de l'éclairer sur ses droits que l'on prétend contester, et s'en rappor-*
» *tera à la décision qui sera rendue par le Gouvernement ottoman.*

« Veuillez agréer, etc.

« *Signé :* Ferdinand DE LESSEPS,

« Président de la Compagnie universelle du Canal maritime de Suez. »

N° 14

Le ministre des affaires étrangères aux représentants à l'extérieur du Gouvernement ottoman.

(Circulaire du 1er janvier 1873).

Proposition de réunir une Commission internationale pour l'adoption d'un tonnage uniforme.

« Le désir du Gouvernement impérial d'assurer un traitement égal
» à tous les navires, sans distinction de pavillon, qui fréquentent les
» ports de l'empire, et les difficultés surgies par suite de la récente
» modification apportée dans la perception de la taxe de navigation
» que paient les bâtiments traversant le canal de Suez, nous donnent
» la certitude qu'une démarche ayant pour but d'arriver à l'adoption
» d'un *jaugeage uniforme* serait accueillie avec faveur par les États
» maritimes.

» Grâce au développement des voies de communication, les rela-
» tions des peuples entre eux prennent une grande extension. Il en
» résulte une solidarité d'intérêts qui, envisagée au point de vue du
» commerce maritime, tend à faire disparaître les mesures de protec-
» tion établies en faveur du pavillon national. *D'un autre côté, les*

» *progrès de la science sont tels, de nos jours, qu'on peut déterminer » avec précision la dimension d'un navire et sa capacité utilisable pour » le transport des marchandises. Aussi, le Gouvernement impérial ne » doute pas qu'une commission de savants et d'hommes expérimentés » parviendrait à trouver un mode uniforme de mesurer les navires et » à fixer un tonneau type qui servirait à la fois de base pour les tran- » sactions commerciales et pour la perception des droits auxquels est » assujettie la navigation.*

» En conséquence, le Gouvernement impérial vous charge de » pressentir quelles seraient les vues du Gouvernement près duquel » vous êtes accrédité sur l'institution d'une pareille commission à » Londres, centre du commerce maritime, ou à Constantinople. »

N° 15.

Lettre vizirielle à S. A. le Khédive.

(17 Djémazi-ul-Ewel 1290.)

Interprétation par le Gouvernement ottoman de l'article 17 de l'acte de concession.

« Ainsi que Votre Altesse le sait, depuis l'ouverture du Canal de » Suez jusqu'au 1er juillet 1872, la Compagnie avait perçu, à titre » de droit du passage, sur les navires traversant le Canal, 10 francs » pour chaque tonneau inscrit sur les papiers de bord, sans que » cette perception eût été confirmée par le Gouvernement impé- » rial.

» Mais à partir du 1er juillet la Compagnie a procédé, toujours » sans autorisation préalable du Gouvernement, à la perception de » la même taxe d'après le nouveau système adopté par elle pour le » jaugeage des navires. Ce procédé n'a pas manqué de soulever les » réclamations des puissances.

» Ces dernières, ainsi que la Compagnie, se sont adressées au » Gouvernement impérial pour l'interprétation de la clause de l'acte » de concession accordé, le 2 Rébi-ul-Ewel 1292 par l'administration » égyptienne à la Compagnie de Suez et confirmé par le firman » impérial du 2 Zilkadé 1282 portant qu'on n'excédera pas, pour le » droit de navigation, le chiffre maximum de 10 francs par tonneau

» de capacité. En conséquence, et vu la nécessité d'écarter les ré-» clamations existantes en fixant l'interprétation de cette clause, le » Conseil des ministres a délibéré sur cette question et l'a soumise » à un examen attentif et approfondi. Or, en ratifiant comme il est » dit ci-dessus, l'acte de concession sus-mentionné, le Gouvernement » impérial n'a entendu en réalité l'expression de tonneau de capacité » qui se trouve dans un passage de cet acte que dans un sens absolu; » il n'a eu nullement en vue le tonnage inscrit sur les papiers de bord » de telle ou telle puissance.

» En effet, les navires de tout pavillon traversent le Canal ; ils » doivent, d'après les dispositions de l'acte de concession, être soumis » à une taxe égale. Mais comme les différents gouvernements n'ont » pas encore adopté un système de tonnage identique, il était néces-» saire de faire usage de l'expression de tonneau de capacité, en gé-» néral, de telle manière, que cette expression pût s'appliquer au » tonneau qui serait plus tard adopté par tous les gouvernements » ainsi que par le Gouvernement impérial pour sa marine.

» *Dans cet ordre d'idées il serait naturel d'adopter le tonnage qui » donnerait avec la plus grande approximation la capacité utilisable. » Or comme, parmi les systèmes officiels actuellement en usage, le » système Moorsom est évidemment celui qui en approche le plus, la » Sublime Porte est d'avis qu'on devrait s'en tenir au « net tonnage » » fixé d'après ce système.* Toutefois dans le cas où les puissances ou » M. de Lesseps ne désireraient pas continuer à maintenir ce système, » il serait nécessaire de réunir une commission internationale à l'effet » de déterminer la capacité utilisable. Il est évident que le Gouver-» nement impérial ne peut fixer un mode de mesurage définitif, » qui n'a pas encore été arrêté et adopté par les autres gouverne-» ments.

» Tel étant le résultat de la délibération du conseil des ministres » et Sa Majesté, à qui l'affaire a été soumise, ayant ordonné d'agir en » conformité, je viens porter la décision qui précède à la connais-» sance de Votre Altesse afin qu'elle veuille bien aviser aux mesures » nécessaires en conséquence.

N° 16.

S. A. le grand vizir à S. A. le Khédive.

(6 Djémazi-ul-Ahir 1290).

Invitation de prévenir la Compagnie de la responsabilité qu'elle assumerait si elle n'exécutait pas la décision de la Sublime Porte.

» J'ai eu l'honneur de recevoir la lettre que Votre Altesse a bien » voulu m'adresser en date du 22 Djémazi-ul-Ewel, pour demander » des éclaircissements relativement à la décision de Sublime Porte, » mentionnée dans ma lettre du 17 du même mois, sur le système » de tonnage devant servir de base à la perception de la taxe sur » les navires traversant le Canal de Suez.

» Ainsi que Votre Altesse le sait, *la Compagnie s'en était référée à » l'avis et à la décision du Gouvernement impérial en vue de la solution » de cette affaire. L'avis et la décision exposés dans ma susdite let- » tre étant conformes à l'équité et à la justice, nous avons lieu d'es- » pérer que la Compagnie réglera sa conduite là-dessus. Je prie Votre » Altesse de vouloir bien notifier le contenu de cette même lettre à la » Compagnie du Canal maritime en la prévenant en même temps » qu'elle assumerait la responsabilité des conséquences qui résulte- » raient de sa conduite si elle était opposée à la décision et à l'avis » justes et légaux de la Sublime Porte.* »

N° 17.

Circulaire du ministère des affaires étrangères aux représentants à l'extérieur du Gouvernement ottoman.

(13 août 1873).

Dans quelle mesure la Commission internationale du tonnage est saisie de la question de la perception des droits dans le Canal de Suez.

« La décision du Gouvernement impérial relative aux droits du » Canal de Suez, que je vous ai communiquée par ma dépêche du » 19 juillet, prévoit le cas où, par suite d'un défaut d'entente quant » à l'application des principes posés par la Sublime Porte, il y aurait » lieu d'avoir recours pour la solution définitive aux lumières de la » Commission internationale. *A ce point de vue cette question vient » désormais s'ajouter tout naturellement aux attributions de la Com- » mission dont le Gouvernement impérial prenait l'initiative de pro- » voquer la convocation par sa circulaire du 1er janvier 1873.* »

N° 18.

Le ministre des affaires étrangères au président de la Commission internationale du tonnage.

Sublime Porte, le 9 décembre 1873.

« Monsieur le Président,

» Ainsi que vous avez bien voulu m'en informer, *la Commission* » *internationale* pour le tonnage *vient de discuter et d'établir succes-* » *sivement les règles concernant le* gross tonnage, *le tonnage net et la* » *capacité utilisable.*

La Sublime Porte, constatant les efforts de plusieurs délégués pour amener dans la pratique, en faveur de la Compagnie du Canal, des adoucissements transactionnels, prie les délégués de formuler, au nom de leurs Gouvernements, des propositions dans ce sens.

» *En présence des conséquences inévitables de la situation légale* » *qui vient ainsi d'être fixée de manière à mettre un terme aux con-* » *troverses et aux équivoques du passé, le Gouvernement impérial a* » *été heureux d'apprendre les efforts tentés avec succès par les délé-* » *gués de plusieurs puissances maritimes pour amener dans la prati-* » *que des adoucissements transactionnels en faveur d'une œuvre unique* » *dans son genre.* L'utilité de pareils arrangements semble d'autant » plus évidente que dans les instructions adressées à ses commissai- » res, le Gouvernement impérial avait déjà déclaré que, eu égard au » caractère d'urgence que présentait la question du Canal de Suez, » il se réservait de s'approprier les conclusions de la Commission » qui seraient de nature à recevoir une exécution immédiate et d'en » régler le mode d'application.

» Afin donc de répondre à des besoins et à des intérêts universel- » lement sentis et de donner à la nouvelle tâche que la Commission » a si honorablement assumée, un caractère officiel, je viens prier » Votre Excellence d'engager MM. les délégués de vouloir bien » compléter leurs travaux, en formulant au nom de leurs Gouverne- » ments, et dans un esprit d'équité bien entendue, les nouvelles » conditions dont le bénéfice pourra être assuré dans l'avenir à la » Compagnie universelle du Canal de Suez.

» Veuillez, etc.

» *Signé* : Rachid. »

N° 19.

Lettre vizirielle à S. A. le Kédhive.

14 janvier 1874.

Notification de la décision prise par la Porte sur l'avis unanime de la Commission internationale. Cette décision devra être exécutée dans le délai de trois mois au plus tard.

« Faisant suite à mes communications précédentes, j'ai l'honneur » de faire parvenir à Votre Altesse, en double exemplaire ci-joint, » les procès-verbaux et le Rapport final de la Commission interna- » tionale pour le tonnage, qui vient de terminer ses travaux.

» Ainsi que Votre Altesse voudra bien relever de la lecture de ces » documents, toutes les questions relatives au tonnage ont été » résolues de manière à faire disparaître dans l'avenir toute incer- » titude d'interprétation et toute objection.

» Indépendamment du règlement de ces points, règlement qui » fixe la base du droit de péage à percevoir par la Compagnie du » Canal de Suez, Votre Altesse trouvera dans les procès-verbaux et » dans le rapport final, les détails d'un avis exprimé par la Commis- » sion internationale sur une transaction destinée à régler le mode » de perception des taxes. Les dispositions de cette transaction ont » été adoptées en vertu d'autorisations spéciales.

» L'avis émis sur ce point ayant été exprimé à l'unanimité par » la Commission internationale et approuvé par la Sublime Porte, » Votre Altesse est invitée à en entretenir la Compagnie du Canal.

» Dans tous les cas, il est essentiel que les droits soient perçus » sur la base du « net tonnage » établi par la Commission internatio- » nale dans un délai de trois mois qui donnera un temps suffisant » pour se concerter sur toutes les mesures relatives à la mise à » exécution de la transaction conseillée par la Commission inter- » nationale.

N° 20.

Le ministre de l'intérieur d'Égypte (S. A. Méhémet-Thewik) à M. Ferdinand de Lesseps, au Caire.

Le Caire, 19 mars 1874.

La Compagnie est mise en demeure d'exécuter la décision de la Sublime Porte.

« Monsieur le président, Son Altesse m'a chargé de porter à votre » connaissance les deux lettres vizirielles portant toutes deux la date » du 7 mars 1874, qu'elle vient de recevoir et dont j'ai l'honneur » de vous transmettre ci-inclus les traductions.

» Vous verrez, Monsieur le président, que le Gouvernement impé- » rial insiste sur l'exécution des mesures adoptées pour le droit à » percevoir sur les bâtiments traversant le Canal et invite Son Al- » tesse à tenir la main ferme à l'exécution de la mesure qui prescrit » la perception d'un droit de dix francs par tonneau, d'après l'éva- » luation du tonnage net établi par la Commission, dans le cas où, » avant l'expiration du terme de trois mois indiqué dans la lettre » vizirielle du 22 Zilkadé, la Compagnie n'aurait pas notifié à Son » Altesse son adhésion à la transaction proposée.

» Son Altesse, Monsieur le président, est persuadée que la Compa- » gnie de Suez, exécutera d'elle-même la décision de la Sublime » Porte et que son Gouvernement ne se verra pas dans la nécessité » d'intervenir pour tenir la main haute à cette exécution, conformé- » ment aux ordres de la Sublime Porte.

» Veuillez agréer, Monsieur le président, l'expression de ma haute » considération.

» *Signé:* MÉHÉMET-THEWIK. »

(1re annexe au N° 20)

SUBLIME PORTE

MINISTÈRE DES AFFAIRES ÉTRANGÈRES.

S. A. le grand vizir à S. A. le Khédive.

Dans le cas où, avant l'expiration du délai de trois mois, la Compagnie n'aurait pas accepté la transaction proposée, le droit de transit devra être perçu sur la base de 10 francs par tonneau, d'après le tonnage net établi par la Commission internationale.

« Altesse, j'ai l'honneur de recevoir la lettre de Votre Altesse » en date du 17 Zilcadé 1290, ainsi que la lettre y incluse de » M. Lesseps, en réponse à la communication adressée à Votre Altesse » le 22 Zilkadé 1290, au sujet des travaux de la Commission internationale pour le tonnage.

» Dans la susdite lettre, M. de Lesseps formule les termes de la » proposition qu'il se déclare prêt à soumettre à l'adoption de l'Assemblée générale des actionnaires de la Société du Canal. Il y » joint certains documents qui donnent le chiffre des dépenses que » pourraient nécessiter certains travaux supplémentaires à entreprendre dans l'intérêt de la navigation.

» La proposition de M. de Lesseps, s'écartant sur des points essentiels de celle qui avait été formulée par la Commission internationale, » je crois nécessaire, afin d'éviter tout malentendu, de me reporter » à la teneur de la communication du 22 Zilkadé.

» Dans cette communication, il avait été établi que la Commission » internationale, en considération des instructions de la Sublime Porte, » dont M. de Lesseps lui-même a fait une appréciation bien favorable, » avait fixé, avec l'autorité qui n'appartenait qu'à elle seule, la base du » droit de péage à percevoir par la Compagnie du Canal.

» En même temps, Votre Altesse était invitée à porter à la connaissance de la Compagnie l'avis émis, grâce au concours unanime des » volontés de diverses puissances maritimes, sur un arrangement d'un » caractère spécial. Dès lors, il est aisé de comprendre qu'il serait » impossible à la Sublime Porte de revenir aujourd'hui sur aucun de » ces points.

» Toutes les améliorations suggérées dans l'entretien du Canal peuvent » mériter l'attention du Gouvernement impérial. Mais la Sublime Porte

» ne saurait entreprendre de les recommander à l'appréciation des » intéressés, que lorsque la question du péage aura d'abord cessé de » faire difficulté, et qu'ensuite les améliorations auront été formulées » par la Compagnie d'une manière suffisamment motivée.

» En conséquence et conformément à l'esprit et à la lettre de com- » munication du 22 zilkadé, Votre Altesse est priée de donner connais- » sance de ce qui précède à la Société et de lui réitérer l'assurance » que dans le cas où avant l'expiration du délai trimestriel, elle n'aura » pas adhéré à la transaction proposée, le DROIT DE PÉAGE SUR LES NAVIRES » TRAVERSANT le Canal devra être perçu SUR LA BASE DE DIX FRANCS » PAR TONNEAU, d'après le calcul du tonnage net établi par la Com- » mission internationale.

» Pour traduction conforme à l'original,

» *Le drogman du divan impérial,*

» *Signé :* SADOULLAH.

» Le 7 mars 1874. »

(2e annexe au N° 20)

SUBLIME PORTE

MINISTÈRE DES AFFAIRES ÉTRANGÈRES.

S. A. le grand vizir à S. A. le Khédive d'Égypte.

« Par ma lettre de ce jour, je réponds à celle par laquelle Votre » Altesse me transmettait la réponse de M. de Lesseps à la communi- » cation qui lui a été faite des résultats de la Commission internationale. » — M. de Lesseps semble croire que la proposition de la surtaxe et » la règle pour le calcul du tonnage net adoptée par la Commission » ne font qu'un seul et même tout. — Ma réponse, dans laquelle j'ai » voulu éviter toute controverse, explique suffisamment qu'il y a là » deux questions bien distinctes; qu'il dépend entièrement de la Com- » pagnie d'accepter ou de refuser la transaction concernant la surtaxe, » mais que sa décision sur ce point ne saurait exercer aucune influence » sur le mode de calcul établi pour la détermination du tonnage net·

Il ne faut pas confondre la question de la surtaxe avec le règlement du tonnage.

La Compagnie peut refuser la surtaxe.

Elle doit, quant au tonnage, se soumettre à la décision de la Sublime Porte comme elle s'y est engagée.

» Dans le mémorandum de M. de Lesseps que Votre Altesse m'avait » transmis précédemment, par sa lettre du 16 zilkadé 1290, celui-ci » semblait révoquer en doute la compétence de la Commission à » résoudre une question que soulèvent les termes d'une concession ac- » cordée par le Gouvernement à une Compagnie; concession, disait-il, » qui a le caractère d'un contrat. Je reconnais avec empressement la » justesse de la réponse que Votre Altesse fit à M. de Lesseps en lui » faisant savoir qu'elle transmettait son mémorandum à la Sublime » Porte.

» La dernière lettre de M. de Lesseps indique qu'il a quitté le ter- » rain sur lequel il s'était placé dans son susdit mémorandum, dont » la date était d'ailleurs antérieure à celle de la lettre du 22 zilkadé. » Il ne pouvait lui échapper que, même dans l'hypothèse où l'on assi- » milerait sa concession à un simple contrat, la Compagnie aussi bien » que les représentants des intérêts maritimes, s'en étant remis à l'in- » terprétation de la Sublime Porte pour lever des difficultés qui avaient » surgi sur l'explication de ce contrat, et la Sublime Porte ayant inter- » prété la clause douteuse du contrat, nulle autre autorité n'aurait » pu établir avec plus de compétence la règle technique qui devait » déterminer l'application de cette interprétation que la Commission » internationale qui représentait les lumières réunies de toute l'Europe. » Toute discussion ultérieure paraissant donc superflue, Votre Altesse » est invitée, ainsi qu'il est dit dans ma lettre en date d'aujourd'hui, » à tenir la main ferme à l'exécution de la mesure qui prescrit la » perception d'un droit de dix francs par tonneau, d'après l'évalua- » tion du tonnage établi par la commission, dans le cas où, avant » l'expiration du terme de trois mois indiqué par la lettre du 22 zil- » kadé, la Compagnie n'aurait pas notifié à Votre Altesse son adhé- » sion à la transaction proposée.

» Pour traduction conforme à l'original,

» *Le drogman du divan impérial,*

» *Signé :* Sadoullah.

» Le 7 mars 1874. »

IV.

PROCÈS-VERBAUX DES SÉANCES (Extraits) ET AVIS FINAL DE LA COMMISSION INTERNATIONALE DU TONNAGE A CONSTANTINOPLE

N° 21. — Liste de MM. les délégués des puissances maritimes.

N° 22. — Procès-verbal n° III. (29 septembre 1873.)

Communication de documents faite à la Commission au nom de la Compagnie du Canal.

N° 23. — Procès-verbal n° IV. (15 octobre 1873.)

Communication à la Commission d'une lettre de M. Ferdinand de Lesseps à S. Exc. Nubar-Pacha (9 septembre 1873) et distribution des documents y annexés.

Fixation de l'ordre des travaux de la Commission.

M. Rumeau (France) demande que la Commission examine d'abord les questions relatives au Canal de Suez. Sur la proposition du président, la Commission décide qu'elle examinera en premier lieu la question générale, et dans l'ordre suivant :

1° Le tonnage brut; 2° le tonnage net.

N° 24. — Procès-verbal n° V. (18 octobre 1873.)

Discussion de la question du tonnage brut.

Exposé de M. le capitaine de vaisseau Jansen (Pays-Bas). — Première réponse de M. Rumeau (France), — Opinion de M. le colonel Stokes (Grande Bretagne), — de M. le commandeur Mattei (Italie), — de M. le colonel Korchikoff (Russie), — de M. Zamara (Autriche-Hongrie), — de M. Togores (Espagne), — de S. Exc. Salih-Pacha (Turquie), — de M. de Heidenstam (Suède-Norwége), — de M. Janssen (Belgique), — de M. le baron d'Avril (France), — Proposition de M. Jansen (Pays-Bas) pour la définition du tonnage brut.

N° 25. — Procès-verbal n° VI. (22 octobre 1873.)

Suite de la discussion du tonnage brut.

2° Exposé de M. Rumeau (France). Il demande que la Commission, préalablement à toute discussion, détermine la capacité utilisable.

N° 26. — Procès-verbal n° VII. (25 octobre 1873.)

Suite de la discussion du tonnage brut. — Réponse de M. le colonel Stokes (Grande-Bretagne), à M. Rumeau (France). — Opinion de M. Hargreaves (Allemagne). — Exposé de M. Zamara (Autriche-Hongrie). — Exposé de M. Togores (Espagne). — Réplique de M. le baron d'Avril (France). — Réplique de M. Jansen (Pays-Bas). — Observation de S. Exc. Salih-Pacha (Turquie).

5° Exposé de M. Rumeau (France).

N° 27. — Procès-verbal n° IX. (4 novembre 1873.)

Suite de la discussion du tonnage brut.

2° Réponse de M. le colonel Stokes (Grande-Bretagne). — M. Rumeau (France) se borne à maintenir ses conclusions. — Le Président constate que la discussion est épuisée. — M. Rumeau insiste pour qu'il soit délibéré immédiatement sur la capacité utilisable. — La Commission, réservant cette question, vote à 9 voix contre 3 qu'il sera passé outre au vote du tonnage brut. — Déclaration de M. le baron d'Avril : « Les délégués français s'abstiendront de prendre part à la suite de la délibération. » — Discussion préalable au vote du tonnage brut.

Vote de la Commission. Sur douze puissances représentées, dix (Allemagne, Autriche-Hongrie, Belgique, Espagne, Grande-Bretagne, Grèce, Italie, Pays-Bas, Suède et Norwége, Turquie) déclarent : « La détermination du tonnage brut ou gross-tonnage d'un navire est le mieux effectuée par le système Moorsom tel qu'il est exposé dans la loi anglaise de 1854 (art. 20 et 21). » La France s'est abstenue, la Russie également en réservant son vote par le motif que cette, résolution préjuge la question de la mesure du tonneau utilisable.

N° 28. — Procès-verbal n° X. (10 novembre 1873.)

Discussion de la question du tonnage net. — Exposé de M. Jansen (Pays-Bas).

N° 29. — Procès-verbal n° XI.

Suite de la discussion du tonnage net.

Résumé par le président des travaux antérieurs. Il constate que la Commission n'a pas entendu éliminer la question de la capacité utilisable. — M. le colonel Stokes exprime l'espoir qu'en présence de cette réserve, MM. les délégués français n'auront plus de motifs de s'abstenir. — Opinion de S. E. Salih-Pacha et de Madrilly-Effendi (Turquie). — Exposé de M. le colonel Stokes (Grande-Bretagne), sur les déductions de la capacité brute devant conduire à la détermination du tonnage net. — Proposition. — Premier vote.

N° 30. — Procès-verbal n° XII. (18 novembre 1873.)

Suite de la discussion du tonnage net.

Vote à l'unanimité des puissances présentes. Communication du Gouvernement français au sujet de la recherche de la capacité utilisable. — Il demande que la Commission détermine l'écart existant entre le nombre de tonneaux officiels d'un navire et le nombre de tonneaux de 1,000 kilog. de marchandises qu'il peut prendre à fret. — Sur la proposition de M. de Kosjek (Autriche-Hongrie), la Commission déclare, à l'unanimité, qu'en décidant que la question du tonnage général serait discutée avant toute autre question, elle n'a entendu exclure la discussion d'aucune proposition, ni préjuger la question spéciale au Canal de Suez. — Expression du vœu unanime de voir les délégués français siéger de nouveau et traiter la question de l'écart entre le tonnage officiel et le tonnage utilisable telle qu'ils l'ont posée.

N° 31. — Procès-verbal n° XIII. (25 novembre 1873.)

Examen du mode de perception pratiqué par la Compagnie du Canal de Suez.

— Exposé de M. le colonel Stokes (Grande-Bretagne) : « La Compagnie percevant les droits de navigation sur le tonnage brut et non sur le tonnage net, agit contrairement aux prescriptions de l'acte de concession telles que le gouvernement ottoman les a interprétées. » — Exposé de M. Jansen (Pays-Bas) : « Le procédé de perception de la Compagnie est non seulement contraire à l'acte de concession, mais à l'interprétation que la Compagnie a donnée elle-même de cet acte en 1868. » — M. Zamara (Autriche-Hongrie) démontre que le tonnage officiel net, tel que l'a déterminé la Commission, et la capacité utilisable sont identiques. — Objection de M. le colonel Korchikoff (Russie). — Réponses de MM. le colonel Stokes, Mattei, Jansen et Togores.

Avis des commissaires ottomans sur la capacité utilisable.

N° 32. — Procès-verbal n° XIV. (29 novembre 1873.)

Suite de l'examen du mode de perception dans le Canal de Suez.

M. le colonel Stokes établit que la Commission n'a pas interprété l'acte de concession, mais simplement confirmé l'interprétation donnée par le Gouvernement ottoman, et qui est conforme à celle que M. de Lesseps avait publiquement adoptée en 1857. — Le délégué anglais expose les efforts qui ont été faits extra-officiellement par un certain nombre de commissaires pour concerter le moyen de venir gracieusement en aide à la Compagnie en même temps qu'elle serait ramenée à l'observation de la perception légale. — Opinion motivée de M. Ruata (Espagne) sur la nécessité de subordonner toute perception sur les navires, à la notion du tonnage officiellement constaté. — Opinion de MM. Mattei (Italie) et Gillet (Allemagne), sur le projet d'arrangement..

N° 33. — Procès-verbal n° XV. (2 décembre 1873.)

M. le baron de Steiger, (Russie) donne sa version du projet d'arrangement exposé par M. le colonel Stokes et insiste pour obtenir un surcroît de concessions favorables à la Compagnie pour qu'il puisse être accepté.

— Nouvelle communication du Gouvernement français au sujet de l'écart entre le tonnage officiel et la capacité utilisable.

— Discussion. — Le baron de Steiger qui insiste pour que cet écart soit recherché, mis en demeure de le déterminer, reconnaît « qu'il y a impossibilité pratique de le fixer d'une manière constante. »

— M. le colonel Stokes propose à la Commission de déclarer « que le mode de » perception actuellement pratiqué par la Compagnie, n'est pas en conformité avec » l'acte de concession et la lettre explicative des termes de cet acte. »

— Les commissaires ottomans demandent que la Commission se prononce sur la question suivante : « Y a-t-il une différence entre la capacité utilisable et le tonnage tel qu'il a été établi par les résolutions précédentes de la Commission ? »

La Commission, à l'unanimité des puissances représentées (moins la Russie, qui réserve son vote, et la France), vote qu'il n'y a pas de différence.

Les commissaires français, invités à venir prendre part à la discussion, ont refusé déclarant n'avoir pas le temps de réflexion nécessaire.

N° 34. — Procès-verbal n° XVIII. (9 décembre 1873.)

(Les délégués français assistent à la séance.)

Communication du Gouvernement ottoman invitant la Commission à formuler officiellement en faveur de la Compagnie, la proposition « d'adoucissements trans- » actionnels aux conséquences inévitables de la situation légale qui vient d'être fixée, » de manière à mettre un terme aux controverses et aux équivoques du passé. »

» M. le capitaine de vaisseau Jansen (Pays-Bas) demande qu'il soit préalablement » voté que la Compagnie s'est écartée des prescriptions de l'acte de concession... Le » désir très-naturel et unanime... de sauver la Compagnie de Suez ne peut et ne » doit pas empêcher le jugement que la Commission est obligée de prononcer... » Sans cela l'adoucissement transactionnel n'aurait pas une garantie qu'il sera exé- » cuté conformément à l'esprit qui l'a dicté. »

N° 35. — Procès-verbal n° XXI. (18 décembre 1873.)

Clôture des travaux de la Commission. Satisfaction unanimement exprimée des résultats obtenus, notamment par M. le baron de Steiger au nom de la Russie. Vote à l'unanimité du Rapport final et de la transaction, qui est approuvée par tous les Gouvernements représentés et ratifiée par le Gouvernement impérial ottoman.

Annexes au n° 35.

A. — Rapport final résumant les travaux de la Commission internationale pour le tonnage.

B. — Règles de jaugeage recommandées par la Commission internationale du tonnage à Constantinople, en 1873.

N° 21.

Liste de MM. les délégués à la Commission internationale pour le tonnage.

ALLEMAGNE :

M. Gillet, consul à Constantinople;

M. Hargreaves, secrétaire de la députation pour le commerce et la navigation de la ville libre et hanséatique de Hambourg.

AUTRICHE-HONGRIE :

M. le chevalier de Kosjek, conseiller de légation de S. M. Impériale et Royale Apostolique, premier drogman de l'ambassade d'Autriche-Hongrie.

M. Zamara, inspecteur nautique du gouvernement de Trieste ;

M. Nicolich, agent général du Lloyd austro-hongrois.

BELGIQUE :

M. Camille Janssen, consul à Constantinople.

ESPAGNE.

Don Angel Ruata, secrétaire de légation;

Don Joaquin Togores, inspecteur du génie naval.

FRANCE :

M. le baron d'Avril, consul général, délégué à la commission européenne du Danube;

M. Rumeau, inspecteur général des ponts et chaussées.

GRANDE-BRETAGNE :

M. le colonel Stokes, du corps du génie, compagnon de l'ordre du Bain.

Sir Philip Francis, chevalier, consul général de S. M. Britannique et juge de la Cour suprême du Levant.

GRÈCE :

M. Anargyros, capitaine de port.

ITALIE :

M. le chevalier Cova, premier secrétaire et chargé d'affaires.

M. le commandeur F. Mattei, inspecteur général du génie naval;

M. le chevalier Vernoni, premier drogman de la légation royale.

PAYS-BAS :

M. le chevalier Jansen, capitaine de vaisseau;

M. Keun, conseiller de légation.

RUSSIE :

M. le baron de Steiger, agent principal de la Compagnie du commerce et de navigation d'Odessa.

M. le colonel Korchikoff, du génie naval.

SUÈDE ET NORWÈGE :

M. le chevalier de Heidenstamm, chancelier de la légation à Constantinople.

TURQUIE :

S. Exc. Edhem-Pacha, ancien ministre.

S. Exc. Salih-Pacha, préfet du port de Constantinople.

Madrilly Effendi, chef de bureau à l'administration des phares de l'empire.

N° 22.

PROCÈS-VERBAL N° III.

(29 septembre 1873.)

Communication de documents au nom de la Compagnie du Canal.

.... Sur l'invitation de M. le président, le secrétaire donne lecture d'une lettre de M. Emile Crespin (1) qui accompagne quelques exemplaires d'un recueil de documents relatifs à l'enquête

(1) *Agent de la Compagnie du Canal à Constantinople.*

sur la question du tonnage faite par la Compagnie du Canal de Suez. Conformément au désir exprimé, ces pièces sont mises à la disposition de MM. les délégués.

N° 23.

PROCÈS-VERBAL N° IV.

(15 octobre 1873.)

Communication d'une lettre de M. de Lesseps à S. E. Nubar-Pacha. — Fixation de l'ordre des travaux. — M. Rumeau (France), demande que la Commission examine d'abord les questions relatives au Canal de Suez. — Sur la proposition du président, la Commission décide qu'elle examinera en premier lieu la question générale et dans l'ordre suivant : — 1° tonnage brut, et 2° tonnage net.

...... Sur l'invitation de M. le président, le secrétaire donne lecture d'une lettre, datée de la Chénaie le 9 septembre 1873, et adressée par M. Ferdinand de Lesseps à S. Exc. Nubar-Pacha. Les documents qui accompagnent cette lettre sont mis à la disposition de MM. les délégués (1).

. . . .

S. Exc. Edhem-Pacha propose de fixer comme ordre du jour de la prochaine séance, la question générale du tonnage:

1° Le tonnage brut, et

2° Le tonnage net.

M. Rumeau fait observer que l'ordre de priorité des travaux de la Commission est très-important, et il propose de remettre la discussion de l'ordre du jour au commencement de la séance prochaine, le temps matériel manquant pour une discussion.

M. le colonel Stokes appuie la proposition présidentielle, et fait emarquer que lorsqu'on a discuté l'article 4 du règlement, on n'a

---

(1) *V. n° 49, p. 343, le texte de cette lettre par laquelle M. F. de Lesseps déclare que la Compagnie du Canal doit demeurer étrangère aux délibérations de la Commission.*

pas voulu arrêter un ordre de travaux, ainsi qu'il l'a suggéré alors. Il croit par conséquent devoir insister sur l'observation de l'article en question.

M. Rumeau croit qu'il faudrait plutôt commencer par les questions concernant le Canal de Suez.

M. le baron de Steiger partage l'avis de M. Rumeau.

MM. Jansen (Pays-Bas), Togores, Stokes, de Heidenstam émettent l'avis que la question du tonnage doit avoir la priorité, et constatent le droit du président de proposer l'ordre du jour d'après l'article 4 du règlement

M. de Heidenstam ajoute que cette marche est clairement indiquée par les instructions de la Sublime Porte à MM. les délégués ottomans.

M. Jansen (Pays-Bas) cite à l'appui l'opinion de M. de Lesseps lui-même, dans sa lettre dont il a été donné communication au commencement de la séance.

A l'avis de M. le baron de Steiger, l'unification du tonnage présuppose l'examen des questions du Canal de Suez.

M. Gillet est d'avis que la discussion des affaires du Canal de Suez, avant toute autre, était indiquée par la marche historique et pratique de la question.

Son Exc. Edhem-Pacha croit que l'histoire de l'affaire montre clairement que la question du tonnage doit avoir la priorité.

MM. Jansen (Pays-Bas), Stokes et de Heidenstam se rangent du côté de l'interprétation de M. le président.

M. le baron d'Avril est d'un avis contraire.

M. le président demande si on accepte l'ordre du jour proposé.

M. Rumeau désire établir que la Commission risquerait d'éterniser ses travaux si elle l'adoptait.

Les affaires du Canal de Suez ayant été la cause première de la Commission, leur règlement devrait primer tout.

L'unification du tonnage est une grosse question; de grandes perturbations seraient à craindre si on voulait modifier la jauge ou le tonnage officiel.

M. le baron de Steiger est d'avis que, vu l'heure avancée, il serait de l'intérêt général d'ajourner la discussion.

MM. le président fait observer qu'il a trouvé, après mûre réflexion, que son ordre du jour est la voie la plus logique à suivre. Il prie la Commission de voter sur l'ajournement proposé par M. le premier délégué de Russie.

La Commission n'accepte pas l'ajournement.

La discussion continue.

M. Janssen (Belgique) trouve la discussion établie sur des bases beaucoup plus libres; si la proposition de S. Exc. Edhem-Pacha rencontrait l'approbation de la Commission.

M. Togores appuie également.

M. Rumeau revient sur la nécessité de commencer par le Canal de Suez (1).

M. le colonel Stokes est d'avis que la question générale doit précéder toutes les autres.

La Commission, consultée, adopte l'ordre du jour proposé par M. le président.

N° 24.

PROCÈS-VERBAL N° V.

(18 octobre 1873.)

Discussion de la question du tonnage brut.

Exposé de M. le capitaine de vaisseau Jansen (Pays-Bas). — Première réponse de M. Rousseau (France). — Opinion de M. le colonel Stokes (Grande-Bretagne; de M. le commandeur Mattei (Italie); de M. le colonel Korchikoff (Russie); de M. Zamara (Autriche-Hongrie); de M. Togores (Espagne); de S. Exc. Salih-Pacha (Turquie); de M. de Heidenstam (Suède et Norwège): de M. Janssen (Belgique); de M. le baron D'Avril (France). — Proposition de M. Jansen (Pays-Bas) pour la définition du tonnage brut.

En ouvrant la discussion, conformément à l'ordre du jour, sur la question générale du tonnage et en premier lieu, sur le tonnage brut, M. le Président donne la parole à M. Jansen.

M. le premier délégué des Pays-Bas prend la parole en ces termes :

---

(1) *V. n° 49 p. 344. M. de Lesseps conteste à la Commission le droit d'examiner les questions relatives au Canal de Suez.*

Monsieur le président, Messieurs,

En ayant l'honneur d'ouvrir la discussion sur le tonnage brut, je ne puis me dispenser d'une certaine hésitation. Dans cette grave discussion, MM. les délégués français, nos honorables collègues, ont un grand avantage sur nous, celui de pouvoir s'exprimer dans leur propre langue. Je demande pour ma part l'indulgence de la Commission, car le français ne m'est pas aussi familier que la langue anglaise, plus en usage à des hommes de mer comme moi. Je tâcherai cependant d'être aussi clair que possible, de parler uniquement de la question qui nous occupe, et dont je crois utile de donner un exposé sommaire.

Je crois, Messieurs, sans présomption, que dans la question du jaugeage, la Hollande peut revendiquer à juste titre l'initiative. C'est dans les Pays-Bas, en effet, où cette question a eu son développement.

Déjà, en 1549, nous y rencontrons une première ordonnance de Charles-Quint, connue même en Espagne depuis 1542, ainsi que notre honorable collègue, M. Togores, a bien voulu m'en assurer.

Dans cette ordonnance, on parle seulement de barrique; le tonneau n'était pas encore connu.

Les dispositions de cette ordonnance fixaient que pour un voyage au long cours les navires devaient être grands d'au moins 100 barriques; et pour les autres voyages, d'au moins 40 ou 80, selon les circonstances.

La seconde ordonnance connue est celle du roi Philippe, fils de Charles-Quint; sa promulgation date de 1563. Nous n'y trouvons également que le nom seul de barrique.

Mais entre ces deux dates, en 1558 une ordonnance de la ville d'Amsterdam prescrivait de mesurer dorénavant tous les navires avec la même unité de mesure, en mesurant la longueur, la largeur et la profondeur.

Un étalon de cette mesure fut placé à l'hôtel de ville, et le mesurage se faisait par des hommes experts, honnêtes et jurés.

C'est là l'origine du jaugeage tel qu'il a été pratiqué dans les derniers siècles.

Les autorités municipales ne s'occupaient pas dans ces temps-là à s'ingérer dans les affaires de commerce. Elles s'en abstenaient, au contraire, soigneusement, laissant aux commerçants seuls le soin de faire leurs déductions à leur gré, de la longueur, la largeur et la profondeur officielles de leurs bâtiments.

Les navires allaient à Saint-Ubes, en Espagne, prendre du sel, ce qui les préservait de la pourriture sèche; on savait ainsi combien ils avaient embarqué ou déchargé, et après des milliers de chargements on trouvait la relation entre la capacité du parallélipipède circonscrit et le chargement réel. Ces navires allaient plus tard charger à la mer Baltique des grains, surtout du seigle, et après une longue expérience, on trouvait que la relation entre le parallélipipède circonscrit à la cale et le chargement de seigle était 200. En divisant la capacité du parallélipipède par 200, on trouvait l'exposant de la capacité des différents navires. Nous disons l'exposant de la capacité, et non l'exposant de la charge; avec cet exposant une unité de jaugeage devait être adoptée.

Le last était en ce temps-là cette unité en Hollande, qui contenait 36 sacs de seigle, chacun de 3 schepel.

Ce last de seigle pesait 4,250 livres d'Amsterdam égales à 2,098 kilogrammes. Comprimé, tel qu'il est dans la cale d'un bâtiment, il occupait un espace de 125 pieds cubes.

Ces mesures correspondent en mètres :

1 pied d'Amsterdam = 283 millimètres.

1 pied cube d'Amsterdam = 0,0227 mètres cubes.

La livre d'Amsterdam = 0,494 kilogrammes.

1 last représente 2,098 kilogrammes et l'unité de jaugeage de 125 pieds cubes correspond à $2^{m},83$.

Vous voyez, Messieurs, que cette unité de jaugeage est d'une grande antiquité. Ce sont les 100 pieds anglais, les 2 mètres 83 qui formaient, il y a deux siècles, cette unité.

En employant ce diviseur, le quotient donnait l'exposant de la capacité des navires. On était en état de connaître par là les différentes charges qu'on pouvait prendre, soit en poids, soit en volume.

Pour connaître le poids dont un navire pouvait être chargé, on n'avait qu'à multiplier le nombre de lasts avec 4,250 livres, et pour connaître la capacité utilisable, on n'avait qu'à multiplier les lasts par 125 pieds cubes.

L'opération du jaugeage a pour but de calculer les charges qu'un navire peut prendre et qui sont de nature très-différente.

Pour les usages du commerce, la manière d'agir que nous avons indiquée était suffisante. Mais du moment que les Gouvernements ont employé le jaugeage pour la perception de taxes, la question s'est compliquée.

Lorsqu'en 1647, le Gouvernement danois exigeait beaucoup de *tols* (droits de péage) des bâtiments hollandais qui passaient le Sund, allant en Norwége chercher des bois, un traité de jaugeage fut conclu avec le Danemark.

Ce traité porte textuellement ce qui suit :

« Art. III. Les vaisseaux sont parfaitement et fidèlement mesurés suivant leur profondeur, longueur et largeur.

» Art. IV. Et, afin qu'il n'arrive aucune mésintelligence avec les mesureurs et inspecteurs danois et hollandais, nous avons délibéré de faire une table ou carte de mesure sur le pied et suivant le modèle de laquelle les mesures et calculs des lasts de bois seront faits : laquelle table sera incorporée dans ce traité immédiatement après cet article, et elle sera mise ès mains des inspecteurs et mesureurs pour s'y régler. »

Table ou Carte des vaisseaux, comment ils doivent être convenablement mesurés suivant la mesure d'Amsterdam.

» A savoir, depuis la partie extérieure au-dessus d'un des éperons jusqu'à l'autre côté extérieur de l'autre éperon en longueur. En largeur, le bâtiment est mesuré devant le grand mât, depuis la planche extérieure de dedans jusqu'à l'autre planche extérieure.

» La profondeur ou capacité des vaisseaux est mesurée entre le grand mât et le mât de misaine, où il est le moins creux ou plus large, près du bord, de l'endroit où l'eau se décharge d'un côté, tirant droit jusqu'à l'autre côté, ensuite à mesurer d'un milieu de la corde de mesure, au travers du bois, jusqu'à fond de cale, et après qu'ils auront ainsi mesuré comme il faut, ils procéderont en la manière suivante :

» Un vaisseau long de 125 pieds, large de 25, profond de 14 avec un demi-pont ou pont coupé jusque par delà les grandes écoutilles, environ 125 lasts, etc., etc.

» Les vaisseaux qui ne se trouveront pas justement de la même forme en grandeur que ceux mentionnés dans cette table seront proportionnés selon le règlement ci-dessus et taxés par lesdits inspecteurs et mesureurs suivant leur port.

» Ainsi calculé et estimé, comme dessus, sur le last de blé ou de sel de Saint-Ubes, et comme les vaisseaux ne peuvent pas être chargés de bois si profondément que de blé ou de sel, à cause de sa légèreté, et qu'il ne peut se plier, il sera retranché la cinquième partie de ce que chaque vaisseau peut contenir. »

La précision de ce traité ne suffit pas. Un nouveau traité suivit le premier en 1658, dont nous empruntons le passage suivant :

« Plusieurs vaisseaux appartenant à des habitants des susdites provinces et naviguant pour la Norwége pour y charger du bois, se sont trouvés contenir beaucoup plus de lasts qu'ils n'étaient taxés suivant les lettres de mesure produites par les maîtres des vaisseaux, et ce qui était marqué en conformité sur le derrière desdits vaisseaux nommé Zeil-Balken ; qu'aussi quelques vaisseaux naviguant en Norwége, comme dessus, ont caché leurs lettres de mesure, et effacé leur marque et se seraient fait remesurer et marquer de nouveau en d'autres lieux, abusivement et de mauvaise foi, au grand préjudice et dommage excessif de la susdite Majesté; que semblablement il s'est trouvé, comme dessus, à l'égard de quelques vaisseaux, que leurs lettres de mesure ne s'accordaient pas avec les marques, et plusieurs des règlements de cette nature. Et que, d'autre côté, il a été fait des plaintes sensibles par, ou de la part de Leurs Hautes Puissances : que les douaniers de Sa dite Majesté dans les havres de Norwége, sous prétexte des choses qui, comme il est dit ci-dessus, n'étaient point dans l'ordre, et pour les prévenir et redresser de leur propre autorité, auraient commis plusieurs exactions contre les maîtres des vaisseaux desdits Pays-Bas, tout en exigeant et faisant payer des *tols* excessifs, à leur fantaisie, et au delà de la grandeur de leurs vaisseaux et contraires à leur lettre de mesure, ensemble par exigence des *by-tols*, fanaux et autres semblables griefs; qu'aussi on aurait fait payer à quelques vaisseaux non chargés de bois, mais d'autres marchandises ou denrées, une fois le *tol*, à l'avenant d'un risdale par lasts du vaisseau, et encore une fois le *tol* par pièce, et qu'ainsi on aurait extorqué double *tol*, le tout contre le susdit traité de l'an 1647, conclu comme dessus, et spécialement le contenu du douzième, treizième et seizième article d'icelui. Et les susdits seigneurs, roi et États-Généraux, inclinant de tout leur cœur de se donner l'un à l'autre une satisfaction raisonnable, et d'établir tel ordre, et d'y pourvoir tellement, que leurs habitants et sujets respectifs puissent se régler ponctuellement et sans la moindre contravention au dit traité, et se trouvant spécialement qu'il a été commis des fraudes et abus tant par les mesureurs que par les douaniers dans les havres de Norwége par la mesure desdits vaisseaux et la réception des *tols*. C'est pourquoi entre moi, etc., etc. (1) »

Vous voyez, Messieurs, que les questions qui nous occupent ne pêchent pas par la nouveauté.

Il est très-naturel que les Danois aient dit: « Votre diviseur n'est pas bon, votre jaugeage est mauvais. » On a fini cependant par ne rien changer et on a continué à garder, telle qu'elle était, la vieille jauge hollandaise.

Plus tard, lorsque la Compagnie des Indes prit un grand développement, les capitaines voulurent faire un peu de trafic pour eux-mêmes. En ne chargeant pas tout à fait les bâtiments de la Compagnie, ils se réservaient le chargement d'une partie pour leur propre compte. Les directeurs en Hollande réclamèrent, en ordonnant de mieux charger les bâtiments.

On leur répondit qu'on ne pouvait mettre rien de plus.

Les directeurs insistèrent et prétendirent que les bâtiments devaient être chargés selon le jaugeage.

A la suite de la prétention mise en avant que la méthode de jaugeage était défectueuse, les directeurs rédigèrent alors un mémoire pour faire connaître au Gouvernement des Indes comment il pouvait, avec le jaugeage qui est l'exposant de la capacité, trouver la charge qu'un bâtiment pouvait porter, soit en poids, soit en volume.

Dans le but de s'assurer du degré d'exactitude de l'ancienne méthode du jaugeage, on fit même mesurer, entre 1680 et 1690, plusieurs navires d'après un système qu'on nous a dit depuis, dans des documents officiels, avoir été inventé par M. Moorsom.

On savait bien en Hollande que c'était là une méthode exacte, et le résultat de ce mesurage prouva qu'il y avait peu de différence avec l'ancienne méthode du jaugeage, aussi longtemps qu'on ne mesurait que la cale.

---

(1) V. Dumont, *Corps diplomatique du droit des gens*. Amsterdam et la Haye, 1728. Ire partie, p. 367. IIe partie, p. 213.

On ne pouvait par conséquent mieux faire que de continuer à appliquer l'ancien procédé.

C'est en ce temps qu'apparaissait en France la célèbre ordonnance de la marine de Colbert, si peu appréciée dans sa juste valeur. La charge y a été toujours confondue avec le jaugeage.

L'ordonnance dont il s'agit contenait une vérité. Pour transporter un poids quelconque, on doit avoir la moitié de plus que son volume correspondant. C'était là une vérité que tout le monde accorde, mais le jaugeage n'est pas l'application de cette vérité. On ne l'a pas compris et ce n'est pas moi qui le dis, j'en appelle au témoignage d'un Français, et d'un Français autorisé. Bouguer, dans son traité du navire (1), écrit cinquante ans après Colbert, dit en propres termes :

« On a répandu sur cette matière (du jaugeage) une si grande obscurité que si on excepte le petit nombre de géomètres qui se sont trouvés de temps en temps dans la marine, on peut assurer que personne n'y a attaché d'idée distincte. On demande tous les jours de combien est le *port* d'un vaisseau, ou de combien de tonneaux il est; les marins et les négociants font continuellement cette question, pendant que les constructeurs et les jaugeurs s'empressent d'employer divers moyens pour la résoudre. Mais il reste presque toujours à savoir, aussi bien aux uns qu'aux autres, si le tonneau dont ils se servent pour exprimer la grandeur du navire est un poids ou une mesure simplement étendue, car presque tous dans cette rencontre confondent l'espace et la pesanteur, quoique de nature si différente. »

On a dit que la loi de Colbert prescrivait de prendre le parallélipipède circonscrit à la cale, mais tel n'était pas le cas. Colbert prescrit simplement : pour connaître le port et la capacité d'un navire et en régler la jauge, le fond de cale, qui est le lieu de la charge, sera mesuré à raison de 42 pieds cubes pour un tonneau de mer.

C'est une vérité, car en France 28 pieds cubes d'eau de mer ont le poids d'un tonneau ; la moitié de 28 étant 14, nous avons un total de 42 pieds.

On a continué cependant dans les différents ports de la France de

(1) *Traité du navire, de sa construction et de ses mouvements*, par M. Bouguer, de l'Académie des sciences, ci-devant hydrographe du Roi aux ports du Croisic et Havre-de-Grâce. Paris, 1746.

mesurer les navires chacun à sa manière, sans se soucier de l'ordonnance de Colbert. Bouguer nous le dit :

« La méthode connue sous le nom de méthode de Rouen est conforme à l'ordonnance, puisqu'après avoir trouvé la capacité de la cale en pieds cubiques, on ne fait autre chose que la diviser par 42 pour connaître la capacité en tonneaux.

« Il est certain que cette pratique est encore très-défectueuse, puisqu'elle emploie, pour déterminer la pesanteur particulière de la charge, une solidité qui n'y a aucun rapport; la capacité entière de la cale, qui était à peu près égale à la carène ou à toute la partie submergée, n'est propre qu'à donner la pesanteur totale du vaisseau. S'il était question de déterminer cette dernière pesanteur, il faudrait diviser toute la solidité par 28, de même que la méthode exacte et géométrique de trouver la pesanteur particulière de la charge est de diviser par ce même nombre la partie de haut de la carène, qui se plonge par le seul poids des marchandises. Mais aussitôt qu'on veut mal à propos déduire le port du vaisseau ou la seule pesanteur de la charge de la solidité entière de la carène ou de la capacité de la cale qui lui est à peu près égale, et qui sont l'une et l'autre beaucoup trop grandes, il faut indispensablement diviser par un nombre aussi trop grand. Il faut que ce nombre soit plus grand dans le même rapport, que toute la carène surpasse cette partie qui fait la différence des deux enfoncements, ou en même rapport que la pesanteur totale du vaisseau est plus grande que celle de la charge. C'est de cette sorte qu'on s'est trouvé dans la nécessité de diviser tantôt par 56 et quelquefois 60 ou 80, quoiqu'il soit certain que ce tonneau de 2,000 livres n'a jamais besoin pour se soutenir que d'un enfoncement dans la mer de 28 pieds cubiques. »

Ce que Bouguer dit est très-exact, car le jaugeage ne peut être l'exposant de la charge ni l'exposant des tonneaux d'affrétement, mais il doit être l'exposant de la capacité moyenne utilisable, par lequel on peut computer la charge soit en poids, soit en volume.

Aussi il est constaté qu'on a continué, malgré ce mesurage, à jauger au nord et au midi de la France de différentes manières.

Survint la Révolution de 1789; la Convention nationale entendait que les lois fussent exécutées. On vit alors que l'ordonnance de Colbert n'était pas exécutable et on commença par adopter le mesurage anglais, connu sous le nom de *Old Builder's Measurement*, par le décret de vendémiaire an II, art. 23, avec la seule différence que le diviseur 95 fut adopté au lieu de celui de 94. Cependant le résultat n'a pu être satisfaisant, les mesures ayant été prises en mesures françaises. C'est alors qu'on adopta par la loi du 12 Nivose an II et sur l'avis du célèbre mathématicien Legendre, le diviseur Legendre, le diviseur 94 avec l'ancienne formule hollandaise, que nos capitaines avaient déjà trouvée 60 ans auparavant par l'équation suivante : 4,250, le poids d'un last, est à 2,000, le poidsd'un tonneau, comme 200, le diviseur de jaugeage last, est à x, l'unité de jaugeage du tonneau, ce qui donne $\frac{40,0000}{4,250} = 94$.

Le même système de jaugeage avait été adopté par les Anglais en 1773, avec la seule différence qu'on avait la moitié de la largeur pour la profondeur, et qu'on déduisait 3/5 de la largeur de la longueur, pour avoir la longueur du jaugeage.

Ainsi le même diviseur 94 avait été adopté en France, en Angleterre et en Hollande, malgré que le poids d'une tonne en France fût égal à 28 pieds cubes d'eau de mer, en Angleterre à 35 pieds cubes d'eau de mer et en Hollande à 42 1/2 pieds cubes d'eau de mer.

La vieille méthode du jaugeage ne pouvait plus être employée après l'introduction des machines à vapeur. Honneur à M. Moorsom d'avoir exposé alors sa méthode, basée sur la formule de sir Isaac Newton, d'un théorème, par lequel les surfaces de tous les espaces curvilignes qu'on ne pourrait pas déterminer géométriquement, ni par une règle connue d'un examen direct, s'approchent aussi exactement que possible d'une détermination géométrique.

Aussi longtemps qu'on n'avait pas d'encombrement fixe dans la cale comme les machines à vapeur, les anciennes méthodes de jaugeage pouvaient être appliquées et donnaient de bons résultats, parce que toute la capacité de la cale était utilisable. Mais aussitôt qu'on a introduit des masses pesantes non utilisables, une autre méthode devenait nécessaire : il a fallu la capacité utilisable.

Dans toutes les méthodes de jaugeage on ne peut séparer le diviseur du système de jaugeage. Si on ne mesure que la cale ou le fond de la cale, comme c'était le cas il y a deux siècles, on peut avoir un diviseur très-petit. Du moment qu'on mesure plus que la cale on doit augmenter le diviseur; si on mesure la capacité totale, le diviseur doit être nécessairement plus grand.

Le système Moorsom est un système entier, à prendre ou à laisser. Le mérite de ce système est dans son antique expérience, car il est basé sur la capacité en moyenne de toute la flotte marchande anglaise contenant 27,000 navires.

J'ai pris, Messieurs, la liberté de vous faire cet exposé pour démontrer que nous avons étudié chez nous la question du tonnage à fond.

Le résultat de cette étude a été que le Gouvernement néerlandais, dont j'ai l'honneur d'être le délégué, est décidé d'adopter le système Moorsom, comme étant le plus exact, le plus juste et le plus équitable. J'ai l'honneur en conséquence de proposer à la Conférence l'adoption, dans son intégrité, de cette méthode pour le tonnage brut.

M. le Président remercie M. Jansen de l'exposé lucide qu'il vient de faire et constate de nouveau qu'il s'agit de savoir quel est le système le meilleur et le plus pratique pour obtenir le tonnage brut.

M. Anargyros demande des éclaircissements sur le système Moorsom qui lui sont donnés par différents membres de la Commission. M. le délégué de Grèce désirerait aussi savoir si le système Moorsom comprend la capacité totale du navire, sans aucune exception pour le tonnage brut.

MM. le colonel Stokes, Hargreaves, Jansen (Pays-Bas) disent que le tonnage brut (*gross-tonnage*) se fait sans aucune déduction.

M. le Président constate que le tonnage est un mesurage dont la tonne est la mesure. C'est la manière de mesurer un navire.

M. le baron de Steiger dit que le tonneau de jauge est un tonneau mesure, mais qu'il y a divers tonneaux. Le tonneau de jauge n'est pas un poids, mais le résultat d'un mesurage. Il demande à ce que la valeur des mots soit bien fixée.

M. le Président pense que lorsqu'on dit tonnage on doit toujours savoir l'unité du volume. S. Exc. prie MM. les délégués de présenter également leurs observations sur le débat engagé.

M. Rumeau dit qu'il ne s'attendait pas aujourd'hui à prendre la parole, et qu'il n'est pas prêt à présenter son exposé; mais que puisque M. le Président lui fait l'honneur de lui demander son avis, il se bornera à de courtes observations, en réponse à une des opinions émises par M. Jansen. M. le premier délégué des Pays-Bas, dans son historique, a fait remonter au XVIeme siècle l'origine du diviseur 94, remplacé en 1854 par le diviseur 100, proposé par M. Moorsom, et dont M. Jansen loue l'emploi dans le nouveau système anglais comme remplaçant exactement le diviseur 94 de l'ancien système.

L'ancien système consistait à mesurer le parallélipipède circonscrit au navire, en multipliant la longueur de ce navire par sa largeur et sa demi-largeur, considérée comme représentant sa profondeur, et en divisant le produit ainsi obtenu en pieds cubes anglais par 94. Le résultat de cette double opération donnait le tonnage du navire, ce qu'on a appelé le tonnage officiel, le tonnage de douane, le tonnage de jauge, le tonnage de registre, tonnage depuis longtemps inférieur au tonnage *vrai*, c'est-à-dire au nombre de tonneaux qu'un navire peut prendre à fret en charge au poids ou au volume.

Aujourd'hui, d'après le système Moorsom, on mesure exactement la capacité intérieure du navire, toujours en pieds cubes, et on divise par 100. Comment se fait-il qu'on puisse ainsi arriver au même résultat, puisque d'un côté on diminue le dividende, la capacité intérieure du navire étant manifestement inférieure à celle du parallélipipède circonscrit, et que, de l'autre, on augmente le diviseur, qui passe de 94 à 100 ? Ne semble-t-il pas évident qu'il y a là une atténuation de l'ancien tonnage ?

Cependant, tout en reconnaissant que ce nouveau diviseur 100 est exagéré, Moorsom, dans son ouvrage, de la traduction duquel M. Rumeau lit plusieurs passages, dit qu'il lui a été imposé, afin de ne rien changer aux résultats de l'ancienne méthode et de pouvoir comparer, pour le mouvement de la marine anglaise, les statistiques dressées d'après le nouveau système aux statistiques antérieures dressées d'après le système alors en vigueur.

Outre qu'il n'apporte aucun trouble aux contrats existants et qu'il laisse sans solution de continuité l'indication officielle de l'accroissement ou de la diminution de la marine anglaise, Moorsom trouve à l'emploi du diviseur 100 d'autres avantages :

Il permet, par exemple, de passer aisément du tonnage de registre à la capacité effective du navire. Chaque tonne dans ce système étant représentée par 100 pieds cubes, il suffit de multiplier le tonnage de registre par 100, en ajoutant deux zéros au chiffre de ce tonnage, pour avoir cette capacité. Par exemple, dit-il, si le tonnage de registre d'un navire est de 619 tonnes, la contenance de sa cale sera de 61,900 pieds cubes.

Moorsom ajoute que pour trouver le nombre de tonnes de marchandises qu'un navire est capable de prendre ou d'arrimer à raison de 50 pieds cubes la tonne, il suffit de diviser par 50 la contenance cubique de ce navire, après en avoir déduit les espaces non utilisables pour les marchandises et occupés par l'équipage, les rechanges, les approvisionnements d'eau et de vivres, le trou de pompe, etc., lesquels pratiquement peuvent être estimés ensemble à 20 0/0 de cette contenance. On voit que Moorsom ne parle ici que des navires à voiles, les seuls du reste qu'il y ait à considérer en ce moment, les déductions propres aux navires à vapeur devant faire l'objet d'un examen spécial.

Moorsom poursuit en disant : le tonnage du registre étant par exemple de 619 tonnes comme ci-dessus, la contenance cubique de la cave sera de 61,900 pieds cubes et, déduction faite de 20 0/0, de 49,520 pieds cubes.

Cette contenance nette, divisée par 50, donnera 900 tonnes de marchandises qui peuvent être arrimées dans le navire au volume de 50 pieds.

Moorsom ajoute que si l'on veut connaître le tonnage en poids qu'un navire peut porter, on obtient une approximation suffisante en divisant la capacité de la cale par 63, et en déduisant du résultat le poids de l'eau, des approvisionnements de l'équipage et des effets, lequel, dans le cas d'un approvisionnement pour un an, peut être estimé dans la pratique à 7 0/0 ou à $\frac{1}{14}$ de ce résultat. Reprenant l'exemple d'un navire de 619 tonnes de registre ou de 61,900 pieds cubes de capacité, il trouve $\left(\frac{61900}{63}\right) = 982$ tonnes pour le poids brut du chargement et $\left(982 - \frac{1932}{14}\right) = 912$ tonnes pour le poids net de ce chargement, toujours pour un navire à voiles ou pour un navire à vapeur considéré indépendamment de la déduction spéciale aux machines.

On le voit donc : d'après Moorsom, l'autorité la plus considérable et la plus invoquée en cette matière, le tonnage brut ou tonnage de registre obtenu par sa méthode n'est qu'un terme de comparaison de la capacité de divers navires, et n'a qu'un rapport éloigné, trop éloigné avec la capacité du chargement, pour pouvoir être adopté à un titre quelconque pour la mesure de ce chargement. Cette mesure peut bien en être déduite soit qu'il s'agisse d'un chargement au poids ou d'un chargement au volume. Mais à quelle condition? à la condition de le majorer d'environ 50 0/0, un peu moins, s'il s'agit d'un chargement au poids, un peu plus s'il s'agit d'un chargement au volume.

On voit que l'opinion de Moorsom lui-même et les exemples dont il l'appuie ne peuvent, par conséquent, laisser aucun doute sur l'impossibilité d'obtenir directement, avec une approximation raisonnable, le tonnage d'un navire, par l'application du diviseur 100 à la capacité de la cale.

. . . .

M. Jansen (Pays-Bas) nie que la capacité mesurée d'après le système Moorsom soit plus petite que le parallélipipède circonscrit, ainsi que l'a avancé M. Rumeau. Du moment qu'on multiplie une moindre profondeur et une moindre longueur avec la largeur, il s'ensuit que le cube du parallélipipède circonscrit à la cale pouvait être beaucoup plus petit que la capacité entière du navire.

M. le colonel Stokes remercie tout d'abord l'honorable délégué des Pays-Bas de l'exposé historique, clair et lucide des divers systèmes de jauger les bâtiments en usage pendant les trois derniers siècles. Ce récit prouve que depuis deux cents ans la question a été bien étudiée et comprise en Hollande, pendant que d'autres nations travaillaient dans l'obscurité et s'appropriaient des résultats déjà obtenus sans avoir connu les bases sur lesquelles ils reposaient.

M. le colonel Stokes demande seulement la permission de relever une observation de M. Jansen. M. le délégué des Pays-Bas a attribué le changement de la loi de 1773 en Angleterre à l'introduction de la vapeur. A l'avis de M. le colonel Stokes, ce changement devait être plutôt attribué à la nécessité de mettre fin aux mauvaises constructions encouragées par la loi de 1773. Cette loi faisait dépendre exclusivement le tonnage d'un bâtiment de deux dimensions, de la longueur et de la largeur. En Angleterre, on avait substitué dans la formule de $\frac{L \times B \times D}{94}$ (ancienne formule hollandaise) à D., la profondeur, 1/2 B, ou moitié de la largeur. De même à L, on avait substitué L—3/5 B, de sorte que la largeur B était devenue la dimension dominante.

Le résultat a été qu'un constructeur, en maintenant la longueur et la largeur du bâtiment, pouvait en augmenter la capacité, en donnant plus d'extension à sa profondeur, sans que le tonnage fût en rien changé. Ainsi, pour avoir quelques centaines de tonnes de plus sur lesquelles le bâtiment pourrait gagner du fret sans payer des droits, le constructeur sacrifiait les qualités de son bâtiment, qui était dans les plus mauvaises conditions soit de sécurité, soit de vitesse de marche.

Voici donc trois inconvénients auxquels il fallait remédier :

1° Fraude de revenus publics et privés ;
2° Forme dangereuse donnée au navire ;
3° Mauvaise marche des navires.

C'est pour parer à ces inconvénients qu'on a changé la loi.

Aussi longtemps, a dit M. le colonel Stokes, que l'on maintenait à la construction d'un navire la proportion en profondeur à la moitié de sa largeur principale, on ne faussait pas dans le calcul la vérité du tonnage. C'est pourquoi il n'y a pas lieu de se plaindre que M. Moorsom ait été déterminé dans le choix du diviseur 100 par la considération qu'il n'en résulterait qu'une différence insensible sur le total du tonnage de la marine marchande anglaise. Car la seule inexactitude à regretter ne portait en réalité que sur des faits passés, auxquels on ne pouvait remédier, et n'affectait en rien la vérité des statistiques fondées sur la nouvelle loi.

M. le délégué de France a observé que le tonnage produit par le diviseur 100 devrait nécessairement être moindre que celui produit par l'ancien diviseur 94, car ce dernier était appliqué à un moindre volume que le parallélipipède circonscrit. Mais M. le colonel Stokes ne pourrait admettre l'exactitude de cette déduction. La cubature à laquelle le diviseur 100 est appliqué comprend tout le bâtiment, tandis que le parallélipipède auquel le diviseur 94 était appliqué, ne circonscrivait pas la totalité du navire ; exemple : la longueur était diminuée de 3/5 de la largeur; la profondeur même, calculée à raison de moitié de la largeur, ne représentait qu'une mesure intérieure : ainsi les diviseurs 94 et 100, par le fait qu'ils s'appliquaient respectivement à des corps essentiellement différents, pouvaient très-bien produire deux tonnages à peu près de la même grandeur.

M. le colonel Stokes répond ensuite aux observations de M. Rumeau fondées sur une publication de M. Moorsom et tendant à démontrer que la véritable pensée de Moorsom était en désaccord avec le système anglais.

M. le délégué de France a soutenu, dit-il : 1° que le tonneau de capacité dit *Moorsom* est effectivement un tonneau de 50 pieds cubes ;

2° Que la tonne de 100 pieds cubes n'est qu'une expression pour la facilité du jaugeage et qu'elle n'a aucun titre pour exprimer la capacité réelle et utilisable d'un bâtiment.

Il paraît y avoir ici une notable confusion d'idées et de termes.

Qu'est-ce que c'est que l'expression de *capacité?* C'est le pouvoir de contenir. La tonne ou le tonneau de capacité, c'est l'expression d'un certain volume ou espace capable de contenir.

Moorsom a défini que sa tonne est un volume absolu de 100 pieds cubes, il n'a jamais eu en vue la chose contenue ni comme volume, ni comme poids.

Ses paroles sur ce point sont claires et explicites.

Il disait, en 1852, avant qu'on ait adopté son système (1) :

« Le tonnage ainsi constaté est simplement un tonnage cubique, » ou vraie expression de la capacité intérieure cubique, dans laquelle » chaque tonne de tonnage représente 100 pieds cubes d'espace. De » sorte que si le tonnage de registre était constitué ainsi, il donnerait » à l'esprit une idée juste des grandeurs ou des capacités *exactes,* » aussi bien que *relatives,* de tous bâtiments dont nous n'avons qu'un » critérium très-imparfait dans le tonnage de registre actuellement » en usage. »

Voilà, une fois pour toutes, sa définition de ce qu'il entend par tonne.

M. le colonel Stokes nie donc absolument qu'il y ait jamais eu une tonne de Moorsom de 50 pieds cubes et affirme sans crainte de contradiction que Moorsom n'a jamais voulu donner à sa tonne cette dimension.

Si plus loin, aux pages 65 et 66 de son livre, il parle de tonnes de

(1) Page 50 de l'édition de 1852 de son ouvrage intitulé : *Review of the laws of tonnage.*

40 à 50 pieds cubes, il ne fait aucune allusion aux tonnes de capacité, comme le prétendent M. Lange et d'autres et comme M. Rumeau vient de dire. Il parle alors de la chose contenue.

Toute son argumentation a pour but de montrer pourquoi on devrait adopter son système, sa tonne.

Il dit que la capacité d'un bâtiment en tonnes de ce système étant connue, le négociant peut immédiatement faire le calcul exact des marchandises qu'il peut loger dans l'espace ainsi connu; il donne trois exemples de différentes espèces de marchandises; il aurait pu y en ajouter plusieurs autres s'il l'avait voulu, mais ces trois exemples suffisaient pour justifier l'adoption de son système.

Il n'a nullement eu l'intention de confondre la chose contenue avec le corps contenant.

Du moment que l'on parle d'une tonne ou d'un tonneau de capacité, il est évident que c'est du contenant et non du contenu qu'il s'agit.

Si le sens des mots pouvait laisser un doute à cet égard, ce qui n'est pas, le bon sens suffirait pour conduire à la même conclusion.

Partout c'est le bâtiment, qui est le contenant, et non le contenu, qui est la marchandise, qui doit payer. Cela est si vrai qu'on fait payer le navire même lorsqu'il n'y a pas de marchandises à bord.

Le sens pratique devait conduire à préférer ce système, car si l'on avait voulu envisager la marchandise comme base de la taxe, on n'aurait pu le faire qu'en tenant compte des variations infinies par lesquelles passe le même navire dans le chargement successif des marchandises.

Dans cet ordre d'idées, l'unité à déterminer était donc uniquement une unité d'espace. C'est ce que Moorsom a proposé et ce que la loi a fixé. C'est donc en vain qu'on voudrait séparer Moorsom de la loi.

C'est sur la proposition personnelle de Moorsom et par les raisons qu'il a lui-même exposées, que la législature anglaise a défini 100 pieds cubes cette unité d'espace. Dans cette proposition Moorsom n'a fait que suivre les inspirations du bon sens, car en tenant compte des variations dans le chargement des navires, au lieu d'une seule unité, il aurait fallu en adopter plusieurs, ce qui aurait substitué la confusion à la simplicité pratique.

Les principales considérations qui ont dicté la proposition de Moorsom étaient les suivantes :

1° L'adoption de cette unité n'altérait pas les données statistiques du Royaume-Uni, dont le maintien est si important à plusieurs points de vue d'intérêt public, le total du tonnage de sa marine marchande, suivant le jaugeage de la loi de 1854, étant à peu de choses près le même que sous l'ancienne loi ;

2° Elle ne portait aucune atteinte à l'exécution des contrats existants ; car elle laissait, d'un côté, subsister toutes les ressources dérivant de ces contrats, et, d'un autre côté, elle n'aggravait pas les charges de la navigation ;

3° Elle permettait de constater, par un calcul très-simple, le nombre de pieds cubes contenus dans la cale d'un bâtiment ;

4° Elle se prêtait, par conséquent, au calcul facile de la quantité de marchandises légères ou lourdes, de telle ou telle espèce, qu'on peut mettre dans la cale, suivant le rapport du poids au volume indiqué pour chaque marchandise par les tables d'estivages à l'usage du commerce.

Ceci implique qu'il s'agit de la capacité réellement utilisable du navire. Cette capacité n'est pas déterminée par le premier mesurage, qui, comprenant tous les espaces couverts, donne tout d'abord la capacité totale. Il est évident qu'on ne peut arriver à dégager la portion réellement utilisable de cette capacité totale qu'en lui faisant subir des déductions qui ne sont pas arbitraires, mais qui résultent de la nature des choses et que M. le colonel Stokes se réserve d'expliquer lorsque la question du tonnage net sera à l'ordre du jour.

M. le colonel Stokes se résume en constatant que Moorsom n'a jamais défini sa tonne comme une tonne d'autre dimension que de 100 pieds cubes, et que la tonne de 100 pieds cubes n'est pas seulement une expression théorique du jaugeage, mais, au contraire, elle est une mesure réelle de capacité dont l'emploi doit conduire à déterminer exactement et dans toutes les conditions d'impartiale justice, la capacité utilisable des navires.

M. le colonel Stokes ajoute, en terminant, que son honorable collègue britannique lui rappelle, très-justement, que la plupart des nations maritimes, savoir l'Autriche-Hongrie, l'Italie, l'Allemagne, la Norwége, le Danemark, les États-Unis d'Amérique, la France elle-même, ont adopté le système anglais. La Turquie vient de l'adopter également en principe. C'est la meilleure justification de l'exactitude de ce système, car il n'est pas à supposer que ces pays auraient changé leurs lois sans s'être assurés, par un examen approfondi, des principes sur lesquels repose la loi anglaise.

M. Hargreaves dit qu'il faut un premier diviseur pour chaque navire si on veut changer le diviseur, car chaque navire a un chargement différent.

M. Gillet ajoute que le diviseur de 3.80 est autre que celui de 2.80. Le diviseur pour le parallélipipède était le même que celui de Moorsom.

M. Rumeau réplique que le diviseur était plus petit que celui d'aujourd'hui.

M. Jansen (Pays-Bas) dit que le diviseur français 94, réduit en pieds cubes anglais, était 115. On a réduit, par conséquent, le diviseur de 115 à 100, au lieu de l'élever, ainsi que l'a dit M. le délégué de France.

M. Mattei pense que quelques éclaircissements ne seront pas jugés hors de propos sur l'anomalie relevée par M. Rumeau que la capacité courbe inscrite offrait un résultat plus grand que le parallélipipède circonscrit.

En considérant d'abord la règle de la loi française de nivose an II, attribuée au mathématicien Legendre, il observe que la longueur pour la jeauge était la moyenne entre la longueur mesurée au pont et celle mesurée entre l'étrave et l'étambot sur la quille, et que la profondeur n'était mesurée que du dessous du pont, limitant la cale au-dessus du collet des varangues.

Tout en admettant que d'après la règle de nivose an II, l'unité de jaugeage était moindre qu'elle n'a été depuis, il fait remarquer que cette unité avait été considérablement augmentée par l'ordonnance de 1837, qui avait substitué le mesurage intérieur à l'extérieur.

On avait plus tard, par décision administrative, autorisé le mesurage de la profondeur du dessus du pont jusqu'au *payol* (plancher établi au fond de la cale) toutes les fois qu'il serait installé de manière permanente et à la même condition que la largeur serait mesurée entre les *serrages* (cloisons parallèles au bord) : il fait noter que ces décisions administratives ne prescrivent aucune limite, ni à la hauteur du *payol*, au-dessus du collet des varangues, ni à la distance des *serrages* de la muraille des navires.

En sorte que les trois dimensions du parallélipipède ne sont nullement les dimensions extrêmes de l'espace intérieur du navire, tel qu'il serait mesuré d'après la méthode Moorsom.

En conséquence, il n'y a nullement à s'étonner qu'il y ait eu très-peu de différence entre les résultats de mesurage d'après l'ordonnance française ou la loi anglaise, et qu'en moyenne on ait reconnu que le tonneau de jeauge français était à peu près égal au tonneau anglais.

Venant à l'ancienne règle anglaise (*Builder's Tonnage*), il rappelle que le tonnage était calculé par le produit de la longueur pour le tonnage (*Length for Tonnage*) par la largeur et la demi largeur, divisé par 94. La largeur était celle hors membres au maître couple au fort, augmentée de la double épaisseur du bordage de fond, et la longueur pour le tonnage était celle mesurée au pont, entre l'étrave et l'étambot, diminuée des 3/5 de la largeur.

On voit d'abord que la longueur pour le tonnage était bien moindre que celle du navire. Si on réfléchit ensuite que justement, à cause de cette règle, il y avait un motif pour donner aux navires un creux bien supérieur à la moitié de la largeur, arrivant dans bien des cas au chiffre de la largeur même, on verra que le parallélipipède des trois dimensions n'était nullement circonscrit à l'espace qui aurait été mesuré d'après la règle Moorsom, et que c'est parfaitement concevable que l'application des deux méthodes à une grande quantité de navires ait donné des résultats presque identiques.

Quoi qu'il en soit de l'exactitude des méthodes employées, il est certain que l'unité de jaugeage a toujours été une certaine quantité d'espace, sans aucun rapport nécessaire au poids des marchandises que cet espace pourrait contenir. Aussitôt que l'on a trouvé à propos de taxer les navires en dehors de la marchandise qu'ils pouvaient porter, il a fallu chercher une base pour cette taxation. On a bientôt reconnu que leur valeur, qui aurait été une base assez juste, ne présentait pas des données pratiques, attendu qu'elle dépendait d'une foule d'éléments très-variables, tels que leur mode de construction, leur âge, etc., et on a été partout réduit à les taxer d'après leur grandeur, soit d'après l'espace contenu dans leurs formes extérieures ou intérieures, calculé avec plus ou moins de précision.

On voit par là que quand même, à l'origine, on aurait pu avoir l'idée d'établir une certaine parité entre le chiffre du jaugeage et le nombre de tonneaux de poids qu'un navire donné aurait pu charger, l'unité de jaugeage était une quantité tout à fait arbitraire. Maintenant même, et en supposant accepté le principe du cubage exact de tout l'espace intérieur des navires, abstraction faite des circonstances, il n'y aurait aucune raison pour ne pas prendre pour unité de jaugeage le mètre cube ou un autre espace quelconque, 5 mètres cubes par exemple.

Mais dans la détermination de cette unité il y a à tenir compte d'un fait de la plus grande importance : c'est que cette unité existe, c'est qu'elle a été déterminée, à très-peu près, chez la plupart des nations maritimes, à une époque très-reculée. En Angleterre, quoique le mesurage précis, selon la règle Moorsom, ne soit en vigueur que depuis 20 ans environ, il est prouvé qu'il n'a pas altéré le jaugeage total de la marine marchande anglaise, et que, partout, la même unité y a été conservée, qui était admise depuis 1773. On peut en dire autant de la France qui, dans des circonstances bien connues, a admis l'égalité du tonneau de jauge français avec le tonneau anglais ; et quoiqu'elle soit revenue là-dessus plus tard, la différence constatée entre ces deux tonneaux était trop peu de chose pour que l'adoption du dernier pût avoir un effet sensible sur les intérêts de ses finances ou de son commerce maritime. On peut en dire autant de l'Italie, où les règles de jaugeage se rapprochaient beaucoup de celles de l'ordonnance française de 1837, ainsi que de beaucoup d'autres nations.

Il est ainsi à constater que cette unité de jaugeage existe, et depuis très-longtemps ; qu'elle est parfaitement connue et complétement entrée dans les habitudes du monde commercial. Changer cette unité aujourd'hui, ce serait une question très-grave ; chez la plupart des nations, une foule de lois de finance et d'administration se rapportent à cette unité, et l'introduction dans ces lois des changements rendus nécessaires par un changement d'unité exigerait, d'après les formes constitutionnelles en vigueur chez quelques nations, des années entières. Ce serait, de plus, un problème très-difficile à résoudre, comment on pourvoirait, en attendant, à l'expédition des affaires.

En concluant, M. le délégué d'Italie est d'avis que tout en adoptant une méthode de mesure des navires ayant la plus grande précision, telle que la règle Moorsom, il ne peut être question d'un changement dans l'unité de jaugeage ; il se rallie, en conséquence, aux conclusions de deux de ses collègues qui l'ont précédé, MM. Jansen et le colonel Stokes.

M. le colonel Kochikoff veut prouver que le nouveau tonneau Moorsom est absolument le même que l'ancien.

La formule de l'ancien tonneau est, la longueur de la quille étant déduite de 3/5 de largeur :

$$\frac{K \times B \times \frac{B}{2}}{94} = \text{ancien tonneau,}$$

Moorsom constate que le tonnage total enregistré de la marine marchande anglaise est, d'après l'ancienne loi, de 3,700,000 tonneaux. Il prouve ensuite que, par l'application de son système de mesurage, la capacité totale de cette immense flotte est réellement de 363,412,456 pieds cubes. « Si, dit-il, la capacité totale réelle est divisée par le tonnage total de registre, on aura évidemment le facteur par lequel la capacité en pieds cubes doit être divisée pour produire le tonnage de registre. »

C'est ainsi que Moorsom obtient le diviseur 98,22, ou, pour plus de facilité, 100.

Ce diviseur sert seulement pour trouver les anciens tonneaux, rien de plus. Veut-on savoir combien de pieds cubes il y a dans ce tonneau (ancien ou nouveau)? il faudra défalquer 20 0/0 de pieds cubes, et le tonneau sera de 80 pieds cubes. Le diviseur 100, qui n'est bon qu'à trouver l'ancien tonneau, ne représente pas la quantité de pieds cubes contenus dans le tonneau.

Ainsi, si on voulait prendre, entre les diviseurs existants de 40, 50, 63 et 80, la moyenne de 60, M. le colonel Kochikoff pense que la question serait résolue et qu'on n'aurait besoin d'aucun changement dans les papiers de bord.

M. Zamara accepte en tous points les conclusions présentées par MM. les délégués des Pays-Bas et de la Grande-Bretagne.

M. Togores dit que, la question étant débattue d'une manière aussi exacte que brillante par les honorables membres qui l'ont précédé, il n'aurait qu'à adhérer aux idées établies par MM. Jansen, Mattei et d'autres; il prend cependant la liberté d'y ajouter quelques mots, ce qui a été fait dans tous les pays pour calculer la jauge des navires, pouvant contribuer à l'éclaircissement des questions dont la Commission est saisie.

En Espagne, dit-il, le problème du jaugeage a été traité depuis une époque très-reculée. Les premières dispositions adoptées se confondent avec la découverte de l'Amérique; mais, comme cette partie historique ancienne n'intéresse pas le débat dans son état actuel, il commencera par la première ordonnance royale de 1582, dans laquelle se présente, pour la première fois, l'unité tonneau, sous le nom, il est vrai, de barrique.

Cette ordonnance prescrit, en effet, que la capacité des navires se rendant aux Indes doit être de 100 barriques (*toneles machos*). *Don José Vestia*, dans son *Nort du constructeur*, publié en 1672, explique aussi la barrique, en disant « que c'était une capacité ou volume tout à fait égaux au tonneau » de son temps. Or, l'ordonnance royale du 19 octobre 1613 établit, d'une manière claire et précise, que le tonneau est un volume de 8 *codos cubiques de vivera*, qui sont équivalents à 70,19 pieds cubes de *Burgos* ou à 1,518 mètres cubes.

Dans la même ordonnance, une méthode de jaugeage était formulée, d'après laquelle on mesurait la longueur, la largeur, la profondeur au creux, la longueur de la quille et la largeur au plan des varangues; on y trouvait aussi une explication très-minutieuse de la manière de combiner ces différentes mesures, afin d'arriver à la jauge. C'était là une méthode de jaugeage.

Ainsi, le mot « tonneau, » à son origine, ne représente qu'une unité de capacité ou de volume bien exactement définie, surtout depuis 1613; cependant, on l'a confondu plus tard, très-souvent, avec le tonneau de poids.

C'est d'après ce jaugeage que les navires marchands étaient taxés, à cette époque, pour le paiement des droits de navigation; quelques-uns de ces droits, comme ceux appelés de mouillage, étaient perçus par l'amiral de Castille; d'autres avaient un but plutôt protecteur comme ceux que payaient les bateaux à l'entrée de la rivière de Séville, quand ils n'appartenaient pas à l'archevêché.

Ces droits réglés d'après le jaugeage étaient, toutefois, entièrement indépendants des quantités de marchandises que le navire pouvait transporter; c'étaient des droits annexés, pour ainsi dire, au navire lui-même, considéré comme appareil de transport.

D'un autre côté, les douanes percevaient des droits sur l'importation et l'exportation des marchandises, réglés tantôt par l'unité de poids (le quintal), tantôt par la valeur des objets embarqués ou débarqués. Ces droits étaient tout à faits distincts des droits de navigation.

On voit donc combien, à cette époque, l'unité de poids et celle de capacité étaient clairement définies par la navigation; jusqu'alors, le tonneau représentait seulement une unité de volume.

L'ordonnance de Colbert sur la marine établit en France, en 1681, les premiers règlements de jaugeage. D'après cette ordonnance, un volume de 42 pieds cubes, soit l'espace occupé par 4 barriques de vin de Bordeaux, pesant 200 livres, est l'unité de jauge.

On obtenait le tonnage des navires, d'après cette ordonnance, en mesurant le volume de la cale en pieds cubes et en le divisant par 42. Le tonnage était donc le volume de la cale exprimé en unités de 42 pieds cubes; mais, en même temps, il exprimait aussi, pour le vin et les marchandises de même encombrement, en tonneaux de 2,000 livres, le poids que le navire pouvait transporter. Cependant, sous ce dernier point de vue, l'exactitude disparaissait, d'autres considérations compliquant le problème par rapport aux conditions de navigabilité du navire.

Toute supposition devenait absurde aussitôt qu'il s'agissait de marchandises dont le volume, occupé par un poids de 2,000 livres, était autre que les 42 pieds cubes.

C'est ainsi que, dans le commerce, on tient compte, pour les affrétements des navires, du volume occupé par 2,000 livres de poids de la marchandise à embarquer. Le prix de transport ou fret varie selon que la marchandise occupe un volume moindre ou plus grand que les 42 pieds cubes ou tout autre volume choisi pour unité.

Depuis cette ordonnance, mal interprétée, on a commencé à confondre le volume avec le poids. M. le délégué d'Espagne est persuadé que l'unité *tonneau de poids*, alors de 2,000 livres, maintenant de 1,000 kilogrammes, a été introduite en Espagne de France, où, à son avis, elle eut son origine de la tonne de jauge.

De nombreuses réclamations se sont fait entendre depuis cette époque en Espagne, surtout par les employés douaniers, alléguant les différences que l'on remarquait entre le nombre des tonneaux de jauge, d'après les papiers de bord, et celui des tonneaux des marchandises débarquées. M. Togores répète « que toute idée de poids se rattachant au tonneau de jauge est entièrement inexacte; car le jaugeage ne saurait jamais représenter que le volume des capacités intérieures d'un navire. »

A la suite de réclamations obstinées, une nouvelle ordonnance royale, en date du 19 septembre 1742, répétait, avec de très-légers changements, la formule ou méthode de jaugeage de 1613 avec son unité de 70,19 pieds cubes. Malheureusement, l'erreur n'était pas éclaircie, et on continua tout de même pour longtemps à confondre le poids avec le volume.

Le 1er juillet 1829, le ministère de la marine désigna le savant marin *don Gabriel Ciscar* pour faire une étude approfondie de la question et de trouver un moyen d'éviter les nombreuses réclamations. En conséquence, celui-ci proposa, dans un rapport adressé au gouvernement, de taxer les navires d'après le poids des marchandises qu'ils pourraient transporter, c'est-à-dire d'après l'exposant de charge; il proposait aussi la manière de déterminer la flottaison lége et la flottaison en charge, pour calculer le déplacement de la tranche de carèn comprise entre les deux.

Le 22 mars 1830, cette méthode était adoptée par une ordonnance qui resta en vigueur jusqu'au 18 décembre 1844.

Cependant, malgré toute la bonne volonté du gouvernement pour la faire exécuter, et le talent reconnu de *don Gabriel Ciscar*, qui en était l'auteur, on n'en a pu faire aucune application utile. En effet, on pourrait parvenir à déterminer la flottaison lége en s'assurant que le navire ne contenait en ce moment-là aucun poids autre que ceux qui sont propres à son fonctionnement. Mais il n'en est plus de même pour la flottaison en charge; celle-ci varie suivant les mers que le navire doit fréquenter, suivant les saisons, suivant la densité et l'encombrement des marchandises qu'il doit transporter; car la hauteur du centre de gravité de la charge, par rapport à celui de la carène, a une grande influence sur les conditions de navigabilité du navire.

On voit combien il est difficile de fixer l'immersion de la carène jusqu'au point à partir duquel la sécurité de la navigation serait compromise, puisqu'elle varie dans des limites très-étendues.

On a donc été contraint de revenir aux anciennes méthodes et de rétablir les ordonnances de 1742 et de 1713, avec une unité de jaugeage égale à 70,19 pieds cubes = 1,528 mètres cubes, et une formule applicable à tous les navires, la même qui continue jusqu'à ce jour à être appliquée en Espagne.

Cette formule empirique est très-inexacte aujourd'hui; car l'on suppose que la longueur de la quille est trois fois sa largeur, ce qui était vrai en 1742, mais qui ne l'est plus.

Tel était l'état de la question en Espagne, lorsque la loi anglaise de 1854 a été faite.

Il n'est pas possible d'établir une comparaison entre ces vieilles méthodes empiriques et la méthode anglaise qui se distingue par son caractère de précision géométrique aussi exacte qu'il est possible d'obtenir dans la pratique.

En France, trois commissions ont été nommées successivement, depuis 1854, pour étudier le jaugeage des navires ; la première en 1855, la seconde en 1861, la troisième en 1865.

La première de ces Commissions proposait dans son rapport l'abandon des règles de jaugeage de 1837 alors en vigueur en France et l'adoption, en principe, de la méthode anglaise, qui prenait pour base de l'établissement de la jauge des navires les volumes exacts de toutes les capacités propres à recevoir du chargement y compris les dunettes, roufes, tengues et autres constructions accessoires établies sur le pont supérieur.

La troisième commission, dont le rapporteur était M. de Frémenville, est aussi du même avis et conclut que les règles du jaugeage anglais désignés dans l'acte de navigation de 1854, basées sur la mesure géométrique de la totalité des capacités intérieures, remplissent d'une manière satisfaisante les conditions d'exactitude et d'équité; qu'à ce double point de vue, elles ont une supériorité incontestable sur les méthodes françaises, et qu'en conséquence, elles seraient propres à devenir les règles internationales pour la jauge des navires.

Cette opinion, émise par une commission composée d'hommes aussi compétents, après onze années d'expérience qu'on avait de la méthode anglaise, ne pouvait qu'encourager le Gouvernement français à l'adopter également. C'est ce qui est arrivé, en effet, le 24 décembre 1872.

Le Gouvernement espagnol s'est également préoccupé de son adoption. Une étude approfondie de la méthode anglaise a été faite par une commission mixte des ministères de la marine et des finances, et le rapport très-lumineux de cette Commission conclut à l'adoption.

M. Togores termine en soumettant quelques considérations sur le diviseur de 100 pieds anglais ou de $2^m,83$, qui paraît être le point délicat de la discussion. Aux nombreuses considérations exposées par les honorables membres qui ont parlé avant lui, il ajoute que, dans les anciennes méthodes de jaugeage, on ne mesurait que la cale des navires; les diviseurs employés pouvaient, par conséquent, être plus petits; mais aussitôt qu'en France on comprit dans la jauge les capacités des entreponts, on fut porté à augmenter le diviseur à $2^m,83$.

La règle actuelle anglaise mesurant aussi les dunettes, tengues, roufes et toute autre capacité utilisable fermée sur le pont supérieur, le diviseur en est devenu naturellement plus grand. Malgré cela, le résultat du tableau annexé au rapport de la commission française de 1865, et qui résume le résultat obtenu par la comparaison faite sur vingt navires marchands, entre la méthode anglaise et l'ancienne méthode française, présente seulement une différence de 2 0/0 en plus.

Après l'expérience faite, en Espagne, sur l'impossibilité de fixer les taxes des navires au moyen de leur exposant de charge, M. Togores croit que les résultats de la méthode anglaise, en tonneaux de jauge de 100 pieds cubes, correspondent, à très-peu près dans leur ensemble, avec ce qui a été fait jusqu'à nos jours; ils ont de plus le grand avantage de distribuer d'une manière très-équitable, puisqu'elle est exacte, la taxation des navires pour le paiement des droits de navigation, sans en altérer sensiblement la portée ni les résultats des chiffres statistiques relevés par toutes les nations maritimes depuis des siècles. M. le délégué d'Espagne en conclut que la règle première de la loi anglaise de 1854 est la plus propre pour mesurer le tonnage brut des navires.

S. E. Salih-Pacha appuie les considérations présentées par MM. les délégués de la Grande-Bretagne, des Pays-Bas et d'Italie, pour ce qui concerne l'adoption du système Moorsom; il adhère d'autant plus volontiers à ce qui a été dit en dernier lieu par M. le délégué d'Espagne, quant à la manière de considérer une partie de la cale comme utilisable, que ce procédé est conforme aux anciens usages de son pays et aux anciennes constructions de navires en Turquie.

M. de Heidenstam ne peut rien ajouter sur le fond de la question; il présentera plus tard, avec l'assentiment de la commission, quelques notes sur la marche historique de la question en Suède-Norwége; il est cependant en état de déclarer, dès à présent, que son Gouvernement, ayant acquis la conviction que le système Moorsom est le meilleur, n'hésite pas à se rallier à l'opinion de ceux qui se sont prononcés en sa faveur, pour ce qui regarde le tonnage brut.

M. Janssen (Belgique) se borne à se ranger du côté de la majorité. Sans faire un long discours sur la meilleure méthode du jaugeage, n'étant pas spécialiste, il s'en rapporte complétement à ce qu'ont dit MM. les délégués de la Grande-Bretagne, des Pays-Bas, d'Espagne et d'Italie; il pense que le système Moorsom est la meilleure méthode de jaugeage connue jusqu'à ce jour et qu'il y a lieu de l'adopter, alors surtout que cette méthode est en usage ou le sera bientôt chez la plupart des puissances maritimes.

. . . .

M. le baron d'Avril pense qu'on ne saurait invoquer d'une manière générale pour recommander le système anglais cette considération qu'il n'aurait pas introduit de changement dans l'état de choses antérieur. Si l'on consulte le barême à l'aide duquel la Commission européenne du Danube réduit les mesures des autres pays en unités anglaises, on verra que plusieurs puissances, qui ont une marine très-importante, se servaient et que quelques-unes se servent encore d'un tonneau de jauge beaucoup plus petit.

Au moment de l'adoption du système anglais en Autriche, le pavillon austro-hongrois était affecté à Galatz du facteur 0,775, ce qui indique un écart du résultat Moorsom supérieur à 20 0/0. C'est, du reste, dans cette proportion que le cabinet de Vienne a obtenu que le péage de ses bâtiments fût réduit sur le canal de Suez, et pour les taxes de phares dans l'empire ottoman. Le 16 septembre 1873, la même Commission, après un mesurage comparatif opéré sur 176 navires, vient de fixer le facteur ottoman à 0,76. Tous les bâtiments helléniques et samiotes dont le jaugeage est antérieur à 1867, c'est-à-dire à leur assimilation à la loi française de 1837, sont taxés d'après le facteur 0,78. Les Italiens, avant la modification de 1862 qui a introduit à peu près le mode français, avaient le facteur 0,89. C'est aussi le même multiplicateur qui affecte encore aujourd'hui le pavillon hollandais, d'après des jaugeages comparatifs opérés dans les ports de la Grande-Bretagne sur 89 bâtiments. Si ce résultat a une valeur même approximative, il n'y aurait pas identité entre les résultats obtenus en Hollande par l'expérience séculaire et ceux que consacre le système anglais.

Quant au mode français antérieur au 24 décembre 1872, s'il présente un résultat de peu inférieur à l'anglais, c'est que la jauge française avait, en 1837, sur les réclamations des armateurs, subi une modification motivée par le besoin de la mettre d'accord avec celle de quelques autres pays, comme il ressort du rapport au roi qui a été mis sous les yeux de MM. les délégués.

M. d'Avril ajoute qu'il ne faut pas exagérer l'influence que le diviseur pouvait subir légitimement par suite du mesurage d'espaces qui n'avaient pas été mesurés jusque-là.

S'appuyant sur ce qui précède, M. le délégué français se croit autorisé à dire que l'adoption complète du système anglais a apporté ou apportera une perturbation sensible dans le jaugeage de plusieurs États maritimes. M. d'Avril croit devoir aussi appeler l'attention de ses collègues sur ce fait que l'unité de volume qui ressort de la multiplication de l'unité anglaise par 0,76, ou 0,77, ou 0,78, se représente dans le jaugeage de plusieurs des pays qui n'avaient pas altéré intentionnellement leur jauge.

Tout en ne pouvant donner qu'une appréciation provisoire et approximative, il ajoute que la méthode austro-hongroise notamment paraît amener à un résultat préférable à celui qu'on obtient par la méthode anglaise, surtout si l'on tenait compte en outre, comme il est juste, des changements résultant de l'emploi du fer et de l'allongement des navires.

M. le colonel Stokes réplique à une observation faite par M. le baron d'Avril que la comparaison du tonnage du Royaume-Uni, faite par M. Moorsom pour déterminer le diviseur 100, regardait le tonnage déterminé par la loi de 1836 (*new measurement*), et non pas celui fixé par l'ancienne loi, et que par conséquent le diviseur 100 n'avait pas cette connexion qu'on lui a attribuée avec le diviseur 94 :

En premier lieu, il avait été presque immédiatement reconnu que la loi de 1836 était défectueuse ; en deuxième lieu, le tonnage total du Royaume n'avait jamais été constaté d'après cette loi ; en dernier lieu, tous les bâtiments recevaient leur tonnage suivant l'ancienne loi. De cette manière, il était très-facile à M. Moorsom de se procurer le tonnage du royaume selon l'ancien système, et c'était effectivement ce tonnage avec son diviseur 94 qui servit de base à la comparaison établie pour la détermination du facteur 100.

M. Zamara fait observer à M. le baron d'Avril que, d'après les expériences et les calculs faits en Autriche-Hongrie sur un grand nombre de navires, le rapport entre l'ancien tonnage austro-hongrois et l'anglais a été trouvé être 0,82, et que ce rapport fut officiellement établi pour la réduction de l'ancien tonnage des navires austro-hongrois au nouveau tonnage d'après les lois du 15 mai 1871, dans le cas où des navires de cette catégorie arriveraient dans un port de l'empire où il n'y aurait pas un jaugeur officiel.

M. Jansen (Pays-Bas) dit, en réponse à M. le baron d'Avril, que, pour le tonneau hollandais, la Commission du Danube a adopté le multiplicateur 0,89 afin de le transformer en tonneau anglais ; il n'y a, par conséquent, qu'une différence de 11 0/0 entre le vieux système de jaugeage et celui de Moorsom.

M. Mattei constate, pour le tonneau de Nivose et de Legendre, que le tonnage français différait très-peu du tonnage anglais.

M. Jansen (Pays-Bas) propose à la Commission l'adoption de la résolution suivante :

« La détermination du tonnage brut d'un navire ou *gross-tonnage*,
» sans aucune déduction, est le mieux effectuée par le système
» Moorsom, tel qu'il est exposé dans la loi anglaise de 1854
» (art. 20, 21). »

Plusieurs délégués ayant demandé l'ajournement de la discussion, M. Rumeau appuie cette proposition et déclare vouloir exposer ses opinions à la prochaine séance.

M. le Président prononce l'ajournement.

N° 25.

PROCÈS-VERBAL N° VI.

Suite de la discussion du tonnage brut. — 2e exposé de M. Rumeau. Les délégués français demandent que, préalablement à toute discussion, la Commission détermine la capacité utilisable.

Son Exc. Edhem-Pacha donne la parole à M. Rumeau pour faire son exposé :

M. le délégué de France prend la parole en ces termes :

« Messieurs,

» Après les manifestations de la dernière séance et celles qui ont signalé le commencement de celle-ci, je ne puis guère me dissimuler que je me trouve en présence d'un auditoire prévenu. Je n'ai donc que peu d'espoir de ramener la Commission à mon opinion ; j'essaierai cependant de l'arrêter dans la pente dangereuse et la fausse voie où je la vois s'engager.

» Je ne répondrai pas à ce qui a été dit dans la dernière séance. A part quelques points que j'ai pu saisir et dont je parlerai en passant, comme rentrant dans mon cadre, je ne suis pas sûr d'avoir bien compris les arguments et les idées de nos nombreux, trop nombreux contradicteurs ; et pour les bien comprendre, la matière étant de sa nature très-délicate, j'aurai besoin de lire et d'étudier le procès-verbal, après qu'il aura été imprimé, maintenant qu'il vient d'être arrêté.

» La Commission me pardonnera de présenter, en commençant, comme base de mon exposé, quelques détails que chacun ici connaît aussi bien et mieux que moi, et qui n'auront d'autre mérite que d'être brefs.

» Les facultés de transport d'un navire peuvent trouver leur limite, d'un côté, dans le poids du chargement, et de l'autre, dans le volume de ce chargement, On conçoit en effet que, pour les corps lourds, et particulièrement pour les métaux, on puisse en loger dans le navire beaucoup plus qu'il n'en peut porter, sans cesser d'être navigable et sans compromettre sa sécurité. Pour les corps légers, au contraire, il peut arriver qu'on en remplisse entièrement les flancs du navire sans le charger d'un poids suffisant pour obtenir l'enfoncement nécessaire à une bonne navigation, en d'autres termes, sans le charger du poids qu'il est capable de porter.

» On considère comme corps lourds ceux qui, sous un volume de 42 pieds ($1^{m},44$) pèsent plus de 1000 kilog. dans les conditions où ils sont embarqués, et comme corps légers ceux qui, sous le même volume et dans les mêmes conditions, pèsent moins de 1000 kilogrammes ou 1,000 kilogrammes au plus.

» Pour les marchandises légères, c'est la capacité du navire, ou du moins la partie utilisable de cette capacité qui détermine la limite du chargement, et comme c'est le cas le plus ordinaire, on a été naturellement amené à mesurer la puissance de transport d'un navire par la mesure de sa capacité. On arrive ainsi à la mesure du transport en volume.

» Le transport en poids dépend du volume d'eau que déplace le navire, de ce qu'on appelle son déplacement, lequel dépend lui-même de sa capacité. On comprend ainsi que le transport en poids soit dans un rapport étroit avec le transport en volume. Il peut en différer, néanmoins, mais il en diffère peu en général, et il y a d'autant moins d'inconvénients à les confondre et à prendre la mesure de l'un pour la mesure de l'autre, que les transports en volume sont de beaucoup les plus nombreux.

» En France, on a adopté depuis longtemps comme unité de mesure le volume de 42 pieds cubes (aujourd'hui $1^{m},44$), qui était l'espace occupé dans la cale par 4 barriques de vin, pesant ensemble 1 tonne de 2,000 livres (aujourd'hui 1,000 kilogrammes). Ce volume très-sensiblement égal au volume de 50 pieds anglais (exactement 51 pieds) en usage dans la marine de la Grande-Bretagne (1), est ce qu'on appelle le tonneau volume ou tonneau d'encombrement.

» Le tonneau de poids est de 1,000 kilogrammes en France et de 1015 kilogrammes en Angleterre. On voit que le tonneau de poids comme le tonneau volume sont à très-peu près les mêmes en Angleterre et en France et qu'ils peuvent être confondus sans erreur sensible.

» Toute marchandise légère occupant un espace de 42 pieds cubes ($1^{m},44$ en mesure nouvelle) est comptée pour un tonneau, quel qu'en soit le poids. Seulement, au lieu de cuber la marchandise pour en déterminer le volume, ce qui serait long et coûteux, on la pèse le plus ordinairement et on en détermine le volume par le poids d'après un tarif réglé sur l'expérience, et on compte pour une tonne le poids correspondant à 42 pieds cubes. Ce poids est ce qu'on appelle le tonneau de fret. Il varie avec la nature de la marchandise et quelquefois même pour la même marchandise avec son conditionnement. C'est ainsi, par exemple, que pour le thé et le coton, objets considérables de transport, on compte une tonne de thé par 400 kilogrammes en poids, parce que ces 400 kilogrammes occupent ou sont censés occuper 42 pieds cubes. On compte une tonne de coton par 500 kilogrammes, 400 kilogrammes ou 300 kilogrammes, suivant que cette matière est en balles pressées et cordées, en balles simplement pressées, ou en balles non pressées, parce que dans ces différents états 500, 400 et 300 kilog. occupent 42 pieds. La variation du poids du tonneau n'influe en rien sur le prix du fret, qui, pour le même volume reste le même pour toutes les marchandises autres que les marchandises lourdes. Pour ces dernières, il n'est plus question de volume, on les pèse et les 1,000 kilogrammes sont comptés pour une tonne, quel que soit le volume correspondant à ce poids.

» Il n'est donc pas exact, pour le dire en passant, qu'en dehors du

---

(1) *Le tonneau d'encombrement de 51 pieds cubes est une des mesures de la marchandise en usage dans les ports anglais. Ce n'est pas toutefois la mesure la plus usitée. Le commerce anglais se sert généralement de la tonne de 40 pieds cubes. — V. n° 57, p. 595, la note soumise le 28 octobre 1873, au nom des Messageries maritimes à la Commission internationale.*

tonneau de 1000 pieds cubes, il faille, ainsi qu'il a été dit dans la dernière séance un tonneau différent pour chaque nature de marchandise. Le poids du tonneau varie avec la marchandise, mais non le volume, non plus que le fret, sauf des exceptions dans le détail, desquelles il est inutile d'entrer et qui n'infirment pas la règle.

» La première règle de jaugeage, en France, remonte au XVIIe siècle. D'après l'ordonnance de Colbert de 1681, on obtenait le tonnage des navires en évaluant aussi exactement que possible le volume de leur cale en pieds cubes, et en divisant ce volume par 42.

» Ce mode de jaugeage donnait exactement le nombre de tonneaux de 42 pieds cubes que le navire pouvait recevoir dans sa cale, c'est-à-dire son tonnage vrai (1). Mais il rencontrait dans la pratique une difficulté sérieuse, celle du mesurage direct de la cale, qui, s'opérant suivant des procédés défectueux et divers, donnait des résultats différents et souvent très-discordants d'une localité à une autre.

» La loi de l'an 2 (1794) a eu pour but de remédier à cet inconvénient. Elle a voulu tout en conservant le principe de la division de la capacité de la cale par le volume du tonneau d'encombrement ou 42 pieds, obtenir cette capacité par un procédé plus simple. On a mesuré, en conséquence, le parallélipipède circonscrit au navire, en multipliant sa longueur par sa largeur et sa profondeur, et recherché ensuite quel pouvait être le rapport naturel de la capacité du navire avec celle du parallélipipède. Le rapport adopté a été 0, 45 ou plus exactement 0,446, ce qui suppose que la capacité du navire n'est que les 0,446 ou moins de la moitié de celle du parallélipipède. En désignant par P le volume du parallélipipède, le volume du navire sera exprimé par $0^{m},446$ P, et son tonnage par $\frac{0,446\ P}{42}$

» Sous cette forme l'application pratique de la formule exige deux opérations, une multiplication et une division ; mais on peut la simplifier, et c'est ce qu'on a fait, en divisant les deux termes de la

(1) *V. n° 24, p. 129, les principes exposés par M. Jansen, et n° 26, p. 176, 178 et 182, les démonstrations données par MM. Zamara, Togores et Jansen.*

fraction par 0, 446 P. et on obtient ainsi la formule plus simple mais identique $\frac{P}{94}$ Telle a été en France l'origine du diviseur 94. On voit qu'il est le résultat de la division du nombre 42 par le nombre fractionnaire 0,446. Mais on n'a jamais eu l'idée que ce put être là un nouveau tonneau de 94 pieds ; le volume du tonneau usuel est toujours resté de 42 pieds (1).

» En adoptant cette nouvelle formulle, attribuée au géomètre Legendre, on ne s'est pas dissimulé qu'elle altérait le tonnage, en donnant des résultats trop faibles. Elle repose en effet sur l'hypothèse que le volume du navire n'est pas même la moitié de celui du parallélipipède circonscrit, tandis qu'il ne peut être évalué à moins de 60 % de sa capacité totale.

» Néanmoins, on a passé outre par plusieurs considérations.

» La principale avait pour objet de mettre la jauge française en rapport avec celles des autres nations et notamment avec celle de l'Angleterre, qui, à raison de sa puissante marine et de l'étendue de son commerce, devait naturellement servir de régulateur. On a pu aussi avoir en vue d'adoucir les taxes de navigation par la réduction du tonnage, et d'avoir égard aux chargements incomplets afin d'offrir aux statistiques commerciales une base plus rationnelle. C'est de tous ces ménagements, qui ne touchent évidemment que les États et nullement, comme la Sublime Porte le fait observer, les compagnies qui doivent vivre du produit des taxes de navigation, c'est de tous ces ménagements, disons-nous, que l'exagération du diviseur 94 a implicitement tenu compte. Il tient compte sans doute aussi des espaces du navire non utilisables pour la marchandise et occupés par l'équipage, les rechanges, les approvisionnements d'eau et de vivres, etc., et en cela il n'y a rien à dire.

» Quoi qu'il en soit, ce n'en est pas moins là une première dérogation à la sincérité de la règle de jaugeage et une première réduction

---

(1) *Il a été expliqué avec une grande clarté dans les discussions étendues de la Commission internationale qu'on ne peut pas prendre un procédé de jaugeage en faisant abstraction du diviseur par lequel le tonnage est déterminé. Le tonneau n'est pas une mesure qui s'impose comme le pied cube ou le mètre cube qui sont des quantités certaines et mathématiquement définies. Le tonneau est purement et simplement un diviseur conventionnel et chaque procédé de jaugeage a le sien, dont il est inséparable.*

sur les résultats de l'application pure et simple de la règle de 1681, qui ne saurait être évaluée à moins de 25 %.

» Une seconde dérogation et une nouvelle réduction ont eu lieu en 1837. En substituant, à cette époque, le mesurage en mètres au mesurage en pieds, on aurait dû simplement remplacer le diviseur 94, représentant des pieds cubes, par son équivalent $3^{m},23$ en mètres cubes. Au lieu de cela, on a élevé ce diviseur de $3^{m},23$ à $3^{m},80$, et opéré ainsi sur le tonnage une réduction inverse, qui s'élève à 15 %. En proposant cette mesure, le ministre a exprimé le regret de s'y voir forcé pour ne pas laisser plus longtemps la marine nationale dans un état d'infériorité vis-à-vis des marines des autres pays, et cette fois, c'était surtout la marine des États-Unis d'Amérique, dont le tonnage était beaucoup plus faible, que le ministre avait en vue.

» Tout récemment encore, le 24 décembre 1872, en adoptant le système anglais. la France a réduit son jaugeage d'environ 6 %, car jusque-là ce jaugeage avait été affecté du coefficient 0.94 pour être ramené au jaugeage anglais. Cette adoption n'a été faite que dans des vues d'unification et n'implique aucune reconnaissance que la formule anglaise exprime le tonnage réel du navire ; au contraire, car dans son rapport sur la question, le ministre du commerce français s'exprime ainsi :

« Au moment de la mise en vigueur de l'acte de 1854, l'adminis-
» tration anglaise a eu le soin d'expliquer que la méthode Moorsom
» a pour objet de déterminer non pas le port, mais le volume intérieur
» des navires. Il me paraît utile que la même explication soit donnée
» aujourd'hui pour prévenir tout malentendu. »

» Cette opinion du ministre français, conforme, du reste, à celle de Moorsom lui-même, est aussi partagée par le Gouvernement ottoman, comme nous le verrons plus loin.

» En réunissant toutes les réductions que nous venons d'énumérer. on arrive à près de 50 %, qui est précisément la proportion dans laquelle Moorsom reconnaît qu'il faut relever le tonnage de registre anglais pour arriver au tonnage réel (1). Comme les jauges des autres

(1) *Appréciation erronée ainsi que le démontre la discussion. V. n° 26, p. 167 et 182, les réponses de MM. Stokes et Jansen. — V. aussi n° 55, p. 388, la lettre de M. Girette, (21 octobre 1873), au président de la Commission internationale.*

nations diffèrent peu de la jauge anglaise, quand elles ne lui ont pas été encore identifiées, il s'ensuit qu'elles sont toutes également fausses et également éloignées de la vérité.

» C'est ce que la Sublime Porte reconnaît dans les instructions à ses délégués, dont lecture nous a été donnée à l'ouverture de la Conférence et qui nous ont été distribuées à l'issue de la première séance.

» On ne fait, dit-elle, que constater une vérité qui a été relevée par les autorités compétentes, en disant qu'en vue de favoriser le pavillon national, les administrations des différents États ont été souvent portées à faire plier des calculs, d'ailleurs imparfaits, de la science, au désir de diminuer, moyennant des énonciations de tonnages insuffisants, les droits que les navires avaient à acquitter pour leur entrée et leur station dans les ports étrangers. De tout cela, il est résulté pour les papiers de bord une déplorable confusion qui, en rendant la plupart du temps impossible la réduction à une mesure commune des tonnages officiels de divers pays, aboutissait par une conséquence aussi fâcheuse qu'immanquable à une surcharge des navires dont le mesurage se rapprochait le plus de la vérité. Cette injustice ne fut jamais mieux sentie que le jour où l'on entreprit de grands travaux d'art dans le but de favoriser la navigation, et dont les revenus devaient être calculés exactement sur les redevances à acquitter par chaque navire à raison de ses capacités. Si l'on ferma les yeux sur les inégalités que nous venons de signaler tant que les droits de navigation ne présentèrent qu'un caractère purement fiscal, il devint impossible de persister dans cette voie, lorsqu'en présence des ports artificiels, des docks, des phares, des canaux créés par la main de l'homme et avec le capital des particuliers, on se vit dans la nécessité de déterminer aussi exactement que possible les redevances à acquitter en proportion du service rendu, calculé lui-même en raison directe de la capacité vraie des navires (1). De là, le besoin universellement senti, dans ces derniers temps, de profiter des progrès réalisés dans le domaine de la science pour rectifier les anciennes méthodes de jaugeage, en même temps que les évalua-

(1) *On ne comprend pas la distinction qu'il s'agirait d'établir. En tout pays, et en France comme en Angleterre, le tarif des docks, des phares et des canaux s'applique au tonnage officiel. Aucun propriétaire de dock ne serait admis à prétendre que le navire doit payer sur une base autre que celle du tonnage officiel.*

tions du tonnage; de là, enfin, l'idée de l'unification, au moins théorique, du tonnage, que cette Commission est appelée à revêtir de sa sanction. »

« Après avoir ainsi constaté que les nations se sont de plus en plus éloignées de la vérité en faussant les règles du jaugeage à l'envi les unes des autres, la Sublime Porte les convie à y revenir.

» La Commission, ajoute-t-elle, a donc pour mission d'indiquer le mode d'évaluation du tonnage qui, dans l'état actuel des connaissances mathématiques et de l'expérience nautique, approche le plus de la vérité, et subsidiairement et par une conséquence naturelle, d'établir les rapports qui existent entre le tonnage ainsi rectifié et les différents tonnages officiels actuellement en usage. Or, sans vouloir en rien préjuger les délibérations de la Commission, je crois pouvoir avancer qu'en ce qui concerne le côté scientifique des méthodes de mesurage, il existe déjà une solution aussi satisfaisante que possible.

» A en juger par l'accueil favorable que la plupart des États lui ont fait, la règle de mesurage connue en Angleterre sous le nom de Moorsom paraît en principe réunir toutes les conditions d'une bonne formule; c'est d'après cette règle qu'on arrive aujourd'hui à établir la capacité totale. Mais cette formule abstraite ne suffit pas, et c'est à l'expérience maritime de lui faire subir les modifications sans lesquelles elle ne saurait rendre ce qu'on lui demande, et qui n'est autre chose que la capacité vraiment utilisable du navire. »

» La Sublime Porte ne recommande donc la méthode Moorsom que pour le mesurage de la capacité totale du navire, mais nullement pour l'évaluation de son tonnage. Elle reconnaît, au contraire, que pour arriver à cette évaluation il faut faire subir à la formule anglaise des modifications dont elle demande les éléments à la Commission et que, suivant ses indications, la Commission doit trouver dans la recherche :

1° De la capacité utilisable des navires pour le transport des marchandises;

2° D'un tonneau type qui servirait à la fois de base pour les transactions commerciales et pour la perception des droits auxquels est assujettie la navigation.

» Ces éléments une fois déterminés, le tonnage s'en déduira naturellement en divisant le volume de la capacité utilisable par le volume du tonneau type.

» Pour la détermination de la capacité totale, la Sublime Porte, nous l'avons déjà dit, recommande l'emploi de la méthode Moorsom, et aucune objection ne s'élevant là-dessus, ce point peut être considéré comme réglé.

» Mais que répondrait la Commission aux autres recommandations de la Sublime Porte, si les opinions émises dans la dernière séance venaient à prévaloir? Ces opinions résumées dans la motion de l'un des honorables délégués de Hollande, M. Jansen, ont pour objet de faire décider :

« Que la détermination du tonnage brut d'un navire ou gross-tonnage, sans aucune déduction, est le mieux effectuée par le système Moorsom, tel qu'il est exposé dans la loi anglaise de 1854 (articles 20 et 21). »

« Si nous comprenons bien, cela revient à dire qu'il n'y a rien à faire et que la formule anglaise, avec son diviseur 100 ou son prétendu tonneau de 100 pieds cubes, doit être maintenue comme donnant exactement le tonnage des voiliers et le tonnage brut des vapeurs. Nous disons la formule anglaise et non pas la formule Moorsom, qui ne l'a pas proposée (1) et à qui elle a été imposée dans un intérêt, à notre avis, très-secondaire et en opposition avec l'exactitude des résultats, en tant du moins qu'on voudrait leur faire exprimer le tonnage. Mais, ainsi qu'on a pu en juger dans la dernière séance par la lecture des extraits de son livre, Moorsom reconnaît que sa formule, celle du moins qui lui a été imposée, n'exprime que la capacité du navire en unités de 100 pieds cubes et nullement son tonnage réel. Il dit et montre par des exemples que pour obtenir ce tonnage il faut relever d'environ 50 0/0 le résultat donné par la formule, soit qu'il s'agisse d'un chargement au poids ou d'un chargement au volume de 50 pieds. Il y a même lieu de faire remarquer, toujours d'après Moorsom, que s'il s'agissait de charge-

(1) *Le contraire sera démontré. V. n° 26, p. 170, et 183 les citations de mémoires et lettres de Moorsom données par MM. Stokes et Jansen. V. aussi n° 27, p. 202.*

ments au volume de 40 pieds comme il s'en pratique en Angleterre, le relèvement devrait être de 100 0/0 (1).

» La formule originale de Moorsom, telle qu'il avait dû la dresser pour satisfaire aux obligations qui lui étaient imposées, consistait à diviser par 100 la capacité totale du navire exprimée en pieds cubes anglais, sans aucune déduction. Elle a été un peu modifiée et aggravée par la loi anglaise, qui a prescrit de diviser par 100 cette même capacité, après en avoir déduit l'espace occupé par l'équipage, pourvu que cet espace n'excède pas un vingtième, ou 5 0/0. La proposition de l'adoption de la formule anglaise, en réponse à la demande clairement formulée de la Sublime Porte, voudrait-elle dire :

» D'un côté, qu'il n'y a pas à faire subir à la capacité totale du navire, pour obtenir la capacité utilisable, d'autres déductions que l'espace occupé par l'équipage, estimé au plus à 5 0/0?

» Et de l'autre, que le tonneau de 100 pieds cubes est le tonneau type propre à servir à la fois de base aux transactions commerciales et à la perception des droits de navigation?

» Sur la première question et comme introduction sommaire à la discussion de la capacité utilisable, nous ferons remarquer que la loi anglaise n'est pas d'accord avec Moorsom, qui admet une déduction de 20 0/0 sur la capacité totale pour arriver à la capacité utilisable du navire. Seulement, après cette déduction, Moorsom, pour faire rendre à sa formule ce qu'elle ne rendait pas sans cela, le tonnage, abandonne le diviseur 100 et prend le diviseur 50, qui est l'expression du plus grand tonneau d'encombrement en usage dans la marine anglaise. Il suit de là qu'en désignant par V le volume total du navire, le tonnage est exprimé par la formule $\frac{0.80\,V}{50}$ ou $\frac{V}{62.50}$ d'après Moorsom. Il serait exprimé par $\frac{0.95\,V}{100}$ ou $\frac{V}{105}$ d'après la formule de la loi anglaise. Le tonnage Moorsom serait donc plus fort que le tonnage de cette loi dans la proportion de 105 à 62.50 ou de 150 à 100. Est-il donc possible de confondre ces deux tonnages comme on voudrait le faire?

---

(1) *V. n° 26 p. 172, la réponse de M. Hargreaves.*

» La déduction de 20 0/0 de Moorsom s'applique à la fois à l'espace occupé par l'équipage, les rechanges, les vivres, en un mot à tous les espaces nécessaires pour les besoins de la navigation et non utilisables pour les marchandises. La déduction de 5 0/0 de la loi ne s'applique qu'à l'équipage et il semblerait juste, en conséquence, de l'augmenter pour tenir compte des autres espaces non utilisables. Mais, à plus forte raison, faudrait-il alors abandonner le diviseur 100, car, en le conservant, la formule deviendrait $\frac{0.80 \sqrt{}}{100}$, ce qui n'est exactement que moitié de $\frac{0.80 \sqrt{}}{50}$, formule pratique de Moorsom. L'examen de la question montrera, du reste, à quel chiffre devra s'élever la déduction pour être équitable. Nous nous bornerons à faire remarquer ici que si elle doit être calculée dans une proportion quelconque avec la capacité du navire, cette proportion devra être d'autant moindre que le navire sera plus long par rapport à sa largeur. Tant que les navires ont été construits en bois, ils n'ont eu au plus qu'une longueur égale à 4 ou 5 fois leur largeur. Depuis l'emploi du fer, ils ont pu être allongés jusqu'à prendre en longueur 10 fois et plus leur largeur. Or, c'est une vérité pratique que la force nécessaire à la propulsion d'un navire se mesure d'après la surface de la partie immergée du maître couple. Avec le même maître couple, un navire dont la longueur sera 10 fois sa largeur, aura une capacité au moins double d'un navire dont la longueur ne sera que de 5 fois cette largeur, puisque l'allongement tout entier aura été effectué sur la section du maître couple. Le long navire n'ayant besoin que de la même voilure, de la même force motrice et, par conséquent, du même équipage pour sa manœuvre, il s'ensuit que si la déduction avait dû être de 20 0/0, par exemple, pour le navire court, elle ne devrait plus être que de 10 0/0 pour le navire long, afin de rester la même dans les deux cas.

» Quant au diviseur 100 ou au prétendu tonneau de 100 pieds cubes on a proposé de le conserver comme ayant seul une existence réelle, tous les autres, aussi bien le tonneau de 42 pieds français en usage en France, que le tonneau de 50 pieds anglais en usage en Angleterre, étant représentés comme de pures fictions. Le diviseur 100, a bien conduit jusqu'à présent en Angleterre au tonnage de registre sur lequel sont perçus les droits de navigation; mais à quelles opérations commerciales le tonneau de 100 pieds cubes a-t-il servi de base? Un seul tonneau de marchandises a-t-il jamais été chargé à ce cubage? Existe-t-il quelque part un prix de fret pour ce tonneau monstre? Ce tonneau n'est évidemment lui-même qu'une fiction comme tonneau; ce n'est qu'un simple diviseur, de la même nature que notre ancien diviseur 94, dont, ainsi qu'il a été dit, on n'a jamais songé à faire un tonneau. Ce même diviseur 94 représentant des pieds anglais était aussi en usage en Angleterre avant 1836, et il y a tout lieu de croire qu'on y était arrivé de la même manière, c'est-à-dire en vue de simplifier une formule qui n'a plus conservé trace du volume du véritable tonneau de chargement, du tonneau de 50 pieds cubes. Quoi qu'il en soit, ce diviseur 94 était-il aussi un tonneau et un tonneau commercial? Évidemment non. Disons donc que le diviseur 100 n'est qu'un simple diviseur et non pas un tonneau, et que si c'est un tonneau, il ne peut manifestement servir à la fois de base aux transactions commerciales et à la perception des droits de navigation. Le tonneau qui remplit cette double condition demeure ainsi à trouver, et ce doit être là le second objet des recherches de la Commission. Nous ne doutons pas qu'après examen, elle n'adopte le tonneau anglais de 50 pieds, en usage dans le commerce maritime le plus vaste et le plus riche du monde. Mais cette opinion ne préjuge en rien la question, qui demeure entière.

» Avant de prendre nos premières conclusions, nous devons examiner sommairement quelles seraient les conséquences de l'adoption de la motion un peu précipitée de notre honorable et savant collègue de Hollande et du maintien du système de jaugeage anglais. Le premier effet de la mesure serait sans doute d'en étendre l'application aux autres nations maritimes, pour arriver à l'unification du tonnage. Cette unification, en ramenant tous les tonnages au tonnage anglais actuel, laisserait à peu près intact le tonnage des voiliers et le tonnage brut des vapeurs, et si elle y apportait quelques changements, elle tendrait plutôt à l'affaiblir encore qu'à le relever. D'où pourraient donc venir les rectifications et corrections reconnues nécessaires et recommandées par la Sublime Porte?

» Pour les voiliers, qui n'ont qu'un tonnage et à l'égard desquels il n'y a pas de distinction à faire entre le tonnage brut et le tonnage net, tout serait consommé par l'adoption de la formule anglaise.

» Il n'en serait pas tout à fait de même des vapeurs, mais de ce côté encore il y aurait peu à attendre des changements à apporter aux usages reçus, à moins toutefois d'entrer dans la voie indiquée par lord Granville, ministre des affaires étrangères de la Grande-Bretagne, dans sa lettre à Sir Henry Elliot du 31 août 1872, et de supprimer toute déduction pour les machines. On lit, en effet, dans cette lettre relative aux difficultés soulevées par le nouveau mode de taxation du canal de Suez, un passage dont voici la traduction littérale :

« *Pour ce qui regarde l'étalon du mesurage et de taxation, le Gouvernement de Sa Majesté a déjà suggéré dans ce cas aussi bien que dans celui du Danube qu'il y a beaucoup à dire en faveur de l'adoption du gross tonnage britannique sans déduction. Mais, si cela était fait, les cas de bâtiments de passagers et de bâtiments de troupes mériteraient une spéciale considération* » (1).

» Si les idées de lord Granville avaient prévalu et si, conformément à son avis, on avait admis que le gros tonnage dût servir de base à la perception des droits sur le canal de Suez, selon le système inauguré par la Compagnie le 1er juillet 1872, la Commission ne serait pas réunie en ce moment pour juger la question. Aussi malgré la grande autorité d'un ministre anglais, gardien naturel des intérêts d'une navigation qui entre elle seule pour 70 0/0 dans le mouvement du Canal, nous doutons qu'on écarte toute déduction pour les machines.

» Nous ajouterons, pour dévoiler toute notre pensée, que si l'on trouve juste de déduire pour les voiliers les espaces nécessaires aux besoins ordinaires de la navigation, on ne comprendrait pas pourquoi on n'agirait pas de même à l'égard des vapeurs.

» Toute réforme sérieuse doit donc reposer sur le tonnage brut, qui, d'après Moorsom, dont l'opinion est confirmée par l'observation de tous les jours, a besoin d'être relevé de 50 0/0 pour rentrer dans la vérité et la réalité pratiques. Tant qu'on n'aura pas obtenu ce résultat ou un résultat approchant, et c'est à quoi on arrivera certainement par l'examen et la détermination de la capacité utilisable, on n'aura rien fait.

» La Commission n'est pas encore entrée dans cet examen, pourtant

(1) *V. n° 26, p. 170, la réponse de M. Stokes sur ce point spécial.*

expressément recommandé par la Sublime Porte. Il nous est aussi particulièrement recommandé par notre Gouvernement, ainsi qu'on a pu en juger par ses instructions, communiquées aux puissances maritimes le 7 août dernier pour montrer dans quel esprit la France se rendait à l'appel du Gouvernement ottoman.

» Ces instructions, aussi bien que notre déférence pour celles de la Sublime Porte, nous font un impérieux devoir d'insister pour que la Commission s'occupe d'abord de la recherche de la capacité utilisable des navires, comme le premier terme de la question en discussion. En conséquence :

» Nous demandons que, conformément aux instructions de la Sublime Porte, qui recommande de prendre pour base du tonnage des navires leur capacité utilisable pour le transport des marchandises, la Commission, avant d'aller plus loin, se livre à la détermination de cette capacité pour tous les navires en général, considérés indépendamment de leur mode de propulsion, toute réserve étant faite à l'égard des navires à vapeur pour les déductions particulières aux machines, qui seront l'objet d'un examen spécial. »

Conformément aux dispositions de notre règlement intérieur, cette demande est formulée par écrit et déposée sur le bureau de M. le président au nom des deux délégués français.

M. Jansen (Pays-Bas) fait remarquer que la proposition qui vient d'être lue a pour but de renverser l'ordre du jour adopté. La grande majorité de la Commission a admis que la discussion aurait uniquement pour but le tonnage brut. Il insiste sur la stricte exécution de l'ordre du jour arrêté. A l'avis de M. le premier délégué des Pays-Bas, c'est par la discussion seule du tonnage brut qu'on pourrait fixer la capacité utilisable.

M. Rumeau réplique que, loin d'avoir voulu violenter l'ordre du jour, il s'y est placé ; mais déterminer le tonnage comme on veut le faire ce serait décider d'un trait le tonnage des voiliers et le tonnage brut des bateaux à vapeur. Il a voulu, seulement, prémunir la Commission contre des entraînements possibles. La capacité utilisable devrait, à son avis, découler principalement de la détermination de la capacité non utilisable. Tout le monde est d'accord sur l'exactitude de la méthode Moorsom pour obtenir la capacité totale. Par conséquent, les travaux de la Commission devraient porter sur deux points :

1° Les déductions à opérer sur la capacité totale pour obtenir la capacité utilisable, et 2° rechercher le diviseur par lequel on arriverait à un résultat pratique et répondant à tous les intérêts en jeu.

M. le Président fait observer qu'après avoir entendu M. le délégué de France, il pense qu'il n'y aurait pas d'inconvénient de remettre la discussion de la question du diviseur, lorsqu'on arrivera à discuter la capacité utilisable.

M. Jansen (Pays-Bas) dit que la Commission et M. Rumeau sont d'accord, avec la seule différence que celui-ci désire diviser la discussion en deux parties. Il propose de mettre à l'ordre du jour prochain la discussion sur le diviseur 100.

M. le colonel Stokes constate que M. Rumeau s'est tant soit peu écarté de l'ordre du jour du tonnage brut, en parlant des déductions. Il croit avec M. Jansen (Pays-Bas) que la Commission devrait simplement se borner à la question du diviseur.

M. le baron d'Avril est d'avis que la question de la capacité utilisable est comprise dans celle du tonnage brut.

M. le colonel Stokes propose l'ajournement de la discussion.

M. le chevalier de Kosjek se réserve de répondre à l'intéressant exposé de M. Rumeau par quelques observations en temps et lieu.

Il croit cependant devoir formuler dès à présent son opinion sur les propositions faites par l'honorable délégué de France.

M. Rumeau propose à la Commission de s'occuper avant tout de deux questions : de la capacité utilisable et du tonneau type.

D'après M. le premier délégué d'Autriche-Hongrie, deux constatations distinctes sont nécessaires pour trouver le tonnage brut d'un navire. En premier lieu il s'agit de mesurer la contenance cubique entière du bâtiment ; puis la réduire en tonneaux en employant comme diviseur le tonneau type.

La question du tonneau type se rattache, avant tout, à la question du tonnage brut qui est portée à l'ordre du jour.

Il semble, par conséquent plus logique et plus conforme à l'ordre du jour adopté d'intervertir les questions proposées par M. Rumeau, de délibérer d'abord sur le diviseur et de réserver pour plus tard, après un accord sur ce point, la discussion sur la question de la capacité utilisable.

M. Janssen (Belgique) se rallie à l'opinion émise par M. le colonel Stokes de continuer la discussion telle quelle à la prochaine séance.

M. le Président prononce l'ajournement.

N° 26.

PROCÈS-VERBAL N° VII

(25 octobre 1874.)

Suite de la discussion du tonnage brut. — Réponse de M. le colonel Stokes à M. Rumeau. — Opinion de M. Hargreaves. — Exposé de M. Zamara. — Exposé de M. Togores. — Réplique de M. le baron d'Avril. — Réplique de M. Jansen (Pays-Bas). — Observation de S. E. Salih-Pacha. — 3e exposé de M. Rumeau.

M. le colonel Stokes :

« Messieurs,

» Dans le discours étudié qui a occupé toute la dernière séance, M. le délégué de France a semblé soutenir :

» Que la tonne de volume en France a été toujours un espace de 42 pieds cubes français = 51 pieds cubes anglais et que la capacité d'un navire a été toujours exprimée en tonnes de ce volume plutôt qu'en tonnes de poids, à cause de la plus grande quantité de marchandises légères;

» Que tandis que le poids d'une tonne de marchandises varie considérablement, et que la tonne de fret varie de même suivant les marchandises,

» Le *prix* de la tonne de fret reste le même, quel que soit le poids des marchandises;

» Que ces règles prouvent qu'il n'y a pas une variété de tonnes de volume, et que par conséquent mes conclusions ne sont pas fondées. En France la tonne de volume serait invariable.

» Je n'ai pas à m'occuper particulièrement des usages de commerce en France, quoique j'aie entendu dire que le commerce y emploie beaucoup plus le mètre cube comme mesure de volume, que l'ancienne mesure officielle de $1^m,44$, ce qui prouverait que la tonne n'est pas invariable, même en France.

» Quant aux usages anglais, je produis pour justifier mes conclusions un extrait des tables d'estivage contenu dans un livre intitulé *Stevens on Stowage*.

» M. Rumeau a dit en outre que la tonne de Colbert de 42 pieds cubes français était exacte, logique; que sa règle — la capacité de la cale divisée par 42 — ne laissait rien à désirer, mais qu'en 1794 on a changé la loi et on a adopté la formule $\frac{L \times L \times P}{94}$

» Je dois observer là-dessus que cette règle est en réalité la même qu'on a adoptée en Hollande dans le XVIIe siècle, et dont l'exactitude a été prouvée par les mesurages mathématiques, tels que ceux de Moorsom.

» Il paraît cependant qu'en France on aurait fait semblant seulement de chercher la proportion entre le contenu cubique d'un bâtiment et le parallélipipède circonscrit; car, M. Rumeau accuse le grand mathématicien Legendre d'avoir prêté le poids de son grand nom à une formule mathématique qui, en réalité n'était qu'une règle empirique. Legendre, suivant M. Rumeau, aurait en effet déclaré que la fixation de $\frac{446}{1000}$ de la proportion du parallélipidède représentant le corps du navire, était le résultat d'un calcul mathématique, tandis qu'il n'avait réellement adopté ce chiffre que pour arriver au même diviseur que les Anglais.

» Selon l'instinct de M. Rumeau, la vraie proportion serait plutôt $\frac{600}{1000}$.

qui aurait donné un diviseur de 70 au lieu de 94. Et cependant, si Legendre ne voulait pas se mettre d'accord avec les Anglais, pourquoi n'a-t-il pas tenu compte de la différence entre les pieds français et les pieds anglais? Cela lui aurait donné un diviseur de 114, ce qui était évidemment un avantage à ne pas négliger, si, comme le suppose M. le délégué de France, Legendre n'obéissait qu'à la préoccupation de défendre le pavillon national dans la lutte de tarifs avec la marine anglaise. Je crois plus volontiers que Legendre calculait en savant, tout en tenant compte des données d'expérience, et il serait peut-être permis de s'étonner qu'on conteste, sans apporter plus de preuves à l'appui, une autorité aussi considérable que la sienne. Mais il y a quatre-vingts ans que Legendre a fai son œuvre et rien ne doit nous surprendre, puisque, Moorsom à peine mort, on cherche à lui arracher sa tonne de 100 pieds cubes et à nous faire croire malgré l'évidence, contre les dires de ses publications, et malgré la loi qui a été inspirée par lui, que ce n'est pas la tonne de 100 pieds cubes, mais une tonne de 50 pieds cubes que Moorsom a réellement voulue.

» M. Rumeau a dit que la formule de la loi anglaise n'est pas la formule de Moorsom, cependant la loi anglaise en a adopté les indications dans leurs moindres détails.

» En ce qui concerne la déduction pour l'espace occupé par l'équipage, je dois appeler l'attention de la Commission à la loi même, où elle verra que ce n'est pas une déduction de 5 0/0 de chaque tonne, ainsi que le suppose M. le délégué de France, mais une défalcation du tonnage, et ce, non pas du tonnage d'au-dessous du pont de tonnage, mais des espaces jaugés au-dessus du pont supérieur dont parle la loi actuelle. Les voiliers en profitent autant que les navires à vapeur.

» M. Rumeau, adoptant un argument déjà développé par M. Jules Merchant dans la brochure distribuée aux membres de la Commission (1), affirme que Moorsom a été *forcé* d'adopter le diviseur 100. Cependant la pression exercée sur lui n'était pas impérieuse, car on ne faisait pas d'injonctions à Moorsom; la Commission dont il était membre avait formulé des recommandations. Il a tenu un juste compte de celles de ces recommandations qui s'appuyaient sur un

(1) *Par l'agent de la Compagnie du Canal à Constantinople.*

véritable intérêt public, et a mis de côté toutes les autres. Il ne faut pas oublier que cette Commission voulait instituer un système de jaugeage *extérieur*, que Moorsom a fait écarter pour faire prévaloir au contraire le système de jaugeage *intérieur;* mais il a tenu compte de certains principes généraux énoncés par elle et qui se trouvent expliqués dans son livre.

» Que Moorsom ait persisté dans l'opinion qu'il avait publiée en 1852, avant que son système fût devenu la loi, cela est prouvé par ce qu'il a dit en 1860 devant la Société de l'architecture navale. (*Institution of Naval Architects*).

» De tout ceci il résulte clairement que Moorsom n'a jamais considéré que la loi de 1854 se fût écartée des principes qu'il avait posés; que au contraire, l'expérience de cinq ans d'application de la loi lui avait inspiré une plus ferme conviction de sa justice et de son exactitude, et il ne donne, en aucune façon, à personne, le droit de dire qu'il ait jamais eu en vue une tonne fictive.

» M. le délégué de France assure que le devoir de la Commission est de déterminer tout d'abord la capacité utilisable d'un navire, et alors de trouver un tonneau type.

» Je ne puis le suivre dans la première de ces recherches actuellement parce que cette question spéciale n'est pas à l'ordre du jour, nous y procéderons, quand il s'agira de déterminer le tonnage net.

» Mais à propos de la lecture d'une observation attribuée à lord Granville où Sa Seigneurie est censée avoir admis le principe de taxer le tonnage brut des bâtiments, je dois faire observer, que l'on a omis la condition à laquelle cette admission était subordonnée par Sa Seigneurie, savoir la réduction des droits. Il y a là un terrain de discussion qui n'est certainement pas à l'ordre du jour, aussi je n'insiste pas et je me borne à rectifier l'allusion faite à la dépêche de lord Granville, qu'il faudrait lire tout entière.

» Quant au tonneau type je voudrais dire quelques mots. Les instructions ottomanes auxquelles M. Rumeau s'est référé, soumettent, il est vrai, à notre examen la question d'un tonneau type, et les passages que notre collègue nous a lus sont assez clairs sur ce point ; mais ces instructions ne sont pas moins claires sur un autre point. La Sublime Porte nous recommande le système Moorsom, en d'autres termes, la loi anglaise qui est désignée dans la proposition de M. le délégué de Hollande. Les doutes éprouvés par la Sublime Porte reposent, non sur la valeur du principe qui détermine le tonneau, mais sur l'étendue des déductions à faire subir à la capacité totale pour arriver à la capacité utilisable.

» Dans le cas où la Commission serait d'avis qu'il ne faut pas maintenir le tonneau type fourni par la loi anglaise, alors il y aurait lieu d'examiner la proposition de M. le délégué de France. Mais je ne puis supposer que la France s'oppose sérieusement à ce que l'examen de la Commission porte d'abord sur l'unité de tonnage qu'elle a elle-même adoptée si récemment, et qui est aujourd'hui le fondement de la loi française.

» MM. les délégués de France invitent la Commission à produire un nouveau tonneau type pour l'adoption d'un autre diviseur. C'est une proposition que M. Rumeau a lui-même désigné comme une grosse affaire. Car il serait impossible de se rendre compte des conséquences que le changement du tonnage pourrait entraîner dans l'application à la navigation universelle des taxes auxquelles les navires sont soumis dans toute l'étendue du monde civilisé.

» M. Rumeau demande à quoi bon nous trouver ici, si nous ne tombons pas d'accord sur une nouvelle tonne? Il affirme que nous n'avons aucune autre mission, si ce n'est celle-là.

» Je réponds que notre mission est parfaitement claire sans cela : ce qu'il propose, c'est une révolution et non pas une réforme. Nous cherchons, au contraire, à consolider et à unifier les résultats de l'expérience moderne, en les réformant s'il y a lieu.

» Il est vrai que plusieurs États ont adopté le système anglais, mais ce fait n'a pas reçu jusqu'à présent une sanction internationale. En constatant l'adhésion, et j'aime à croire qu'elle sera unanime, de cette Commission, au système anglais de tonnage brut, nous faisons un pas considérable en avant, et nous espérons pouvoir recommander des modifications dans les déductions pour le tonnage net qui constitueront une véritable réforme, en ce sens qu'elles détermineront sûrement la capacité utilisable du navire. Je forme cet espoir d'unanimité avec d'autant plus de confiance que dans la discussion de cette question de tonnage international au sein de la Commission Européenne du Danube, mon honorable collègue M. le baron d'Avril qui est encore une fois mon collègue dans cette Commission, a été toujours d'avis que la tonne anglaise était la meilleure à adopter comme tonneau type international. »

M. Hargreaves a déjà fait observer dans la dernière séance que les cargaisons des bâtiments diffèrent continuellement pour chaque voyage et qu'il était impossible de déterminer, à cause de cela, d'une manière absolue, le tonneau de fret.

M. le délégué de France l'a nié, en prétendant que la relation entre marchandises lourdes et légères est et doit être toujours la même et que telle était aussi l'opinion de Moorsom.

Pour ce qui regarde le fameux passage cité toujours, M. le délégué d'Allemagne le considère simplement comme une démonstration pratique des avantages de son système.

Moorsom dit :

« Pour trouver le nombre de tonnes de marchandises d'exportation » à 40 pieds cubes ou d'exportation à 50 pieds cubes la tonne qu'un » navire est capable de prendre ou d'arrimer, il suffit de diviser le » nombre de pieds cubes de la capacité totale, qu'on trouve en multi- » pliant le tonnage de registre avec 100 par 40 ou 50, après avoir d'a- » bord fait la déduction convenable allouée aux espaces occupés par » l'équipage, l'eau, etc. »

Cette règle est correcte comme thèse générale, mais seulement dans ce sens. Si on consulte des documents statistiques de la douane anglaise sur le nombre de tonneaux d'exportation ou d'importation pour un certain temps, on trouve qu'en moyenne, un tonneau d'exportation est arrimé dans un espace de 40 pieds cubes, un tonneau d'importation dans un espace de 50 pieds cubes.

Ceci n'est cependant pas applicable à toutes les cargaisons, et il est impossible de dire que tout navire arrivant ou sortant des ports anglais, est chargé ou doit être chargé à raison de 40 ou 50 pieds cubes par tonneau.

Le système de Moorsom, ainsi qu'il le dit lui-même, a l'avantage que tout homme pratique, connaissant les usages commerciaux en peut facilement déduire si tel ou tel navire est approprié au service qu'on lui demande.

Lorsqu'un navire est jaugé à une capacité utilisable de 1,000 tonnes de registre par exemple, l'armateur et le capitaine savent parfaitement faire leurs calculs pour composer les cargaisons à transporter des marchandises légères et pesantes. Un grand nombre de combinaisons sont possibles, car les cargaisons dépendent de l'état du marché, du plus ou du moins de marchandises lourdes ou légères qu'il y a à transporter, de la saison, de la longueur des voyages, de la qualité des articles, etc.

Il est un fait avéré que le fret de certaines marchandises se paie d'après le poids ; pour d'autres il est payé d'après l'encombrement. Le tarif de fret varie selon la proportion qu'il y a des marchandises lourdes ou légères à transporter. On ne saurait par conséquent prétendre que tout navire porte ou peut porter toujours le même nombre de fret et qu'on pourrait admettre ce tonneau, ainsi que M. Rumeau l'a proposé, comme une base juste et équitable de jaugeage.

Le tonneau de fret varie à chaque voyage, et c'est pour cela que le système Moorsom a à cet égard les plus grands avantages sur tout autre système de jaugeage, parce qu'en donnant la capacité utilisable de chaque navire en pieds cubes, dont 100 font un tonneau de registre, tous les navires sont évalués en capacité identique. Ce système donne ainsi la possibilité de savoir exactement le service dont le navire est capable, ce que le négociant ou l'armateur doit payer par tonneau de registre pour avoir un profit sur le tonneau de fret, c'est-à-dire sur le fret de la marchandise qu'il veut transporter par ce navire. Le but de la spéculation commerciale est de rendre ce profit aussi considérable que possible ; cette spéculation n'est pas basée cependant sur la thèse générale que la relation entre le tonneau de registre et le tonneau de fret est comme 100 à 40 ou 50. D'ailleurs, même en admettant pour un moment que cette relation ait été exacte en 1853 et que Moorsom l'ait pensé alors, il est évident qu'elle doit être bien changée vingt ans plus tard.

Les importations et les exportations d'un pays varient continuellement, et ce qui a peut-être le plus changé dans les dernières vingt années, c'est la compression et l'emballage des marchandises. L'exemple même cité par M. Rumeau vient à l'appui de cette assertion. Une balle de coton des Indes orientales était très-volumineuse en 1853 ; actuellement le coton est comprimé par des presses hydrauliques ; conséquemment le volume d'une balle a considérablement diminué, tandis que le poids en a augmenté. Plusieurs autres articles, dont l'emballage a changé le poids et le volume, pourraient être également cités.

Si on voulait adopter, par conséquent, un système de jaugeage basé sur le tonneau de fret ou d'encombrement, ou même sur le tonnage des importations et des exportations de chaque pays, on devra faire non-seulement un calcul séparé pour l'exportation et l'importation, mais on sera obligé de renouveler ces calculs au moins tous les cinq ans, pour corriger les variations causées par les changements continuels qui se présenteront toujours de différentes manières.

« C'est à la Commission à décider, dit en terminant M. Hargreaves, si un système aussi compliqué serait de nature à donner au commerce universel les facilités et les avantages que nous sommes heureusement en voie d'acquérir par l'adoption du jaugeage Moorsom. Tout navire appartenant à quelque marine du monde que ce soit, pourra être ainsi mesuré d'une manière identique. De plus, la coutume qui existe déjà sur le plus grand nombre des marchés du monde, sera consolidée, et tous les négociants, armateurs et capitaines continueront à savoir exactement le profit à tirer d'un navire mesuré d'après le système Moorsom et dont la capacité utilisable est exprimée en pieds cubes dont 100 font un tonneau de registre. »

M. Zamara, en s'associant aux observations que MM. les délégués de la Grande-Bretagne et d'Allemagne ont présentées au sujet de l'exposé de MM. les délégués français, voudrait aussi soumettre quelques observations. Et en premier lieu, pour ce qui concerne l'assertion formulée par M. le baron d'Avril dans la séance du 18, que l'ancienne méthode austro-hongroise paraît produire un résultat favorable à celui qu'on obtient par la méthode anglaise, M. Zamara dit que le Gouvernement austro-hongrois avait trouvé opportun de changer son ancien système de jaugeage, principalement par la considération que les résultats qu'on obtenait par ce système, tout à fait semblable à la méthode usitée en France, avant la dernière loi de 1872, sauf quelque différence dans la dimension du navire, étaient sensiblement plus forts que ceux de tous les systèmes usités dans les autres pays maritimes.

D'une comparaison faite entre les jaugeages pratiqués dans le port de Trieste sur les navires étrangers pendant l'année 1860, 1861, 1862, 1863, 1864 on a trouvé que :

	100 tonneaux de jaugeage		Autrichien
correspondaient à	85	—	Italien et Hambourgeois,
—	87	—	Français,
—	82	—	Anglais et Mecklembourgeois,
—	93	—	Hollandais,
—	91	—	Ottoman et Portugais,
—	78	—	Russe,
—	79	—	Espagnol,
—	74	—	Norwégien.

Le résultat du jaugeage suivant notre ancienne méthode, continue M. le délégué d'Autriche-Hongrie, étant sensiblement plus grand que celui des autres nations, cette circonstance portait naturellement un grand préjudice aux navires nationaux par rapport au paiement du droit de navigation ou de douane à payer d'après les papiers de bord, droits beaucoup plus considérables que ceux payés par les navires étrangers.

De justes réclamations furent faites devant un état de choses pareil par les armateurs. Mais, indépendamment de ces réclamations, on pensait depuis quelque temps en Autriche-Hongrie à une réforme du système du jaugeage, ayant reconnu l'opportunité d'abandonner la méthode empirique des trois dimensions qui ne tenait aucun compte de la forme très-variable de la coque des navires.

Parmi les divers systèmes, on trouva que celui adopté en Angleterre par la loi de 1854 avait l'avantage qu'on obtenait le tonnage du navire sur la base de sa capacité intérieure ; en donnant ainsi des résultats tout à fait proportionnels à la grandeur et à la forme de la coque, il offrait, en outre, un résultat très-favorable pour les intérêts de la navigation et du commerce maritime, sans considérer les avantages indiscutables de s'approprier la méthode de jaugeage de la première entre les nations maritimes, système adopté déjà ou sur le point de l'être par la plupart des Etats.

C'est pour cela que le Gouvernement austro-hongrois a adopté en principe, par la loi du 15 mai 1871, le système de jaugeage introduit en Angleterre depuis 1854.

M. Zamara continue en ces termes :

« J'aborde maintenant la seconde partie de mes observations.

» Notre honorable collègue M. Rumeau a proposé entre autres choses dans la dernière séance de s'occuper à discuter la question du diviseur pour la détermination du tonnage des navires. Le diviseur étant un facteur intégral pour le tonnage brut, la discussion dont il s'agit fait partie de notre ordre du jour, et c'est pour cette raison que je prends la liberté d'exposer quelques considérations sur le sujet.

» L'ordonnance de Colbert de 1681 prescrivait que :

« Pour connaître le port et la capacité d'un vaisseau et en régler la » jauge, le fond de la cale, qui est le lieu de la charge, sera mesuré » à raison de 42 pieds cubes par tonneau de mer. »

» Par conséquent, on ne mesurait que l'espace au-dessous du pont de la cale, quoique bien des fois quand le navire était chargé, ce pont se trouvait 2, 3 et même 4 pieds sous la ligne de flottaison en charge.

» Dans ce temps, on avait trouvé que pour transporter le poids d'une tonne française, il fallait lui donner un espace une fois et demie l'équivalent en volume d'eau de mer; et puisque 28 pieds cubes d'eau de mer pèsent autant qu'une tonne, on y a ajouté la moitié de 28, c'est-à-dire 14, ce qui donne 42 ; voilà l'origine du diviseur 42.

» Si l'on fait usage du pied anglais, ce diviseur devient 51, parce qu'une tonne correspond à 34 pieds cubes anglais d'eau de mer, et en y ajoutant la moitié, c'est-à-dire 17, on a pour résultat 51 pieds cubes anglais pour l'équivalent du diviseur 42 français.

» *Ainsi donc, en ne mesurant que le fond de la cale, suivant l'ordonnance de 1681, le diviseur était 51 en mesure anglaise, et par ce diviseur on trouvait le nombre d'unités de poids que le navire pouvait transporter d'après la méthode de Colbert.*

» *Or, ce poids exprimé en tonneaux de 2,000 livres, qu'un navire pouvait transporter, est une quantité fixe, soit qu'on mesure seulement le fond de la cale, soit qu'on mesure la capacité entière du navire.*

» *Il est donc évident que si l'on mesure un plus grand espace que le fond de la cale, on doit, pour avoir le même quotient, augmenter le diviseur dans le même rapport qu'il y a entre les différents espaces mesurés.*

Par conséquent, si on mesure un espace deux fois plus grand, on doit prendre un diviseur qui soit aussi deux fois plus grand : si l'espace est trois fois plus grand, le diviseur original doit être multiplié par 3.

Il en est de même lorsqu'on considère les 51 pieds cubes comme unité d'espace, car, si l'on veut diviser la capacité entière du navire par le même diviseur qu'on employait en ne mesurant que le fond de la cale, on supposerait qu'un navire pourrait toujours être chargé tout entier, comme il peut l'être au fond de la cale, ce qui n'est pas le cas.

De plus, il y a beaucoup de déductions à faire pour les logements de l'équipage et leurs approvisionnements, les différentes soutes à voiles et à cordages, les logements des passagers, etc., sans parler des machines à vapeur et de leurs soutes à charbon.

Plus on monte dans les parties supérieures d'un navire, même à voiles, moins on pourra trouver toujours du chargement pour les remplir ; car si, par exemple, on a un grand poids au fond de la cale, les parties supérieures doivent rester vides, parce que le navire n'est pas en état de porter plus de marchandises ; par conséquent, le diviseur, qui pourrait être 51 en ne mesurant que le fond de la cale, doit être de plus en plus augmenté pour chaque pont qu'on comprend dans le mesurage.

Voilà pourquoi on a toujours augmenté, depuis 1681, le diviseur en proportion de l'espace qu'on comprenait dans le mesurage.

Si l'on veut persister à diviser la capacité du fond de la cale par un petit diviseur, on devra en adopter un autre pour chaque pont au-dessus du pont de la cale, et chacun de ces diviseurs serait différent pour les divers types des navires.

Au lieu donc d'obtenir un étalon équitable, égal pour tous les vaisseaux, pour percevoir les taxes et pour calculer leur capacité, on aurait obtenu la plus grande diversité, impossible à contrôler et offrant un grand encouragement à toutes sortes de fraudes.

C'est pour cela, Messieurs, qu'on a adopté un mesurage intérieur de toute la capacité du vaisseau, avec un diviseur moyen basé sur le tonnage de plusieurs milliers de navires, et ce diviseur est le diviseur 100 de la loi anglaise (1).

(1) *V. à l'appui de cette démonstration, n° 60, page 408, le tableau C donnant le rapport du poids au volume sur les paquebots des Messageries.*

M. Togores :

Messieurs,

M. Rumeau, notre honorable collègue, nous a dit que la quantité de marchandises qu'un navire peut transporter se représente ou par son poids ou par son volume.

Par son poids, ce serait recourir au système employé dans les navires de guerre en calculant le déplacement de l'exposant de charge; mais ceci est difficile à appliquer aux navires marchands, dans lesquels on ne peut, comme pour ceux de guerre, fixer la flottaison en charge. J'ai eu l'honneur d'en exposer les motifs dans une séance antérieure, et même de faire connaître les résultats pratiques d'une expérience qui a été faite chez nous en 1830.

Il a fallu donc revenir au mesurage des capacités des navires pour se faire une idée de leur pouvoir de transport.

M. Rumeau croit pouvoir arriver à une détermination moyenne assez exacte en supposant qu'un tonneau de 2,000 livres de poids de marchandises exige une capacité moyenne de 42 pieds cubes français, ce qui était l'unité légale de jauge en France, d'après la loi de 1681.

Pourrons-nous admettre avec lui que ce soit une bonne moyenne à prendre pour comparer le poids au volume et en déduire ainsi la faculté de transport des navires marchands?

Je ne le crois pas, et voici pourquoi :

1° Parce que le rapport du poids des marchandises à celui du volume occupé dans la cale des navires est un rapport aussi variable que les marchandises elles-mêmes;

2° Parce que les conditions de navigabilité des navires varient avec les saisons, avec les mers, avec les densités des objets et même avec leur forme extérieure à cause de l'arrimage dans la cale;

3° Parce que cette unité, qu'on dit déduite en vue des barriques de vin de Bordeaux, n'était pas rigoureusement exacte à son origine, et rien ne nous saurait prouver qu'elle soit une bonne moyenne à accepter aujourd'hui.

M. Rumeau en convient avec nous quand il expose la manière usitée dans le commerce pour trouver les prix du fret, soit pour les marchandises légères, soit pour les marchandises lourdes. D'après son exposé, on voit clairement que cette unité de 42 pieds cubes français équivalant à 51 pieds anglais, a servi seulement comme *étalon* pour régler les prix des frets, comme le mètre cube, les 2^{m},80, ou toute autre unité aurait pu servir de la même manière.

En effet, comment procédait-on d'après M. Rumeau? Si 42 pieds cubes de marchandises, disait-il, pesaient plus de 2,000 livres, on réglait le prix du fret d'après le poids; si elles pesaient moins, on les réglait d'après le volume.

Qu'y aurait-il donc à faire pour changer l'unité de volume de 42 pieds cubes pour les tarifs des frets? Une simple opération arithmétique suffirait à déduire les mêmes prix, soit d'après le poids, soit d'après le volume.

On voit donc que cette unité n'a, sous ce rapport, aucune signification précise.

On l'a employée seulement comme étalon pour certains usages du commerce, parce que dans son origine elle était l'unité légale de jauge, et elle n'a jamais pu signifier autre chose.

Vouloir conserver ces 42 pieds cubes comme unité de jauge, telle qu'elle était en 1681, alors qu'on mesurait seulement le fond de la cale, et qu'elle sert toujours à déterminer le nombre de tonneaux de mer qu'un navire est capable de transporter, ce serait complétement inexact.

En effet, l'honorable collègue M. Zamara l'a très-clairement démontré, si en divisant le volume de la cale d'un navire par 42 on obtenait le nombre de tonneaux de mer de 2,000 livres qu'un navire était capable de transporter, du moment que la méthode anglaise, au lieu de mesurer seulement le fond de la cale, mesure la capacité entière du navire, il est évident que pour obtenir le même nombre de tonneaux de poids que le navire peut transporter il faudrait nécessairement augmenter le diviseur. Dans quelle proportion? Le problème est très-facile; si la capacité totale du navire est deux fois plus grande, par exemple, que celle de la cale, c'est par deux qu'il faut multiplier le diviseur de Colbert pour obtenir le nouveau diviseur applicable à la méthode anglaise.

Et pourtant, ne croyez pas, Messieurs, que nous voulons soutenir que le pouvoir de transport des navires en tonneaux de marchandises soit bien déduit de la méthode anglaise avec son diviseur. Nullement.

On ne saurait jamais comparer par une moyenne acceptable le tonnage de poids des marchandises, ni celui d'encombrement, au tonnage des capacités des navires, ni par la méthode Colbert, mesurant seulement le fond de la cale avec son petit diviseur, ni par la méthode anglaise mesurant sa capacité totale avec un diviseur plus grand. Ce sont des quantités hétérogènes, non comparables entre elles, et tout calcul ou règle basé sur une pareille corrélation conduirait nécessairement à l'erreur.

Et voyez, Messieurs, pourquoi les Etats ont été conduits forcément à comparer ce qui est comparable, c'est-à-dire les volumes des navires entre eux, sans aucun rapport, ni aux marchandises qu'on charge, ni à leur poids, ni à leur encombrement, ni aux conventions faites pour régler les prix des frets, ni à aucune autre espèce d'unité de toutes celles dont on nous parle, qui ne conduisent qu'à produire la plus grande confusion dans l'esprit de ceux qui n'auraient pas une parfaite connaissance de la question.

Cette unité des États, Messieurs, c'est *l'unité de jauge*, c'est-à-dire une unité de volume; et cette unité ne représente autre chose que l'unité de jauge, sans aucun rapport ni au tonneau de mer, ni au tonneau d'encombrement, ni au tonneau de marchandises, ni au tonneau de fret. C'est une unité de capacité à laquelle on compare les capacités des navires, et elle n'a jamais été que cela.

Mais remarquez bien que jusqu'à présent chaque pays a mesuré la capacité des navires suivant certaines règles empiriques inexactes, et l'unité de jaugeage devenait différente aussi pour chaque pays, de sorte que les taxations les plus illégales et les plus injustes sont appliquées dans les différents pays et même pour les différents navires du même pays. Voici pourquoi l'unification de la jauge est si nécessaire, c'est-à-dire :

Même méthode de mesurage,
Même unité de jauge.

Et voilà où nous nous rencontrons jusqu'à un certain point, mon honorable collègue de France et moi.

Quant à la méthode de mesurage, il n'y a pas de doute que celle de Moorsom est supérieure à toutes les autres et que nous devons l'accepter.

Pour ce qui est du diviseur, j'avoue que je voudrais faire disparaître des dictionnaires de toutes les langues le mot *tonneau* dans l'expression *tonneau de jauge*, car c'est ce mot tonneau qui introduit l'idée de poids, de fret, d'encombrement, etc., dans celle de volume; il serait donc plus précis de l'appeler toujours *unité de jauge;* et encore, Messieurs, si cela était possible, je voudrais aussi supprimer complétement l'expression *unité de jauge,* qui n'aurait même pas besoin d'être remplacée. Il suffirait de nous en tenir aux mesures de capacité du système métrique, et représenter la capacité des navires en mètres cubes.

Malheureusement cela n'est pas possible. Les nations maritimes ne pourraient pas l'accepter, et c'est pour cela que je ne le proposerai pas; je tiens avant tout à ce que nous arrivions à l'uniformité du jaugeage, et, à cet effet, il est indispensable de maintenir le diviseur $2^{m},83$.

Ce diviseur a été déduit de milliers d'expériences pratiquées en Angleterre; il nous permet de comparer la statistique commerciale de toutes les époques; il ne change pas sensiblement les droits de navigation de tous les pays; il nous donne avec la méthode de mesurage Moorsom un résultat aussi exact que possible pour la distribution équitable des taxes, il a été adopté par la plupart des nations maritimes, il nous permet une comparaison vraie entre les capacités des navires de tous les pays, enfin, l'unité de jauge se trouve dans toutes les législations et fait partie des habitudes des gens de mer. Un changement d'unité aurait donc pour résultat d'augmenter la confusion déjà si grande, même parmi les gouvernements.

Ainsi, Messieurs, pour conclure, je ne distingue qu'un but principal dans le discours de l'honorable M. Rumeau, celui de diminuer le diviseur pour augmenter la jauge officielle, et je m'y oppose, parce qu'on ne saurait changer un diviseur inhérent à une formule qui donne pour le jaugeage officiel d'un grand nombre de navires marchands considérés en ensemble, des résultats à très-peu près égaux à ceux obtenus par les anciennes méthodes de jauge, avec le précieux avantage toutefois de distribuer les taxes proportionnellement à la vraie capacité des navires de tous les pays quelles que soient les formes qu'ils affectent. Il me paraît d'ailleurs qu'il n'y a rien de plus facile que de déduire du tonnage officiel, dans chaque cas particulier, la capacité en mètres cubes, pour en faire tel usage qu'on aurait en vue. Je ne vois pas en conséquence d'inconvénient sérieux à l'acceptation de notre proposition, c'est-à-dire *le tonnage brut anglais avec son diviseur*.

M. le baron D'AVRIL, pour compléter une indication de M. le délégué de la Grande-Bretagne, tient à préciser la nature de l'adhésion que la Commission européenne du Danube a donnée au système anglais. La Commission européenne n'est pas limitée dans sa taxation : elle va jusqu'à l'épuisement de ses besoins, mais sans dépasser ce qui est nécessaire pour l'entretien des travaux, pour l'administration et pour l'amortissement du capital immobilisé. Elle a même pour objectif de prélever le moins possible. Ce qui la préoccupe, c'est l'obligation de taxer également tous les pavillons et les navires de chaque pavillon entre eux. C'est à ce point de vue que le système anglais a été approuvé à la Commission européenne par M. le baron d'Avril. En effet, le système anglais répond très-bien à cette préoccupation spéciale de la Commission du Danube.

M. le délégué français ajoute que, dès que le système anglais est venu à être discuté au point de vue de la capacité utilisable, il a eu soin d'exposer lui-même ce point de vue à la Commission dans une séance tenue le 3 mai 1872.

M. le baron de STEIGER fait observer que la comparaison donnée par M. Zamara entre le tonneau russe et le tonneau austro-hongrois ne correspond plus au tonnage russe depuis la méthode qu'on a introduite en 1868.

M. JANSEN (Pays-Bas) :

Monsieur le président, Messieurs,

J'ai demandé la parole non pour ajouter quelques arguments à tout ce qui a été dit par mes honorables collègues, qui ont réfuté mieux que je ne pourrais le faire, d'une manière si claire, si lucide et surtout si concluante, tout ce qui a été avancé par M. le délégué de France dans son exposé des vues françaises sur la question qui nous occupe. Je voudrais seulement résumer ce qu'ils ont si bien dit et en déduire quelques conclusions à l'appui de la résolution que j'ai eu l'honneur de vous proposer.

Je suis heureux de pouvoir constater en premier lieu que parmi les délégués des différentes puissances européennes qui ont envoyé des hommes scientifiques et pratiques à cette conférence, des hommes bien compétents à juger et à se prononcer sur la valeur des différents systèmes de jaugeage, que parmi tous ceux qui ont approfondi cette question il y a une grande unanimité sur la méthode de mesurage anglaise introduite par Moorsom.

Hier encore la diplomatie, mal informée, croyait qu'il y aurait grande diversion dans les opinions à ce sujet; aujourd'hui il est évident qu'il n'y a pas de différence du tout, et que tous ceux qui ont étudié la question du tonnage dans les différents pays, indépendamment les uns des autres, sont venus à la même conclusion : que la jauge officielle anglaise est en principe la meilleure et la plus exacte.

Tel est aussi l'avis de M. le baron d'Avril, qui vient de nous dire que les règles anglaises ont été acceptées par la Commission du Danube afin de taxer également tous les pavillons et les navires de chaque pavillon entre eux.

Notre honorable collègue M. Rumeau a exprimé l'autre jour une tout autre opinion. Il a tâché d'abord de trouver une différence entre le système Moorsom et la loi anglaise. Ce point a déjà été réfuté d'une manière complète par notre collègue britannique. J'ajouterai seulement qu'en février 1855, après l'adoption par le Parlement de la loi anglaise, et après une longue controverse entre Moorsom et les éditeurs du *Nautical Magazine*, des États-Unis d'Amérique, Moorsom écrivait la lettre suivante imprimée dans ce recueil en avril 1855 :

“ You speak as fairly and reasonably on the tonnage question as the seekers after truth could require.

” The fact is, I think, that we both may be right. The circumstances and trade of America may require the principle of displacement for the basis of their law, while those of Great Britain may be setter served by the principle of capacity. Our merchants, underwriters, shipowners and shipbuilders all called loudly for capacity. The Government required reports on the question from all the principal ports in the Kingdom, as well as from the leading maritime associations of the country; and at last, upon the fullest consideration, founded on these data, capacity was decreed to be the foundation of our law, and the Government accordingly introduced a new system of measurement at the last session of Parliament founded on the Rules set forth in my Review of the laws of tonnage, a copy of which I sent you at the origin of our correspondence in 1853 (1). "

(C'est dans ce même livre que M. Rumeau a trouvé que Moorsom n'est pas d'accord avec la loi anglaise.)

" I need only repeat that the whole internal space of the ship, which may be made available for profit, either by means of cargo or passengers is considered the proper basis for assessment, and the fairest that can be devised between shipowner and shipowner. For instance one shipowner will hamper a ship with all manner of deck houses, to the manifest danger of the vessel, while another, of better feeling, would condemn it. Our new law will tax the former for his grasping improprieties, while it amounts to a negative justice to the latter. I will simply now observe that the new tonnage of this country will be what may be termed a *cubical tonnage*, every ton of which will represent 100 cubic feet (2).

" (Signed :) GEORGE MOORSOM.

" London Custom-House, 22th February, 1855. "

---

(1) *Traduction :*

Vous parlez aussi justement et raisonnablement de la question du tonnage que peuvent le désirer ceux qui recherchent la vérité.

Le fait est, je crois, que nous pouvons avoir tous les deux raison. Les circonstances et le trafic en Amérique peuvent imposer le principe du déplacement comme base de la loi, tandis que le commerce anglais peut trouver une solution qui serve mieux ses intérêts dans l'application du principe de la capacité. Nos marchands, nos assureurs, nos armateurs et nos constructeurs réclamaient avec instance la capacité. Le Gouvernement a provoqué des rapports sur la question de tous les principaux ports du royaume. Il les a demandés de même aux grandes associations maritimes du pays et, en définitive, après le plus complet examen, reposant sur ces données, la capacité a été reconnue comme le fondement de notre loi. C'est par ces raisons que le Gouvernement, dans la dernière session du Parlement, a présenté un nouveau système de mesurage établi sur les règles développées dans ma revue des lois du tonnage dont je vous ai envoyé un exemplaire à l'origine de notre correspondance en 1853.

(2) *Traduction.*

Je ne puis que répéter que la totalité de l'espace intérieur du navire qui peut être utilisé pour le fret soit en marchandises, soit en passagers, est considéré comme la vraie base de la taxe et la plus exacte qui puisse servir aux rapports d'armateur à armateur. Par exemple, un armateur surchargera un navire de toute espèce de constructions sur le pont, au danger manifeste de ce navire, tandis qu'un autre, mieux inspiré, s'en abstiendra. Notre nouvelle loi taxera le premier en raison de ses excès intéressés, tandis que très-justement elle n'atteindra l'autre en aucune façon. J'ajouterai cette simple remarque : le nouveau tonnage de ce pays sera ce qu'on peut appeler un tonnage cubique, *dont chaque tonne représentera cent pieds cubes.*

Signé : GEORGE MOORSOM.

Douane de Londres, 22 février 1855.

Il n'y a donc pas moyen de séparer Moorsom de la loi anglaise.

Mais, ce n'est pas là la seule différence qui existe entre notre honorable collègue et nous. Je crois, cependant, que la réfutation des autres objections ne me sera pas plus difficile.

Il me semble qu'il y a une grande différence entre ce que M. le délégué de France nous dit à présent et la maniere de voir des hommes les plus compétents de son pays, à d'autres époques.

Si j'ai bien entendu, M. Rumeau a dit en terminant son discours, qu'en adoptant la résolution proposée par moi, la Commission n'opérerait aucune réforme dans le système de jaugeage anglais et qu'une réforme de ce système n'était pas seulement désirable, mais nécessaire; puisque tous les gouvernements — notez bien *tous* les gouvernements, et, par conséquent, aussi ceux qui ont déjà adopté la méthode anglaise et parmi lesquels se trouve la France qui l'a adoptée la dernière — que tous reconnaissaient qu'elle n'est pas exacte.

Mais, Messieurs, si vous lisez le procès-verbal de notre IVe séance vous y trouverez, au bas de la page 9, que notre collègue de France a dit : « L'unification du tonnage est une grosse question ; de grandes » perturbations seraient à craindre si on voulait modifier la jauge ou » le tonnage officiel, » et celle qu'on a adoptée en France, c'est la jauge anglaise. Ce que notre honorable collègue nous conseillait de ne pas toucher dans une séance précédente, il croit nécessaire de le changer dans la suivante.

Si vous prenez en main l'enquête de 1868 de la commission dont M. Rumeau était le président, vous serez surpris de lire, page 8 du Recueil des Documents de 1868-1872 :

« Le système indiqué par M. le Président Directeur consisterait à prendre pour tonneau type le tonneau officiel anglais, qui paraît *le plus exactement calculé*, et d'établir pour les navires des autres nations un tableau de proportionnalité qui serait rendu public. »

Et un peu plus loin :

« La commission reconnaît que le tonneau officiel anglais serait le meilleur type à adopter. » Et cette déclaration est signée par notre honorable collègue qui vient de nous dire à présent que le tonneau officiel anglais, qui était, en 1868, le meilleur et le plus exactement calculé, doit être changé parce qu'il n'est ni bon, ni exact, et n'exprime pratiquement rien du tout.

Heureusement pour nous, Messieurs, que nous avons à produire d'autres témoignages d'hommes compétents de la France.

Dans le rapport sommaire de la commission de jaugeage de 1863 constituée par arrêté de S. Exc. le ministre des travaux publics on peut lire, page 17 :

« En supposant ce point de départ admis et les capacités du navire mesurées à l'aide de nos unités métriques ordinaires, il reste à savoir comment on en déduirait la jauge légale; dans le système anglais, la jauge s'obtient en divisant le volume total de la cale exprimé en pieds cubes par le nombre de 100 ; ce diviseur est d'un usage commode pour l'accomplissement des calculs, et il définit en même temps le tonneau de jauge, sous une forme simple, se rattachant directement à l'ensemble des mesures anglaises; le tonneau de jauge de 100 pieds cubes anglais équivaut à 2m,83; l'adoption d'une règle commune aux deux nations entraîne implicitement l'emploi d'une unité commune; il faudrait donc qu'à l'avenir le tonneau de jauge fût fixé en France à 2m,83, et pour obtenir la jauge d'un navire, il n'y aurait plus qu'à évaluer ses capacités intérieures en mètres cubes et à diviser le résultat obtenu par 2m,83.

» Bien que le diviseur nouveau 2,83 ne soit pas d'un usage aussi commode que le diviseur 100 du système anglais, il n'en donne pas moins une définition exacte du tonneau de jauge et satisfait ainsi à la condition la plus importante : si l'on veut déduire de la jauge le nombre de tonneaux d'encombrement qu'un navire peut transporter, il suffit de remarquer que le tonneau de jauge est à peu près double du tonneau d'encombrement; le port en tonneaux d'encombrement sera donc sensiblement égal à la jauge multipliée par 2 (sous le pont de jaugeage). Si c'est la capacité entière du navire que l'on veut connaître, on n'aura qu'à multiplier la jauge par 2,83 et l'on aura le volume en mètres cubes. »

C'est ainsi, Messieurs, que se sont exprimés des hommes compétents en France, qui ne confondaient pas le tonneau de jauge avec le tonneau de fret, ou le tonneau de poids, d'encombrement ou d'arrimage qu'on savait déduire, comme on l'a fait en tout temps pour les besoins du commerce, de la jauge officielle.

Je crois qu'après les discours de mes honorables collègues, les délégués de France eux-mêmes conviendront que c'est une erreur de parler d'un étalon de fret au lieu de parler d'un étalon de jaugeage. S'ils n'ont pas réussi à démontrer que c'est une erreur, je n'ose espérer d'être plus heureux. Permettez moi seulement d'ajouter à tout ce qui a été dit que le choix du diviseur 50, que M. notre collègue de France n'a pas proposé mais offert à la discussion, était basé dans son discours sur les 42 pieds cubes français égaux à 51 pieds cubes anglais qu'on prétendait être le volume de 4 barriques de vin, et que même cette base de son raisonnement ne me paraît pas être exacte. Voici ce que dit *Bouguer* à cet égard, seulement cinquante ans après que l'ordonnance fut promulguée. Après avoir expliqué les manières qu'on employait pour mesurer le fond de la cale, il dit :

« Il ne leur reste plus après cela qu'à convenir de la juste étendue du tonneau pour pouvoir réduire la capacité qu'on ne connait qu'en pieds cubes. Supposé que cette capacité soit de 10,000 pieds cubiques et que le tonneau soit déterminé à 42, *comme on le prétend ordinairement*, le navire sera de 288 tonneaux. Mais comme il ne paraît pas que l'ordonnance ait eu en vue de rien statuer sur le jaugeage intérieur, *on ne doit donner aucune préférence à cette détermination*. Ce qui nous persuade, c'est non-seulement que l'espace qu'occupent 4 barriques et qu'on a toujours pris pour le tonneau d'arrimage est considérablement plus grand que 42 pieds, ce qui était trop facile à reconnaître pour que les experts consultés pussent s'y tromper; c'est encore le témoignage de tous ceux qui ont écrit avant ou depuis l'ordonnance sur les matières qui ont rapport à ce sujet. Tous ne parlent que du tonneau de poids ou font entendre qu'il ne s'agit que de celui-là, de sorte que l'autre, s'il est permis de parler de la sorte, n'est connu que par une espèce de tradition orale. »

C'est cette tradition orale peu fondée que notre honorable collègue a reproduite dans nos séances, et par conséquent il n'a pas parlé du tonneau de poids de 42 pieds cubes, mais du tonneau d'arrimage de 48 à 49 pieds cubes français égaux à 58 pieds anglais. Mais de ce tonneau on peut dire aussi ce que *Bouguer* disait de l'autre, *qu'on ne doit donner aucune préférence à cette détermination*, comme il a été si clairement démontré par mes collègues qui m'ont devancé dans la discussion.

Notre honorable collègue de France a insisté à vouloir prouver que la capacité du parallélépipède circonscrit à la cale était plus grande que la capacité entière du navire; mais il connaît sans doute le rapport de la sous-commission composée des hommes les plus compétents de la Commission présidée par M. Rumeau en 1868. Il est dit dans ce rapport :

« Le résultat exprimé en tonneaux de 42 pieds était $\frac{416}{1000}$ du parallélipipède circonscrit; c'était non le volume total du navire, que l'on savait être plus considérable, mais une fraction seulement de ce volume représentant *la proportion moyenne* de capacité utilisée d'après les mesures faites directement sur un certain nombre de navires. »

Donc, selon la sous-commission, la capacité du parallélipipède n'était qu'une fraction de la capacité entière du navire et non pas beaucoup plus grande que celle-ci, et par conséquent tout l'échafaudage d'arguments basés sur cette supposition tombe de lui-même.

Notre honorable collègue de France a dit que, tantôt en Angleterre, tantôt en Amérique, on a adopté un diviseur inexact. Mais ne serait-ce pas plutôt parce que ces deux pays ont dû reconnaître les premiers la nécessité d'augmenter le diviseur à raison qu'on augmentait l'espace mesuré, comme il a été si clairement démontré par nos honorables collègues d'Autriche-Hongrie et d'Espagne ?

La France a aussi augmenté le diviseur, mais il paraît qu'on l'a fait, selon M. Rumeau, sans en reconnaître la vraie cause.

J'ai dans mes mains un mémoire officiel puisé dans les archives de mon pays, écrit en 1685, où l'on trouve l'exposé détaillé et correct de l'ancien système de jaugeage, et dans lequel on peut voir qu'en mesurant seulement le fond de la cale on pouvait employer un petit diviseur, mais qu'il doit être augmenté selon qu'on comprend plus d'espace dans le mesurage.

Notre honorable collègue de France a dit que son Gouvernement a adopté le système anglais tel qu'il était dans un but d'unification, mais que cette unification a coûté une augmentation de 6 0/0 dans le tonnage.

Permettez-moi de vous citer la page 18 du rapport de la Commission française de 1863 après la proposition qu'elle avait faite d'adopter la règle anglaise :

« La règle ainsi établie n'apporterait d'ailleurs que des modifications insignifiantes sur la jauge moyenne des navires français qu'elle abaisserait de 2 0/0 environ ; elle aurait seulement pour conséquence de la répartir différemment sur chaque navire en particulier et au *prorata* de leurs capacités réelles. C'est ce qui résulte de l'examen du tableau joint à l'annexe D, dans lequel nous avons enregistré la jauge de vingt bâtiments anglais prise par les deux méthodes. »

Il n'y a donc heureusement pas eu de nouveaux sacrifices à demander de la France, mais même si cela avait été ainsi, on doit admirer la haute sagesse du Gouvernement français qui a bien voulu contribuer à l'unification du jaugeage à ce prix, parce que les avantages qui doivent en résulter pour le commerce du monde entier sont si grands qu'on peut en supporter aisément les conséquences moins avantageuses, et j'espère que mes collègues suivront ce bon et sage exemple en adoptant avec unanimité la résolution que j'ai eu l'honneur de proposer.

M. le baron D'AVRIL fait remarquer, pour confirmer que le tonnage français été abaissé de plus de 2 centièmes par l'adoption du système anglais, que la douane de Copenhague calcule 105 tonneaux français contre 100 tonneaux anglais, ce qui est presque identique au facteur 0,94 de Galatz. Le résultat cité par M. le premier délégué néerlandais se rapporte à un calcul fait après le jaugeage comparatif de 20 navires seulement : il ne saurait avoir la même autorité que le résultat obtenu à Galatz et à Copenhague à la suite de nombreux jaugeages comparatifs.

S. EX. SALIH-PACHA fait observer que M. Rumeau, en rapportant le texte des instructions de MM. les délégués ottomans pages 9 et 10, les interprète en disant que le Gouvernement impérial ne recommande à ses délégués l'emploi de la formule Moorsom que pour ce qui est de la capacité totale.

M. le délégué de Turquie pense que cette interprétation n'est pas la vraie.

1° Le Gouvernement impérial n'a pas eu l'intention de recommander deux formules ou deux tonneaux; en réunissant la Commission son idée était de demander à ce que cette Commission fixât un tonneau type qui puisse servir à la fois de base pour les transactions commerciales et pour la perception des taxes. (V. circulaire du ministre des affaires étrangères en date du 1er janvier 1873.)

2° Le Gouvernement impérial, en recommandant à ses délégués le système Moorsom, ne l'a pas recommandé pour ce qui est de la capacité totale *seule*, il le recommande dans son ensemble.

3° Le Gouvernement impérial ne peut nécessairement avoir l'idée d'imposer à la Commission le système Moorsom, il ne fait que le recommander à ses délégués; mais il recommande en même temps de bien approfondir si les déductions ou défalcations qu'on fait subir à cette formule sont toutes exactes, et s'il y a lieu de faire subir à ce système des modifications pour déterminer la capacité vraiment utilisable des navires.

M. le baron D'AVRIL fait observer qu'à la page 10 *des instructions*, la Sublime Porte n'a pas dit *jaugeage* ni *tonnage brut*, mais, *mesurage* et *capacité totale*. Le mot *surtout*, à la page 11, montre évidemment que la Sublime Porte n'a pas entendu borner notre tâche au calcul des déductions. D'ailleurs, à la page 10, il est dit: *défalcations et déductions*.

En réponse à M. le baron d'Avril, M. le colonel STOKES fait observer que le choix de la tonne anglaise par la Commission européenne du Danube avait lieu tout d'abord dans les circonstances suivantes.

Le traité de Paris de 1856 qui a institué la dite Commission, l'ayant autorisée à arrêter un Tarif des droits, elle a dû choisir une tonne qui servirait de base à la taxation. Son choix est tombé sur le tonneau net de registre de la loi anglaise en 1860.

Le traité a toutefois prescrit que tous les pavillons devraient être mis sur un pied de parfaite égalité, ce qui a donné lieu à des réclamations faites de part et d'autre par ceux qui avaient une tonne moindre que la tonne anglaise. La Commission a donc fait des recherches et des expériences pour constater la différence entre la tonne anglaise et les tonnes de tous les autres pays. Un grand nombre de jaugeages comparatifs ont été faits en Angleterre et sur le Danube même, qui ont établi le barême de comparaison, dont M. d'Avril a bien voulu nous donner des exemplaires. Le chiffre 94, qui y figure comme facteur français, n'est pas cependant celui qui était fourni par le jaugeage de navires français; ce jaugeage a été fait en Angleterre sur plus de deux cents bâtiments, donnant un résultat moyen égal au tonnage anglais facteur. 1. 0.

Toutefois on a reconnu que ce facteur était tiré du jaugeage des bâtiments d'un genre qui ne fréquentent pas le Danube; il pourrait donc y avoir erreur pour eux. Ayant reconnu que les bâtiments français avaient alors la même règle de jaugeage que les bâtiments italiens qui, jaugés à Soulina, avaient reçu un facteur de 0,94, on a décidé par esprit de justice d'accorder le même facteur aux navires français. La Commission a dû cependant reconnaître que, si le système de ramener le tonnage des navires à une seule unité au moyen d'un barême corrigeait d'une manière générale l'inégalité entre les pavillons, il laissait beaucoup à désirer quant à l'égalité entre les navires.

C'est pourquoi elle a insisté depuis 1865 sur la nécessité d'établir un système universel de jauger le tonnage des navires.

Cette proposition n'était pas faite pour résoudre la difficulté locale du Danube; cette difficulté avait disparu, mais dans le but de faire profiter le commerce du monde entier.

C'est dans ce sens qu'elle a proposé aux Gouvernements de choisir le système anglais, et c'est dans ce sens général que ce système a toujours reçu à Galatz l'adhésion de M. le baron d'Avril, au moins du temps de M. le colonel Stokes.

M. le baron d'Avril est tout à fait d'accord avec M. le premier délégué de la Grande-Bretagne: le facteur français 0,94 a été fixé par assimiliation au facteur déterminé pour le pavillon italien après de nombreux jaugeages comparatifs et en raison de l'identité alors presque complète des systèmes de jauger dans les deux pays.

M. Rumeau:

Messieurs,

Il nous serait impossible de répondre en ce moment en détail aux nombreuses objections et aussi minutieuses critiques de nos honorables contradicteurs. Nous essaierons néanmoins de répondre aux principales et de briser le réseau serré, mais fragile, des autres.

On nous reproche d'avoir dit que le système de jaugeage anglais avec son diviseur 100 fût un mauvais moyen de comparaison de la capacité des navires. Nous n'avons rien dit de pareil, et nous reconnaissons que, du moment qu'on opère de la même manière pour tous les navires, le diviseur 100, aussi bien que le diviseur 10, que le diviseur 1000, que tout autre diviseur qu'on pourrait lui substituer, donne des résultats comparables, mais qu'il ne donne que cela. Ce que nous avons contesté et ce que nous contesterons encore, c'est que le diviseur 100 appliqué à la contenance du navire puisse conduire à son tonnage vrai, au tonnage qui sert de base aux transactions commerciales. Le tonnage de registre obtenu par l'emploi de ce diviseur n'en est qu'une fraction ; et ce n'est pas à une fraction, mais au tonnage lui-même qu'il faut arriver, ou en approcher du moins le plus possible.

On nous répond, à la vérité, qu'il n'y a pas d'autre tonneau que le tonneau de 100 et d'autre tonnage que le tonnage de registre; que hors de là tout est fiction et confusion, aussi bien pour le tonneau que pour le tonnage, et on nous conteste même que notre tonneau de 1^{m},44 (42 pieds français) ait jamais eu et ait encore une existence réelle. Mais si cela était, s'il n'y avait pas d'autre tonnage que le tonnage de registre, que signifieraient les marchés passés avec les constructeurs de navires, qui pour un tonnage de registre de 1,000 tonnes, par exemple, vous promettent un tonnage effectif de 1,500 tonnes ? que voudraient dire les annonces des courtiers qui, pour les navires mis en vente, distinguent parfaitement le tonnage effectif du tonnage de registre ? Le langage de ces annonces et de ces marchés a-t-il quelque chose d'énigmatique ? n'est-il pas au contraire, et sans qu'il soit besoin d'explication, parfaitement compris, dans tous les pays, de toutes les personnes engagées dans ce genre d'affaires ? Il y a donc deux tonnages et deux tonneaux, le tonneau de jauge et le tonneau usuel du commerce.

Mais qu'est-ce que le tonnage du commerce ? Il varie, dit-on, d'un port à l'autre, et souvent, dans le même port, avec la nature des marchandises, et même avec les habitudes ou les caprices des armateurs. Cela peut être vrai pour des exceptions tenant aussi bien à la nature de la marchandise qu'à la nature du transport. Mais cela n'est pas vrai pour la masse des marchandises qui font l'objet des transports maritimes sur lesquels se règlent les prix du fret. Quand un capitaine annonce être en chargement pour telle ou telle destination au prix de 100 francs la tonne, par exemple, chacun, en tous pays, comprend cet avis et règle ses opérations en conséquence. Mais qu'est-ce donc que cette tonne ? Est-ce une tonne de fantaisie dont personne n'ait une idée exacte, ou est-ce au contraire quelque chose dont la signification ne puisse laisser aucun doute ? Le langage des affaires n'est pas vague, il a et doit avoir un sens précis, il doit être compris de tout le monde et personne en effet ne s'y méprend. Chacun sait que la tonne usuelle est de 1,000 kil. en poids et de 50 pieds anglais environ ou de $1^{m}44$ en volume.

Quand il y a des exceptions, et il y en a, nous le savons, on a soin d'en avertir le commerce. On ne parle plus alors simplement de tonnes, mais de tonnes d'un poids et d'un volume déterminés et précisés de façon à ne pas induire le commerce en erreur. C'est ainsi que nos Messageries maritimes, institution puissante et qui prend directement ou indirectement une si large part au débat, ont un tarif de chargement au volume de 1 mètre cube ou au poids de 500 kil. Le fret pour ce poids et ce volume est à peu près le même que celui des transports ordinaires du commerce pour le volume de 1^{m},44 ou le poids de 1,000 kil. Nous n'entendons pas en faire un reproche à la Compagnie des Messageries; il est juste de faire payer la célérité et la régularité du service ; mais on peut juger par là du parti qu'elle tire de l'espace que laissent libre les puissantes machines de sa flotte.

Toutefois, ce fret élevé et à peu près double de celui du commerce général ne peut être appliqué qu'à des articles de messagerie ou à des marchandises de prix, telles que la soie et le thé, susceptibles de supporter sans fléchir cette surtaxe. Mais il n'en saurait être de même des marchandises ordinaires embarquées par grandes masses et faisant l'objet habituel des transports du commerce. Pour ces marchandises, la Compagnie, ainsi qu'elle a soin de le dire elle-même dans son tarif de chargement pour la ligne de l'Indo-Chine, la taxe au tonneau de la Chambre de commerce de Marseille est à peu près aux mêmes prix, malgré l'élévation du poids et du volume, que son tonnage exceptionnel. Or, quel est le tonneau de la chambre de Commerce de Marseille ? C'est 1,000 kil. en poids ou 1^{m},44 en volume. Cette indication est inscrite en tête de son tarif, et ce tarif que nous avons sous les yeux comprend environ 1,000 articles de chargement. Marseille n'est pas un port obscur. Cette place est en relation avec tous les ports de l'Europe et du monde commercial. Son tonneau, le tonneau français, est donc universellement connu, et vouloir le nier, c'est nier l'évidence.

Ce n'est pas dans son tarif seulement qu'on trouve la preuve que la Compagnie des Messageries, qui feint d'ignorer le tonneau usuel, le connaît mieux que personne (1). En traitant avec elle et en réglant sa large subvention, le Gouvernement français lui a imposé l'obligation de faire les transports nécessaires aux besoins de son service à des prix arrêtés d'avance par tonne de 1,000 kilogrammes en poids ou de 1^{m},44 en volume. Le Gouvernement et le commerce français reconnaissent donc le tonneau de 1^{m},44 aussi bien que le tonneau de 1,000 kilogrammes, et n'ont pas cessé de le reconnaître et d'en faire usage depuis Colbert.

Nous serons moins affirmatif pour les tonneaux usuels des autres pays. Mais en Angleterre, par exemple, le siége du plus grand commerce du monde et le régulateur de tous les autres, il y en a certainement un, autour duquel roulent toutes les transactions. Que voudraient dire sans cela les publications des courtiers, les marchés des constructeurs? Quand ils mettent en regard du tonnage de jauge la véritable capacité de transport d'un navire et qu'ils annoncent, selon l'exemple choisi, que cette capacité est de 1,500 tonnes, alors que le tonnage de registre n'est que de 1,000, ils ont certainement une tonne et une seule tonne en vue; car s'il y en avait plusieurs également consacrées par l'usage, les annonces ne se borneraient pas à une seule indication; il y en aurait plusieurs, telles que : 1,200, 1,500, 1,700, etc., selon le nombre et la grandeur des tonnes.

Concluons donc qu'il y a un tonneau d'un usage général et autour duquel roulent toutes les opérations commerciales, sauf des exceptions que nous ne contestons pas, mais qui ne détruisent pas la règle générale. A notre avis, ce tonneau est celui de 1,000 kilogrammes pour les chargements au poids, et de 1^{m},44 pour les chargements au volume. Cela est exactement vrai pour la France, et cela peut être considéré comme également vrai pour l'Angleterre, avec un petit écart insignifiant (2). Nous ne pensons pas que le tonneau usuel des

---

(1) *V. n° 56, p.393 la note adressée à la Commission au nom de la Compagnie des Messageries, le 28 octobre 1873.*

Evidemment le Gouvernement français n'avait pas donné à ses délégués mission de discuter, devant la Commission internationale, la subvention dont les Messageries ne jouissent qu'en vertu d'une loi et à titre de rémunération d'un service rendu. Les Messageries ne se plaignent pas; mais elles sont au moins autorisées à constater que ce n'est pas leur cause mais bien celle de la Compagnie de Suez, qui a été défendue au nom de la France devant la Commission internationale.

(2) *Cela est contesté en France et cela est inexact en Angleterre. Le tonneau usuel d'encombrement du commerce anglais est de 40 pieds cubes et non de 51 pieds cubes. On ne peut pas qualifier écart insignifiant une différence de 20 0/0.*

autres nations en diffère beaucoup, et dans tous les cas il nous paraît que c'est sur le tonneau anglais qu'il faut se régler.

On nous dit que, quoi qu'on fasse et quelque modification que puisse subir le diviseur 100, on ne sera jamais assuré de faire rendre exactement à la formule de jaugeage le tonnage que nous cherchons. Nous reconnaissons que la rigueur mathématique est difficile, impossible même à atteindre en ces matières, et voilà pourquoi il nous répugne d'entrer dans des détails qui ne font qu'embrouiller la discussion sans la faire avancer d'un pas. Il faut envisager la question par ses grands côtés et reconnaître avec nous que si l'on ne peut pas espérer d'arriver à un résultat rigoureusement exact, on peut du moins en approcher de plus près et diminuer dans une notable proportion l'écart d'environ 50 0/0 qui existe aujourd'hui entre le tonnage de registre et le tonnage effectif. Que cet écart soit réduit à 5 et même seulement à 10 /0, et on aura déjà fait un grand pas vers la vérité pratique, la seule que nous cherchons. Or, rien n'est plus facile que d'arriver à ce résultat par une sage et convenable réduction du diviseur.

On nous dit encore que ce diviseur, qui était d'abord de $1^m,44$ d'après la règle de Colbert, a dû successivement s'accroître à mesure que les navires se sont transformés et qu'au lieu de mesurer simplement leur cale, on a mesuré toute leur capacité. D'après cette opinion, le diviseur 2.83, appliqué aujourd'hui à la capacité totale, ne différerait pas du diviseur 1.44 appliqué à la cale.

Sous Colbert, la cale seule était le lieu de la charge et on ne mesurait que sa capacité pour en déduire, en la divisant par $1^m,44$, le nombre de tonnes de $1^m,44$ qu'elle pouvait contenir. Aujourd'hui ce n'est plus la cale seule, telle que l'entendait Colbert, qui est le lieu de la charge. La charge, pour les marchandises légères, peut remplir tous les ponts et entreponts, et même tout ou partie du pont supérieur au moyen des installations spéciales qui peuvent y être établies. Pourquoi mesurerait-on en effet tous ces espaces si on ne devait pas y loger des marchandises, et pourquoi ferait-on des installations particulières sur le pont si le reste du navire suffisait pour recevoir ces marchandises? (1) Si donc tous les espaces mesurés sont susceptibles

(1) *Nul ne conteste qu'il faille mesurer tous les espaces existant dans le navire; mais il est clair que le diviseur ne peut plus être celui qu'a fixé la règle de Colbert. Voir n° 26, p.176 la démonstration de M. Zamara.—Voir aussi le tableau C. n° 60 p. 408.*

de recevoir des marchandises, il faudrait, d'après la règle de Colbert, diviser leur capacité par $1^m,44$ pour savoir combien ils peuvent contenir de tonnes de ce volume.

On nous dira que la cale seule n'étant plus occupée par les marchandises et le reste du navire n'étant plus disponible pour les besoins de la navigation, il y a sur la capacité totale une déduction à faire pour satisfaire à ces besoins. Nous le reconnaissons et c'est précisément de cette déduction que nous demandons d'abord qu'on s'occupe, pour arriver à la détermination de la capacité utilisable, premier terme de la question que nous avons à résoudre.

Il y a, en effet, deux termes dans cette question, ainsi que Moorsom l'a reconnu, la capacité utilisable et le diviseur par lequel on doit diviser cette capacité pour obtenir le tonnage effectif. Moorsom, comme nous l'avons déjà dit et répété, déduit 20 0/0 de la capacité totale pour les besoins étrangers au chargement et divise le reste, formant la capacité utilisable, par 50, pour obtenir le nombre de tonnes de 50 pieds cubes anglais que le navire peut charger. Mais on conteste cette opinion de Moorsom et on s'efforce de la cantonner dans la formule originale dont il serait l'auteur spontané et qu'il recommanderait seule à l'application pratique. N'entendant pas l'anglais, nous n'avons pu rien comprendre aux extraits de ses ouvrages dont il a été donné lecture dans cette langue ; mais s'il faut en juger par l'audition de l'extrait de la traduction française consigné dans la lettre que M. Girette nous a fait distribuer et dont il vient également d'être donné lecture, la paternité de Moorsom devient plus que suspecte, en tant du moins qu'on voudrait voir dans sa formule autre chose qu'un moyen d'exprimer, non pas la capacité réelle, mais la capacité relative des navires. Moorsom répète dans cet extrait *que la nécessité de maintenir dans les proportions préexistantes l'état général du tonnage du royaume a été la condition* sine qua non *imposée par toutes les Commissions publiques.*

C'est donc pour satisfaire à cette condition qu'il a été amené à l'adoption du diviseur 100, et nullement pour faire rendre à sa formule le tonnage exact. On dit que ce sont les commissions d'enquête et non l'administration anglaise qui ont imposé ce diviseur.

Que nous importe que Moorsom ait agi sous une influence ou sous une autre ? l'essentiel est de montrer que ce n'est pas de son initiative propre qu'il a adopté une formule dont il a eu soin, en l'adoptant, d'expliquer le sens et la portée, et qu'il désavoue comme exprimant le tonnage usuel et vrai.

La formule anglaise se compose, comme on sait, de deux termes répondant aux deux termes de la question en discussion, le dividende, qui exprime la capacité totale du navire, sauf une déduction de 5 0/0, et le diviseur 100. La déduction de 5 0/0 est manifestement insuffisante, et il y a lieu de rechercher de combien elle doit être augmentée pour tenir compte des espaces non utilisables pour les marchandises, et arriver à la détermination de la capacité utilisable. Ce doit être, comme nous l'avons dit, le premier objet du travail de la Commission.
Le diviseur 100, déjà excessif avec le dividende actuel, le deviendrait bien davantage avec le dividende affaibli, et il y a lieu de le réduire dans la proportion nécessaire pour faire rendre à la formule le tonnage effectif, sinon exactement et rigoureusement, du moins aussi approximativement que possible. La recherche de cette réduction ou, en d'autres termes, du tonneau type, fera le second objet du travail de la Commission.

C'est pourquoi, sans nous écarter de la question à l'ordre du jour, et pour rester au contraire dans cette question, nous avons demandé et demandons encore, en maintenant notre demande écrite, que la Commission procède d'abord à l'examen de la capacité utilisable.

M. Jansen (Pays-Bas) fait observer qu'après les observations que la Commission vient d'entendre, il est de plus en plus convaincu que M. Rumeau a un système de jaugeage particulier, qui doit faire penser que tous ses autres collègues sont dans l'erreur. M. Rumeau parle des grands écarts qu'il y a entre les chargements réels et le tonnage enregistré d'après la loi anglaise, mais il voit les écarts d'un seul côté sans prendre en considération ceux des navires léges. C'est parler, encore une fois, de marchandises et non pas de jaugeage, qui n'est que la proportion moyenne de la fraction utilisée de la capacité totale du navire. Cette fraction moyenne — M. le délégué d'Allemagne l'a clairement démontré — n'est pas applicable à chaque navire. C'est la moyenne entre le bâtiment lége et le bâtiment chargé, entre le tonneau de poids et le tonneau d'encombrement, entre les voyages au long cours et les petites traversées, entre les voyages d'hiver et ceux d'été; en un mot, c'est la moyenne statistique de tout le mouvement commercial d'un grand pays, moyenne dans laquelle les écarts des deux côtés se détruisent mutuellement et c'est pour cela qu'elle forme une base solide et exacte pour l'unité de jaugeage. Un exemple, dans un certain sens, est fourni à ce sujet par les documents publiés par la direction de la Compagnie du Canal de Suez de 1868 à 1872. On lit au bas de la page 44 :

« Les 361 navires à 10 francs par tonneau net ont payé (pendant les premiers six mois après l'ouverture du Canal) 3,512,000 francs.

» Les 215 navires à 10 francs par tonneau de chargement (les autres 146 étaient léges) auraient payé 3,464,190 francs, ou la même somme à 47,000 francs près. »

En d'autres mots, la capacité moyenne utilisable de 346,419 tonnes de chargement réel ne différant pas plus que 4,700 tonnes ou 1 0/0 du tonnage net officiel enregistré.

Ainsi, la jauge donne la fraction de la capacité en moyenne, déduite d'un grand nombre de navires; mais ce n'est pas là la capacité utilisable de chaque navire dans les circonstances les plus avantageuses, cette capacité ne pouvant être déterminée parce qu'elle dépend de mille circonstances différentes.

Cette moyenne a été fixée en Angleterre d'après les exportations et les importations pendant un grand nombre d'années, faite par 27,000 navires; c'est donc très-justement qu'on a fait de cette moyenne statistique la condition *sine qua non* et qu'on a déduit le diviseur 100 du système Moorsom. M. le premier délégué néerlandais est convaincu qu'il est dans le vrai avec les autres collègues qui pensent comme lui.

M. le colonel Stokes fait remarquer qu'on se trouverait en face d'une grande difficulté pour les céréales si on voulait adopter la tonne de 50 ou 60 pieds de M. Rumeau ; les céréales sont payées d'après les *quarters*. Le blé est transporté par une mesure; le bois par un autre étalon. Cette Commission n'a pas pour but de trouver seulement un modèle utile pour une entreprise particulière, mais elle a pour objet d'arriver à une entente sur une mesure générale à adopter dans l'intérêt du commerce universel.

M. Rumeau réplique qu'il n'a pas la présomption de se croire seul en possession de la vérité, comme M. le premier délégué des Pays-

Bas voudrait l'insinuer. La vérité, il la recherche avec ardeur et sincérité, et il est venu ici dans l'espoir de la trouver dans les lumières et l'impartialité de la Commisssion.

L'honorable M. Jansen, dit-il ensuite, puise partout des arguments et particulièrement dans les documents français de toutes les époques. Il veut nous battre avec nos propres armes. Mais en accepant l'autorité des documents français quand il les croit favorables à sa thèse, pourquoi les récuse-t-il quand ils lui sont contraires? Pour ce qui nous concerne, il voudrait nous mettre en contradiction avec nous-même en opposant à nos opinions d'aujourd'hui, celles que nous aurions émises dans une Commission que nous avons eu l'honneur de présider en France.

Ces opinions ne nous sont pas personnelles, et à moins de vouloir attribuer au président tout ce qui se dit ou s'imprime dans une commission, nous ne saurions en principe en accepter la responsabilité. Nous ne croyons pas d'ailleurs que celles dont on a entendu se prévaloir impliquent aucune contradiction avec nos idées d'aujourd'hui. Si nous avons bien compris, M. Jansen a parlé de navires léges, de chargements incomplets et de la nécessité d'un gros diviseur pour arriver à la détermination de la capacité non pas utilisable, mais moyennement utilisée des navires. Nous en avons parlé aussi, mais en faisant remarquer avec la Sublime Porte que ces considérations bonnes pour les États, ne pouvaient plus être admises quand il s'agissait de Compagnies concessionnaires de grands travaux publics, qui devaient trouver la juste rémunération de leurs services dans la perception de taxes assises sur la capacité réellement utilisable et non pas simplement utilisée des navires. D'ailleurs en admettant, ce que nous ne pouvons pas faire, le principe de la capacité moyennement utilisée, le diviseur 100 tiendrait encore un trop grand compte des déductions à faire d'après ce principe et devrait être notablement réduit.

On peut le voir, un des embarras de la discussion actuelle est de se compliquer de préoccupations relatives au règlement de la question du canal de Suez. Il est impossible, en effet, de ne pas voir l'influence que la règle de jaugeage qui sera adoptée doit exercer sur ce règlement, et de ne pas regretter que la Commission, ainsi que nous l'avions demandé, n'en ait pas fait le premier objet de ses délibérations. C'est à l'occasion de cette demande que nous avions parlé de la difficulté de modifier la jauge officielle et des perturbations qui pourraient en résulter dans les statistiques commerciales et la perception des droits de navigation. Nous n'avons pas changé d'avis, comme on nous le reproche; mais cette modification est devenue nécessaire du moment qu'on voit clairement apparaître le dessein de faire de la règle de jaugeage la base du règlement de la question du Canal. Nous ajouterons que ce règlement devait être l'unique objet de notre mission, ainsi qu'on a pu en juger par la communication de nos instructions du 7 août 1873. Nous n'avons pas dû néanmoins nous dérober à la discussion de la question générale du jaugeage recommandée par la Sublime Porte ; mais il a été de notre devoir de l'aborder sans perdre de vue les intérêts du Canal et avec la pensée de n'accepter qu'une solution logique et rationnelle. On aurait pu ajourner encore cette solution et continuer à fermer les yeux sur l'inexactitude manifeste de la jauge actuelle. Aujourd'hui que la question de la réforme est agitée et que la discussion en est commencée, il faut la poursuivre jusqu'au bout, sous peine de consacrer à jamais un système erroné.

M. le baron de Steiger trouve que les débats sont motivés en partie par la divergence d'opinions sur les mots. Il croit avec M. le délégué d'Espagne qu'il serait préférable d'abolir le terme « tonneau » et qu'il faudrait s'entendre avant tout sur la signification de l'expression « tonneau de jauge ».

Plusieurs membres de la Commission ayant demandé l'ajournement, M. le Président renvoie la continuation de la discussion à la prochaine séance.

N° 27.

PROCÈS-VERBAL N° IX

(4 novembre 1873)

Suite de la discussion du tonnage brut. 2e réponse de M. le colonel Stokes. — M. Rumeau se borne à maintenir ses conclusions. — Le Président constate que la discussion est épuisée. — M. Rumeau insiste pour qu'il soit immédiatement délibéré sur la capacité utilisable. — La Commission réservant cette question décide à 9 voix contre 3 qu'il sera passé outre au vote du tonnage brut. — Déclaration de M. le baron d'Avril : Les délégués français s'abstiendront de prendre part à la suite de la délibération. — Discussion préalable au vote du tonnage brut. — Vote de la Commission sur douze puissances représentées, dix (Allemagne, Autriche-Hongrie, Belgique, Espagne, Grande-Bretagne, Grèce, Italie, Pays-Bas, Suède et Norwége, Turquie) déclarent : « La détermination du tonnage brut ou gross tonnage d'un navire est le mieux effectuée par le système Moorsom tel qu'il est exposé dans la loi anglaise de 1854 (articles 20 et 21). — La France s'est abstenue. La Russie également, en réservant son vote par le motif que cette résolution préjuge la question de la capacité utilisable. — Vote de la Commission.

M. le colonel Stokes ne désire pas entrer de nouveau dans une longue discussion sur les remarques de M. Rumeau; il doit cependant en rectifier deux ou trois points dans l'intérêt de la question :

1° M. Rumeau persiste à dire que la déduction de 5 0/0 pour le logement de l'équipage est faite sur la tonne de 100 pieds. Il est à constater une fois de plus que la déduction de 5 0/0 est opérée sur le tonnage et non sur la tonne; c'est une des déductions faites sur le tonnage brut pour arriver au tonnage net, non-seulement des navires à vapeur, mais aussi des voiliers.

2° M. le délégué de France revient de nouveau à l'assertion avancée précédemment que Moorsom comprend, par sa tonne, simplement une unité de capacité relative et non de capacité réelle d'un bâtiment : les opérations de chiffres cités dans le livre de Moorsom en établiraient la preuve.

Dans le but de mieux éclairer M. Rumeau, qui a dit ne pas avoir saisi les extraits anglais, lus d'ailleurs en traduction française, M. le colonel Stokes croit devoir en répéter une seule phrase concluante. En se référant aux chiffres dont il s'agit, Moorsom dit textuellement en 1860 :

« Il doit être, cependant, clairement entendu que les estimations ainsi constatées, de la manière dont elles sont expliquées dans les instructions ci-dessus » — c'est-à-dire le passage toujours cité par M. Rumeau — « ne sont pas recommandées comme *une autorité*, soit pour les propriétaires, soit pour les négociants, dans la spécification de leurs contrats. On doit considérer une cargaison simplement computée en moyenne, comme ne pouvant jamais être une base suffisamment sûre pour les arrangements financiers d'un voyage spécial ».

Moorsom dit encore que sa tonne « constitue, en toute circonstance, un étalon plus juste de capacité que les computations de cargaisons soit de volume, soit de poids, qui doivent nécessairement varier selon les circonstances toujours indécises de voyages plus ou moins longs. »

« C'est pour toutes ces raisons que la préférence a été donnée à une loi de la nature de celle qui est actuellement établie. »

3° En réponse à la demande de M. Rumeau, pourquoi les courtiers et les constructeurs citent dans leurs annonces un tonnage autre que le tonnage de registre, M. le premier délégué de la Grande-Bretagne fait observer qu'ils le font contrairement aux conseils de Moorsom et parce que les anciennes habitudes n'ont pu être encore déracinées ; ces habitudes avaient pour but d'exprimer la portée des bâtiments aussi bien en marchandises qu'en capacité officielle qui s'écartait autant de la capacité réelle, à cause des écarts possibles sous l'ancienne loi. Aucun doute ne reste plus à présent quant à cette capacité.

M. le colonel Stokes dit ensuite que M. le premier délégué néerlandais a parfaitement établi déjà, dans son premier discours, que la jauge est l'exposant de la capacité et non de la charge, et démontré, de plus, comment il arrivait que, à partir des commencements du jaugeage, il y eût toujours un certain écart entre l'exposant de capacité et la charge. M. le premier délégué de la Grande-Bretagne termine en revenant, une fois de plus, à l'observation faite par lui lors de l'ouverture de la discussion, qu'il s'agit de la capacité du corps contenant et nullement du volume des objets contenus ; quant aux annonces dont parle M. Rumeau, on y confond toujours ces deux choses incompatibles.

M. Rumeau ne croit pas utile de répondre aux nouvelles observations de M. le colonel Stokes, quoique directement interpellé. Il ne pourrait que se répéter et il craindrait de fatiguer l'Assemblée par des redites. Il maintient, en conséquence, simplement ce qu'il a déjà dit, en faisant remarquer qu'il ne s'est pas borné à interpréter Moorsom et qu'il a donné la traduction textuelle de la partie de son ouvrage sur laquelle était fondée son interprétation, afin de mettre chacun à même de juger de sa fidélité.

M. le Président constate que la discussion est épuisée.

Une discussion s'engage sur la manière de procéder au vote des deux motions en présence, l'une de M. Jansen (Pays-Bas), l'autre de MM. les délégués français.

M. le baron d'Avril demande la prise en considération de la proposition française, dont lecture est donnée par le Secrétaire et qui est conçue en ces termes :

« Nous demandons que, conformément aux instructions de la
» Sublime Porte qui recommande de prendre pour base du tonnage
» des navires leur capacité utilisable pour le transport des marchan-
» dises, la Commission, avant d'aller plus loin, se livre à la recherche
» et à la détermination de cette capacité pour tous les navires, en
» général, considérés indépendamment de leur mode de propulsion,
» toute réserve étant faite à l'égard des navires à vapeur pour les
» déductions particulières aux machines, qui seront l'objet d'un examen
» spécial. »

M. Gillet croit qu'il faudra mettre d'abord aux voix la proposition présentée par MM. les délégués de France, celle-ci se trouvant forcément exclue dans le cas où la motion de M. Jansen (Pays-Bas) dont elle forme un épisode, viendrait à être préalablement votée.

MM. Janssen (Belgique) et Togores partagent l'avis de M. le premier délégué d'Allemagne.

M. de Kosjek demande la priorité pour la motion néerlandaise, la proposition française intervertissant l'ordre du jour.

M. Rumeau fait observer en réponse à M. le premier délégué d'Autriche-Hongrie, que ce n'est pas la première fois qu'il a été dit que la proposition française ne rentrait pas dans l'ordre du jour; ce n'est pas la première fois non plus que les délégués français ont démontré qu'elle y rentrait très-directement et qu'elle était au cœur même de la question. Puisqu'on insiste, il peut être cependant utile d'y revenir avant de passer au vote. De quoi s'agit-il en effet? Du tonnage des navires considérés indépendamment de leur mode de propulsion. On l'appellera comme on voudra, brut ou net, n'importe; mais encore une fois, c'est sur ce tonnage que doit porter la réforme si l'on veut arriver à une évaluation exacte et pratique de la capacité de transport des navires. Or, quels sont les deux éléments de cette évaluation? Ce sont d'un côté, la partie utilisable de leur capacité totale, et de l'autre, le tonneau type auquel cette partie utilisable doit être rapportée. Comment prétendre après cela que la recherche de la capacité utilisable ne rentre pas dans la discussion à l'ordre du jour? Elle y rentre au premier chef, et ce doit être le premier objet de l'examen de la Commission, si elle veut entrer dans le vif de la question et sortir enfin de la voie, à l'avis de MM. les délégués de France, trop vague où elle est restée jusqu'ici.

M. le colonel Stokes diffère d'opinion avec M. Rumeau, étant d'avis qu'il ne s'agit pas de tonnage brut dans la motion française, ce qui serait seul conforme à l'ordre du jour. Cependant il ne voit pas d'inconvénient à voter préalablement la proposition française.

M. Anargyros appuie la proposition de M. le premier délégué néerlandais, ainsi que les observations de M. le colonel Stokes. A l'avis de M. le délégué de Grèce il faudrait, avant tout, fixer une tonne brute. Lors de l'examen du tonnage net, on arrivera nécessairement à la capacité utilisable.

M. Gillet constate qu'il n'a pas voulu préjuger le fond même de la question en proposant d'accorder la priorité à la proposition française.

MM. Mattei, de Steiger, de Heidenstam ne voient pas d'inconvénient à accorder la priorité de vote à la motion de MM. les délégués de France.

M. Jansen (Pays-Bas) ne croit pas que la proposition française rentre dans l'ordre du jour. Cependant il veut bien admettre que sa motion soit votée après.

M. le Président ayant consulté la Commission, la majorité se prononce en faveur de la priorité à accorder à la motion de MM. les délégués de France.

M. Gillet désire motiver par quelques mots le vote qu'il va émettre. Il croit avec M. le délégué d'Espagne que si, par impossible, on écartait le terme *tonneau*, on tomberait d'accord, mais pour le moment seulement. Il y aurait de nouveau une difficulté pour l'affaire du Canal de Suez, lorsqu'il s'agira de préciser de combien de mètres cubes est le tonneau dont parle le firman impérial. Tout pourrait s'arranger si on voulait ne pas préjuger cette question. En conséquence, M. le premier délégué d'Allemagne, en invitant MM. les délégués qui partageraient son opinion à s'unir à lui, déclare vouloir motiver son vote dans les termes suivants :

« La proposition de MM. les délégués de France formant une partie de la discussion sur le tonnage brut, M. Rumeau lui-même ayant déclaré ne pas vouloir changer l'ordre du jour et cet ordre du jour ne préjugeant pas la discussion des questions qui pourront suivre, entre autres celles relatives au Canal de Suez, je vote pour la continuation de la discussion à l'ordre du jour, afin d'arriver de la manière la plus naturelle à la détermination de la capacité utilisable. »

M. Rumeau demande si M. le premier délégué d'Allemagne veut définitivement écarter la motion française. Pour sa part, il désirerait qu'on votât par oui ou par non sur cette proposition.

M. Gillet réplique que son avis est d'écarter la motion française avec les réserves faites.

M. le baron d'Avril fait observer que le vote doit avoir seulement rapport à la prise en considération.

M. le Président met aux voix la motion de MM. les délégués de France.

La Commission n'adopte pas.

Ont voté contre :

L'Allemagne, l'Autriche-Hongrie, la Belgique, l'Espagne, la Grande-Bretagne, la Grèce, l'Italie, les Pays-Bas, la Suède et la Norwége.

Ont voté pour :

La France, la Russie, la Turquie.

La Belgique, la Grande-Bretagne, l'Italie, les Pays-Bas, la Suède et la Norwége s'associent aux observations faites par M. le premier délégué d'Allemagne et motivent leur vote en conséquence.

M. le baron d'Avril demande la parole à propos du vote qui vient d'avoir lieu et fait la déclaration qui suit :

Monsieur le Président, Messieurs,

Il est à craindre que nous ne soyons sur la voie de constater un dissentiment primordial.

Environ deux mois avant la réunion de la Commission, le Gouvernement français a eu soin, par une communication étendue, de faire connaître aux puissances maritimes comment il comprenait l'objet de cette réunion et les conditions dans lesquelles il s'était décidé à y prendre part.

A notre connaissance, non-seulement cette manière de voir n'a été contredite par aucun Gouvernement, mais nous l'avons trouvée explicitement confirmée par les instructions de la Sublime Porte, qui reconnaissant que les règles de jaugeage avaient été successivement faussées et qu'elles ne donnaient plus la mesure vraie de la capacité de transport des navires, en a recommandé la réforme sur la base de la *capacité utilisable* et *d'un tonneau type* propre à servir de base à la fois aux transactions commerciales et à la perception des droits de navigation.

En refusant de procéder à la recherche de la capacité utilisable, malgré nos instantes et itératives demandes, la Commission nous semble avoir méconnu les intentions de la Sublime Porte et l'esprit dans lequel le Gouvernement français s'est fait représenter à la Conférence.

Dans cette situation, les délégués français, pour obéir aux instructions de leur Gouvernement, s'abstiendront de prendre part à la suite de la délibération.

M. JANSEN (Pays-Bas) dit en réponse à ce que M. le baron d'Avril a avancé, que jusqu'à présent la Commission a recherché la capacité utilisable; que la différence avec MM. les délégués français consiste seulement dans la manière de trouver cette capacité. En cherchant en premier lieu le meilleur système de tonnage brut, il croit que la Commission agit en tous points en conformité avec les instructions de la Sublime Porte, aussi bien qu'avec celles des différents Gouvernements. Il ne peut que protester contre l'explication qui vient d'être faite qu'on s'en écarterait plutôt, par la marche de la discussion fixée par la Conférence.

M. de KOSJEK appuie les considérations de M. le premier délégué des Pays-Bas et constate qu'il n'y a pas de divergence d'opinions. Il s'agit seulement du fait que MM. les délégués techniciens ont trouvé juste de s'occuper tout d'abord du tonnage brut y compris le tonneau type, et d'aborder ensuite la discussion sur la question des espaces utilisables.

M. le baron d'AVRIL veut seulement constater que l'ordre du jour n'a pas été longuement discuté.

M. GILLET fait observer qu'on arrive à l'espace utilisable en fixant d'abord l'espace brut et l'espace qu'occupent les déductions à faire. La différence du tonnage brut et des déductions donne l'espace utilisable. On pourrait peut-être, quoiqu'il n'en sache rien, fixer tout d'abord l'espace utilisable, en ne s'occupant *a priori* que de cet espace et non de l'espace brut et des déductions. La motion néerlandaise suit le premier chemin, la motion française indique le second. On arrive des deux manières à l'espace utilisable; il n'y a de différence que dans le chemin à suivre.

M. de HEIDENSTAM est d'avis que l'adoption de la motion néerlandaise mènera plus vite à la capacité utilisable, et s'associe à la manière de voir de M. le premier délégué d'Allemagne.

M. le colonel STOKES fait observer que MM. les délégués de France sont certainement libres de régler leur conduite comme ils l'entendent. Il croit cependant l'interprétation donnée par eux sur la recherche de la capacité utilisable un peu exagérée. Il n'a besoin pour cela que de se référer simplement aux termes mêmes employés par l'invitation de la Sublime Porte. Les instructions ottomanes ne forment pas la règle générale, chaque délégué a les siennes. S'il en était autrement, il doit protester contre l'assertion reproduite maintenant par MM. les délégués français que les règles de jaugeage ont été faussées par les Gouvernements. En Angleterre la vérité a été tout à fait le contraire ; là on a cherché avec le plus grand soin à donner la vraie capacité. Quant à l'ordre de ses travaux, la Commission a cru utile d'examiner avant tout quelle est la capacité totale du bâtiment pour arriver naturellement à déterminer la capacité utilisable lorsqu'il s'agira du tonnage net. L'ordre du jour est de fixer le tonnage brut. A l'avis du premier délégué de la Grande-Bretagne, ce tonnage brut déterminé par la loi anglaise répond parfaitement à ce que le Gouvernement ottoman a invité la Commission à déterminer un tonneau type, qui servira de base pour les transactions commerciales.

Ce tonnage, on l'a démontré, se prête à toutes sortes de combinaisons, tandis qu'en même temps il forme une base fixe et immuable pour la perception des droits auxquels est assujettie la navigation.

Son Exc. Edhem Pacha fait observer que le vote de la Turquie quant à la proposition française ne lui semble pas se trouver en contradiction avec les instructions ottomanes. C'est lui-même qui a proposé la fixation de l'ordre du jour arrêté qui contient, à son avis, la meilleure marche à suivre pour arriver au but désiré. S'il a donné son vote favorable à la proposition française, c'est qu'il n'avait pas trouvé d'inconvénient à ce que la motion de MM. les délégués de France soit discutée avec la capacité utilisable.

M. Mattei est d'avis que pour prononcer une décision sur la préférence à donner aux propositions qui ont été présentées, la Commission doit tenir le plus grand compte des discussions qui ont eu lieu dans les séances précédentes.

Or, s'il y a un objet sur lequel ces discussions ont plus spécialement porté et sur lequel les opinions différentes se soient plus clairement exprimées, c'est certainement celui de l'unité de jauge.

Du côté de la majorité, on pense qu'une coutume à peu près séculaire a consacré l'adoption de l'unité de jauge adoptée par la loi anglaise de 1854, c'est-à-dire de 100 pieds anglais cubes, ou bien de 2.83 mètres cubes, et que toute proposition ayant pour but de changer cette unité serait pratiquement inacceptable.

D'un autre côté, MM. les délégués de France, sans en avoir fait positivement la proposition, paraissent être d'avis que cette unité devrait être fixée à 42 pieds français cubes, c'est-à-dire de 1.44 mètres cubes.

A ce sujet la discussion a eu un très-grand développement ; tous les délégués qui l'ont suivie ont pu se former là-dessus une opinion bien motivée, et au point où l'on en est, on peut sans crainte la déclarer épuisée.

A l'heure qu'il est, il y a deux propositions soumises aux délibérations de la Commission : l'une, celle de M. le premier délégué des Pays-Bas, demande d'affirmer que la meilleure méthode pour la détermination du *gross tonnage*, c'est celle exprimée dans le *Merchant Shipping Act* de 1854, sans déductions ; l'autre, celle de MM. les délégués de France, propose à la Commission *de se livrer à la détermination de la capacité utilisable pour tous les navires en général considérés indépendamment de leur mode de propulsion, toute réserve étant faite à l'égard des navires à vapeur pour les déductions particulières aux machines, qui seront l'objet d'un examen spécial.*

A part la question de l'unité du tonnage, sur laquelle il ne paraît pas que la discussion puisse être prolongée avec utilité, il n'est pas facile de trouver aucune différence essentielle entre ces deux propositions, à part cette question, et l'une et l'autre faisant abstraction des déductions, elles ne peuvent avoir en vue que le même objet, la détermination du tonnage brut. Exprimées en termes différents, les deux propositions reviennent au même.

La proposition de M. le premier délégué des Pays-Bas devrait avoir la préférence, comme étant conçue dans des termes plus clairs et plus concis et présentant à la discussion et au vote de la Commission un sujet plus positif et plus défini, mais même dans ce cas, cela va sans dire, MM. les délégués de France auront le champ libre d'exprimer leurs opinions avec tout le développement qu'ils jugeront convenable; ils pourront même porter la discussion sur leur proposition comme amendement à la proposition néerlandaise.

D'après ce qu'il vient de dire, M. Mattei est d'avis que sans s'arrêter plus longtemps sur l'objet à mettre en discussion, il serait convenable de passer à l'examen de la proposition présentée par M. le premier délégué des Pays-Bas.

M. le baron de Steiger fait observer que tous seraient d'accord pour accepter le tonneau anglais, pourvu qu'on ne veuille pas dire qu'il est le tonneau utilisable. Mais il ressort de la motion de M. le premier délégué néerlandais que c'est là précisément le tonnage utilisable brut d'un navire.

M. de Kosjek constate qu'il n'y a aucune mention de *tonneau* utilisable.

M. le baron de Steiger réplique que le *tonneau* est compris dans le mot *tonnage*.

M. le colonel Stokes ajoute qu'il est clair qu'on a eu en vue d'adopter le diviseur 100.

M. Togores admet qu'il s'agit simplement de la capacité totale, et que les déductions seront traitées lors de la discussion du tonnage net.

M. le colonel Korchikoff est d'avis que le tonneau brut veut dire, au contraire, capacité utilisable.

M. Hargreaves et d'autres membres de la Commission le contestent.

Sir Philip Francis propose de passer au vote, la question étant épuisée.

Sur l'invitation de M. le Président, le Secrétaire donne lecture de la proposition de M. Jansen (Pays-Bas) ainsi conçue :

« La détermination du tonnage brut d'un navire ou *gross tonnage*,
» sans aucune déduction, est le mieux effectuée par le système
» Moorsom, tel qu'il est exposé dans la loi anglaise de 1854 (art. 20
» et 21). »

M. le Président demande à prendre connaissance de ces articles.

Sur l'observation de MM. le colonel Stokes, Jansen (Pays-Bas) et Togores que les articles dont il s'agit contiennent simplement des termes techniques et qu'il s'agit de voter le principe,

M. le PRÉSIDENT met aux voix la motion de M. le premier délégué des Pays-Bas, qui est adoptée.

Ont voté pour :

L'Allemagne, l'Autriche-Hongrie, la Belgique, l'Espagne, la Grande-Bretagne, la Grèce, l'Italie, les Pays-Bas, la Suède et la Norwége, la Turquie.

La France s'est abstenue;

La Russie également, en réservant son vote par le motif que cette résolution préjuge la question de la mesure du tonneau utilisable.

N° 28

PROCÈS-VERBAL N° X

(10 novembre 1873.)

Discussion de la question du tonnage net. — Exposé de M. Jansen (Pays-Bas).

. . . .

M. le PRÉSIDENT ouvre la discussion sur le tonnage net, conformément à l'ordre du jour.

M. JANSEN (Pays-Bas) :

Messieurs,

En ouvrant la discussion sur les déductions à faire du tonnage brut pour trouver l'exposant de la capacité utilisable des navires, je me bornerai, pour le moment, à parler seulement des déductions qui sont communes aux navires à voiles et à vapeur, et que je nommerai déductions générales.

En adoptant, dans notre dernière séance, la résolution que j'avais l'honneur de vous proposer, nous avons établi que la détermination du tonnage brut d'un navire, sans aucune déduction, est le mieux effectuée par le système Moorsom tel qu'il est exposé dans la loi anglaise (art. 20 et 21).

Dans cette résolution, les mots *sans aucune déduction* ont été employés pour bien faire comprendre que nous ne voulions pas admettre des exemptions dans le mesurage de la capacité totale du navire. On mesurera donc la capacité entière du navire sans en omettre quoi que ce soit de fermé, et, afin qu'il ne reste aucun doute sur les espaces à mesurer, nous avons décidé, à l'unanimité, que les chargements sur le pont (*deck loads*) ne devaient pas être compris dans le mesurage, parce que le chargement soit en passagers, soit en marchandises, appartenait à un tout autre ordre d'idées et ne pouvait être admis dans le système du jaugeage Moorsom, qui est un système de capacité ou de volume exprimé dans l'unité de jauge de 100 pieds cubes anglais ou de 2.83 mètres cubes.

En adoptant, comme nous l'avons fait, ce système de cubage, on doit abandonner les idées de jauge qui ont prévalu pendant les trois derniers siècles, et dont on n'a pu, jusqu'à présent, s'affranchir tout à fait. *Il n'est plus permis de parler de cargaison ou de chargement réel, comme on le faisait lorsque le déplacement fut la base du système de jaugeage avec une unité de poids quelconque, ou tel qu'il était pratiqué en Hollande il y a trois siècles, lorsqu'un certain chargement identique de sel ou de seigle en formait la base.*

A présent, la base adoptée est l'espace intérieur du navire entier, d'où suit la nécessité de chercher, par des déductions, l'exposant de la capacité utilisable par lequel les armateurs et les négociants seront en état de calculer le port et le volume de chaque bâtiment, pour le service qu'ils en demanderont. C'est pour cela que nous avons commencé par définir le tonnage brut par la résolution qu'a présentée M. le délégué d'Allemagne, formulée dans ces mots : « Le tonnage brut comprend le mesurage de tous les espaces au-dessous du pont supérieur, ainsi que de toutes les constructions permanentes, couvertes et closes, sur ce pont. »

La question que nous avons à résoudre à présent est de savoir quelles déductions nous devons faire de la capacité totale, pour trouver l'exposant de la capacité utilisable.

Aussi longtemps que le système de jaugeage consistait à ne mesurer que le fond de la cale pour trouver l'exposant de la capacité de tout le navire, alors on avait rarement à faire des déductions. L'équipage était généralement logé dans l'entrepont au-dessus du pont de jaugeage ; on avait arrimé sur ce pont les provisions, l'eau, les soutes pour les manœuvres, et seulement la soute à poudre se trouvait dans la cale quand le navire portait des canons, comme le prescrivait l'usage.

Mais, même dans ces temps, des navigateurs hardis et entreprenants allaient faire des voyages de long cours avec des navires très-petits, qui n'avaient qu'un seul pont, et ces navires avaient naturellement leurs approvisionnements et le logement du capitaine et de l'équipage au-dessous du pont, dans la cale. Dans ces cas, tous les espaces que les logements du capitaine et de l'équipage et les différentes soutes occupaient dans la cale furent déduits de la jauge, et ces déductions montaient quelquefois jusqu'à 45 0/0 de la capacité totale de la cale.

Dans nos galiotes hollandaises, par exemple, le logement du capitaine à l'arrière et le logement de l'équipage à l'avant du navire n'étaient pas compris dans le jaugeage. Ils en furent exemptés.

Par la résolution que nous avons adoptée, nous sommes convenus de ne pas admettre des exemptions dans le mesurage; nous voulons que la capacité totale du navire soit mesurée et qu'on déduise ensuite tout ce que nous déciderons de déduire, car sans cela nous ne parviendrons jamais à l'uniformité.

Il est donc nécessaire de substituer maintenant les déductions aux exemptions qu'on avait jusqu'à présent et qui pouvaient être différentes dans les divers pays, quoiqu'ils eussent adopté le même système de jaugeage. Par exemple, le vieux système de jauge en France et en Italie était le même ; leur manière de mesurer était différente. Donc pour arriver à l'unification, il est non-seulement nécessaire de poser la règle, mais aussi de bien définir la manière ; et pour cela, je crois que nous avons bien agi en n'admettant pas d'exemptions du mesurage.

Cependant nous devons en subir les conséquences, qui sont que nous aurons à faire, au lieu d'exemptions, plus de déductions qu'on n'en admettait auparavant, et à les faire d'une manière uniforme, afin que l'exposant de la capacité utilisable représente exactement la même chose dans tous les pays et pour tous les navires.

Que faut-il donc déduire du tonnage brut pour trouver cet exposant ?

Quand on ne mesure que le fond de la cale, la réponse pourrait être très-facile, et même je puis vous montrer un exemple de ce qu'on déduisait lorsqu'en 1685 on a appliqué le système de Moorsom au mesurage du fond de la cale. Mais depuis qu'on mesure la capacité entière du navire, la réponse est plus difficile, parce que plus on monte dans le vaisseau, plus on trouve de passages qui doivent rester libres pour la circulation ou pour le fonctionnement des différents services, selon la destination ou l'emploi du vaisseau. Ce qui n'est pas utilisable aujourd'hui dans un certain voyage, devient utilisable dans un autre voyage ; ce qui est rempli par une certaine cargaison, doit rester vide avec un autre chargement. L'impossibilité de préciser la capacité utilisable pour tous les cas possibles a conduit à ne faire que les déductions des établissements permanents, qui n'ont d'autre but que de pourvoir au bien-être du capitaine, des officiers et de l'équipage, et qui sont strictement nécessaires pour les appareils moteurs, soit à voiles, soit à vapeur, afin que le jaugeage donne un exposant de la capacité utilisable, duquel on peut déduire par des facteurs, trouvés empiriquement, ce que chaque bâtiment pourra transporter en poids et en volume.

Ainsi on est convenu jusqu'à présent de déduire tous les espaces qui ne pouvaient servir à y mettre des passagers ou des marchandises et qui étaient strictement nécessaires au navire et à son fonctionnement. On a seulement admis une exception pour des raisons d'humanité en faveur des passagers du pont, et cette faveur a été accordée aussi pour une raison analogue pour le transport des animaux sur le pont; on les a compris dans les cargaisons de pont qui ont été exemptées, parce qu'elles ne pouvaient être comprises dans le système Moorsom, selon les principes que je viens d'exposer et qui n'ont pas encore reçu une application rigoureuse. Nous devrons, je crois, tâcher de remplir cette lacune en précisant tout ce qui doit être compris dans les déductions générales. Par exemple, le logement du capitaine, ceux des officiers et de l'équipage, soit qu'ils se trouvent sur ou sous le pont supérieur; puis les différentes soutes pour les objets de rechange, les cuisines et les latrines pour l'usage des officiers de bord et de l'équipage; et enfin la chambre du pilote, la chambre du gouvernail et toute autre construction permanente couverte et close destinée à la manœuvre du navire et non pas pour y mettre des marchandises ou des passagers; rien ne doit être déduit de ce qui sert ou de ce qui est nécessaire pour les passagers ou la cargaison.

C'est sur ces déductions que je prie la Commission de bien vouloir exprimer ses opinions, afin de pouvoir formuler d'une manière nette, claire et précise, tous les espaces qu'on déduira et dans quelles limites nous restreindrons ces déductions.

Il est inutile de vous dire, Messieurs, que par l'application de la loi anglaise, telle qu'elle était en 1854, les bâtiments à vapeur ont reçu de grands avantages sur les bâtiments à voiles, qui n'ont pas trouvé une compensation équivalente dans les avantages donnés aux remorqueurs, dont ils reçoivent les services à meilleur marché, en conséquence des grandes déductions qui leur sont allouées. Mais il y a aussi dans beaucoup de pays, par exemple, des droits de phares qu'on a augmentés considérablement, parce que les phares ont été augmentés pour le service accéléré des bâtiments à vapeur, tandis que les navires à voiles ne les auraient pas exigés.

C'est pour cela, Messieurs, que j'espère que nous ferons disparaitre cette inégalité et que nous corrigerons la loi anglaise de ses défauts.

. . . .

N° 29

PROCÈS-VERBAL N° XI

(15 novembre 1873.)

Suite de la discussion du tonnage net. Résumé par le président des travaux antérieurs. Il constate que la Commission n'a pas éliminé la question de la capacité utilisable. — M. le colonel Stokes exprime l'espoir qu'en présence de cette réserve, MM. les délégués français n'auraient plus de motifs de s'abstenir. — Opinion de S. E. Salih-Pacha et de Madrilly-Effendy. — Exposé de M. le colonel Stokes sur les déductions de la capacité totale devant conduire à la détermination du tonnage net. — Proposition. — Premier vote.

. . . .

S. Exc. Edhem-Pacha fait la communication suivante :

Messieurs,

Avant de passer à l'ordre du jour, je crois utile de résumer en quelques mots l'ensemble des discussions de la Commision dont la première phase a été close par le vote de l'avant-dernière séance, mais qui, en apparence, a manqué de l'unanimité si désirable en pareil cas.

Je dis en apparence, car, en examinant les choses de près, on constate heureusement qu'il s'agit bien moins d'une divergence quant au fond, que d'une divergence de pure forme.

En effet, le motif assigné à cette abstention la rattacherait à une divergence primordiale sur la manière d'entendre les instructions adressées aux délégués ottomans. Ces instructions sembleraient accorder la priorité de discussion à la capacité utilisable; l'opinion contraire ayant prévalu au sein de la Commission, quelques-uns des délégués se sont déclarés dans l'impossibilité de s'associer au vote relatif au tonnage brut, sans contrevenir aux instructions qu'ils tenaient de leurs gouvernements.

Or je ne pense pas me tromper en affirmant qu'en adressant à ses délégués les déclarations auxquelles on a bien voulu se rapporter, le but du Gouvernement impérial était bien plus d'indiquer les questions qu'il s'agissait de discuter et de résoudre, que de prescrire l'ordre dans lequel ces différentes questions seraient posées et discutées.

L'essentiel, et la lecture des procès-verbaux ne laisse aucun doute sur ce point, l'essentiel, dis-je, c'est que la Commission, en se prononçant sur le mode d'évaluation du tonnage brut, n'a entendu préjuger la discussion d'aucune autre question. Même, à défaut des déclarations expresses que je relève dans les opinions exprimées par MM. les délégués, il n'y aurait pas lieu de craindre qu'au sein d'une Commission si pénétrée du caractère objectif de ses travaux, une interversion dans l'ordre du jour ou une involution de discussion puisse amener l'élimination d'une partie des questions sur lesquelles devraient porter nos études.

Il vient d'être établi que, pour l'évaluation du tonnage brut, on ne saurait mieux faire que de se tenir au système Moorsom, tel qu'il a été formulé dans les articles 20 et 21 de la loi anglaise de 1854. Les arguments techniques invoqués à l'appui et les considérations qu'on a fait valoir en faveur de l'utilité de l'adoption du diviseur 100 et de la confirmation d'une règle de mesurage qui est aujourd'hui d'une application presque générale, établissent cette résolution sur une base qu'il est aisé d'apprécier. La Commission a pensé que l'unité type de jaugeage ne saurait être ni le tonneau de poids ni le tonneau de fret ou d'encombrement, et qu'elle ne pourrait être mieux représentée que par l'unité obtenue d'après la règle de Moorsom, qui repose sur le diviseur 100.

Il y a là un pas décisif dans la voie de l'unification. C'est ce qu'on ne saurait méconnaître. La formule fondamentale ainsi trouvée, il nous reste à déterminer les applications qui doivent en préciser la capacité utilisable.

Des circonstances particulières, qui sont trop connues pour avoir besoin d'être développées, ont mis sur le terrain de discussion cette capacité utilisable. Quelques-uns de MM. les délégués auraient désiré fixer tout d'abord un tonneau type servant à faire connaître la capacité utilisable, et résoudre ainsi à la fois les deux questions. Cette opinion, combattue par la majorité, a été repoussée, attendu que la Commission, conformément à l'ordre du jour, avait arrêté que pour arriver à la capacité utilisable, il faut d'abord connaître la capacité totale, et comme il a été reconnu que le système Moorsom est celui par lequel on obtient avec la plus grande approximation le tonnage brut d'un navire, la Commission l'a adopté avec son diviseur 100 qui est inhérent à ce système.

Sans vouloir anticiper, qu'il me soit permis d'ajouter que dans l'ensemble des opérations qu'exigera le passage du tonnage brut au tonnage net il se pourrait que les éléments de rectification fussent combinés éventuellement, surtout en ce qui concerne les navires à machines, de manière à faire disparaître entièrement dans le calcul final les différences que présenterait le tonnage net comparé au tonnage vraiment utilisable.

La discussion des hommes compétents que la Commission a réunis, éclairera évidemment ces points de nouvelles lumières. Je pense seulement que notre Commission doit tenir à ne pas reculer dans ses délibérations devant des problèmes qui se rattachent directement à la question du tonnage et qui constituent autant de questions posées.

Dans ces conditions, j'ai la conviction que l'unanimité si désirée parmi les délégués de la Commission ne peut plus faire l'objet d'aucun doute ; ainsi entendue, l'œuvre si importante que la Commission vient déjà d'accomplir, tout en gagnant en force et en solidité, acquiert un caractère de généralité qui, par cela même la place, je suis heureux de le constater, au-dessus de toute objection et de toute critique.

M. le colonel Stokes s'associe au vœu exprimé par M. le président et croit qu'après cette déclaration, MM. les délégués de France seront persuadés une fois de plus que la Commission est loin d'exclure de son examen la capacité utilisable et ne voudront plus prolonger leur abstention, en tous points regrettable, de la Conférence.

Son Exc. Salih Pacha fait observer que pour ce qui est de la capacité totale des navires, la Commission a décidé, à une très-grande majorité, que le système Moorsom avec son diviseur 100 réunit en principe toutes les conditions d'une formule exacte pour un tonneau type ; mais comme la capacité totale ne détermine pas la capacité utilisable, la Commission s'occupe, en ce moment, à rechercher s'il y a lieu d'y faire des déductions.

Quelques déductions ont été proposées dans la dernière séance par M. le premier délégué des Pays-Bas et par l'honorable M. ZAMARA, qui a si bien démontré l'opportunité de tenir aussi compte de certaines nécessités propres aux navires à voiles, et surtout à ceux au-dessous de 100 tonneaux. Il a été dit, et très-justement par l'honorable M. MATTEI, que les parties non utilisables dont il s'agit se trouvaient comprises dans la formule même ; en partageant en cela l'avis de M. le délégué d'Italie, S. Exc. SALIH PACHA n'en diffère que pour quelques minimes parties qu'il croit non comprises. Il partage d'ailleurs, au sujet de ces déductions l'opinion exprimée par la plupart de ses collègues, que le maximum n'en devrait point dépasser 5 0/0. Sans vouloir préjuger en quoi que ce soit le travail de la Commission, M. le délégué de Turquie pense que si, sur la capacité totale des navires à voiles, la déduction à faire n'était pas moindre de 3 1/2 0/0 et supérieure à 5 0/0, on aurait de cette façon, très-exactement, la capacité utilisable.

M. le PRÉSIDENT fait observer qu'à l'avis de MADRILLY EFFENDI, adjoint technique de S. Exc. SALIH PACHA, une déduction qui ne serait pas moindre de 3 1/2 0/0 sur le tonnage brut serait équitable. Cette opinion est basée sur des expériences faites sur environ mille navires à voiles.

M. le colonel STOKES :

MESSIEURS,

La question qui nous occupe aujourd'hui est de savoir quelles déductions devraient être opérées sur le tonnage brut d'un navire à vapeur pour tenir compte de l'espace occupé par le moteur et le combustible. Avant d'examiner l'état actuel de cette question, la Commission trouvera peut-être intérêt à entendre un court exposé de ce qui a été fait à diverses époques pour régler les déductions depuis l'introduction de la vapeur.

La première loi en Angleterre remonte à 1819. D'après cette loi, la longueur de la chambre de la machine était calculée en raison de la longueur de la quille. Cette dernière longueur était alors une des trois dimensions dont la multiplication donnait le cubage pour constater le tonnage du navire.

On voit donc que la déduction était en proportion directe de ces deux longueurs. Si la longueur de la chambre était le tiers, la moitié ou les deux tiers de la longueur de la quille, la déduction était le tiers, la moitié ou les deux tiers du tonnage total. Elle comprend la section entière du navire entre les extrémités de la chambre. Il faut ajouter que la loi interdisait de mettre des marchandises dans la chambre.

En 1824 même loi, mais sans prohibition de mettre les marchandises dans l'espace déduit.

Chacune de ces deux premières lois accordait la déduction d'un espace beaucoup plus grand que le volume réel de la machine, ce qui prouve d'une manière indirecte que l'on avait voulu accorder un espace pour le combustible.

Le grand défaut de ces lois était de permettre que la machine pût être installée en deux compartiments très-espacés, entre lesquels on trouvait moyen d'intercaler des cabines et une cale, prélevées ainsi sur un espace qui avait été déduit du tonnage.

En 1836 une nouvelle loi prescrivait de prendre pour base de déduction le contenu cubique de la chambre entre les cloisons extrêmes.

Cette loi avait l'avantage de donner un jaugeage exact de l'espace, au lieu d'une proportion variant en raison de la longueur; mais de même que la précédente elle avait le défaut de soumettre à la déduction toute la section du bâtiment comprise entre les cloisons, de sorte que l'on pouvait prolonger indéfiniment la longueur de cette section en insérant les cabines, etc., entre les cloisons extrêmes, et qu'ainsi la déduction pouvait être étendue au delà de toute nécessité réelle.

C'est en 1854 que la loi actuellement en vigueur en Angleterre a été arrêtée.

Les règles pour la déduction de l'espace occupé par le moteur et ses accessoires peuvent être brièvement résumées ainsi qu'il suit :

Pour un navire à roues on déduit 37 0/0 du tonnage brut, à moins que l'espace occupé par le moteur ne soit au-dessous de 20 ou au-dessus de 30 0/0 du tonnage brut. Dans l'un et l'autre de ces cas, on ajoute 50 0/0 à l'espace occupé, et on déduit le total du tonnage brut.

Pour les navires à hélice, on déduit 32 0/0 du tonnage brut, à moins que l'espace occupé par le moteur ne soit au-dessous de 13 ou au-dessus de 20 0/0 du tonnage, et alors on ajoute à cet espace 75 0/0 pour avoir le total de la déduction du tonnage brut.

Le volume des soutes à charbon n'entre pas dans le calcul de la déduction.

Les espaces au-dessus du pont de tonnage n'y sont pas compris, sauf ceux qui forment partie de la chambre des machines ou ceux qui sont absolument nécessaires pour l'introduction de la lumière et de l'air.

Le tunnel de l'hélice est compris comme faisant partie de la chambre.

Si des marchandises ou des provisions sont logées ou transportées dans l'espace déduit, le capitaine et le propriétaire sont passibles chacun d'une pénalité de 100 livres sterling.

Ces règles de 1854 ne sont pas bonnes, parce qu'elles donnent lieu à de très-grandes inégalités de traitement entre navire et navire. Exemple : la déduction pour **A**, bateau à hélice dont la machine occupe 19 0/0 de la capacité totale, est de 32 0/0 du tonnage brut. Tandis que pour **B**, dont la machine occupe 21 0/0, la base du calcul de la déduction est $21 + \frac{3}{4}\ 21 = 21 + 15\frac{3}{4} = 36\frac{3}{4}$ 0/0. En outre, aucune limite n'étant imposée, les déductions peuvent en certains cas réduire le tonnage à zéro.

Depuis 1854 deux autres règles ont été proposées, mais ne sont pas devenues loi en Angleterre. L'une tirée du bill ou projet de loi de 1871 est à présent la loi en Allemagne, en Italie, en Autriche-Hongrie et en France. Elle consiste à jauger tout l'espace occupé par la machine et les soutes à charbon fixées d'une manière permanente, et qui ne peuvent pas recevoir de marchandises. La déduction de cet espace du tonnage brut détermine le tonnage net : pour simplifier les renvois, j'appellerai cette règle, celle de 1871.

L'autre règle connue comme règle du Bas-Danube consiste à jauger l'espace occupé par le moteur et à ajouter à cet espace la moitié pour un navire à roues, les trois quarts pour un navire à hélice.

La règle du Danube est, à vrai dire, la reproduction de la loi de 1854 sans l'anomalie qui la dépare et qui consiste à déduire un tant pour cent du tonnage brut en certains cas et à en refuser la déduction en d'autres. Dans la règle du Bas-Danube comme dans celle de 1871, le total de déduction ne peut pas dépasser 50 0/0 du tonnage brut.

A présent la question semble reposer uniquement sur le choix à faire entre ces deux règles.

L'expérience a prouvé que prendre un tantième du tonnage brut sans tenir compte des différences entre les machines, est un système très-défectueux. Mais il n'est pas sûr que l'on applique un remède absolument bon en jaugeant l'espace réellement occupé par les soutes fixes ; et l'on est autorisé à présumer que le meilleur mode de procéder se trouve dans le juste milieu entre les deux systèmes de 1854 et 1871 à savoir dans la règle du Danube.

On peut dire qu'en principe, la règle de 1871 est la plus juste, mais ce principe qui consiste à jauger tout, quoique juste en théorie, et très-applicable à la partie de cet espace qui est occupé par le moteur, n'est pas en pratique justement applicable à l'espace occupé par le combustible. Si les navires faisaient des voyages de durée invariable ou à peu près égale, on pourrait admettre que la capacité de la soute fixe serait déduite du tonnage brut.

Par exemple, on pourrait croire que les paquebots ou les navires de quelques grandes Compagnies qui desservent régulièrement certaines lignes de communication, ne souffriraient aucun préjudice si le principe de la déduction fondé sur le système de soutes fixes leur était appliqué, parce que dans ces conditions leur approvisionnement de charbon calculé sur une consommation qui ne varie point, reste toujours à peu près le même. Mais cela n'est pas toujours vrai, même lorsqu'il s'agit des navires appartenant à ces entreprises régulières, et à plus forte raison le cas devient autre, si nous envisageons la grande masse des navires à vapeur concourant au commerce général. Ces navires sont nolisés par les armateurs suivant les besoins de commerce. Le même navire peut aujourd'hui être engagé à faire un voyage de Londres à New-York, à son retour il va à Constantinople, une autre fois à Dantzig ou à Rio de Janeiro ; chaque fois il a besoin d'une quantité variable de charbon ; s'il a des soutes fixes contenant une quantité de houille suffisante pour aller par exemple à New-York, quand il va à Dantzig cette quantité est excessive, et par conséquent il est inutilement privé de l'espace dont il n'a pas besoin pour son charbon et dans lequel il aurait pu mettre de la marchandise, car la soute est fixe et fermée et ne peut pas recevoir autre chose que du charbon. Si le navire va à Rio, sa soute n'étant pas assez grande pour recevoir la quantité plus grande de combustible dont il a besoin, il est alors forcé de mettre du charbon dans la cale, c'est-à-dire dans une partie de l'espace qui est compté comme tonnage et paie des droits. Il faut donc reconnaître que l'obligation de construire des soutes fixes imposerait des inconvénients et des sacrifices aux bâtiments employés dans le commerce général.

La règle du Bas-Danube, au contraire, ne gêne en rien la liberté des mouvements du navire; et c'est en cela qu'elle est justement à préférer.

Si, en effet, par un long voyage le navire est obligé à prendre plus de charbon qu'il n'en peut loger dans l'espace non soumis à la taxation, lorsqu'il fait un voyage court, il trouve sa compensation, car, alors, il peut mettre des marchandises dans ce même espace.

Voilà pourquoi, en Angleterre, le gouvernement est disposé à soumettre au Parlement un projet de loi pour substituer la règle du Danube aux prescriptions qui sont écrites dans le *Merchant Shipping Act* de 1854.

Mais ces dernières prescriptions sont encore en vigueur, et il ne m'est pas permis de préjuger ce que le Parlement décidera. D'un autre côté, je ne dois pas oublier que le système du mesurage des soutes fixes et permanentes est actuellement inscrit dans les lois de plusieurs des puissances maritimes représentées dans cette Commission.

Par ces raisons et tout en étant d'opinion que le système du Danube serait actuellement celui qui mériterait le mieux de trouver place dans la loi internationale, j'ai l'honneur de proposer à la Commission :

1° De recommander la suppression de tout système qui ferait dépendre la détermination du tonnage net d'un navire de la déduction d'un tant pour cent de la capacité totale ;

2° De recommander, comme réalisant un progrès sur ce système dans des conditions à peu près équivalentes, l'adoption comme base de déduction pour la détermination, pour un temps d'essai, du tonnage net soit de la règle du Bas-Danube, soit de la règle de 1871;

3° De renvoyer à la loi internationale la décision définitive à prendre lorsque l'expérience aura plus complétement mis en lumière le système qui mérite la préférence ;

4° Provisoirement et jusqu'à ce que la loi internationale en ait autrement ordonné, de recommander comme un procédé de nature à faciliter les rapports internationaux dans les meilleures conditions d'impartialité la combinaison ci-après.

Le tonnage net serait établi dans chaque pays au moyen de la déduction du tonnage brut autorisé par la loi du pays ; ce tonnage net inscrit sur les papiers de bord devant servir à l'application des droits auxquels le navire est soumis dans les ports nationaux.

Chaque navire serait muni en outre, pour servir à ses opérations dans les ports étrangers, d'un certificat spécial annexé aux papiers de bord et fixant le tonnage net soit d'après la règle de 1871, soit d'après la règle du Bas-Danube, au choix du propriétaire. Ce certificat, délivré par les autorités qui délivrent les papiers de bord, ferait foi comme ces derniers, et devrait être produit par le capitaine ; c'est sur le tonnage net établi par ce certificat que seraient perçues les taxes de navigation dans les ports étrangers, jusqu'à ce que la loi internationale eût définitivement réglé la détermination uniforme du tonnage net.

. . . .

M. LE PRÉSIDENT met aux voix le premier article de la proposition de M. le colonel Stokes, ainsi conçu :

« Recommander la suppression de tout système qui ferait dépendre la détermination du tonnage d'un navire de la déduction d'un tant pour cent de la capacité totale. »

La Commission adopte à l'unanimité des puissances présentes.

M. LE PRÉSIDENT ouvre la discussion sur le second article proposé par M. le colonel Stokes et ainsi conçu :

« Recommander comme réalisant un progrès sur ce système dans des conditions à peu près équivalentes, l'adoption comme base de déduction pour la détermination du tonnage net, pour un temps d'essai, soit de la règle du Bas-Danube soit de la règle de 1871. »

M. JANSEN (Pays-Bas) désire faire établir si on prendra pour base la force de la machine ou si on mesurera exactement la chambre que la machine occupe.

M. LE PRÉSIDENT fait observer que la rédaction de l'article dont il s'agit lui paraît tant soit peu ambiguë.

M. GILLET s'associe à S. Exc. EDHEM-PACHA et désirerait une rédaction plus précise.

M. JANSEN (Pays-Bas) propose de remplacer les mots : *de la règle de 1871* par les mots : *des lois de l'Allemagne et de l'Italie.*

M. DE KOSJEK propose la rédaction suivante de l'article en question, rédaction qui est adoptée également par M. le colonel STOKES.

La Commission se prononce :

a) Pour le mesurage exact de l'espace occupé par la chambre de la machine et des chaudières, conformément à la règle du Bas-Danube;

b) Pour le choix laissé libre aux armateurs, pendant un temps d'essai, de faire mesurer les soutes à charbon d'après les lois en vigueur en Allemagne et en Italie ou d'accepter la méthode en vigueur au Bas-Danube.

M. GILLET croit qu'on s'entendrait plus facilement sur tous ces points, se trouvant en présence d'une divergence d'opinions, si on en remettait la continuation de la discussion à la prochaine séance, et propose, à cet effet, l'ajournement de la séance.

Plusieurs de MM. les délégués étant du même avis que M. le premier délégué d'Allemagne, M. LE PRÉSIDENT prononce l'ajournement.

N° 30.

PROCÈS-VERBAL N° XII.

(18 novembre 1873.)

Suite de la discussion du tonnage net. Communication du Gouvernement français au sujet de la recherche de la capacité utilisable.— — Il demande que la Commission détermine l'écart existant entre le nombre de tonneaux officiels d'un navire et le nombre de tonneaux de 1,000 kilogrammes de marchandises qu'il peut prendre à fret. — Sur la proposition de M. de Kosjek, la Commission déclare à l'unanimité, qu'en décidant que la question du tonnage général serait discutée avant toute autre question, elle n'a entendu exclure la discussion d'aucune proposition, ni préjuger la question spéciale au Canal de Suez. — Expression du vœu unanime de voir les délégués français siéger de nouveau et traiter la question de l'écart entre le tonnage officiel et le tonnage utilisable telle qu'ils l'ont posée.

M. le colonel Stokes dit qu'à la suite de quelques malentendus auxquels avait donné lieu sa proposition faite à la dernière séance, il a l'honneur d'en proposer à la Commission quelques modifications et une nouvelle rédaction, dans laquelle sont également compris les pays qui n'ont pas encore adopté définitivement le système Moorsom. Cette rédaction est la suivante :

Pour trouver le tonnage net ou la capacité utilisable des navires à vapeur, on déduira du tonnage brut :

1° Les déductions générales ;

2° La chambre des machines et des chaudières, exactement mesurée ;

3° Le tunnel des navires à hélice ;

4° L'espace exactement mesuré des soutes à charbon fixes;

5° Si les navires à vapeur n'ont pas de soutes fixes, ou seulement des soutes latérales avec des soutes à cloisons mobiles, on appliquera la règle du Danube.

Les navires à soutes fixes pourront recevoir des certificats exprimant l'application de la règle du Danube au lieu du mesurage des soutes.

Le total des déductions spéciales aux navires à vapeur ne pourra dépasser 50 0/0 du tonnage brut.

Pour les remorqueurs, les déductions ne seront pas limitées à 50 0/0. On déduira tout l'espace compris dans le mesurage exact de la chambre des machines et des chaudières, soit avec soutes fixes, soit selon la règle du Danube, s'ils n'ont pas de soutes fixes, mais seulement s'ils ne sont employés que pour remorquer.

En attendant que tous les gouvernements aient adopté les propositions de la Commission pour arriver à l'uniformité du jaugeage, on pourra donner aux navires à vapeur appartenant aux États qui ont déjà adopté le système de Moorsom un certificat dans lequel le tonnage net sera exprimé selon les règles du Danube, ou en mesurant les soutes fixes; ils seront taxés alors d'après ce certificat officiel, dans les ports étrangers.

Dans les pays où le système Moorsom sera, mais n'est pas encore adopté, les navires à vapeur pourront être mesurés d'après la règle II de la loi anglaise de 1854, avec les facteurs 0.017 et 0.018. On déduira du tonnage brut ainsi trouvé les espaces proposés par la Commission soit pour les soutes fixes ou pour les soutes à cloisons mobiles ; les navires recevront un certificat contenant leur tonnage brut et leur tonnage net, et ils seront taxés dans les ports étrangers d'après le tonnage de ce certificat officiel.

M. Gillet fait observer qu'il est prêt à accepter quelques-uns des articles proposés ; il réservera pour d'autres son vote en référant à son gouvernement.

M. Jansen (Pays-Bas) exprime sa reconnaissance à M. le colonel Stokes d'avoir trouvé une rédaction aussi claire et précise pour formuler ses propositions.

S. Exc. Edhem-Pacha et M. de Heidenstam y adhèrent complétement et s'associent aux remercîments exprimés à M. le premier délégué de la Grande-Bretagne.

M. le colonel STOKES fait observer qu'une grande part du mérite de la nouvelle rédaction revient à M. le premier délégué des Pays-Bas.

Quelques éclaircissements préliminaires à propos des remorqueurs ayant été donnés à M. ANARGYROS, sur le désir qu'il en a exprimé, M. LE PRÉSIDENT procède au vote des dix articles proposés par M. le colonel Stokes.

Les Nos 1, 2, 3 et 4 sont votés *à l'unanimité* des puissances présentes.

Ont voté *pour* les Nos 5 et 6 l'Autriche-Hongrie, la Belgique l'Espagne, la Grande-Bretagne, la Grèce, l'Italie, les Pays-Bas, la Suède et la Norwége, la Turquie.

L'Allemagne et la Russie *ont réservé leur vote.*

Avant de faire voter le No 7, M. LE PRÉSIDENT met aux voix un amendement de M. ZAMARA ainsi conçu :

Les déductions totales pour les navires à vapeur ne pourront pas dépasser 50 0/0 du tonnage brut.

On voté *pour :*

l'Autriche-Hongrie, l'Espagne et les Pays-Bas.

Ont voté *contre :*

L'Allemagne, la Belgique, la Grande-Bretagne, la Grèce, l'Italie, la Russie, la Suède et la Norwége, la Turquie.

A la suite de ce vote, la Commission adopte *à l'unanimité* des puissances présentes le No 7 de la rédaction de M. le colonel Stokes.

M. LE PRÉSIDENT met aux voix le No 8.

Ont voté *pour :*

L'Autriche-Hongrie, la Belgique, l'Espagne, la Grande-Bretagne, la Grèce, l'Italie, les Pays-Bas, la Suède et la Norwége, la Turquie.

L'Allemagne a voté *pour* avec les modifications résultant des réserves faites.

La Russie *réserve son vote.*

Les Nos 9 et 10 sont *acceptés* par toutes les puissances, à l'exception de l'Allemagne et la Russie, qui *réservent leur vote.*

. . . .

Sur l'invitation de M. LE PRÉSIDENT, le secrétaire donne lecture d'une lettre, en date du 17 novembre, adressée par S. Exc. RACHID-PACHA, ministre des affaires étrangères, à S. Exc. EDHEM-PACHA, avec la prière de porter à la connaissance de la Commission internationale une communication que l'ambassade de France vient de faire parvenir à cet effet à la Sublime Porte.

La communication dont il s'agit est conçue dans les termes suivants :

« Les commissaires français ont eu pour mission d'aider, de concert avec leurs collègues, le Gouvernement ottoman à déterminer la capacité utilisable dont le principe est posé par lettre vizirielle, et à régler sur cette base le péage du Canal. Du moment que la discussion s'éloigne de ce terrain, leur mandat est terminé. La Commission s'étant occupée de l'unification des méthodes de jaugeage, la majorité des délégués a manifesté sa préférence pour le système Moorsom, semblant ainsi exclure l'examen de la question de la capacité utilisable. Les commissaires français ont insisté pour que cet examen fût immédiatement abordé ; mais la majorité n'a pas cru devoir déférer à leur demande. Cette décision implique-t-elle, de la part de la Commission, le dessein d'écarter cette question de ses délibérations ultérieures ?

« Le Gouvernement français n'a pas en vue de réformer le système Moorsom, qui est aujourd'hui la base de ses tarifications ; mais, comme le nombre de tonneaux officiels qui résulte de ce système est manifestement inférieur au nombre de tonneaux de marchandises du poids de 1000 kilogrammes qu'un navire peut prendre à fret, il demande que la Commission recherche l'écart existant entre ces deux nombres afin que la détermination de cet écart par la Porte permette à la Compagnie du Canal d'effectuer ses perceptions sur une base incontestée. S'il n'est pas satisfait à notre demande, le Gouvernement français ne traitera plus la question que par la voie diplomatique. »

M. DE KOSJEK croit devoir motiver son opinion devant la communication faite, dans les termes suivants, en priant ses collègues de s'y associer et d'envoyer comme réponse de la Commission, la rédaction conçue en ces termes :

« La Commission constate qu'elle n'a jamais eu l'intention d'écarter une question quelconque proposée par l'un ou l'autre délégué ; elle avait simplement arrêté que la question du tonnage général sera discutée avant les autres questions. »

» La discussion sur cette question étant épuisée, la Commission est prête à entendre MM. les délégués de France formuler leurs propositions qui seront discutées au sein de la Commissien.

» La Commission se réserve cependant toute sa liberté quant à l'application de tel ou tel tonnage qui aurait à servir de base de perception pour la Compagnie du Canal de Suez, dont les conditions légales seront soumises à un examen approfondi et spécial de la part de la Commission.

» La Commission n'a pas eu l'intention de préjuger cette question particulière par ses débats sur la question générale du tonnage ; elle procédera avec la même réserve à l'examen des propositions qui seront formulées par MM. les délégués de France. »

M. le Président met en discussion la motion de M. le premier délégué d'Autriche-Hongrie, en faisant observer que, pour ce qui concerne les délégués ottomans, ils ne pourront s'occuper du Canal de Suez que dans les limites de leurs instructions

M. Jansen (Pays-Bas) donne son appui à l'avis exprimé par M. de Kosjek. Il doit, cependant, protester contre une expression de la communication française, d'après laquelle la Commission se serait écartée de la recherche de la capacité utilisable. La Commission a recherché au contraire cette capacité. Il sera très-heureux de voir rentrer MM. les délégués de France et de faire appel à leurs lumières pour modifier, s'il y a lieu, sa manière de voir à ce sujet.

M. le colonel Stokes constate aussi que la Commission n'a pas refusé d'examiner la question de la capacité utilisable et qu'elle l'a toujours prise en considération. L'abstention de MM. les délégués de France a été basée simplement sur une divergence quant à l'ordre de discussion des différentes questions soumises à l'examen de la Commission. Il réitère l'espoir de voir rentrer ses collègues de France, pour aider la Commission à mieux préciser la question, le cas échéant.

M. le baron de Steiger est d'avis que la rédaction proposée par M. le premier délégué d'Autriche-Hongrie ne répond pas précisément à la communication française. La Commission exprime, il est vrai, le désir de voir rentrer MM. les délégués de France pour discuter avec eux ce qu'ils entendent par capacité utilisable. On ne relève pas cependant l'écart entre le tonneau de commerce et le tonneau de jauge dont la Commission s'est occupée jusqu'à présent. Il attire l'attention de ses collègues sur le fait que le Gouvernement français voudrait voir examiner l'écart existant entre le tonneau de jauge officiel et le tonneau de 1,000 kilogrammes. C'est cette question que M. le premier délégué de Russie voudrait voir discutée.

M. de Heidenstam fait observer que la Commission veut en tous points faciliter la rentrée de MM. les délégués de France et ne se refuse pas d'examiner les points sur lesquels il pourrait y avoir divergence d'opinions.

M. Janssen (Belgique) se rallie à la proposition de M. le premier délégué d'Atriche-Hongrie, en ajoutant que lors du vote sur la proposition qui a motivé l'abstention de MM. les délégués de France, MM. les délégués d'Allemagne avaient précisément constaté que la question du Canal de Suez resterait intacte en tout. Ainsi, ce que le Gouvernement français demande maintenant a été déjà implicitement décidé alors.

M. le colonel Stokes dit en réponse à M. le premier délégué de Russie qu'on a pas parlé de la question de l'écart, parce que MM. les délégués de France se sont retirés sur la question de la capacité utilisable.

S'ils veulent mettre une proposition y ayant trait à l'ordre du jour, ils pourront la formuler, en toute liberté, à leur rentrée. Il adhère, par conséquent, en tous points à la proposition faite par M. le premier délégué d'Autriche-Hongrie.

M. Gillet n'a pas besoin d'assurer qu'il désire particulièrement la rentrée de ses collègues de France dans la Commission. Il croyait même que son vote motivé, lors de la proposition faite par eux, leur donnerait la possibilité de rester. Il adhérerait sans réserve à la demande formulée maintenant, sans le passage qui s'y trouve « afin que la détermination de cet écart par la Porte permette à la Compagnie du Canal d'effectuer ses perceptions sur une base incontestée. » A l'avis de M. le premier délégué d'Allemagne, ce serait préjuger la question si on voulait admettre cette manière de voir. On veut que le tonneau de 1,000 kilogrammes soit considéré comme base fixe de perception pour la Compagnie, tandis qu'en cherchant à déterminer le tonneau de jauge, la Commission n'a nullement entendu préjuger en quoi que ce soit la question du Canal de Suez.

Il donne, par conséquent, son vote à la motion de M. de Kosjek.

M. Jansen (Pays-Bas) dit que l'admission de la manière de voir de M. le premier délégué de Russie impliquerait l'explication des termes employés par l'acte de concession. Cette question pourra être discutée lorsque l'examen de cet acte sera mis à l'ordre du jour.

MM. les délégués de France éclaireront sans doute alors la Commission.

Sir Philip Francis et M. Togobes adhèrent également à la rédaction proposée comme réponse par M. de Kosjek.

M. le président met aux voix la proposition de M. le premier délégué d'Autriche-Hongrie.

La Commission décide *à l'unanimité* que le texte de la motion de M. de Kosjek servira de réponse à la communication française.

M. le Président est prié d'en faire part, au nom de la Commission, à S. E. Rachid-Pacha.

M. le colonel Stokes propose de fixer l'ordre du jour de la prochaine séance.

La discussion de la question générale du tonnage étant pour le moment terminée, il croit que la Commission donnera à MM. les délégués de France l'occasion de développer leurs propositions, en décidant d'examiner si le mode actuellement appliqué dans la perception des droits du Canal de Suez est en harmonie avec les prescriptions de l'acte de concession et du firman impérial, suivant l'interprétation qui leur a été donnée par deux lettres vizirielles de S. A. le Khédive.

M. Jansen (Pays-Bas) désire avoir une traduction officielle du firman de concession. Il croit que l'ordre du jour proposé facilite en tous points la rentrée de MM. les délégués de France.

M. Gillet serait d'avis de laisser à MM. les délégués de France la décision si la discussion qu'ils désirent entre oui ou non dans l'ordre du jour proposé par M. le premier délégué de la Grande-Bretagne. Sans cela, ce serait une restriction que la Commission mettrait à sa déclaration, en proposant la discussion sous le point de vue du Canal de Suez.

M. DE KOSJEK émet l'avis qu'on adopterait l'ordre du jour, tout en réservant à MM. les délégués de France de développer leurs propositions annoncées.

La Commission adhère *à l'unanimité* à l'avis exprimé par M. le premier délégué d'Autriche-Hongrie.

N° 31.

PROCÈS-VERBAL N° XIII.

(25 novembre 1873.)

Examen du mode de perception de la Compagnie du Canal de Suez. — Exposé de M. le colonel Stokes : La Compagnie percevant les droits de navigation sur le tonnage brut et non sur le tonnage net, agit contrairement aux prescriptions de l'acte de concession, telles que le Gouvernement ottoman les a interprétées. — Exposé de M. Jansen (Pays-Bas) : Le procédé de perception de la Compagnie est non-seulement contraire à l'acte de concession, mais à l'interprétation que la Compagnie a donnée elle-même de cet acte en 1868. — M. Zamara démontre que le tonnage officiel net tel que l'a déterminé la Commission et la capacité utilisable sont identiques. — Objection de M. le colonel Korchikoff. — Réponses de MM. le colonel Stokes, Mattei, Jansen (Pays-Bas) et Togores. — Avis conforme des commissaires ottomans sur la capacité utilisable.

M. le colonel STOKES :

Messieurs,

La question à l'ordre du jour est celle-ci :

Est-ce que le mode actuellement appliqué dans la perception des droits du Canal de Suez est en harmanie avec les prescriptions de l'acte de concession et du firman impérial, suivant l'interprétation qui leur a été donnée par les deux lettres vizirielles à Son Altesse le Khédive ?

Pour résoudre cette question il faut établir deux points principaux et les comparer entre eux.

1° Il faut définir l'interprétation donnée dans les deux lettres susmentionnées et établir le mode de perception qui devrait en résulter, et

2° Constater le mode actuellement poursuivi par la Compagnie.

Si ces deux modes sont identiques, la Compagnie est dans la jouissance légale de ces droits; si au contraire, ces deux modes ne sont pas identiques, la Compagnie perçoit ses droits illégalement, et doit être contrainte à changer son système et à adopter le mode prescrit par les lettres vizirielles.

La première lettre vizirieille en date du 17 djemazi-ul-ewel 1290 s'exprime ainsi : « En ratifiant l'acte de concession le Gouverne- » ment impérial n'a entendu en réalité l'expression de tonneau de » capacité qui se trouve dans un passage de cet acte que dans un » sens absolu ; il n'a eu nullement en vue le tonnage inscrit sur les » papiers de bord de telle ou telle puissance.

» En effet, les navires de tout pavillon traversent le Canal : ils doi- » vent d'après les dispositions de l'acte de concession, être soumis » à une taxe égale. Mais comme les différents gouvernemeets n'ont » pas encore adopté un système de tonnage identique, il était néces- » saire de faire usage de l'expression de tonneau de capacité en géné- » ral de telle manière que cette expression pût s'appliquer au ton- » neau qui serait plus tard adopté par tous les gouvernements, ainsi » que par le Gouvernement impérial pour sa marine.

» Dans cet ordre d'idées, il serait naturel d'adopter le tonnage qui » donnerait avec la plus grande approximation la capacité utilisable. » Or, comme parmi les systèmes officiels actuellemement en usage, le » système Moorsom est évidemment celui qui en approche le plus, » la Sublime Porte est d'avis qu'on devrait s'en tenir au net tonnage » fixé d'après ce système. Toutefois dans le cas où les puissances ou » M. de Lesseps désireraient ne pas continuer à maintenir ce système, » il serait nécessaire de réunir une Commission internationale à l'effet » de déterminer la capacité utilisable. Il est évident que le Gouverne- » ment impérial ne peut fixer un mode de mesurage définitif, qui n'a » pas encore été arrêté et adopté par les autres gouvernements. »

On déduit de cette lettre :

1° Que la Sublime Porte a cru accorder que le maximum de 10 francs serait prélevé sur un tonneau de capacité ;

2° Que ce tonneau de capacité est l'unité d'un système identique qui serait plus tard adopté par tous les gouvernements et par le Gouvernement impérial ;

3° Que ce tonneau de capacité est l'unité par laquelle la capacité utilisable d'une navire serait constatée avec la plus grande approximation;

4° Que le système qui approche le plus de cette capacité utilisable est celui de Moorsom;

5° Que la Sublime Porte est d'avis qu'on devrait s'en tenir au « net tonnage » fixé d'après ce système.

Il est donc évident que dans l'opinion de la Sublime Porte le « net tonnage » fixé d'après le système Moorsom représente la capacité utilisable d'un navire, capacité qui, d'après elle, forme aussi la base de perception des droits. Or, ce tonnage est composé des unités de 100 pieds cubes — appelées tonneaux de capacité — et c'est ce tonneau duquel on ne peut prélever que le droit maximum de 10 francs. M. de Lesseps admet également que le « net tonnage » de Moorsom est la base de perception, mais il l'entend être d'une grandeur différente. Ainsi la Commission internationale a dû être réunie.

Cette Commission a prononcé que le système Moorsom, ainsi qu'il est défini par la loi anglaise de 1854, est le meilleur pour constater le tonnage brut, et elle l'a recommandé, par un vote de 10 voix sur 12, dont deux se sont abstenues, à l'adoption des puissances comme système universel pour constater le tonnage des navires.

Elle a aussi recommandé un mode de définir le tonnage net d'après ce même système.

En discutant cette question du *net tonnage*, la Commission a reconnu que la capacité utilisable n'est pas une quantité fixe et invariable, car elle peut changer de voyage en voyage pour le même bâtiment.

En fixant une déduction avec un maximum qui ne doit pas être dépassé pour avoir le tonnage net commun aux bâtiments et à voiles et à vapeur, la Commission a tenu compte dans un certain degré de cette capacité utilisable.

Il résulte de ses discussions qu'elle a considéré la capacité utilisable être la capacité totale moins les espaces qui ne peuvent manifestement pas être utilisés pour la production de fret, laissant dans le tonnage net plusieurs espaces qui, en certaines circonstances, ne sont pas utilisables, quoique, dans d'autres, ils le soient. Elle reconnaît donc que la capacité utilisable peut être quelquefois moindre que le tonnage net, mais elle préfère recommander le dernier comme base de taxation, puisqu'il approche de la seule manière pratique à la capacité utilisable.

Dans tous les pays, les gouvernements reconnaissent le tonnage net être la base de taxation pour les buts fiscaux et pour compenser les travaux industriels qui sont construits pour le bénéfice de la navigation. Nous ne pouvons admettre qu'on fasse une distinction entre ces deux buts de taxation. Le tonnage officiel, déduit directement et par les procédés exacts de la capacité d'un navire, fournit la seule donnée fixe et digne de confiance à laquelle on peut se fier pour taxer un navire.

Que ce soit pour l'un ou l'autre de ces buts que l'on prélève des droits sur la navigation, il n'y a pas une autre base également sûre et qui n'offre pas d'objections. La capacité utilisable, par exemple, comme les marchandises contenues, n'est pas un chiffre fixe, et certes elle n'est pas une base favorable aux intérêts qu'on cherche à défendre. Elle n'a pas un exposant officiel, si ce n'est le tonnage net de registre qui en approche assez exactement et toujours d'une manière favorable à ceux qui ont exécuté des travaux pour le profit de la navigation.

Légalement, suivant la lettre vizirielle, la Compagnie de Suez n'a le droit de prélever ses droits que sur la capacité utilisable d'un navire. La même lettre vizirielle semble reconnaître aussi que cette capacité utilisable est identique avec le tonnage net, suivant le système Moorsom.

Comme nous avons vu, la Commission est arrivée à la même conclusion par un examen indépendant. Nous l'invitons à déclarer formellement que dans son opinion la Compagnie de Suez, pour conformer ses procédés aux décisions des lettres vizirielles, devrait prélever ses droits sur la capacité utilisable d'un navire, représentée par le tonnage net inscrit sur les papiers de bord des navires, dont le tonnage brut est mesuré par le système Moorsom de la loi anglaise de 1854 ; que pour les navires qui n'ont pas leur tonnage brut mesuré d'après ce système, ce tonnage sera constaté par le barême du Bas-Danube, et le tonnage net en sera déduit par une réduction de 32 0/0 pour les navires à hélice et de 37 0/0 pour les navires à roues, jusqu'à ce que les règles proposées par cette Commission, pour déterminer le tonnage net, aient été adoptées et mises en vigueur.

Ayant établi ainsi la base de perception que comportent les termes de la première lettre vizirielle, il ne me faudra que peu de mots pour indiquer le mode actuellement poursuivi par la compagnie. On n'a qu'à se reporter aux termes mêmes de l'article 2 de son acte de navigation du 4 mars 1872, où elle dit :

« 2° Le *gross tonnage* ou tonnage brut inscrit sur les papiers de » bord des navires jaugés d'après la méthode anglaise actuellement » en usage, sert de base à cette perception. »

Quoique, par sa lettre du 16 août 1873 à S. E. Nubar-Pacha, M. de Lesseps prétende que la Compagnie de Suez prélève ses droits sur ce tonnage net suivant le système Moorsom, le fait reste constant qu'elle les prélève sur le tonnage brut. Je crois que ce fait n'est pas contesté ; si on ne l'admet pas, il sera facile de prouver ce que je maintiens.

Les lettres vizirielles, d'après notre opinion, prescrivent le tonnage net comme base de taxation; la Compagnie prélève sur le tonnage brut; donc le mode actuellement appliqué dans la perception des droits du Canal de Suez n'est pas en harmonie avec les prescriptions de l'acte de concession et du firman impérial, suivant l'interprétation qui leur a été donnée par les deux lettres vizirielles à S. A. le Khédive, et la Compagnie devrait être ramenée aux voies légales dans ses perceptions.

M. Jansen (Pays-Bas) :

Monsieur le président, Messieurs,

Je réclame pour quelques instants votre indulgence et votre patience afin de pouvoir aussi vous offrir quelques considérations sur le sujet qui est à l'ordre du jour.

Après avoir terminé la première partie de notre travail, celle qui regarde l'unification du jaugeage, il nous reste une seconde partie non moins intéressante que la première à traiter, parce qu'elle a pour but de donner une explication du terme *tonneau de capacité*, comme base de perception de la taxe de navigation sur le Canal de Suez.

Si nous avons pu trouver une solution à la première question soumise à notre examen, — solution que nos gouvernements respectifs trouveront, j'espère, acceptable, — quoiqu'elle ait dû être cherchée dans des conditions moins avantageuses pour un tel travail, nous pouvons espérer que nous trouverons également une solution acceptable pour la seconde question, étant placés pour cela dans des circonstances meilleures.

Je regrette avec vous, Messieurs, l'absence des délégués français. Cette absence nous prive de leurs lumières, surtout au point de vue de l'intérêt des actionnaires du Canal de Suez, qui méritent toutes nos sympathies, et qui ont droit à une rémunération pour les avantages qu'ils ont donnés au commerce du monde par la grande œuvre qu'ils ont fait réaliser et qui transmettra à la postérité le nom illustre du président-directeur M. de Lesseps. Mais je sais que vous, comme moi, nous avons tous le désir d'envisager la question du Suez du point de vue le plus avantageux aux intérêts des actionnaires, tant qu'il sera compatible avec la justice et l'équité. Ainsi, malgré le regret que nous éprouvons devant l'absence de nos collègues de France, nous tâcherons de suppléer à tous les arguments qu'ils auraient pu faire valoir en faveur des actionnaires du Canal de Suez.

Vous savez tous, Messieurs, qu'en 1868 la direction de la Compagnie du Canal maritime de Suez a nommé une Commission chargée d'examiner les conditions de l'exploitation du Canal. En s'adressant à cette Commission, M. le président-directeur de la Compagnie disait :

« L'article 17 de notre acte de concession détermine ainsi qu'il suit le mode de péage dans le Canal :

» Pour indemniser la Compagnie des dépenses de construction, d'entretien et d'exploitation qui sont mises à sa charge par les présentes, nous l'autorisons, dès à présent, et pendant toute la durée de sa jouissance telle qu'elle a été déterminée par les paragraphes 1 et 2 de l'article précédent, à établir et percevoir, pour le passage dans les canaux et ports en dépendant, des droits de navigation, de pilotage, de remorquage, de halage ou de stationnement, suivant des tarifs qu'elle pourra modifier à toute époque sous la condition expresse :

» 1° De percevoir ces droits sans aucune exception ni faveur sur tous les navires dans des conditions identiques;

» 2° De publier les tarifs trois mois avant la mise en vigueur dans les capitales et les principaux ports de commerce des pays intéressés;

» 3° De ne pas excéder, pour le droit spécial de navigation, le chiffre maximum de 10 francs par tonneau de capacité des navires et par tête de passager. »

» Notre règle de conduite est toute tracée dans le libellé de l'article 17 de notre acte de concession. Notre préoccupation constante doit être de percevoir des droits strictement égaux pour les navires de toutes les nations.

» Tous les navires sont porteurs de permis de navigation sur lesquels le tonnage officiel est indiqué. Le jaugeage déterminé dans chaque pays, pour servir de base à la perception des impôts ou droits de toute nature que les navires ont à payer, est donc très-exact en principe.

» Mais, ainsi que vous ne l'ignorez pas, Messieurs, la méthode de jaugeage diffère d'une manière très-sensible suivant les pays, et la Compagnie ne peut percevoir ses droits dans des conditions qui avantageraient certains pavillons.

» On peut dire que la comparaison entre les trois méthodes de jaugeage, française, anglaise et américaine, donne pour résultat qu'un navire jaugé 300 tonnes en France ne serait jaugé en Angleterre que 250 tonneaux et 150 à 200 en Amérique.

» Il convient, en conséquence, d'adopter comme tonneau marin type l'un des tonneaux de mer actuels les mieux établis, satisfaisant en même temps et les intérêts de la Compagnie et ceux de la marine.

» *La jauge officielle française serait sans contredit tout à l'avantage de la Compagnie, mais peut-être donnerait-elle lieu à de justes réclamations. Le tonneau officiel anglais parait se présenter comme un excellent terme moyen.*

» Une fois le tonneau type adopté, la question se simplifie; il suffirait, en effet, d'établir avec exactitude le rapport existant entre le tonneau type choisi par la Compagnie pour servir de base à la perception de ses droits, et ceux des autres nations maritimes.

» A présentation des permis de navigation portant la jauge officielle, on surtaxerait ou détaxerait les navires des différences en plus ou en moins qui existeraient entre leur tonnage établi d'après les mesures de leur pays et le même tonnage rapporté au tonneau marin type de la Compagnie.

» L'opinion a été exprimée de tenir compte, dans une certaine mesure, du chargement réel du navire toutes les fois que ce chargement réel dépasserait la jauge officielle déclarée. Il s'agirait ici d'interpréter l'article de notre acte de concession qui détermine le droit de péage.

» Nous n'hésitons pas à admettre l'interprétation la plus libérale et à adopter comme base de perception le mode le plus avantageux pour le commerce, soit la base du jaugeage officiel.

» *Le tonnage proportionnel appliqué à tous les navires, suivant un barême rendu public et qui aurait le mérite de déterminer une perception égale pour tous les navires ne serait pas une innovation; cette manière de procéder, simple et équitable, découlant logiquement des termes de notre acte de concession, est appliquée sur le Bas-Danube en vertu d'une convention internationale.*

» Nous appelons votre examen le plus attentif sur l'adoption du tonneau type, et l'application proportionnelle de ce tonneau au tonneau officiel des diverses nations; et *permettez-nous, Messieurs, d'émettre le vœu que la mesure prise par la Compagnie universelle du Canal maritime de Suez devienne l'occasion d'une entente internationale, désirée par tous les marins, pour l'adoption d'un même mode de mesurage officiel des navires chez toutes les nations.* »

Ce vœu, exprimé par l'illustre président-directeur en 1868, vient d'être accompli par nous et n'attend que la sanction de nos gouvernements pour être réalisé.

Se conformant au désir de la Compagnie, la Commission, composée des hommes les plus compétents en France, a soumis à une étude approfondie le système indiqué par M. le président-directeur, consistant à prendre pour tonneau type le tonneau officiel anglais, qui paraissait alors le plus exactement calculé et à établir pour les autres nations un tableau de proportionnalité qui serait rendu public. M. le président-directeur avait proposé le tonneau officiel anglais dans l'intérêt du commerce, car le tonneau officiel français aurait été plus avantageux pour la Compagnie.

Après mûre considération, sur la proposition d'un de ses membres, la Commission proposait qu'en attendant le règlement international à intervenir, la Compagnie s'en tienne purement et simplement pour la perception des droits, au tonnage établi par les papiers de bord sans distinction de pavillon.

C'est ce qui a eu lieu, et les navires transitant par le Canal de Suez, après l'ouverture du Canal, ont payé selon le tonnage net de la loi anglaise de 1854, ou selon leur tonnage net officiel réduit à ce tonnage par une table de proportionnalité.

Il ne paraît pas que la Compagnie de Suez ait cru nécessaire de soumettre le système de jaugeage adopté par elle à l'approbation du souverain dont elle tenait la concession. Je n'hésite pas, Messieurs, à dire que ce manque de déférence a été la cause principale de tous les errements dans les actions suivantes de la Compagnie. Car, non-seulement là où il y a deux parties contractantes, il faut qu'elles donnent toujours leur approbation à leurs actes mutuels, mais ici ce devrait être principalement le cas, la jauge étant un acte essentiellement régalien. Elle ne peut par conséquent être déterminée que par le Gouvernement qui, seul, peut donner toutes les garanties nécessaires pour qu'elle soit juste et équitable.

Je ne veux pas dire que le jaugeage adopté par la Compagnie, à l'ouverture du Canal de Suez, ne l'était pas; je crois, au contraire, qu'il était très-juste, très-équitable et très-libéral, excepté, cependant, pour les actionnaires, qui ne recevaient aucune rémunération pour les capitaux entamés dans l'entreprise. Mais *ceci était la conséquence d'une autre erreur de jugement. On avait espéré attirer les navires à voiles vers le Canal et les voir préférer ce nouveau chemin à l'ancienne route par le Cap de Bonne-Espérance. Cet espoir a été déçu : presque pas un seul navire à voiles ne prenait la nouvelle route, et si l'application des machines nommées « compound engines » n'était survenue, il serait bien douteux que le Canal eût été fréquenté par d'autres bâtiments à vapeurs que ceux des Compagnies postales.*

Ainsi, l'entreprise était, au moment où l'on commençait à exécuter le Canal, une très-mauvaise spéculation financière. Heureusement, l'introduction des « compound engines » a changé l'aspect des choses ; mais, naturellement, il faut du temps pour transformer une flotte marchande et toutes les spéculations commerciales qui en découlent.

Il devenait, par conséquent, après l'ouverture du Canal, de plus en plus évident que les recettes étaient bien moindres qu'on ne l'avait espéré et même assuré, lorsqu'on invitait les capitalistes à participer dans la grande entreprise. Alors des doutes se sont élevés dans quelques esprits sur le point de savoir si cette base de perception — le tonnage net anglais — était bien conforme aux droits et aux intérêts de la Compagnie. Et comme, en 1871, on n'espérait pas, en France, à une prochaine solution de la question de l'unification du tonnage, la Compagnie a elle-même cru devoir mettre à l'étude s'il convenait de changer le mode de perception jusqu'alors en vigueur.

La Commission nommée par elle pour faire cette étude adopta, à l'unanimité, la proposition suivante : « La Compagnie, qui, d'après » son acte de concession, a le droit de percevoir 10 francs par ton- » neau de capacité, a également le droit de déterminer le mode uni- » forme et pratique de jaugeage qui constatera, le plus équitablement » possible, la capacité du navire. »

Cette proposition fut, plus tard (11 mars 1873), adoptée par la Cour d'appel de Paris, dans son arrêt où il est dit « que la conven- » tion n'ayant prescrit à la Compagnie de Suez aucune jauge officielle » ni aucune méthode déterminée de tonnage, la Compagnie est res- » tée, à cet égard, en possession de sa liberté; qu'elle est libre d'adop- » ter le mode de jaugeage qui lui convient le mieux, pourvu qu'elle » demeure dans les termes stricts de son contrat et qu'il ne soit » jamais perçu qu'un maximum de 10 francs par tonne de capacité » de $1^{m},44$ réellement existante dans les parties du navire disponibles » au fret et au transport. »

Il y a, Messieurs, parmi nous, des délégués bien plus compétents que moi pour juger la question dont nous nous occupons, au point de vue légal, pour savoir si un gouvernement aurait mis une limite de 10 francs par tonneau, en laissant au concessionnaire le droit de définir le tonneau de la manière qui lui conviendrait le mieux, et pour savoir s'il est possible qu'un Gouvernement concède à une Compagnie privée son droit souverain de prescrire le jaugeage officiel (1). Comme homme technique, je me bornerai à la partie technique de notre tâche. Les propositions adoptées par la Commission dont je viens de parler peuvent se résumer ainsi :

« En principe, la Compagnie a, d'après son acte de concession, » le droit de percevoir, sur tout navire, autant de fois la taxe de » 10 francs que la portion de ce navire utilisable, pour le charge- » ment des marchandises, contient de fois le volume de $1^{m},44$, » volume qui correspond au tonneau de jauge français. »

---

(1) V. *A l'appui de ces réflexions, les conclusions de M. l'avocat général Reverchon, devant la Cour de cassation* (n° 4, page 75).

Il y aurait donc lieu de penser que la Commission recommanderait à la Compagnie l'adoption de la jauge officielle française, qui, comme l'avait dit M. le président-directeur en 1868, serait, sans contredit, tout à l'avantage de la Compagnie; mais, peut-être, elle donnerait lieu à de justes réclamations. En croyant cela, Messieurs, vous seriez en erreur. La Commission proposait de prendre une unité de jauge d'un certain mode de mesurage et de l'appliquer sur un tout autre mode de jaugeage : l'un, l'ancien mode français, a le déplacement pour base, avec une unité de poids de 2,000 livres, égal à 979 kilogrammes, correspondant à un volume de 42 pieds cubes ou de 1m,44 ; l'autre, le nouveau mode anglais, a la capacité utilisable pour base, avec une unité de capacité de 100 pieds cubes anglais ou de 2m,83. Le jaugeage du vieux système français exprimait le tonnage en tonneaux de poids; le jaugeage nouveau anglais exprime le tonnage en tonneaux de capacité.

La Commission d'alors s'est bien gardée de dire *tonneau de poids*, parce qu'il convenait mieux aux intérêts de la Compagnie de le nommer tonneau *de capacité*. Pour la même raison on a écrit beaucoup sur le tonneau de capacité, pour faire connaître ce que M. de Lesseps avait pensé en faisant le projet de l'acte de concession. Mais il me paraît que celui qui donne la concession, et surtout le souverain qui l'approuve, quand il s'agit d'un acte de souveraineté, tel que l'établissement d'une règle de jaugeage, a bien aussi le droit de définir de quel tonneau il était question, surtout lorsque ce tonneau doit servir de limite à une taxe imposée par une compagnie privée sur la navigation des différentes nations.

Il ne paraît pas que la Compagnie de Suez se soit beaucoup souciée de l'autorité souveraine qui seule, comme je le crois, a le droit de fixer le jaugeage. Et ceux qui sont d'une autre opinion devront admettre qu'au moins les parties contractantes devraient s'entendre, avant d'appliquer un certain mode de jaugeage pour base des droits de navigation dans le Canal.

Sans demander l'avis ni l'approbation du Gouvernement ottoman, la Compagnie de Suez a appliqué les principes susmentionnés dès le 1er juillet 1872 par les règles suivantes :

A. — *Navires de nationalité anglaise.*

La Compagnie est en droit de percevoir la taxe de 10 francs :

1° Pour les navires à voiles d'après le tonnage officiel des papiers de bord augmenté de 30 0/0;

2° Pour les navires à vapeur et dans l'état actuel de ce mode de navigation, d'après le tonnage officiel brut des papiers de bord.

D. — *Navires d'autres nationalités.*

Le tonnage brut sera ramené au tonnage brut anglais, d'après le barème le plus récent de la Commission du Bas-Danube, rectifié et complété au besoin, et le droit de la Compagnie est d'opérer sur cette jauge transformée comme si le navire était un navire anglais.

C. — *Bâtiments dont la jauge serait inexacte.*

La Compagnie est en droit de procéder à un jaugeage direct et d'appliquer la règle adoptée en Angleterre pour les navires quand ils ont un chargement à bord. (Règle II du *Merchant Shipping act* de 1854.)

D. — *Bâtiments avec des espaces couverts non compris dans la jauge officielle.*

La Compagnie est en droit d'appliquer la taxe aux espaces couverts non compris dans la jauge officielle, et de mesurer ces espaces suivant la méthode adoptée en Angleterre en pareille circonstance.

Dans la table de proportionnalité du Bas-Danube le tonneau français des navires qui entrent dans ce fleuve de la mer Noire, devait être multiplié par 0.94, plus tard par 0.95, pour trouver le nombre équivalent de tonneaux de registre anglais.

Ce procédé de la Compagnie n'a pas manqué de soulever des protestations de la part des armateurs et les réclamations des Puissances. Ces dernières ainsi que la Compagnie, se sont adressées au Gouvernement ottoman pour l'interprétation de la clause de l'acte de concession accordé le 2 Rabi-ul-Ewel 1273, par l'administration égyptienne à la Compagnie de Suez, et confirmé par le firman impérial du 2 Zilkadé 1282, portant qu'on n'excédera pas, pour le droit de navigation le chiffre maximum de 10 francs par tonneau de capacité.

Notre collègue d'Angleterre, M. le colonel Stokes, vous a clairement exposé point par point l'interprétation donnée par la lettre vizirielle et cette clause de l'acte de concession, et je suis parfaitement de son avis que le système de Moorsom est le seul qui ait pour base la capacité utilisable et le seul dont l'unité soit un tonneau de capacité; que par conséquent la Sublime Porte avait bien raison de dire: « Comme parmi les systèmes officiels actuellement en usage, le système Moorsom est évidemment celui qui en approche le plus, la Sublime Porte est d'avis qu'on devrait s'en tenir au *net tonnage* fixé d'après ce système. Je crois, Messieurs, qu'avec les nouvelles déductions que nous avons proposées, le tonnage net s'approchera encore plus de la capacité utilisable que celui de la loi anglaise de 1854. C'est pour cela que j'appuierai chaque résolution ayant pour but de nous faire déclarer que le tonnage net proposé par la Commission internationale s'approche le plus de la capacité utilisable et que le tonneau de capacité du système Moorsom, celui de 100 pieds cubes anglais ou de $2^{m},83$ cubes est le seul tonneau existant qu'on a le droit de nommer tonneau de capacité.

M. le baron d'Avril a admis que le système anglais répond très-bien à l'obligation de taxer également tous les pavillons et les navires de chaque pavillon entre eux; c'est-à-dire qu'elle répond à la condition première émise dans l'article 17 de l'acte de concession du Canal de Suez. Mais il reste encore des doutes sur l'explication à donner du point de vue de la Compagnie du terme *tonneau de capacité* et nous avons été même invités par la communication faite par l'ambassade de France à Constantinople à chercher l'écart existant entre le tonneau de jauge ou de registre et le tonneau de commerce d'après le tonneau de poids de 1,000 kilogrammes, ou le tonneau d'encombrement de 51 pieds cubes anglais.

Je ne croyais pas qu'après les discussions contenues dans les procès-verbaux V, VI, VII, VIII et IX à ce sujet, il serait encore nécessaire d'y revenir et de renouveler une discussion qui a déjà été épuisée. Je croyais que nous avions clairement établi que le tonneau de commerce soit de poids, soit d'encombrement, ne pouvait être une base fixe pour la perception des droits de navigation et qu'il pouvait seulement servir pour les droits de douane qui taxent les marchandises et non pas le navire.

Le seul écart qu'il nous serait possible d'admettre c'est la différence qu'il pourrait y avoir entre le tonnage de la jauge française ancienne et le tonnage de la loi française actuelle, qu'on pourra facilement trouver au fur et à mesure que les navires français qui ont été mesurés d'après l'ancienne loi seront mesurés d'après la nouvelle loi. C'est une recherche qu'on peut mieux faire en France qu'à Constantinople. Pour ma part, je veux bien admettre que peut-être on trouvera un certain écart, quoique je ne pense pas qu'il sera si grand que la Commission du Bas-Danube l'avait admis pour les navires qui entrent dans le fleuve.

Pour cette raison, et parce qu'il paraît que depuis l'ordonnance de Colbert jusqu'à présent on a toujours confondu le tonneau de jauge avec le tonneau de chargement, surtout en France, je crois qu'il est désirable que le *tonnage net*, trouvé par les règles de jaugeage proposées par la Commission internationale, devienne la base pour la perception des droits de navigation sur le Canal de Suez. Mais puisqu'il se pourrait qu'en concluant l'acte de concession, les deux parties contractantes aient eu chacune un différent tonneau de capacité en vue, notre Commission pourrait recommander aux gouvernements d'accorder temporairement sous des conditions clairement définies, que la taxe maximum de 10 francs fût élevée, afin de procurer à la Compagnie de Suez les moyens pour donner quelques bénéfices à ses actionnaires.

Je crois et j'espère que de telle manière nous pourrons donner une solution juste, équitable et surtout acceptable à la seconde partie de notre travail.

M. le Président exprime des remerciements à M. le premier délégué des Pays-Bas pour son discours aussi éloquent qu'érudit.

M. Zamara :

Messieurs,

La question que nous avons à l'ordre du jour a été si bien et si clairement développée par nos honorables collègues d'Angleterre et des Pays-Bas que je ne crois pas nécessaire de revenir sur les mêmes arguments ; je n'hésite pas un seul instant à m'associer à leur manière de voir à ce sujet.

Je me bornerai seulement à ajouter quelques mots, Messieurs, sur la capacité utilisable qui est intimement liée tant au point dont nous nous occupons qu'avec le tonnage brut et net que nous venons de déterminer.

Par la détermination du tonnage brut d'après la méthode que nous avons votée, on trouve l'exposant de la capacité, c'est-à-dire la capacité totale intérieure du navire; l'unité de jauge pour ce tonnage est un volume de 100 pieds cubes anglais, correspondant à mètres cubes 2,83.

Le tonnage net que nous venons d'établir donne ladite capacité totale du navire diminuée d'une partie des espaces non utilisables pour les passagers ou la cargaison, qu'on est convenu d'en déduire.

Maintenant, sur la demande de ce que c'est que la capacité utilisable d'un navire et si l'on devrait entendre cette capacité dans un sens absolu, nous pouvons dire seulement que c'est l'ensemble des espaces susceptibles de recevoir des passagers, ou des marchandises. Pour trouver cette capacité, il faudrait déduire du tonnage brut, outre les espaces que l'on déduit pour la détermination du tonnage net, ceux aussi occupés par le trou des pompes, les approvisionnements et l'eau, les baux, les courbes, les mâts, etc., en un mot tous les espaces qu'on ne peut utiliser ni pour la cargaison ni pour les passagers. Mais un mesurage exact de toutes ces parties, d'un détail si minutieux, causerait un travail très-grand qui occuperait un temps énorme; sans considérer qu'un pareil système donnerait probablement lieu à une quantité d'abus, parce que les capitaines et les armateurs pourraient, par exemple, augmenter artificiellement les espaces qui ne doivent pas être occupés par les passagers et la cargaison jusqu'à ce que le jaugeage soit effectué, et puis réduire cet espace à son état normal, pour en profiter ensuite dans les opérations commerciales.

Indépendamment de cet inconvénient il faut, je crois, prendre aussi en considération que la capacité utilisable absolue n'est pas toujours constante dans un même navire. Il arrive par exemple souvent que, pour recevoir une certaine cargaison qui exige des soins particuliers, ou bien pour préserver les marchandises qui pourraient être gâtées par l'humidité provenant de la cale, ou par l'eau qui quelquefois pénètre dans l'intérieur du navire, on élève artificiellement, par un plancher de pièces de bois, le plan du fond de la cale sur lequel on commence à placer les marchandises. D'autres fois, lorsqu'on doit recevoir une cargaison légère, on est obligé de charger auparavant une certaine quantité de lest pour obtenir la stabilité nécessaire pendant le voyage. Dans l'un et dans l'autre cas, nous voyons qu'il y a un certain espace de perdu pour la cargaison, ce qui fait diminuer sensiblement la capacité utilisable du navire.

Dans la détermination du tonnage net, on n'a pas pu d'ailleurs y comprendre toutes les déductions qu'on devrait faire à la rigueur pour parvenir à la capacité utilisable absolue, puisque cette manière de procéder aurait été contraire au principe sur lequel se base le système Moorsom avec son diviseur 100 adopté par la Commission pour le mesurage des navires. Comme il a déjà été remarqué et démontré dans les séances précédentes, on ne saurait séparer le diviseur du système de jaugeage; ce sont deux choses liées et combinées ensemble d'une manière indissoluble; si l'une change, l'autre doit être modifiée en conformité

Mais le tonnage brut ainsi que nous l'avons déterminé, exprimant la capacité totale intérieure du navire, offre à chacun l'opportunité d'en déduire, s'il le veut, approximativement la capacité absolue utilisable pour les passagers et pour la cargaison. Pour ceci, il suffit, ainsi qu'il est bien connu, de calculer l'espace occupé par les logements de l'équipage, des officiers de bord, du capitaine ainsi que celui occupé par le soutes à voiles et à cordages et d'autres objets de la manœuvre, les approvisionnements et le dépôt d'eau, le trou de pompes, les baux, les courbes, les mâts, etc., espaces qui, ensemble, d'après quelques cas cités comme exemple par M. Moorsom luimême, peuvent être, pratiquement parlant, évalués à environ 20 0/0 ou un cinquième de la contenance cubique totale du navire.

En déduisant ce volume du tonnage brut, ce qui reste représente la capacité utilisable absolue pour les passagers et pour les marchandises, exprimée en unité de 100 pieds cubes anglais. Bien entendu que s'il s'agit d'un navire à vapeur, il faudrait aussi en déduire tous les espaces occupés par les machines, chaudières et soutes à charbon, y compris ceux qui seraient nécessaires pour donner l'air et la lumière ou pour le fonctionnement des machines mêmes.

Si au contraire, on entend parler de la capacité utilisable d'un navire dans un sens relatif, alors la question change tout à fait, puisqu'il ne s'agit pas dans un tel cas de savoir ce que le navire contient en volume, mais la quantité de marchandises qu'il peut contenir pour la navigation.

Sous ce point de vue la capacité utilisable du même navire varie à l'infini selon la nature et les poids relatifs des objets à transporter selon la vitesse qu'on veut lui faire avoir, sèlon les voyages auxquels on veut le destiner, par rapport aux vents, à la mer, et en général aux dangers de la navigation auxquels il serait exposé, etc. On ne pourrait donc mesurer exactement à titre constant la capacité relative utilisable d'un navire. On ne peut donner qu'une mesure moyenne qui, autant que cela peut être justifié par l'expérience, correspond avec assez de précision aux chiffres du tonnage officiel.

Quant au tonneau type dont il est fait mention dans la circulaire du 1er janvier 1873 du ministère des affaires étrangères de Turquie, il n'y a aucun doute, après ce que nous avons discuté et établi jusqu'à présent, que selon notre manière de voir, c'est le tonneau de capacité de 100 pieds cubes anglais, ou de mètres cubes 2.83, qui représente en même temps l'unité de jauge dans le système de mesurage que nous avons voté.

. . . .

M. le Président désirerait connaître l'opinion de MM. les délégués qui n'ont pas pris la parole sur la discussion à l'ordre du jour.

M. le colonel Korchikoff s'associe à la partie du discours prononcé par son honorable collègue d'Autriche-Hongrie, concernant le diviseur 100. Il est heureux de voir constater, ainsi qu'il a eu déjà l'occasion de le développer, que ce diviseur tient compte dans le tonnage brut de toutes les parties difficilement mesurables du navire.

Il maintient, par conséquent, son point de vue que la tonne nette établie définitivement par le calcul Moorsom ne représente plus 100 pieds, mais à peu près 80 pieds cubes anglais, les parties non utilisées pouvant être évaluées à environ 20 0/0.

M. le colonel Stokes fait observer en réponse à M. le délégué de Russie que ses développements sont justes quant au tonnage, mais nullement quant à la tonne. *Le diviseur donne le tonnage total brut d'un navire, mais toutes les tonnes libres, après les déductions faites pour établir le tonnage net, sont toujours de 100 pieds cubes.*

M. Mattei est d'avis que les honorables délégués de Russie ont parfaitement compris ce qu'a dit M. Zamara, avec qui il se trouve sur ce point entièrement d'accord. En résumé, ce que M. Zamara a exposé avec plus de développements, il le réduit à ceci : Que le mesurage d'un navire, d'après les règles de Moorsom, comprend des espaces qui ne sont pas entièrement libres et dont une partie est occupée par un grand nombre de pièces de construction, par une foule d'installations et d'objets nécessaires pour qu'il soit navigable et par les approvisionnements en vivres, en eau et en combustible pour le personnel du bord ; il s'ensuit que chaque unité de 100 pieds cubes du chiffre de jaugeage obtenu par ces règles, ne peut représenter qu'un espace partiellement encombré et qui ne peut être utilisé qu'en partie pour recevoir des marchandises ou des passagers.

Il croit en conséquence que M. le colonel Korchikoff est parfaitement dans le vrai, quand il dit que chaque tonneau d'un navire mesuré d'après la méthode Moorsom ne représente pas 100 pieds cubes de capacité utilisable, mais seulement un espace bien inférieur diminué, c'est-à-dire, en proportion de l'encombrement des pièces de construction et des installations, objets et approvisionnements nécessaires à la navigation.

M. le baron de Steiger constate que son collègue de Russie insiste surtout sur la différence qui résulte évidemment pour le tonneau qu'on ferait admettre dans cette capacité utilisable s'il se trouve être de 100 pieds, ou seulement de 80 pieds cubes (1).

M. Togores réplique à M. le baron de Steiger que si on considère un navire quelconque, ayant deux ponts ou plus, par exemple que l'on suppose jaugé par la méthode Moorsom, il lui paraît évident que l'espace occupé par ce pont qui est au-dessous du pont de jaugeage est compris dans le mesurage. On arriverait au même tonnage, soit que l'on procède ainsi qu'il a été établi par Moorsom, en divisant l'espace total par le diviseur 100, soit si l'on déduisait l'espace occupé par ce pont, et qu'on divisât alors la différence par un autre diviseur naturellement diminué dans le même rapport qui existe entre la capacité occupée par ledit point et la capacité totale.

M. Jansen (Pays-Bas) fait observer en plus que l'admission d'une opération de ce genre obligerait à mesurer chaque bâtiment différemment, créerait de grandes difficultés et donnerait surtout lieu à de nombreuses fraudes.

---

(1) *Cette observation n'est que la reproduction de celle de M. le colonel Korchikoff à laquelle M. le colonel Stokes a clairement répondu.*

M. MATTEI émet l'avis qu'après les remarques de M. le premier délégué de Russie, il lui paraît qu'on serait conduit à aborder la question suivante : Puisque une partie considérable de l'espace intérieur des navires se trouve inévitablement encombrée par des pièces de construction, des installations, des objets nécessaires pour la navigation, pourquoi ne mesurerait-on pas exclusivement l'espace réellement utilisable pour recevoir des marchandises ou loger des passagers, en déterminant d'une manière convenable l'unité de mesure de cet espace?

En partie, la raison en est que l'évaluation directe de tous les espaces réellement utilisables demanderait des opérations très minutieuses et très-longues et des calculs très-compliqués, dont l'exécution rencontrerait certainement beaucoup de difficultés pratiques. Mais ce qui a empêché surtout l'adoption d'une pareille méthode de mesurage, c'est une considération d'un tout autre ordre : si d'un côté, les pièces de construction et quelques-unes des installations qui encombrent en partie l'intérieur d'un navire peuvent être considérées comme invariables à peu près pendant la durée de son existence, plusieurs de ces installations peuvent être changées selon les besoins de la navigation que l'on va entreprendre et du chargement que l'on reçoit ; à plus forte raison, il y a d'assez grandes variations d'un voyage à l'autre dans la quantité de rechanges, de vivres, d'eau, de combustible que le navire doit embarquer, et dans leur encombrement, ce qui conduirait à devoir refaire la jauge d'un navire presque à chaque voyage. Or, sans compter l'impossibilité pratique de ces complications, ce serait là un système tout à fait opposé à l'idée de la jauge de registre, dont le chiffre doit représenter quelque chose de fixe et qui doit rester invariable pendant toute la durée du navire ; à cet effet, il est non-seulement inscrit sur les papiers de bord, mais aussi gravé sur le maître bau du navire. C'est là la raison pour laquelle la loi a dû renoncer à prendre en considération tous ces éléments variables ; et puisqu'il fallait renoncer à tenir compte des encombrements qui présentaient ce caractère, on a jugé convenable d'en faire autant pour les pièces de construction et les installations fixes, à cause de la difficulté d'évaluation.

Cela n'altère pas en moyenne l'exactitude des résultats obtenus; en supposant que l'on eût reconnu que l'encombrement moyen de l'intérieur du navire fût d'un cinquième, on aurait été conduit à l'époque de l'introduction de la méthode Moorsom, et en procédant, comme on le fit alors, à l'adoption d'un diviseur diminué dans la même proportion; par conséquent la jauge moyenne serait restée ni plus ni moins, ce qu'elle est maintenant.

M. le délégué d'Italie ne donne ceci, d'ailleurs, que comme une manière d'envisager cette question qui n'infirme en rien ce qui a été adopté par la Commission par égard au tonnage des navires.

S. E. Salih Pacha *émet l'avis qu'il ne reste aucun doute que le système Moorsom avec son diviseur 100 est celui qui détermine le plus exactement la capacité totale des navires, et c'est en faisant subir à ce système les déductions justes et équitables proposées par la Commission qu'on arrivera au net tonnage ou à la capacité utilisable. La Sublime Porte était, par conséquent, dans la vérité, en recommandant le net tonnage obtenu par ce système.*

Madrilly Effendi se range de l'avis de S. E. Salih Pacha qui, techniquement parlant, est juste.

M. de Kosjek donne son assentiment aux développements présentés sur la question à l'ordre du jour par M. le colonel Stokes; il aurait appuyé même, le cas échéant, la proposition faite à la fin de son discours par M. le premier délégué des Pays-Bas, mais il trouve que la question n'est pas encore assez mûre pour cela et propose, en conséquence, l'ajournement de la séance.

N°. 32.

PROCÈS-VERBAL N° XIV.

(29 novembre 1873.)

Suite de l'examen du mode de perception de la Compagnie du Canal de Suez. — M. le colonel Stokes établit que la Commission n'a pas interprété l'acte de concession, mais simplement confirmé l'interprétation donnée par le gouvernement Ottoman et qui est conforme à celle que M. de Lesseps avait publiquement adoptée en 1857. — Le délégué anglais expose les efforts qui ont été faits extra-officiellement, par un certain nombre de Commissaires pour concerter le moyen de venir en aide à la Compagnie, en même temps qu'elle serait ramenée à la perception légale. — Opinion motivée de M. Ruata (Espagne) sur la nécessité de subordonner toute perception sur les navires à la notion du tonnage officiellement constaté. — Opinion de MM. Mattei et Gillet sur le projet d'arrangement.

M. le colonel Stokes demande la parole pour présenter quelques observations supplémentaires sur la discussion commencée à la dernière séance, et s'explique en ces termes :

En introduisant, Messieurs, la question dont nous nous occupons à l'examen de la Commission, nous nous sommes bornés à une exposition des faits et des arguments strictement découlant des documents mis sous nos yeux par les instructions de MM. les délégués ottomans, et des décisions de la Commission ; nous croyons cependant utile de revenir un peu sur l'histoire de cette question pour mieux guider l'opinion et pour justifier les conclusions auxquelles nous allons vous inviter.

Nous n'avons pas cherché à donner une interprétation à l'acte de concession de la Compagnie, car nous avons seulement cru devoir in-

sister sur l'interprétation donnée par le gouvernement impérial, et démontrer que cette interprétation est conforme à ce que le gouvernement britannique a toujours soutenu; nous avons pu entrer dans la discussion de la portée des mots *tonneau de capacité*, mais nous avons cru que leur sens a été très-clairement exposé dans les différentes discussions de la Commission, où on a demontré avec une clarté, une précision et une force qui ne laissent rien à désirer, que la capacité du corps contenant ne doit pas être confondue avec le poids ou le volume des objets qui pourront y être contenus; l'un a pour sa jauge une seule unité, les autres ont des unités de jauge de toute espèce. Donc il résulte de ces discussions que le tonneau de capacité est une unité pour le jaugeage du navire et non pas une des unités pour exprimer le poids ou le volume de marchandises. Il résulte aussi que l'acte de concession ayant nommé un tonneau de capacité pour la taxation des navires, c'est le tonneau de jauge de ces navires qui doit être soumis à la taxation et non pas une unité représentant les marchandises.

Quel tonneau de capacité a-t-on voulu indiquer dans cet acte de concession? M. le premier délégué des Pays-Bas a prouvé par le discours qu'il a prononcé dans son style habituel, clair et lucide, que ce tonneau de capacité prévu par l'acte de concession était l'unité du tonnage net de registre anglais. Si cette interprétation avait besoin d'être renforcée, on trouverait les preuves dans les explications données par M. Lange en présence de M. de Lesseps, dans les *meetings* tenus en Angleterre en 1857, un an après la concession. A plusieurs reprises et en réponse à des questions très-pratiques et à des observations calculées à tirer de M. de Lesseps la portée entière de son projet, ces Messieurs ont répondu que c'était le *net register tonnage* des navires anglais qui serait la base de taxation. Ils l'ont affirmé, répété et confirmé à plusieurs reprises. On prétend maintenant d'un côté, que M. de Lesseps n'a pas complétement compris les observations faites en son nom, parce qu'elles étaient faites dans la langue anglaise, qui lui est inconnue, et d'un autre côté, que même si ces explications étaient données, ce n'était que pour amener le concours du monde commercial anglais, sans l'intention de donner suite aux promesses y contenues. A la première de ces défenses, je demande pourquoi, si M. de Lesseps n'a pas compris les observations de M. Lange, il les a publiées sous son propre nom dans la langue française, et les a présentées aux Chambres du Parlement britannique (1). C'est une confirmation des paroles de son subordonné la plus complète. Il est difficile de croire que M. de Lesseps approuve la seconde défense faite en son nom et publiée par la Compagnie. Ce serait mettre en avant certaines promesses pour amener le monde entier à s'engager dans une voie, avec l'intention de ne pas les tenir; les observer pendant un laps de temps suffisant pour détourner la navigation de ses anciennes voies et pour faire construire les bâtiments adaptés seulement à cette nouvelle route, et alors leur ajouter 50 0/0 du fardeau à supporter..— Si tel était le cas, ce serait un dessein subtil auquel je ne veux pas croire; je préfère l'hypothèse plus naturelle, quoique moins favorable aux prétentions de la Compagnie, que l'intention de M. de Lesseps était de prélever la taxe maximum de 10 francs sur le tonneau de capacité du tonnage de registre anglais.

M. le premier délégué des Pays-Bas a exprimé, à la fin de son discours, le vœu que la Commission veuille trouver un moyen de donner à la Compagnie un revenu qui lui permettrait de payer un dividende aux actionnaires. Notre honorable collègue n'a pas assisté à certaines démarches qui ont été faites il y a presque un mois, dans le but de procurer à la Compagnie de Suez un arrangement amical de la question du péage dans une mesure supportable pour le commerce maritime et qui assurerait aux actionnaires un intérêt sur leur capital, en attendant le développement de la navigation, développement qui arrivera sûrement et vite par le transport progressif des opérations de commerce des navires à voiles à ceux mus par la vapeur. Les démarches dont je parle avaient un caractère tout à fait privé dans leur commencement. Elles étaient entamées dans le but d'amener un vote unanime sur la question générale du tonnage par une entente sur la question des péages du Canal de Suez. Cette entente arrangée, les délégués français auraient été prêts à donner leur vote pour la résolution proposée par M. le premier délégué des Pays-Bas, dont plus tard, à défaut de cette entente, ils se sont abstenus.

Ces propositions conciliantes étaient faites vers la fin du mois d'octobre ; elles furent débattues dans des pourparlers privés auxquels la plupart des délégués ont assisté. Le but de ces pourparlers était de

(1) *V. à l'appui de ces réflexions la plaidoirie de Mᵉ Allou devant la Cour d'appel de Paris, n° 45, p. 327.*

trouver les bases d'un arrangement qui pourrait être recommandé à la Sublime Porte et à S. A. le Khédive, d'après lequel un accord serait établi et la Compagnie de Suez aurait été mise dans une position de pouvoir vivre en restreignant sa taxation à un prélèvement sur le net tonnage. Dans cette discussion privée, une offre formelle fut faite par les délégués britanniques, offre qui a reçu le concours personnel de la grande majorité de leurs collègues. Les conditions de cette offre vous sont connues, Messieurs ; mais puisqu'il n'y en a pas une mention dans vos procès-verbaux, et à mon avis, elle devrait s'y trouver, je vais vous les raconter.

La Compagnie de Suez, d'après l'arrangement proposé, aurait reçu de la Puissance territoriale l'autorisation de prélever une surtaxe de 3 fr. par tonne sur le net tonnage, jusqu'à ce que le net tonnage total fût arrivé au chiffre de deux millions de tonnes par an ; la surtaxe serait alors réduite à 2 francs jusqu'à un total de 2,150,000 tonnes de registre par an, et après cela la surtaxe ne serait que de 1 franc jusqu'à ce qu'un total annuel de 2,300,000 tonnes de net tonnage de registre anglais ait été atteint.

Il y avait quelques autres détails, mais ce sont là less proposition réelles. Leur acceptation aurait assuré à la Compagnie un dividende de 3 à 6 0/0 suivant les fluctuations du tonnage. Ces propositions n'ont pas été accueillies par MM. les délégués français avec l'empressement que nous avons cru pouvoir attendre, en considération des grands avantages qu'elles auraient assurés aux actionnaires de la Compagnie. Mais nos collègues de France les ont référées à leur Gouvernement ; nous avons également référé au Gouvernement britannique un arrangement qui, dans son origine, était purement personnel de notre part. Il y a trois semaines que nous avons reçu son approbation, dont nous avons fait part aux délégués français. Mais *il paraît que cette offre n'est pas appréciée à sa juste valeur à Paris. Nous le regrettons, parce que nous l'avons faite après un examen attentif des chiffres publiés par la Compagnie, ainsi que des autres chiffres mis à notre disposition par M. Rumeau. Nous avons basé notre offre sur un calcul qui tenait compte, en même temps, des intérêts des actionnaires et des intérêts de la navigation; notre chiffre de 3 francs est le maximum que nous pourrions proposer; il n'est pas mis en avant pour marchander, c'est un chiffre honnête, à accepter ou à laisser;* nous ne voulons pas nous en écarter; nous avons maintenu notre offre jusqu'à présent, nous la maintenons encore, mais nous ne voulons pas l'excéder. Cependant si le Gouvernement accepte les propositions de la Commission pour le *net tonnage*, il est à observer que ce tonnage recevra une augmentation par le fait même, qui équivaudra à un surcroît de 80 centimes par tonne. Les efforts d'effectuer un arrangement sur les bases de notre première proposition ayant été renouvelés à cette dernière heure, nous avons signalé à MM. les délégués français l'avantage que la Compagnie retirerait du maintien de nos chiffres appliqués à ce nouveau tonnage; mais il paraît que la Compagie de Suez tient à ne rien abaisser de ses prétentions.

Je me réserve par conséquent de vous inviter ultérieurement à soumettre à la Sublime Porte la résolution que nous allons formuler, par suite de la situation qui nous est faite.

M. de Kosjek fait observer qu'un examen attentif des documents officiels relatifs à la question des droits de navigation perçus par la Compagnie du Canal de Suez l'engage à relever, en premier lieu, l'inexactitude de l'interprétation donnée par ladite Compagnie aux termes *tonneau de capacité* employés dans l'acte de concession. Il adhère, en ce qui concerne ce point, aux conclusions contenues de l'exposé fait à la dernière séance par M. le colonel Stokes.

Quant à la lettre vizirielle du 17 Djemazi-ul-ewel 1290, il doit ajouter que, d'après son opinion, la Sublime Porte, en disant qu'on devrait s'en tenir au *net tonnage* fixé d'après le système Moorsom, a prononcé un avis très-clair et parfaitement conforme à l'esprit de l'acte de concession. M. de Lesseps a cru pouvoir donner par sa réponse, en date du 16 août dernier, à cette lettre vizirielle, une interprétation adaptée à sa propre manière de voir et s'en déclarer satisfait, tout en maintenant intact en principe et en pratique le mode de perception mis en vigueur depuis le 1er juillet 1872, comme étant en tous points conforme à l'avis de la Sublime Porte.

Les phrases finales de cette réponse prouvent cependant à l'évidence que pour atteindre son but, l'illustre président-directeur de la Compagnie était obligé de tronquer le système Moorsom, en lui ôtant le caractère qui lui est généralement reconnu d'un système complet de jaugeage, et de tomber dans l'ancienne erreur de confondre la capacité réelle de *cargaison* avec la capacité utilisable du navire. A l'avis de M. le premier délégué d'Autriche-Hongrie, M. de Lesseps a fourni par cette lettre même la preuve la plus éclatante que le système de perception qu'il avait inauguré repose sur un principe tout à fait étranger à celui qui motiva, sans aucun doute, l'avis du Gouvernement ottoman.

M. de Kosjek tient à ce que ce fait soit constaté par la Commission.

M. Ruata :

Monsieur le Président, Messieurs,

Des observations présentées par nos honorables collègues de la Grande-Bretagne, des Pays-Bas et l'Autriche-Hongrie, de la déclaration faite par MM. les délégués ottomans dans la dernière séance, établissant que, d'après leur opinion, le *net tonnage* anglais représente la capacité vraiment utilisable des navires, et de l'interprétation donnée par la Sublime Porte dans la première lettre vizirielle adressée à S. A. le Khédive aux mots de *tonneau de capacité* employés dans l'acte de concession, je pourrais déduire que le mode actuellement appliqué pour la perception des droits du Canal de Suez n'est pas en harmonie avec les prescriptions de l'acte de concession et du firman impérial, question soumise maintenant à notre examen et qui est sans doute la plus importante, sa solution définitive devant trancher une fois pour toutes les diverses réclamations soulevées contre la Compagnie du Canal de Suez par les Puissances maritimes les plus intéressées.

Quel est le point culminant de la divergence d'opinions existantes entre les puissances maritimes et la Compagnie du Canal de Suez? L'interprétation erronée donnée par cette dernière aux mots *tonneau de capacité*.

Les puissances maritimes et les hommes de science soutiennent qu'il n'existe pas d'autre tonne reconnue comme telle que la tonne de jauge officielle; tandis que la Compagnie affirme, au contraire, qu'il y a la *tonne de commerce* et que celle-ci représente la *capacité réelle* des navires.

Je ne veux pas entrer dans l'examen de cette différence d'opinions, ce point étant déjà discuté et arrêté par la Commission internationale; je me bornerai par conséquent au point de vue légal de la question. Dans cet ordre d'idées, je crois pouvoir affirmer que jusqu'à présent, dans tous les pays du monde, la tonne de *jauge offi-*

cielle a été toujours reconnue comme la seule *tonne légale* formant la base des perceptions des droits auxquels est assujettie la navigation.

Personne n'a jamais donc songé à contester aux divers gouvernements le droit d'établir pour leurs marines respectives, ce qu'on devrait comprendre par une tonne déterminée, soit par le poids ou par le volume.

Ce principe établi et universellement reconnu, je ne comprends pas comment et pourquoi la Compagnie du Canal de Suez s'est permis de modifier, de sa propre autorité, la base de la perception des droits de passage, modification qu'elle n'était pas autorisée d'effectuer, attendu que l'article 17 de l'acte de concession lui accorde seulement le droit de modifier le tarif, mais non pas celui d'interpréter les mots *tonneau de capacité*. Quelle serait donc l'idée de la Sublime Porte en se servant de cette expression ? *Le Gouvernement ottoman, auteur de la concession, pouvait-il parler d'un tonnage, qui ne fût un tonnage officiel, et les diverses puissances intéressées, d'autre part, pouvaient-elles jamais admettre un tonnage fixé et établi d'une manière arbitraire par la Compagnie, un tonnage susceptible d'être modifié à chaque pas selon sa volonté* (1) *et au préjudice du commerce maritime en général?*

Nous trouvons la réponse claire et précise de ces questions dans la lettre vizirielle déjà citée. En voici les termes : « Mais comme les » différents gouvernements n'ont pas encore adopté un système de » tonnage identique, il était nécessaire de faire usage de l'expression » de *tonneau de capacité* en général, de telle manière que cette » expression pût s'appliquer au tonneau qui serait plus tard adopté » par tous les gouvernements, ainsi que par le Gouvernement im- » périal pour sa marine. » Comme vous le voyez, Messieurs, le Gouvernement ottoman entend par *tonneau de capacité*, le tonnage de *jauge officielle*, qui serait plus tard adopté par tous les gouvernements, constatant ainsi deux principes fondamentaux :

1° Que les Gouvernements sont les seuls qui ont le droit de déterminer le tonnage de leurs navires;

2° Que la Sublime Porte ne s'est pas prononcée à cette occasion-là pour un système déterminé, vu que les gouvernements n'étaient pas encore tombés d'accord sur un tonnage identique pour tous les pays.

(1) *V. n° 4, p. 80, la réflexion analogue de M. l'avocat général Reverchon.*

Ainsi donc si, lors de la rédaction de l'acte de concession, les divers gouvernements avaient eu déjà un système identique, le Gouvernement ottoman n'aurait certainement pas hésité un seul moment à l'adopter aussi pour sa marine et à l'appliquer ensuite comme base de perception des droits de passage par le Canal de Suez.

Notez maintenant, Messieurs, à quel point la Commission internationale a parfaitement bien compris sa mission, en arrêtant comme programme de ses travaux le tonnage en général et en adoptant, avant tout autre intérêt, un système uniforme de jaugeage, accepté déjà par la plupart des puissances européennes, et que les conclusions votées par cette Assemblée rendront, je l'espère, universel.

Le moment est donc arrivé où la Sublime Porte n'aura plus à parler de tonneau de capacité en général. Le Gouvernement impérial pourra désormais mettre en vigueur pour sa marine le système Moorsom légèrement modifié par la Commission et l'appliquer en même temps au Canal de Suez, comme la seule base légale de la perception de ses droits.

M. Mattei, désire ajouter quelques développements aux remarques de M. le premier délégué d'Autriche-Hongrie. Dans la lettre citée, M. de Lesseps lui paraît avoir joué sur les mots. Pendant que la Sublime Porte parlait d'un tonneau de capacité utilisable dans les lettres à S. A. le Khédive, le président-directeur de la Compagnie a voulu entendre *tonneau de marchandises*; mais ce tonneau de capacité n'a aucune existence légale. M. Rumeau lui-même a dit qu'en France les Messageries percevaient leurs frets sur le mètre cube. Ceci a été baptisé de tonneau.

En Angleterre, lorsqu'il s'agit de marchandises à donner aux navires, chaque colis est mesuré, on en fait le volume, le cubage, et chaque 40 pieds font un tonneau.

Pour le bois, c'est la largeur, l'épaisseur et la longeur qu'on mesure, et ce sont 50 pieds qui donnent un tonneau.

La différence est énorme entre le cubage et l'espace que les marchandises occupent dans l'intérieur des navires, il y a une masse considérable de vide qui reste nécessairement. Il est arrivé à M. le délégué d'Italie de charger des bois ronds qui prenaient à bord un espace beaucoup plus grand que leur cubage. Pour une machine de moins de 400 tonneaux il lui a fallu prendre un navire de 1,300 tonneaux.

Tout était déjà plein, après la pose des chaudières, et même le faux-pont a dû être utilisé en partie.

Le tonneau des marchandises est d'ailleurs l'affaire des chambres de commerce et non des gouvernements. Il est par conséquent impossible qu'en parlant de tonneaux de capacité dans l'acte de concession, on ait entendu parler des tonneaux de marchandises.

Pour ce qui concerne la proposition de transaction faite par M. le colonel Stokes, M. Mattei hésiterait même de l'aborder, car il ne croit pas avoir pour mission de la discuter et il ne saurait nullement engager son Gouvernement quant à l'approbation ou à la désapprobation de cette mesure. Il peut cependant dire que les termes en sont excessivement généreux. Dans le cas où le chiffre pour le transit actuel du Canal resterait le même, il est possible qu'avec le nouveau tonnage et la surtaxe de 3 francs, la Compagnie subisse une petite perte de 5 à 5 1/2 0/0 ; mais il y a lieu, d'un autre côté, de tenir compte du mouvement ascensionnel qui continuera. M. le délégué d'Italie est parfaitement convaincu que les revenus du Canal seraient au moins l'année prochaine les mêmes, sinon supérieurs, que ceux obtenus en 1873, si le nouveau mode de perception devait être appliqué à partir du nouvel an. De plus, on doit tenir compte d'autres circonstances; tous les calculs sont basés sur de simples moyennes. Les navires à grande vitesse où les déductions pour passer du tonnage brut au tonnage net sont fortes, profiteront certainement beaucoup ; mais il y aura toute une masse de bâtiments qui, au lieu de gagner par cette transaction, y perdront considérablement. Avant de se prononcer par conséquent sur le chiffre de la surtaxe, il faut considérer les navires qui présentent la moindre différence entre les deux tonnages. Toutefois, comme cette transaction a l'immense mérite de sauvegarder l'avenir, M. Mattei ne manquera pas de la recommander à son Gouvernement, sans cependant en vouloir lier les décisions.

M. Gillet dit que M. le délégué d'Italie a à peu près exprimé sa propre manière de voir. Si en interprétant l'acte de concession on ne s'était pas arrêté aux mots *tonneau de capacité* et si on avait toujours ajouté les mots de cet acte : *des navires*, jamais l'idée ne serait venue de parler de marchandises comme base de la perception.

Les offres britanniques sont très-avantageuses pour la Compagnie. L'Allemagne est disposée à entrer dans la perspective ouverte par

MM. les délégués de la Grande-Bretagne. Personnellement M. le premier délégué d'Allemagne désire aussi une transaction et la croit en tous points profitable; mais quant au point de droit, il est d'avis que le tonneau de capacité ne saurait jamais avoir pu être entendu comme un tonneau de poids, ou un tonneau de marchandises.

M. le Président dit que plusieurs de MM. les délégués lui en ayant fait la demande, il propose à la Commission de s'ajourner.

N° 33.

PROCÈS-VERBAL N° XV.

(2 décembre 1873.)

Solution de la question de la capacité utilisable. — M. le baron de Steiger donne sa version du projet d'arrangement exposé par M. le colonel Stokes et insiste pour obtenir un surcroît de conditions avantageuses à la Compagnie pour que la solution puisse être acceptée. — Nouvelle communication du Gouvernement français au sujet de l'écart entre le tonnage officiel et la capacité utilisable. — Discussion. — Le baron de Steiger, qui insiste pour que cet écart soit recherché, mis en demeure de le déterminer, reconnaît « qu'il y » a impossibilité pratique de le fixer d'une manière constante. » — M. le colonel Stokes propose à la Commission de déclarer que « le mode de perception actuellement pratiqué par la Compagnie n'est pas en conformité avec l'acte de concession et la lettre vizirielle explicative des termes de cet acte. » — Les commissaires ottomans demandent que la Commission se prononce sur la question suivante : « Y a-t-il une différence entre la capacité utilisable et le tonnage » net tel qu'il a été établi par les résolutions précédentes de la Com» mission ? » — La Commission, à l'unanimité des puissances représentées (moins la Russie, qui réserve son vote, et la France) vote qu'il n'y a pas de différence. Les délégués français, invités à prendre part à la délibération, ont refusé, déclarant n'avoir pas le temps de réflexion nécessaire.

M. le baron Steiger :

Messieurs, dans la dernière séance, M. le colonel Stokes a parlé du projet d'un arrangement spécial avec MM. les délégués de France.

J'avais cru que les pourparlers dont il s'agit ne sortiraient pas du domaine privé et confidentiel ; mais M. le premier délégué de la Grande-Bretagne ayant jugé autrement et insisté sur leur insertion dans le procès-verbal, je crois juste d'y insérer également les contre-propositions de MM. les délégués de France. Ces contre-propositions consistaient en une surtaxe de 5 francs et un chiffre supérieur de tonnage pour le commencement des déductions. Sur l'observation de l'honorable M. Mattei que la différence existante entre ce que perçoit actuellement le Canal et ce qu'il percevrait sur le *net tonnage*, ne représente pas 50 0/0, mais à peu près 47 0/0, MM. les délégués de France ont proposé la surtaxe de 4 fr. 50, c. et c'est sur cette base que les pourparlers ont été poursuivis. Dans la seconde réunion privée des délégués, l'augmentation du tonnage résultant des déductions admises par les règles recommandées par la Commission ayant été approximativement estimée à 6 1/2 0/0, la proposition de MM. les délégués de la Grande-Bretagne d'une surtaxe de 3 francs devenait équivalente pour le Canal à 13 fr. 80 c. Il restait, par conséquent, une différence de 70 centimes par tonneau. Afin de rapprocher les deux propositions et de diminuer cette différence, je demandai à M. le colonel Stokes s'il ne pourrait augmente la surtaxe déjà proposé de 50 centimes encore, ce qui, avec l'augmentation résultant des déductions proposées par la Commission, aurait porté la perception à environ 14 fr. 30 c., chiffre sur lequel MM. les délégués de France pourraient peut-être entrer en transaction. M. le colonel Stokes me répondit que son gouvernement ne l'avait pas autorisé à aller au-delà de 13 francs. MM. les délégués de France n'ayant pas encore l'autorisation de leur gouvernement pour entrer définitivement dans cette base de discussion, les pourparlers de transaction ne purent être continués. Cette autorisation, ils viennent de la recevoir aujourd'hui même. Il faut prendre en considération que nos collègues de France, en discutant ces bases de surtaxe ne doivent pas perdre de vue l'état du Canal, ses besoins, les devoirs de l'administration vis-à-vis des actionnaires. Il ne faut pas oublier non plus que ceux-ci, dans le cas où la transaction réussirait, tout en faisant des sacrifices pour le présent, en font aussi d'énormes pour l'avenir, car il s'agit de revenir de nouveau, dans un temps donné, à la taxe de 10 francs pour ne plus l'altérer jusqu'à la fin de la concession

Je crois utile de consigner ces faits dans le procès-verbal, en réponse à ce qu'a dit M. le colonel STOKES sur le peu d'empressement avec lequel MM. les délégués de France auraient accueilli les propositions faites, et que la Compagnie n'aurait en rien fléchi de ses prétentions. Il me semble, au contraire, que nos collègues français ont montré du bon vouloir, et j'ai la conviction que si ce chiffre de 3 fr. 50 c. plus l'augmentation résultant du tonnage net établi par la Commission avait été accepté, l'entente n'aurait fait l'objet d'aucun doute.

Je ne me dissimule pas que je me trouve, par rapport à la discussion de ces chiffres dans le sein de la Commission, beaucoup moins à l'aise que lors de ces discussions des points techniques.

Nous nous trouvons tous, vis-à-vis du Canal, dans une position intéressée, celle de lui accorder le moins possible, ayant pour mission de représenter exclusivement les intérêts du commerce ; personne n'est là, par contre, qui puisse défendre les intérêts du Canal.

Je constate que ce n'est là ni ma mission ni ma tâche (1), mais je crois devoir exprimer sincèrement mon opinon. Le Canal de Suez étant nécessaire à toutes les nations maritimes, serait-il juste de discuter aujourd'hui les conditions de son existence? *Il est possible que lors de l'exécution on ait cru à des dépenses moindres, il est possible même que M. de Lesseps ait eu en vue le tonneau de jauge, en mettant sa signature au bas de l'acte de concession.* C'est un point qui me paraît cependant sujet à des discussions, car que signifierait dans ce cas l'emploi du terme nouveau *tonneau de capacité ?*

Mais, même dans le cas où il y aurait eu erreur, convient-il aujourd'hui de refuser le fruit de tant de peines non à M. de Lesseps, non à la direction, mais aux actionnaires qui, malgré l'avis de plusieurs ingénieurs célèbres, engagèrent leurs fonds dans cette entreprise ? En 1865, M. de Lesseps convoqua les délégués du commerce de toutes les nations pour constater les travaux déjà exécutés. J'ai eu l'honneur de participer à cette réunion à laquelle les délégués anglais seuls furent subitement empêchés d'assister, par diverses raisons.

Plusieurs des membres de cette réunion émirent l'opinion que l'exécution finale du Canal laissait beaucoup de doutes. Eh bien,

---

(1) *Le délégué Russe ne rend justice ni à ses propres efforts ni à ceux des délégués français. Les intérêts de la Compagnie ont été manifestement défendus avec autant de fermeté que de compétence.*

malgré ces doutes réitérés, les actionnaires ont eu foi en M. de Lesseps et l'ont aidé à terminer l'œuvre grandiose qu'il avait entreprise; il l'a terminée malgré tous les obstacles. Au lieu de discuter comme on le fait, ne serait-il pas plus juste, en ajoutant 50 centimes, d'arriver à donner aux actionnaires une rétribution au moins équitable, pour les capitaux qu'ils ont engagés dans cette œuvre dont nous profitons tous, rétribution énormément diminuée, d'ailleurs, dans l'avenir, d'après le sens de la transaction projetée?

Ces observations m'ont été suggérées tant par le discours prononcé à la dernière séance par M. le colonel Stokes, que par la proposition déjà faite d'une surtaxe de 3 francs sur le tonnage net.

M. le Président invite le secrétaire à donner lecture d'une lettre que S. E. Rachid Pacha vient de lui adresser, avec prière de faire part à la Commission internationale d'une nouvelle communication de M. le chargé d'affaires de France, conçue en ces termes :

Péra, le 30 novembre 1873.

« Monsieur le Ministre,

« J'ai reçu la lettre que Votre Excellence m'a fait l'honneur de » m'écrire le 25 de ce mois et à laquelle se trouvait joint le texte de la » motion votée le 18 novembre par la Commission internationale du » tonnage, en réponse à la communication que vous avez bien » voulu charger S. E. Edhem Pacha de lui faire de la part de » l'ambassade de France.

» Le Gouvernement français demandait à la Commission de vou» loir bien rechercher l'écart existant entre le nombre de tonneaux » accusés par la jauge officielle et le nombre de tonneaux effectifs » que peut charger un navire, afin que la détermination de cet écart » permît à la Compagnie d'effectuer ses perceptions sur une base » incontestée. La résolution adoptée par la Commission ne répond » pas directement à la question que nous nous étions permis de lui » adresser. Mon Gouvernement attacherait donc le plus grand prix à » savoir si elle est disposée à examiner le rapport existant entre le

» volume d'un navire et celui des marchandises qu'il peut porter, les
» conséquences à tirer de son avis, devant être laissées à l'apprécia-
» tion de la Sublime Porte, en ce qui concerne le péage du Canal
» de Suez.

» Agréez, etc.

» Signé: GEORGES LE SOURD. »

M. le colonel STOKES fait observer que, dans la réponse précédente, la Commission donnait l'assurance qu'elle était disposée à discuter l'écart, abstraction faite du Canal de Suez.

On voudrait maintenant imposer d'avance la question du Canal de Suez. Pour sa part, il est toujours du même avis qu'on pourrait discuter cette question indépendamment du Canal; ceci serait possible si la Commission voulait voter la résolution proposée à la dernière séance par les délégués de la Grande-Bretagne. Si, cependant, la Commission voulait procéder à une discussion en dehors de l'ordre du jour, M. le colonel STOKES ne pourrait y consentir que dans le cas où la séance ne serait pas levée avant le vote de la résolution.

M. le PRÉSIDENT constate qu'il s'agit d'une réponse à donner et non d'une discussion dans le cours de la séance.

M. JANSEN (Pays-Bas) ajoute que la réponse lui semble avoir été déjà donnée. La Commission a amplement traité cette matière dans les séances précédentes, aussi loin qu'elle pouvait aller. Les procès-verbaux en offrent un compte rendu fidèle et il propose de les envoyer à M. le chargé d'affaires de France. Dans le cas cependant, où la demande formulée par l'ambassade n'y avait pas pris place, ce serait une preuve que cette demande a pour objet une discussion en dehors des attributions de la Commission.

M. le PRÉSIDENT fait observer que la surtaxe a été cependant aussi traitée dans la Commission.

M. JANSEN (Pays-Bas) réplique que, sur la question de la surtaxe, les délégués n'ont fait que constater un signe de bon vouloir, en la recommandant à leurs gouvernements; il partage l'avis du PRÉSIDENT que la question de la surtaxe est également en dehors des attributions de la Commission.

M. le baron de STEIGER fait observer que M. le premier délégué des Pays-Bas envisage sous un autre point de vue l'avis qu'il a émis quant à la proposition de M. le colonel Stokes. La Commission n'a pas à s'occuper de la surtaxe dans son sein. Mais du moment que le gouvernemeut le plus directement intéressé à la question du Canal demande une discussion entrant dans cette question, il est d'avis que la Commission pourrait obtempérer à ce désir.

M. de HEIDENSTAM partage l'avis de M. le premier délégué des Pays-Bas. La question qu'on demande a été discutée en tant qu'elle concerne la Commission; les procès-verbaux en font foi. Pour ce qui est de la surtaxe, il croit que M. le colonel Stokes en a parlé, parce qu'il voulait laisser la porte ouverte à l'avenir, tout en désirant en faire consigner une trace dans les protocoles.

M. MATTEI rappelle qu'une proposition formelle a été faite par son honorable collègue néerlandais d'envoyer à M. le chargé d'affaires de France un exemplaire des procès-verbaux, pour qu'il puisse voir si la Commission a examiné la question de l'écart d'après la demande de son Gouvernement. Il désire que ces procès-verbaux soient envoyés.

M. GILLET attire l'attention de ses collègues sur la différence qu'il trouve entre les deux communications françaises. Dans la première, l'écart devait servir *à priori* de différence pour la taxe à imposer sur les navires traversant le Canal. D'après la seconde, c'est la Sublime Porte qui doit décider si l'écart doit ou ne doit pas être appliqué. Le Gouvernement ottoman ne s'est cependant pas prononcé là-dessus et n'a pas cru devoir restreindre le mandat de la Commission à cet égard, et en faire une espèce de jury qui aurait simplement à examiner une question de fait sans pouvoir s'occuper de l'application. MM. les délégués ottomans n'ont pas émis jusqu'à présent cet avis. Les conclusions de la Commission seront laissées à l'appréciation de la Sublime Porte; mais, il ne faudrait pas constater que l'écart est recommandé comme base de la prélévation de taxe. L'envoi des procès-verbaux lui paraît impossible. Il est d'avis de donner une réponse dont la teneur serait à discuter.

M. le colonel STOKES fait observer qu'il trouve la proposition de M. le premier délégué des Pays-Bas très-pratique. D'après lui cette question a été discutée en long et en large, et il n'est pas possible de la mieux éclairer. Mais les délégués sont toujours prêts à discuter l'écart, pourvu que MM. les délégués de France en formulent la demande. Il insiste qu'il n'y a pas lieu d'adresser à la Commission des communications que les délégués français voudraient faire par l'entremise de tiers. Rien n'empêche MM. les délégués de France de se présenter pour proposer à la Commission les discussions qu'ils désirent. La porte leur est toujours ouverte. Mais il ne saurait admettre qu'une discussion quelconque puisse être imposée à la Commission, en dehors de son sein.

Une observation explicative à M. le baron de Steiger lui semble nécessaire. En parlant du peu d'empressement trouvé auprès de MM. les délégués de France il avait en vue la première démarche, mais nullement l'époque depuis laquelle M. le premier délégué de Russie s'était mêlé de la question.

M. de Kosjek établi une petite différence entre les deux communications françaises.

On avait dit vouloir s'occuper de l'écart sans égard pour la question du Canal de Suez. Depuis le 18 novembre, l'état légal de cette question a été soumis à un examen approfondi de la part de la Commission. Il ne croit pas qu'il y aurait une utilité pratique de le discuter aujourd'hui, d'après la tournure que prennent les débats. Pour fixer l'écart demandé par l'Ambasssade de France, il s'agit d'une étude technique et mathématique. Il ne voit pas d'inconvénient à ce qu'un sous-comité nommé par la Commission, discute cette question avec MM. les délégués de France ; le travail de ce comité spécial pourrait être toujours annexé aux procès-verbaux. Il propose, par conséquent, par déférence à la demande française, de s'occuper de cet écart comme d'une question théorique, sans altérer l'ordre du jour.

M. Togores trouve la marche suivie par la Commission dans ses travaux, entièrement conforme aux indications de la Sublime Porte. Quant à la question de l'écart, la première communication parlait de la différence entre le tonneau de jauge et le tonneau de 1,000 kilogrammes ; la seconde parle de la différence du volume des navires et des marchandises que ce volume peut contenir ; deux questions également traitées lors de la discussion sur le tonnage brut. Il ne voit aucun inconvénient de discuter ; mais il ne voudrait pas que l'ordre du jour fût modifié. MM. les délégués de France ont toute liberté de formuler leurs propositions dans le sein de la Commission.

M. Jansen (Pays-Bas) dit que, malgré son désir de déférer à la demande formulée par l'Ambassade de France, il trouve de grandes difficultés à admettre la proposition faite par MM. les premiers délégués d'Autriche-Hongrie et d'Allemagne et appuyée en partie par MM. Togores et le colonel Stokes. Il trouve la tâche dont on voudrait charger les techniciens impossible à remplir, car il n'est pas facile de rechercher cet écart imaginaire. Il demande qu'une proposition claire et déterminée serve de base à l'examen de la Commission, et c'est pour cela qu'il voudrait donner communication des procès-verbaux.

M. de Kosjek répond que la question de la capacité utilisable des navires a été traitée par la Commission, soit lors de la question générale du tonnage, soit lors de l'examen de celle du Canal de Suez. Il a été établi que la capacité utilisable n'a rien à faire avec les tonneaux effectifs; d'après lui on s'est occupé ainsi, jusqu'à ce point, de l'écart. Il demande s'il n'est pas possible de fixer maintenant l'écart dont fait mention la communication de M. le chargé d'affaires de France.

M. Jansen (Pays-Bas) dit que la Commission est assez heureuse d'avoir dans son sein deux membres qui sont, mieux que tous autres, en état de donner une réponse à cette demande. Ces membres sont MM. Nicolich et le baron de Steiger (1). Il adopte d'avance leur opinion à cet égard.

MM. Nicolich et le baron de Steiger *constatent qu'il y a impossibilité pratique de fixer l'écart dont il s'agit, d'une manière constante.*

MM. Hargreaves et Togores s'associent à l'opinion exprimée par MM. les délégués d'Autriche-Hongrie et de Russie.

M. Janssen (Belgique) constate qu'une réponse n'est pas demandée

---

(1) M. Nicolich, mort récemment, était l'agent général à Constantinople de la Compagnie du Lloyd autrichien. M. le baron de Steiger est depuis longues années l'agent principal à Constantinople de la Compagnie Russe de navigation à vapeur et de commerce.

On ne pouvait donc s'adresser à des hommes plus compétents.

à la communication française. Elle ne lui semble nécessaire que si la Sublime Porte en exprimait le désir. On pourrait communiquer copie du procès-verbal dans lequel la discussion sera consignée.

M. le Président fait observer que si la Commission accepte la discussion sur l'écart, MM. les délégués de France sont disposés à rentrer. Il demandera si la Sublime Porte désire avoir une réponse à la communication française.

Madrilly Effendi dit qu'il serait mathématiquement impossible d'établir le rapport de l'écart pour le tonneau de marchandises, mais qu'on pourrait établir celui pour le tonneau de poids.

MM les Délégués ottomans déposent sur le bureau la question suivante :

Les soussignés, commissaires ottomans, demandent que la Commission se prononce sur la question suivante :

» Y a-t-il une différence entre la capacité utilisable et le tonnage » net tel qu'il a été établi par les résolutions précédentes de la Com» mission ?

» *Signé :* Edhem, Salih, Madrilly. »

MM. Mattei et Zamara constatent que la question a été déjà résolue par les discussions précédentes.

M. le baron de Steiger voudrait avoir un éclaircissement. Il désirerait savoir si, à l'avis de MM. les délégués Ottomans, qui ont reconnu que le tonneau de jauge net représente justement la capacité utilisable, le tonneau de capacité est égal au tonneau de jauge net.

M. le colonel Stokes trouve la réponse à cette question dans la déclaration clairement formulée par S. E. Salih Pacha dans l'avant-dernière séance.

M. Janssen (Belgique) fait observer que le Président désirerait maintenant que la Commission se prononce également sur le sujet.

M. Jansen (Pays-Bas) ne verrait pas d'inconvénient à faire passer le considérant de la résolution qui arle de cette question avant les autres, pour être agréable au désir de M. le Président.

M. GILLET appuie la proposition de voter préalablement la motion ottomane. En agissant autrement on aggraverait la situation vis-à-vis de MM les délégués de France.

M. le baron de STEIGER insiste sur l'explication demandée et désirerait savoir le point de vue de MM. les délégués ottomans.

MADRILLY EFFENDI *fait observer qu'il n'existe aucune différence entre le tonnage net et la capacité utilisable attendu que le tonnage net ou la capacité utilisable représente les parties du navire susceptibles du fret, c'est-à-dire propres à recevoir des marchandises ou des passagers.*

M. le baron de STEIGER désirerait, dans ce cas, savoir si MM. les délégués ottomans trouvent que le tonneau de capacité mentionné dans l'acte de concession est en tous points égal au tonneau de jauge officiel:

MADRILLY EFFENDI dit que ce point n'est pas à l'ordre du jour ; si jamais cette demande y était mise, il y donnera une réponse,

M. le baron de STEIGER désire que constation de cette réponse soit faite au procès-verbal.

M. le colonel STOKES demande à faire la lecture de la résolution qu'il a l'honneur de proposer à l'acceptation de la Commission.

M. le PRÉSIDENT y adhère en constatant que la motion ottomane y est comprise.

M. le colonel STOKES donne lecture de la résolution suivante :

« Invitée par la Sublime Porte à donner une solution définitive sur l'application des principes posés par elle et d'examiner si le mode actuellement appliqué dans la perception des droits du Canal de Suez est en harmonie avec les prescriptions de l'acte de concession et du firman impérial, suivant l'interprétation qui leur a été donnée par les deux lettres vizirielles à S. A. le Khédive, en date du 17 Djémazi-ul-Ewel et du 6 Djémazi-ul-Ahir 1290,

» La Commission,

» Considérant que dans les mots de l'acte de concession « tonneau de capacité des navires », le mot « capacité » ne saurait s'appliquer à une mesure de poids, et les mots « des navires » excluent les marchandises comme base de la perception ;

» Considérant que, ceci arrêté, il ne reste pour base de la perception que le tonneau de jauge;

» Considérant que ces mêmes termes « tonneau de capacité des navires » qui se trouvent dans l'acte de concession du Canal de Suez, ont été interprétés par la Sublime Porte comme se rapportant à la capacité utilisable des navires;

» Considérant que par les lettres vizirielles conformes à l'acte de concession qui n'ont donné lieu à aucune réclamation, il est établi qu'on aurait à s'en tenir à l'égard de la perception des droits de navigation sur le Canal de Suez au tonnage net fixé par le système Moorsom, et que ce tonnage net, selon l'opinion de la Commission, exprime avec plus de précision que tout autre système en vigueur, la capacité utilisable des navires;

» Considérant qu'on ne saurait entendre par capacité utilisable, une capacité différente de celle qui résulte du tonnage net tel qu'il a été fixé par la Commission internationale;

» Considérant donc que les principes formulés par la Commission en règles pratiques sont d'accord avec l'interprétation donnée par le Gouvernement ottoman à l'acte de concession;

» Considérant qu'il résulte de l'article 12 de l'acte de navigation de la Compagnie de Suez du 4 mars 1872 que le droit spécial de navigation de 10 francs par tonne est perçu sur le *gross tonnage* ou tonnage brut des navires passant par le Canal;

» La Commission prononce :

» 1° Que le mode de perception actuellement pratiqué par la Compagnie universelle du Canal maritime de Suez n'est pas en conformité avec l'acte de concession et la lettre explicative des termes de cet acte;

» 2° Que les taxes doivent être perçues par tonneau de capacité de 100 pieds anglais ou 2,83 mètres cubes sur le tonnage net trouvé d'après le système Moorsom, ainsi qu'il a été établi par la Commission internationale;

» 3° Que dans le but surtout d'assurer l'uniformité de traitement de tous les pavillons, jusqu'à ce que les règles pour déterminer ce tonnage net, recommandées par cette Commission, aient été acceptées et mises en vigueur par les gouvernements y représentés;

» *a*. Le tonneau de capacité du tonnage net, suivant la loi anglaise de 1854, formera l'assiette de la taxe.

» *b*. Pour les bâtiments jaugés d'après le système Moorsom, mais dont le tonnage net est fixé d'après une autre loi ou ordonnance, ce tonnage net sera calculé sur le tonnage brut, d'après la loi anglaise sus-indiquée.

» *c*. Le tonnage brut des navires qui ne sont pas jaugés d'après le système Moorsom sera ramené à ce tonnage par l'application des facteurs du barême du Bas-Danube, et leur tonnage net sera déterminé d'après la loi anglaise de 1854.

» 4° Dans le cas où le Gouvernement ottoman adoptera les règles de jaugeage proposées par la Commission internationale, six mois après cette adoption, la perception des droits de navigation sur le Canal de Suez devra se faire d'après le tonnage net de l'Empire ottoman; les navires des autres nations qui n'auront pas encore adopté ces règles pourront être taxés selon le tonnage net de leurs papiers de bord, ramené au tonnage de l'Empire ottoman, par un barême de proportionnalité à établir et à renouveler par la Sublime Porte, d'accord avec les autres puissances intéressées. »

Une discussion s'étant engagée sur le point de savoir si on voterait par ordre les paragraphes de cette résolution ou si le 5e considérant, contenant le point formulé dans la motion présentée par MM. les délégués de la Turquie, aurait la priorité, la Commission se prononce à l'unanimité sur la demande faite par M. le Président en faveur de cette priorité.

M. le Président *déclare la discussion ouverte sur la capacité utilisable et suspend la séance, dans le but d'inviter MM. les délégués de France à venir y prendre part et formuler leurs propositions.*

Le Secrétaire, *accompagné de M. le baron de Steiger, se rend auprès de MM. le baron d'Avril et Rumeau et donne communication de la résolution prise par la Commission.*

MM. les délégués de France ayant refusé de prendre part à la délibération, n'ayant pas le temps nécessaire de réflexion, et cette ré-

ponse ayant été communiquée à M. le Président par le Secrétaire, S. Exc. Edhem-Pacha *met aux voix la motion ottomane.*

La Commission se prononce à l'unanimité des puissances présentes, à l'exception de la Russie, qui réserve son vote comme sur le tonnage brut, qu'il n'y a pas de différence entre la capacité utilisable et le tonnage net tel qu'il a été établi par les résolutions précédentes de la Commission.

M. le Président ouvre la discussion sur la résolution présentée par MM. les délégués de la Grande-Bretagne.

M. le baron de Steiger propose d'ajourner le vote sur cette résolution, devant les nouvelles instructions reçues par MM. les délégués de France. Il pense qu'il serait utile de s'entendre avec eux avant de procéder à une conclusion finale et propose, en conséquence, l'ajournement du vote jusqu'à la séance prochaine.

M. le Président appuie la proposition de M. le premier délégué de Russie.

M. Jansen (Pays-Bas) trouve que ce serait dans l'intérêt même de MM. les délégués de France et justement pour venir à une transaction que toute la Commission désire, qu'il faut une base et une résolution votée.

M. le baron de Steiger constate que sa proposition ne vise pas à empêcher la discussion éventuelle de la résolution, mais qu'il voudrait en réserver uniquement le vote, afin de ne pas prendre des conclusions qui mettraient un obstacle sérieux à tout arrangement.

M. le colonel Stokes croit que la discussion est mûre et que d'après les informations que M. le baron de Steiger a bien voulu lui donner sur les nouvelles propositions françaises, elles ne lui paraissaient pas de nature à promettre un arrangement.

Le vote sur la proposition de M. le premier délégué de Russie ayant été demandé, M. le Président la met aux voix.

Ont voté *contre :*

La Belgique, l'Espagne, la Grande-Bretagne, l'Italie, les Pays-Bas.

Ont voté *pour* :

L'Allemagne, l'Autriche-Hongrie, la Russie, la Suède et la Norwége, la Turquie.

En présence de la parité des voix, le vote de M. le Président décide de la majorité.

L'ajournement est prononcé.

N° 34.

PROCÈS-VERBAL N° XVIII.

(9 décembre 1873.)

Communication du Gouvernement ottoman, — (les délégués français assistent à la séance), invitant la Commission à formuler officiellement en faveur de la Compagnie la proposition d'adoucissements transactionnels aux conséquences inévitables de la situation légale qui vient d'être fixée de manière à mettre un terme aux controverses et aux équivoques du passé. — M. Jansen (Pays-Bas) demande « qu'il soit préalablement voté que la Compagnie s'est écartée des » prescriptions de l'acte de concession. Le désir très-naturel et unanime de sauver la Compagnie de Suez ne peut et ne doit pas » empêcher le jugement que la Commission est obligée de prononcer. » Sans cela l'adoucissement transactionnel n'aurait pas une garantie » qu'il sera exécuté conformément à l'esprit qui l'a dicté. »

. . . .

Sur l'invitation de M. le Président, le Secrétaire donne lecture de la lettre de S. Exc. Rachid-Pacha, ministre des affaires étrangères, qui vient d'être adressée à Edhem-Pacha, et conçue en ces termes :

Sublime Porte, le 9 décembre 1873.

« Monsieur le Président,

» Ainsi que vous avez bien voulu m'en informer, la Commission » internationale pour le tonnage vient de discuter et d'établir suc- » cessivement les règles concernant le *gross tonnage*, le tonnage net » et la capacité utilisable.

» En présence des conséquences inévitables de la situation légale » qui vient ainsi d'être fixée de manière à mettre un terme aux » controverses et aux équivoques du passé, le Gouvernement impé- » rial a été heureux d'apprendre les efforts tentés avec succès par les » délégués de plusieurs puissances maritimes pour amener dans la » pratique des adoucissements transactionnels en faveur d'une œuvre » unique dans son genre. L'utilité de pareils arrangements semble » d'autant plus évidente que dans les instructions adressées à ses » commissaires, le Gouvernement impérial avait déjà déclaré que, » eu égard au caractère d'urgence que présentait la question du » Canal de Suez, il se réservait de s'approprier les conclusions de la » Commission qui seraient de nature à recevoir une exécution im- » médiate et d'en régler le mode d'application.

» Afin donc de répondre à des besoins et à des intérêts universel- « lement sentis et de donner à la nouvelle tâche que la Commission a « si honorablement assumée un caractère officiel, je viens prier Votre « Excellence d'engager MM. les délégués de vouloir bien compléter leurs » travaux, en formulant au nom de leur Gouvernement, et dans un » esprit d'équité bien entendu, les nouvelles conditions dont le béné- » fice pourra être assuré dans l'avenir à la Compagnie universelle du » Canal du Suez.

» Veuillez, etc.

« (*Signé*) Rachid. »

. . . .

M. Jansen (Pays-Bas). — La question que nous avons à résoudre à présent est si la proposition qu'on vient de soumettre à notre examen doit être discutée dans la prochaine séance, ou après la fin de la discussion des questions qui sont à l'ordre du jour, c'est-à-dire après que nous aurons examiné si le mode actuellement appliqué dans la perception des droits du Canal de Suez est en harmonie avec les prescriptions de l'acte de concession et du firman impérial, suivant l'interprétation qui leur a été donnée par les lettres vizirielles de S. A. le Khédive.

Cette question, comme toutes les autres que nous avons examinées, est une question purement technique, mais à laquelle se joignait une autre question, celle de savoir si une compagnie privée avait le droit de s'arroger des droits régaliens, en déterminant la jauge officielle selon ses propres intérêts, afin de pouvoir taxer la navigation de toutes les nations intéressées, contrairement à toutes les promesses faites officiellement et officieusement, de la manière la plus arbitraire et la plus vexatoire.

Après le travail que nous avons déjà fait sur l'unification du tonnage, il ne nous a pas été très-difficile de résoudre aussi ces questions; mais en touchant à la fin de notre tâche, qui a pesé surtout sur les techniciens, et au moment même où nous sommes prêts d'un commun accord, à prononcer notre jugement, qui était déjà formulé et presque accepté par tous nos honorables collègues, excepté ceux de France et de Russie, la diplomatie vient de se saisir de nouveau de la question soumise à notre examen, afin d'arrêter la condamnation qui est sur nos lèvres.

La question actuellement devant nous est de savoir si nous prononcerons avec une grande majorité cette condamnation, ou si nous examinerons des propositions d'accommodemment transactionnel avant de prononcer la condamnation des actes illégaux de la Compagnie du Canal de Suez.

Pour ma part, je suis prêt à considérer avec la plus grande bienveillance et conformément au désir exprimé à la fin de mon discours, dans notre XIIIe séance, chaque proposition ayant pour but d'assister la Compagnie; mais, après avoir prononcé la condamnation telle qu'elle a été formulée par M. le premier délégué d'Allemagne, avec celui de Suède et de Norwége et un des délégués de la Grande-Bretagne, ou bien comme elle a été rédigée par MM. le premier délégué d'Autriche-Hongrie, le délégué de Suède et de Norwége et le second délégué des Pays-Bas, après qu'elle avait été très-peu amendée par MM. les délégués ottomans.

Je sais qu'après que nous aurons prononcé notre jugement, le Gouvernement ottoman a le droit souverain de le faire ou de ne pas le faire exécuter; il n'appartient qu'à la Sublime Porte de prendre une décision à cet égard.

Je conçois aussi qu'elle demande notre avis sur des adoucissements, afin que dans sa clémence, Sa Majesté impériale puisse rendre grâce au coupable, sans compromettre les intérêts du monde commercial et de la navigation de tous les pays intéressés.

Ce sont des actes régaliens que je respecte et qui ont toute ma sympathie, surtout lorsqu'il s'agit de les appliquer à la Compagnie de Suez. Je me sentirais même très-heureux si je pouvais contribuer, de quelque manière que ce soit, à ce que l'avis de la Commission pût être aussi favorable que possible aux intérêts des actionnaires de la Compagnie de Suez.

Mais ce désir, très-naturel d'ailleurs, car je suis convaincu que tous mes collègues l'ont aussi bien que moi, ce désir de sauver la Compagnie de Suez d'un grand désastre, ne peut et ne doit préjuger le jugement que nous sommes obligés de donner et sans quoi l'honneur de la Commission serait compromis.

Nous ne saurions anéantir les procès-verbaux de nos séances; nous ne pouvons annuler les résolutions condamnatoires qui ont été proposées d'un commun accord, comme je viens de le dire, par tous les délégués, excepté ceux de France et de Russie, qui ont pris sous leur bienveillante protection les actes de la Compagnie de Suez.

Non-seulement je crois qu'il y a pour nous un devoir d'honneur, quoique bien pénible, de prononcer la condamnation, mais aussi je crois que cette manière d'agir est nécessaire pour la Sublime Porte, car, sans cela, l'adoucissement transactionnel qu'on ferait n'aurait pas une garantie qu'il sera exécuté conformément à l'esprit qui l'a dicté.

Sans une condamnation en tout temps exécutoire, les adoucissements ne seront que le commencement de nouvelles complications, et la Sublime Porte n'aura, dans ce cas, pas même la faculté de demander à une autre commission internationale la solution définitive de ces nouvelles difficultés.

Pour les raisons que je viens d'exposer je crois qu'avant d'examiner toute autre propostion, nous devons prononcer notre jugement. Mais si vous décidez autrement, j'espère que ce sera avec la réserve que nous prononcerons le jugement après l'examen des autres propositions.

Quant à agir au nom de mon Gouvernement, je dois déclarer que nous avons toujours admis que nous ferions des propositions à nos gouvernements; en tout cas, je devrais demander des instructions spéciales pour pouvoir agir en son nom.

. . . .

N° 35.

PROCÈS-VERBAL N° XXI.

(18 décembre 1873.)

*Clôture des travaux de la Commission. — Satisfaction unanimement exprimée des résultats consacrés, notamment par le président S. E. Edhem-Pacha et par le baron de Steiger au nom de la Russie. — Vote à l'*UNANIMITÉ *du Rapport final et de la transaction qui est approuvée par tous les gouvernements représentés et ratifiée par le Gouvernement impérial ottoman.*

. . . .

M. le Président invite le Secrétaire à donner lecture du Rapport final résumant les travaux de la Commission et présenté par le comité de rédaction.

Après lecture entendue et discussion faite, la Commission adopte *à l'unanimité* le rapport final dont il a été donné, à la dernière séance, une première lecture par M. le colonel Stokes, rapporteur (1).

M. le baron de Steiger désire faire consigner dans le procès-verbal que le vote affirmatif de la Russie a été donné par lui sauf les ré-

(1) *Voir annexes A et B au n° 35, p. 283 et 295.*

serves faites sur des points spéciaux par son collègue, M. le colonel KORCHIKOFF.

Le SECRÉTAIRE est chargé par la Commission de recueillir et de consigner dans le présent procès-verbal le vote de la Grèce sur les règles de jaugeage et sur le rapport final, le délégué de cette puissance étant empêché, par force majeure, d'assister à la séance.

Après avoir accompli son mandat, le SECRÉTAIRE consigne le vote de M. ANARGYROS, qui est *affirmatif* tant sur les règles de jaugeage que sur le rapport final.

M. le PRÉSIDENT est prié de transmettre à la Sublime Porte, au nom de la Commission, le rapport final qui vient d'être voté et qui forme la réponse de la conférence aux questions soumises à son examen par l'invitation faite par le Gouvernement ottoman aux puissances maritimes, et qui motiva sa réunion.

S. EXC. M. EDHEM-PACHA prend la parole en ces termes :

Messieurs les délégués,

La Commission internationale pour le tonnage est arrivée au terme de ses travaux.

Grâce à l'activité que vous avez déployée, deux mois ont suffi à la Commission pour discuter et régler la question si complexe du tonnage dans toutes ses parties. *Les discussions qui ont occupé nos séances se trouvent reproduites dans nos procès-verbaux; elles montreront toujours et partout que toutes les opinions se sont fait jour au sein de la Commission; elles expliquent nos conclusions et ajoutent ainsi à l'autorité résultant de l'unanimité de nos votes une force démonstrative qui sera, j'espère, reconnue et appréciée même par ceux qui n'ont pas directement participé à nos travaux.*

L'unification du tonnage est entrée désormais dans la voie pratique; les difficultés techniques sont aplanies et il ne dépend plus que de la volonté des gouvernements de faire profiter le commerce et la navigation des principes uniformes que vous avez posés et que l'opinion publique réclamait si vivement depuis quelque temps.

Il y a plus. — *Au moment où la Commission se réunissait, la question des taxes à percevoir sur le tonnage des navires traversant le*

Canal de Suez soulevait des préoccupations sérieuses. — L'idée d'utiliser nos conférences pour faciliter la solution de ce problème épineux se présentait pour ainsi dire d'elle-même. Je suis heureux de pouvoir constater que sur ce point aussi la Commission, non-seulement n'a pas failli à l'attente générale, mais qu'elle l'a même dépassée.

En élevant votre jugement à la hauteur de votre mission, vous êtes parvenus à formuler au sujet de la taxe du Canal un arrangement qui promet les résultats les plus satisfaisants dans l'avenir. Une des plus grandes et des plus utiles entreprises de notre siècle se trouve ainsi placée à l'abri des incertitudes du passé et des embarras qui auraient pu en résulter.

Le double mérite de cette œuvre revient à vous, Messieurs, qui avez su si bien interpréter les vues des gouvernements qui vous avaient délégués à cette Commission.

En présence de résultats si importants, je suis chargé, Messieurs, de vous exprimer la haute satisfaction du Gouvernement impérial. MM. les délégués peuvent emporter la conviction que le Gouvernement ottoman apprécie pleinement la valeur de ce travail collectif et personnel, qui a permis de clore si heureusement cette conférence internationale tenue à Constantinople, et qui marquera dans le règne de Sa Majesté impériale le Sultan Abdul-Aziz, mon auguste souverain et Maître.

Mes dernières paroles doivent être consacrées, Messieurs, à rendre un dernier hommage à vos lumières, à la droiture de vos intentions, à la sincérité de vos efforts.

Permettez-moi aussi d'ajouter mes remerciements bien sentis pour la bienveillance que vous n'avez cessé d'avoir pendant tout le cours de notre collaboration envers celui qui gardera, en souvenir ineffaçable, l'honneur d'avoir présidé à vos délibérations.

De vives marques d'approbation accompagnent le discours de S. Exc. EDHEM-PACHA.

M. le baron de STEIGER :

M. le Président,

En nous réunissant ici pour résoudre un des problèmes les plus utiles pour le commerce et la navigation du monde, le Gouvernement de Sa Majesté le Sultan a donné une nouvelle preuve de sa sagesse.

En nous donnant l'occasion de nous occuper des difficultés que la perception du péage pour le Canal de Suez a fait surgir, le Gouvernement impérial a donné une nouvelle preuve de la haute impartialité avec laquelle il compte agir à l'égard d'une œuvre unique et à la réalisation de laquelle le Gouvernement ottoman et l'administration égyptienne ont puissamment contribué.

Nous sommes heureux si, par nos travaux, nous avons pu répondre aux intentions du Gouvernement ottoman, auquel nous resterons toujours reconnaissants pour l'hospitalité qu'il nous a accordée.

Mais si nos travaux ont pu aboutir à une solution heureuse, nous le devons principalement à l'habileté et à l'impartialité avec lesquelles notre président a guidé nos travaux, et je vous propose, Messieurs, de lui en exprimer nos remerciements.

M. le colonel Stokes :

Monsieur le Président,

Nous vous remercions des paroles bienveillantes que vous venez de nous adresser et nous devons exprimer notre satisfaction de ce que nos efforts pour arriver à des résultats pratiques sur les questions qui nous étaient posées ont été appréciés d'une manière si éclairée.

Comme Votre Excellence le sait, ces résultats n'ont pas été obtenus sans quelque difficulté ; si dans la partie essentiellement technique de notre tâche une coïncidence remarquable de vues a réuni la grande majorité des délégués, il y eut une certaine divergence d'opinions dans la seconde partie du travail qui nous a occupés, non certes sur le fond de la question même, mais sur la meilleure manière de concilier tous les intérêts. *Votre Excellence a très-bien dit que le problème de l'unification du tonnage a été soumis à un examen approfondi, mais je désire constater également que l'étude en a été faite avec impartialité, indépendamment de la question spéciale du Canal de Suez. Ce problème a été traité au point de vue scientifique et pratique avec un sincère désir de la part des délégués d'arriver à une solution de la question, qui serait généralement reconnue comme répondant aux vues des gouvernements maritimes qui s'empressèrent d'accepter l'invitation de la Sublime Porte, et comme sauvegardant, de la meilleure manière, les intérêts du commerce et de la navigation.*

En notre qualité de délégués britanniques, nous avons été particulièrement fiers de constater l'hommage justement rendu par tous nos collègues, sans exception, à Moorsom, l'homme éminent qui a développé le système si généralement approuvé dans cette enceinte.

Quant à la seconde question qui nous a occupés, je ne saurais me dispenser d'exprimer le plaisir que nous éprouvons en apprenant que l'arrangement effectué pour la perception des droits dans le Canal de Suez a été accueilli avec satisfaction par le Gouvernement de Sa Majesté impériale.

Je me permets de féliciter la Commission sur le résultat définitif de nos travaux, et je suis sûr d'être l'interprète du sentiment général en priant Votre Excellence de vouloir bien présenter à son auguste souverain l'expression de notre gratitude pour l'hospitalité que Sa Majesté impériale le Sultan nous a accordée dans sa capitale.

Il me serait impossible de finir sans ajouter un mot de reconnaissance pour la manière digne et impartiale avec laquelle Votre Excellence a présidé à nos délibérations et pour l'esprit éclairé avec lequel elle a su diriger nos débats, même au milieu de la confusion qui a pu régner en certains instants.

En m'associant donc à la proposition de M. le premier délégué de Russie, je propose un vote de remercíements pour S. E. Edhem-Pacha.

Annexe A au n° 35.

Rapport final *résumant les travaux de la Commission internationale pour le tonnage réunie à Constantinople en 1873.*

La Commission internationale réunie à Constantinople pour répondre à l'appel adressé aux puissances maritimes par le Gouvernement de Sa Majesté impériale le Sultan :

Prenant pour guide de ses travaux les dépêches circulaires du Gouvernement impérial à ses représentants à l'extérieur, en date des

1er janvier et 13 août 1873, les lettres vizirielles à Son Altesse le Khédive d'Egypte du 17 Djémazi-ul-Ewel et du 6 Djémazi-ul-Ahir 1290 et les instructions de la Sublime Porte à ses délégués, a consacré vingt et une séances à la discussion des questions qui lui ont été soumises en procédant, d'après les règles qu'elle s'est elle-même préalablement tracées, ainsi qu'en témoignent les procès-verbaux annexés à ce rapport.

En fixant l'ordre de ses travaux, la Commission a cru devoir s'en tenir aux indications données par le Gouvernement de Sa Majesté impériale dans les lettres d'invitation adressées aux puissances et dans les instructions données aux délégués ottomans.

Lesdites pièces recommandent de rechercher, en premier lieu, le meilleur mode de constater :

1° La capacité totale et la capacité utilisable d'un navire ; et

2° Comme conséquence, d'examiner ensuite les conditions actuelles de la perception des droits de navigation par la Compagnie du Canal de Suez.

La Commission, poursuivant cet ordre d'idées, a divisé ses travaux en deux parties distinctes :

1° Question générale du tonnage ;

2° Question des perceptions des taxes pour le passage dans le Canal de Suez.

Abordant l'examen du premier point et envisageant cette question sous tous ses aspects, elle l'a classée en deux principales divisions :

Tonnage brut et tonnage net.

Formulant son avis sur cette partie de ses travaux, la Commission résume, ainsi qu'il suit, les considérations qui déterminent les propositions qui vont suivre :

L'usage traditionnel de toutes les nations maritimes est d'assujettir les navires de commerce à un mesurage dont le résultat, sous le nom générique de *tonnage*, sert de base à l'application des taxes auxquelles le corps du navire est ou peut être soumis, pour quelque cause et en quelque lieu que ce soit.

La fixation du tonnage appartient en tout pays au pouvoir souverain comme un des attributs de l'autorité publique. Réglée, à l'origine, dans chaque Etat, selon les convenances locales, elle a tendu à se dégager des divergences de nation à nation, au fur et à mesure que les échanges maritimes se développant, les priviléges réservés aux bâtiments nationaux ont fait place à la concurrence internationale.

L'objectif des anciennes règles de tonnage a été d'abord le déplacement avec une unité de poids, qui s'exprimait aussi en volume supposé équivalent pour déterminer ce qu'un navire pouvait porter ou contenir.

Mais partout l'expérience a démontré l'impossibilité de fixer, d'une manière constante, le port du navire, qui varie nécessairement suivant la nature, la forme et la densité de chacun des éléments concourant à former les cargaisons, et selon les saisons, l'état de la mer et la durée relative des voyages. Il est toujours possible, au contraire, de mesurer exactement la capacité intérieure du navire et d'en déduire, d'une manière pratique, les espaces qui, manifestement, ne peuvent pas être utilisés pour la production du fret. C'est à cette conclusion qu'ont abouti les diverses ordonnances réglant ce sujet, après avoir successivement traversé des phases analogues de tâtonnements et d'études.

Heureusement, après avoir passé par toutes ces phases, malgré les variations dans les procédés, on est à la fin arrivé à établir, dans des conditions à peu près semblables, une statistique comparable du tonnage maritime des différentes nations.

En adoptant partout les mêmes règles de jaugeage, la comparaison ne laisse plus rien à désirer, et la navigation sera partout taxée d'une manière uniforme et équitable.

Cette unification du tonnage peut être réalisée en adoptant une formule qui réunit les trois conditions suivantes :

1° Mesurer la capacité intérieure du navire avec toute la précision que comporte pratiquement la science géométrique,

2° Exprimer cette capacité en tonneaux, adoptant pour diviseur commun une unité de jauge qui résume le mieux, pour toutes les marines, les traditions séculaires de l'expérience commune, et qui donne comme quotient une moyenne de toutes les conditions variables dans lesquelles les navires sont employés;

3° N'admettre pour la détermination du tonnage net, qui sert de base à l'application des taxes, aucune déduction qu'à la condition que les espaces déduits ne soient pas employés pour la production du fret, soit en y mettant des passagers, soit en y mettant des marchandises.

La Commission s'est demandé s'il ne serait pas mieux de supprimer l'expression *tonneau de jauge*, afin de faire cesser la confusion continuelle entre le tonneau de jauge et les différents tonneaux employés par le commerce, soit en poids, soit en mesure; mais après mûre délibération, elle a jugé que le temps n'est pas encore venu pour recommander un tel changement dans les usages du monde commercial et maritime, et elle s'est décidée à adopter, pour unité de jauge, le tonneau de capacité du système Moorsom de 100 pieds cubes anglais ou $2^{m},83$ c. cubes.

Ces principes posés, la Commission internationale ayant reconnu que le procédé de mesurage de la capacité des navires inauguré par le *Merchant Shipping Act* de 1854 sous le nom de système Moorsom, dans le Royaume-Uni de la Grande-Bretagne et d'Irlande, réalise le mieux les conditions requises pour la détermination du tonnage brut; qu'aucun système ne se prête mieux à l'application des règles précises de déduction qui doivent déterminer le tonnage net et ne se recommande avec de plus grands avantages pour l'unification du tonnage que la Commission doit rechercher et désire atteindre;

Constatant d'ailleurs :

1° Que la plupart des puissances maritimes en ont ainsi jugé, puisque l'Allemagne, l'Autriche-Hongrie, le Danemark, les États-Unis d'Amérique, la France, l'Italie, la Norwége et la Turquie ont successivement, avec des variantes dans l'application, adopté le système Moorsom, et que la Belgique, l'Espagne, les Pays-Bas et la Suède, d'après les déclarations de leurs délégués respectifs, sont également en voie de l'adopter ;

2° Qu'en ce qui concerne le tonnage net des navires à vapeur, les prescriptions de la loi anglaise de 1854 laissent beaucoup à désirer, notamment en ce que la déduction est calculée pour une catégorie de navires dont les machines sont dans un certain rapport avec la capacité totale, en prenant un tantième pour cent du tonnage brut, tandis que dans d'autres navires la déduction dépend simplement de l'espace occupé par la machine;

3° Qu'il y a deux autres systèmes de déduction, entre lesquels la différence consiste dans le traitement des soutes à charbon; l'un, avec les cloisons mobiles, est appelé la règle du Bas-Danube, l'autre, pour des soutes fixes, est adopté en Allemagne, Autriche-Hongrie, France et Italie; que, par le premier de ces systèmes, on laisse la liberté aux armateurs d'employer sans inconvénient leurs navires partout dans le commerce général du monde, tandis que par l'autre système ils sont obligés d'adopter les soutes à charbon fixes pour des voyages déterminés, mais en vue des opinions partagées sur les avantages de l'un ou de l'autre système.

La Commission recommande à l'acceptation des puissances maritimes les modes de procéder ci-après indiqués et les règles de jaugeage annexées au présent rapport.

S'ils sont adoptés, il sera désirable que les papiers de bord des navires présentent un tableau de tous les détails du mesurage et du calcul par lesquels on aurait trouvé le tonnage brut, et des déductions opérées pour déterminer le tonnage net.

Pour le cas où il y aurait des exceptions dans le mesurage de la capacité totale du navire, on devrait le mentionner dans les papiers de bord.

En discutant et fixant les règles de jaugeage annexées à ce rapport, la Commission a été guidée par les considérations suivantes, qu'elle soumet aussi à l'approbation des puissances maritimes :

§ Ier. Tout navire de commerce, à quelque nation qu'il appartienne, doit être muni d'un certificat de jauge constatant :

a. Le tonnage brut ou *gross tonnage*, qui est l'expression de la capacité totale du navire, et

b. le tonnage net, qui est l'expression de la capacité du navire après déduction des espaces reconnus non utilisables pour la production du fret.

§ II. Le certificat de jauge dont il s'agit, délivré par les autorités compétentes de l'Etat auquel appartient le navire, après jaugeage opéré d'après les prescriptions des règles proposées par la Commission internationale, fait foi en tout pays pour servir de base à la perception des taxes auxquelles le corps du navire est ou peut être soumis, pour quelque cause et en quelque lieu que ce soit. Lesdites taxes sont appliquées au tonnage net du navire.

§ III. La détermination du tonnage brut ou capacité totale d'un navire est le mieux effectuée au moyen des procédés de jaugeage et de calcul connus sous le nom de système Moorsom, tels qu'ils sont définis par les règles de jaugeage adoptées par cette Commission et annexées au présent rapport.

§ IV. Le tonnage brut comprend le résultat du jaugeage de tous les espaces au-dessous du pont supérieur, ainsi que de ceux compris dans toutes les constructions permanentes couvertes et closes sur ce pont.

(Pour leur définition, voir les règles de jaugeage annexées.)

§ V. Les déductions à opérer du tonnage brut pour déterminer le tonnage net sont:

1° Les déductions générales s'appliquant aux navires à voiles et aux navires à vapeur ;

2° Les déductions spéciales aux navires à vapeur.

§ VI. Les déductions générales s'appliquent:

1° Au logement de l'équipage (ne sont pas considérés comme faisant partie de l'équipage les gens de service, quels qu'ils soient, embarqués pour le service des passagers) ;

2° Aux cabines des officiers de bord (celle du capitaine non comprise);

3° Aux cuisines et aux lieux d'aisance et latrines à l'usage exclusif du personnel du bord, qu'ils soient situés au-dessous ou au-dessus du pont supérieur;

4° Aux espaces couverts et clos, s'il en existe, placés sur le pont supérieur et destinés à la manœuvre du navire.

Tous les espaces appliqués à chacun des usages ci-dessus indiqués peuvent être limités séparément suivant les besoins et les habitudes de chaque pays; ils sont cubés isolément et additionnés ; le total devant être déduit, s'il est au-dessous de 5 0/0 du tonnage brut, et ne pouvant dans aucun cas dépasser 5 0/0 dudit tonnage.

Outre les espaces compris dans les déductions, il a été proposé au sein de la Commission de déduire aussi les espaces occupés par la cabine du capitaine, les soutes à voiles, à cordages et autres agrès de la manœuvre, mais ces propositions n'ont pas obtenu la majorité absolue des voix.

§ VII. La Commission recommande la suppression de tout système qui ferait dépendre la détermination du tonnage net d'un navire à vapeur de la déduction d'un tantième pour cent de la capacité totale du navire.

§ VIII. Les déductions spéciales aux navires à vapeur s'appli-pliquent :

a. A la chambre des machines et des chaudières ;

b. Au tunnel des navires à hélice ;

c. Aux soutes à charbon permanentes, les espaces des chambres, tunnel et soutes étant exactement mesurés.

§ IX. Si le navire n'a pas de soutes permanentes, ou s'il a seulement des soutes latérales, et si l'approvisionnement de charbon est logé dans des magasins prélevés sur la cale au moyen de cloisons mobiles, on ne fera pas entrer l'espace des soutes latérales ou des magasins à charbon dans le mesurage. Dans ce cas, on appliquera la règle en vigueur aux Bouches du Danube, c'est-à-dire que pour tenir compte de l'approvisionnement moyen de combustible, on accordera 50 0/0 de l'espace de la machine si le navire est à roues, et 75 0/0 de l'espace de la machine si le navire est à hélice.

(Voir art. 16 des règles de jaugeage annexées.)

§ X. Les navires munis de soutes permanentes pourront néanmoins être jaugés selon la règle du Danube. Dans ce cas le tonnage net sera établi conformément aux prescriptions du paragraphe ci-dessus.

§ XI. Dans aucun cas (sauf pour les remorqueurs), le total des déductions spéciales aux navires à vapeur ne pourra dépasser 50 0/0 du tonnage brut.

§ XII. Pour les navires remorqueurs, et à la condition expresse que ces navires seront exclusivement affectés au remorquage, les déductions spéciales s'appliqueront sans limite aux espaces réellement occupés par la chambre des machines et l'approvisionnement de combustible.

§ XIII. Provisoirement et jusqu'à ce que tous les gouvernements aient adopté des règles uniformes pour le tonnage net, et dans le but d'obtenir en attendant une certaine uniformité de pratique, il pourra, dans tout État, être délivré aux navires à vapeur, appartenant audit État, par les soins des autorités compétentes, pour la délivrance du registre de jauge constatant le tonnage d'après la loi nationale en vigueur, un certificat annexe qui fera foi dans les ports étrangers et qui établira le tonnage net auquel devront être appliquées les taxes à payer dans ces ports.

§ XIV. Dans les États qui ont déjà adopté le système Moorsom, le certificat annexe mentionné ci-dessus sera dressé facultativement, soit d'après la règle applicable aux navires à soutes permanentes, soit d'après la règle du Danube.

§ XV. Dans les pays où le système Moorsom sera, mais n'est pas encore adopté, les navires à vapeur pourront être mesurés d'après la règle II de la loi anglaise de 1854, avec les facteurs 0.0017 et 0.0018. Du tonnage brut ainsi trouvé, on opérera les déductions spéciales accordées par les §§ 6 à 12 ci-dessus. Le certificat annexe spécifié au § 13 constatera le tonnage brut et le tonnage net du navire; ledit tonnage net sera établi facultativement, soit d'après la règle applicable aux navires à soutes permanentes, soit d'après la règle du Danube.

§ XVI. Les navires non pontés n'ont pas été compris dans les règles internationales de jaugeage proposées.

§ XVII. Comme sanction pénale on recommande d'ordonner que si un des espaces permanents qui ont été déduits est employé pour y mettre des marchandises ou des passagers, ou pour en tirer du profit en l'affrétant, cet espace sera ajouté au tonnage net et ne pourra plus être déduit.

Les dispositions des paragraphes ci-dessus embrassent les principes qui ont guidé la Commission dans son travail et elle émet le vœu que pour garantir l'application identique desdits principes dans tous les États, les règles de jaugeage proposées par elle soient adoptées par voie diplomatique, ou par des délégués munis de pleins pouvoirs qui pourraient s'entendre sur les procédés à employer, et pour tous les détails d'exécution.

En abordant la seconde partie de la tâche qui lui a été dévolue par le Gouvernement de Sa Majesté impériale le Sultan, la Commission a posé dans les termes suivants, d'accord avec la teneur des instructions du Gouvernement ottoman à ses délégués, la question à résoudre :

« Le mode actuellement appliqué pour la perception des droits du » Canal est-il en harmonie avec les prescriptions de l'acte de concession et du firman impérial, selon l'interprétation qui leur a été » donnée par les deux lettres vizirielles à Son Altesse le Khédive ? »

Examen fait de l'acte de concession et des documents ci-dessus indiqués, la Commission a ouvert la discussion et après avoir entendu successivement MM. les délégués d'Allemagne, d'Autriche-Hongrie, de Belgique, d'Espagne, de la Grande-Bretagne, de Grèce, d'Italie, des Pays-Bas, de Russie, de Suède-Norwége et de Turquie, elle a été appelée à délibérer sur le projet de résolution présenté par les délégués de la Grande-Bretagne, ainsi qu'en témoignent les procès-verbaux n°s XIII, XIV, XV, XVI.

Avant de se prononcer par un vote sur cette résolution, la Commission, dans la séance du 9 décembre, a reçu de son Président, communication de la lettre en date du même jour, adressée à Son Excellence par Son Excellence Rachid-Pacha, ministre des affaires étrangères.

Déférant à la recommandation contenue dans cette lettre, la Commission a discuté et officiellement adopté la rédaction de l'avis suivant qui a été accepté à l'unanimité, et qu'elle espère être conforme au désir exprimé par la Sublime Porte :

AVIS.

Invitée par la Sublime Porte à exprimer un avis sur le mode de perception applicable au Canal de Suez en vertu du contrat de concession, du firman de 1866, et des lettres vizirielles du 17 Djemazi-ul-Ewel et du 6 Djemazi-ul-Ahir 1290, et se conformant au désir exprimé dans la lettre adressée, le 9 décembre 1873, par Son Excellence Rachid-Pacha, ministre des affaires étrangères de Turquie, à Son Excellence Edhem-Pacha, Président de la Commission;

Se référant d'une part, à l'acte de concession de l'entreprise du Canal de Suez, lequel acte doit rester intact;

Se référant, d'autre part, pour l'application des prescriptions de cet acte, aux principes généraux et aux règles de jaugeage, tels que la Commission internationale les a précédemment déterminés;

La Commission est d'avis qu'on peut régler le mode de cette perception par une transaction, dont les dispositions sont les suivants :

Navires jaugés d'après le système Moorsom.

I. Il sera perçu sur chaque tonne de registre net des navires dont les déductions propres aux machines ont été déterminées d'après le § (a) de la clause XXIII qui définit le règle III de la loi anglaise de 1854, outre la taxe de 10 francs, une surtaxe de 4 francs.

II. Cette surtaxe sera réduite à 3 francs pour chaque bâtiment qui aura inscrit sur ses papiers de bord, ou annexé à ces papiers, le tonnage net résultant du système de jaugeage recommandé par la Commission internationale, lequel formera la base de la perception de la taxe et de la surtaxe.

III. Il est entendu que les navires qui sont déjà mesurés d'après l'alternative posée par la Commission et notamment suivant le § (b) de la clause précitée de la loi anglaise de 1854, n'auront à acquitter, dès à présent, que la surtaxe de 3 francs par tonneau de registre net, sous la condition que les déductions pour la machine et le combustible n'excéderont pas 50 0/0 du tonnage brut.

Navires jaugés d'après un autre système que celui de Moorsom.

IV. Le tonnage brut des navires qui ne sont pas jaugés d'après le système Moorsom sera ramené au tonnage de ce système par l'application des facteurs du barême du Bas-Danube, et leur tonnage net sera déterminé d'après le § (a) de la clause XXIII précitée. Ils paieront, outre la taxe de 10 francs, une surtaxe de 4 francs par tonne sur ce tonnage net.

Disposition commune à tous les navires.

V. La surtaxe de 3 francs par tonne nette de registre sera progressivement réduite dans les proportions ci-après spécifiées, à mesure du développement du tonnage net des navires transitant annuellement par le Canal, et de manière à ne plus percevoir finalement que la taxe maximum de 10 francs par tonne sur le tonnage net, constaté par les papiers de bord, aussitôt que ce tonnage aura atteint pendant une année, 2,600,000 tonnes de tonnage net de registre.

La décroissance de la surtaxe suivra les proportions ci-après:

Aussitôt que le tonnage net aura atteint le chiffre de 2,100,000 tonnes pendant une année, la Compagnie ne pourra, à partir de l'année suivante, percevoir la surtaxe qu'à raison de 2 1/2 francs par tonne.

A partir de l'année qui suivra celle durant laquelle le tonnage net aura atteint 2,200,000, la surtaxe ne sera plus que de 2 francs par tonne et ainsi de suite, chaque augmentation de 100,000 tonnes pour une année entraînant une diminution de surtaxe de 50 centimes par tonne pendant l'année suivante; de telle sorte qu'au moment où le *net tonnage* aura atteint 2,600,000 tonnes pendant une année, la surtaxe sera définitivement supprimée et la taxe ne dépassera plus le chiffre maximum de 10 francs par tonne de registre net.

Il est bien entendu:

1° Qu'au cas où l'augmentation du tonnage net réalisée pendant une année dépasserait 100,000 tonnes, la surtaxe décroîtrait pendant l'année suivante d'autant de fois 50 centimes par tonne, qu'il se serait produit de fois 100,000 tonnes de plus;

2° Qu'une fois que la surtaxe aura été diminuée ou abolie d'après les conditions qu'on vient de dire, aucune augmentation ou réimposition ne pourra avoir lieu, même si le tonnage de transit venait de nouveau à descendre;

3° Que l'année mentionnée plus haut commence le 1er janvier, nouveau style.

VI. Les bâtiments de guerre, les bâtiments construits ou nolisés pour le transport de troupes et les bâtiments sur lest seront exemptés de toute surtaxe; ils ne seront pas soumis à une taxe supérieure au maximum de 10 francs par tonne, qui sera prélevée sur leur tonnage net de registre.

Après avoir exprimé cet avis dans sa dix-neuvième séance, le premier délégué de Turquie, autorisé par son Gouvernement, a fait les deux déclarations suivantes:

Que la permission de percevoir une surtaxe d'un franc concédée à la Compagnie universelle du Canal maritime de Suez dans l'année 1871, pour un but spécial, est abrogée;

Qu'aucune modification ne pourra être apportée à l'avenir aux conditions de transit, soit en ce qui concerne les droits de navigation, soit en ce qui concerne les droits de remorquage, d'ancrage, de pilotage, etc., qu'avec l'assentiment de la Sublime Porte qui, de son côté, s'entendra à ce sujet avec les principales puissances intéressées, avant de prendre aucune détermination.

MM. les délégués de la Grande-Bretagne, d'Italie, d'Espagne, de Belgique, d'Autriche-Hongrie, d'Allemagne, de Turquie, de France, de Grèce, de Russie et de Suède-Norwége ont déclaré, dans la vingtième séance, qu'ils sont autorisés par leurs gouvernements à adhérer auxdispositions de la transaction.

MM. les délégués des Pays-Bas ont déclaré qu'ils sont autorisés par leur Gouvernement à y adhérer également, sous les réserves faites.

Ce rapport final est fait et signé dans une seule expédition, à Constantinople, ce 6/18me jour du mois de décembre 1873, 28me jour du mois de Chewal 1290.

Pour l'Allemagne, (*Signé*) GILLET, HARGREAVES.
Pour l'Autriche-Hongrie, » G. DE KOSJEK, L. ZAMARA, E.F. NICOLICH.
Pour la Belgique, » CAC, JANSSEN.
Pour l'Espagne, » JOAQUIN TOGORES, A. RUATA.
Pour la France, » A. d'AVRIL, RUMEAU.
Pour la Grande-Bretagne, » J. STOKES, PHILIP FRANCIS.
Pour la Grèce, » A. A. H. ANARGYROS.
Pour l'Italie, » E. COVA, F. MATTEI, ALEX. VERNONI.
Pour les Pays-Bas, » JANSEN, RICHARD S. KEUN.
Pour la Russie, » B. E. STEIGER, KORCHIKOFF.
Pour la Suède et la Norwége » O. VON HEIDENSTAM.
Pour la Turquie, » EDHEM, M. SALIH, H. MADRILLY.

Le Secrétaire (*Signé*) CARATHÉODORY.

Certifié conforme à l'original:

Le Président,
(*Signé*) EDHEM.

Le Secrétaire,
(*Signé*) CARATHÉODORY.

(Annexe B n° 35)

RÈGLES DE JAUGEAGE *recommandées par la Commission internationale du Tonnage, réunie à Constantinople, en 1873.*

Principes généraux.

1° Le tonnage brut ou la capacité totale des navires comprend le mesurage exact de tous les espaces (sans en excepter aucun) qui se trouvent au-dessous du pont supérieur ainsi que ceux compris dans toutes les constructions permanentes couvertes et closes sur ce pont.

Note. — Par constructions permanentes couvertes et closes sur le pont supérieur, on doit entendre toutes celles qui constituent des espaces limités par des ponts ou couvertures et des cloisons fixes, et représentent une augmentation de capacité qui pourrait être utilisée pour l'arrimage des marchandises ou pour le logement et la commodité des passagers et du personnel de bord. Ainsi une ouverture quelconque ou plusieurs ouvertures soit sur le pont ou couverture, soit dans les cloisons, ou une interruption du pont ou le manque d'une partie de cloison ne les empêcheront pas d'être comprises dans le tonnage brut si, après le mesurage, elles peuvent être facilement closes et rendues ainsi mieux appropriées au transport de marchandises et passagers.

Mais les espaces sous des toitures d'abri, sans d'autres liens avec le corps du navire que les supports nécessaires à leur solidité, qui ne constituent pas des espaces limités et qui sont exposés d'une manière permanente aux intempéries et à la mer, ne seront pas compris dans le tonnage brut, bien que ces toitures puissent servir à abriter les hommes de l'équipage, les passagers de pont et même les marchandises appelées cargaison de pont (*deck loads*).

2° Les cargaisons du pont (*deck loads*) ne sont pas comprises dans le mesurage.

3° Les espaces clos destinés ou pouvant servir aux passagers ne seront pas déduits du tonnage brut.

4° Pour les soutes à charbon, on adopte les règle de la Commission européenne du Danube de 1871 et le mesurage exact des soutes fixes.

Règle I. — Pour les navires vides.

Art. 1. — La longueur pour le jaugeage des navires ayant un ou plusieurs ponts est prise sur le pont de jaugeage qui est :

a. — Le pont supérieur, pour les navires à un ou deux ponts ;

b. — Le second pont à partir de la cale, pour les navires ayant plus de deux ponts.

Cette longueur est mesurée de tête en tête en dedans du vaigrage, à la face supérieure du pont de jaugeage ; on en retranche ensuite des quantités correspondantes l'une à l'élancement de l'étrave, sur la partie comprise dans l'épaisseur du bordé du pont, et l'autre à la quête de l'arrière, sur une hauteur égale à l'épaisseur du bordé du pont, augmenté du tiers du bouge du bau.

Art. 2. — En vue de calculer les aires des différentes sections transversales qui sont nécessaires pour établir le volume intérieur du navire, la longueur définie à l'article 1er, est divisée conformément au tableau ci-après :

LONGUEUR DU PONT DE JAUGEAGE.

	Nombre de divisions à effectuer.
1re *Classe :* 50 pieds anglais, 15 mètres au moins (1).	4
2me *Classe :* de 50 pieds anglais exclusivement à 120 pouces anglais inclusivement (15m à 37m).	6
3me *Classe :* de 120 pieds anglais exclusivement à 225 pieds anglais inclusivement (35m à 55m)	8
4me *Classe :* de 180 pieds anglais exclusivement à 225 pieds anglais inclusivement (55m à 69m).	10
5me *Classe :* plus de 225 pieds anglais (69m)	20

Note. — Un plus grand nombre de divisions n'est pas interdit.

Art. 3. — A chaque point de division de la longueur, y compris les points extrêmes, on mesure le creux ou la hauteur de chaque section depuis un point marqué au tiers du bouge du pont en contrebas du can supérieur du barrot, jusque sur le collet de la varangue à côté de la carlingue, en déduisant l'épaisseur moyenne du vaigrage de fond.

(1) Les fractions de mètre ont été négligées.

Les hauteurs de toutes les sections transversales sont partagées en quatre parties égales, lorsque celle de la section milieu est de 16 pieds anglais (5 mètres) ou moins, et en six parties égales lorsque celle de la section milieu excède 16 pieds anglais (5 mètres).

A chacun des points de division de la hauteur de chaque section (les points extrêmes compris), on mesure la largeur du navire, en dedans du vaigrage.

Chaque largeur est numérotée (Nos 1, 2, 3, etc.) à partir du pont de jaugeage, et l'on multiplie :

Par 1, les largeurs Nos 1 et 5 (points extrêmes) Par 4, les largeurs Nos 2 et 4 » Par 2, la largeur No 3 »	Lorsque la hauteur est de 16 p. a. (5m) ou moins.
Par 1, les largeurs Nos 1 et 7 (points extrêmes) Par 4, les largeurs Nos 2, 4 et 6 » Par 2, les largeurs Nos 3 et 5 »	Lorsque la hauteur est plus de 16 p. a. (5m).

Le total des produits ci-dessus est multiplié par le tiers de la distance entre les divisions de la hauteur. Le résultat donne l'aire de la section.

Art. 4. — On peut aussi mesurer l'aire des sections transversales avec la même exactitude par la méthode suivante des coordonnées polaires.

On partage chaque demi-section transversale en cinq secteurs angulaires, ayant même angle au sommet (cet angle est égal à $\frac{9^\circ}{5}=18^\circ$) et on prend pour la surface de chacun d'eux, celle du secteur de cercle compris entre les rayons vecteurs extrêmes et décrit avec le rayon moyen.

Pour procéder au mesurage, il faut mesurer les rayons vecteurs moyens de chaque secteur, dont les deux extrêmes feraient, l'un avec l'horizontale et l'autre avec la verticale, des angles de 9°, tandis que les autres sont espacés uniformément de 18°.

Pour obtenir leurs directions on place dans le plan de la section demi-cercle, convenablement divisé et dirigé de manière que son diamètre horizontal passe par le tiers du bouge du bau et que le centre se trouve dans le plan diamétral du navire ; les rayons vecteurs seront mesurés à l'aide d'un ruban fixé au centre du demicercle.

Pour calculer l'aide de la section on élève au carré les rayons moyens ainsi mesurés, on les additionne entre eux, et la somme multipliée par 0,31416 sera considérée comme la surface de la section.

Art. 5. — Les sections transversales mesurées par l'une de ces deux méthodes sont numérotées (Nos 1, 2, 3, etc.) assignant le N° 1 à l'extrémité avant et le numéro à l'extrémité arrière de la longueur, On multiplie :

L'aire de la première et de la dernière section, s'il y en a, par 1 ;
Celle des sections des numéros pairs, par 4 :
Et celle des sections des numéros impairs (la première et dernière exceptées) par 2.

Le total de ces produits, multiplié par le tiers de l'intervalle entre les sections, donne le volume de l'espace mesuré. Le tonnage de ce volume est obtenu en le divisant par 100, si les mesures sont prises en pieds anglais, et par 2,83 si les mesures sont prises en mètres (1).

Art. 6. — Lorsque le navire a un troisième pont, le volume compris entre ce troisième pont et le pont de jaugeage est déterminé de la manière suivante :

On mesure la longueur de l'entre-pont, au milieu de la hauteur depuis le vaigrage à côté de l'étrave, jusqu'au revêtement intérieur de l'allonge de poupe.

Cette longueur est divisée en autant de parties que pour le pont de jaugeage ; à chacun des points de division, ainsi qu'aux points extrêmes, on mesure la largeur au milieu de la hauteur. Les largeurs sont numérotées (1, 2, 3, etc.) à partir de l'avant. On multiplie par 1 la première et la dernière, par 4 celles ayant des numéros pairs et par 2 celles ayant des numéros impairs (la première et dernière exceptées). Le total de ces produits, multiplié par le tiers de la distance entre les divisions de la longueur, donne l'aire moyenne horizontale de l'entrepont. On obtient ensuite le volume de l'entrepont en multipliant cette aire par la hauteur moyenne, et ce volume, divisé par 100 si les mesures ont été prises en pieds anglais ou par 2,83 si elles ont été prises en mètres, représente le tonnage à ajouter au tonnage principal (article 5).

---

(1) Quand les mesures sont prises en mètres, au lieu de diviser les volumes par 2,83, on peut les multiplier avec 0,353.

Si le navire a plus de trois ponts, le volume et le tonnage des entre-ponts supérieurs sont calculés de la même manière et ajoutés au tonnage principal.

ART. 7. — S'il existe sur le pont supérieur des dunettes, teugues, rouffles ou autres constructions permanentes couvertes et closes, telles qu'elles ont été définies dans les principes généraux, le tonnage en est également ajouté au tonnage principal. Il est calculé de la manière suivante :

1° Quand les contours sont formés par des surfaces courbes, on mesure à l'intérieur la longueur moyenne de chaque compartiment. On détermine le milieu de cette longueur. A ce point, ainsi qu'aux deux extrémités, on mesure, à la moitié de la hauteur, la largeur du compartiment. On multiplie par 4 la largeur du milieu ; on y ajoute les largeurs aux points extrêmes : le total, multiplié par le tiers de la distance entre les divisions de la longueur, donne l'aire moyenne horizontale du compartiment. On mesure alors la hauteur moyenne, et on la multiplie par l'aire moyenne.

2° Quand les contours sont entièrement formés par des surfaces planes, on mesure le volume en multipliant entre elles la longueur, la largeur et la hauteur moyennes de chaque compartiment.

L'opération est effectuée pour chaque compartiment distinct.

Dans les deux cas, on divise le volume obtenu par 100 si les mesures sont prises en pieds anglais ou par 2,83 si elles sont prises en mètres, pour avoir le tonnage de ces espaces.

ART. 8. — Dans le mesurage de la longueur, de la largeur et de la hauteur du volume principal ou des autres espaces, on doit ramener à l'épaisseur moyenne le vaigrage qui dépasse cette épaisseur.

Quand le vaigrage manque ou qu'il ne doit pas être établi à demeure, la longueur et les largeurs sont comptées à partir de la membrure.

Règle II. — Pour les navires chargés

ART. 9. — Lorsque les navires ont leur chargement à bord, ou que, par tout autre motif, ils ne peuvent pas être jaugés d'après la règle première, on opère comme il suit :

La longueur du navire est prise sur le pont supérieur depuis le trait extérieur de la rablure de l'étrave jusqu'à la face arrière de l'étambot; on en retranche la distance du point de rencontre de la voûte avec la rablure de l'étambot à la face arrière de cet étambot.

On mesure ensuite la plus grande largeur du navire hors bordé ou hors préceintes.

On marque à l'extérieur et des deux côtés, dans une direction perpendiculaire au plan diamétral et à l'endroit de la plus grande largeur, la hauteur du pont supérieur, et l'on fait passer sous le navire une chaîne allant de l'une à l'autre marque. A la moitié de la longueur de la chaîne on ajoute la moitié de la plus grande largeur ; on élève la somme au carré ; on multiplie le résultat, d'abord par la longueur déjà prise et ensuite par le facteur 0,17 (dix-sept centièmes) si le navire est en bois, et par le facteur 0,18 (dix-huit centièmes) si le navire est en fer. Le produit donnera approximativement le volume du navire, et l'on obtient le tonnage principal en divisant par 100 ou par 2,83, selon que les mesures sont prises en pieds anglais ou en mètres.

Art. 10. — Si, au-dessus du pont supérieur, il existe des dunettes, gaillards, teugues, rouffles, ou autres constructions permanentes couvertes et clauses (telles qu'elles ont été définies dans les principes généraux), on en détermine le tonnage, en multipliant entre elles la longueur, la largeur et la hauteur moyennes et en divisant le produit par 100 ou par 2,83, selon que les mesures sont prises en pieds anglais ou en mètres, et on les ajoute au tonnage principal pour déterminer le tonnage brut ou la capacité totale du navire.

Déductions à faire au tonnage brut pour arriver au tonnage net.

Art. 11. — Pour passer du tonnage brut des navires tel qu'il vient d'être exposé à la jauge officielle, ou tonnage net, soit pour les navires à voiles, soit pour les navires à vapeur, on procède de la manière suivante :

NAVIRES A VOILES.

Art. 12. — Pour les voiliers, on déduit : les espaces appropriés et affectés exclusivement au logement des équipages et aux cabines des officiers de bord, à la cuisine et aux latrines à l'usage exclusif du personnel de bord, qu'ils soient situés au-dessous ou au-dessus du pont supérieur ; les espaces couverts et clos, s'il en existe, placés sur le pont supérieur et destinés à la manœuvre du gouvernail, du cabestan, des appareils de mouillage, à la chambre aux cartes, signaux et autres instruments de la navigation.

Tous les espaces compris dans ces déductions pourront être limités séparément suivant les besoins et les habitudes de chaque pays, mais sans pouvoir dépasser en totalité 5 0/0 du tonnage brut.

Art. 13. — Le mesurage de ces espaces sera effectué selon les règles exposées pour mesurer les espaces couverts et clos sur le pont supérieur ; leur total retranché du tonnage brut donne le tonnage net (*register tonnage*) ou jauge officielle des navires à voiles.

NAVIRES A VAPEUR.

Art. 14. — Dans les navires mus par la vapeur ou par toute autre puissance mécanique, on déduit :

1° Les mêmes espaces que pour les navires à voiles (art. 12) avec la limitation de 5 0/0 du tonnage brut ;

2° Les espaces occupés par les machines, chaudières, soutes à charbon, tunnels des navires à hélice, et, dans les entre-ponts et constructions couvertes et closes sur le pont supérieur, l'entourage des cheminées, les espaces réservés pour donner accès à l'air et à la lumière aux chambres des machines, et ceux nécessaires au fonctionnement et service de la machine même. Ces déductions ne pourront dépasser 50 0/0 du tonnage brut.

Art. 15. — Le mesurage des espaces communs aux navires à voiles et aux navires à vapeur (1° de l'article 14) sera pratiqué comme il a été exposé aux articles 12 et 13 pour les navires à voiles.

Le mesurage des espaces spéciaux aux navires à vapeur (2° de l'article 14) est effectué de la manière suivante :

Art. 16. — *Navires à soutes à charbon avec cloisons mobiles.*

Dans les navires à vapeur qui n'ont pas des soutes fixes, mais qui ont des soutes transversales à cloisons mobiles, avec ou sans soutes latérales, on mesure l'espace occupé par les chambres à machines et on y ajoute pour les navires à hélice 75 pour cent, et pour les navires à roues 50 pour cent de cet espace.

Par l'espace occupé par les chambres à machines, on doit entendre celui de cette chambre et de celle à chaudières, avec les espaces strictement nécessaires à leur service et leur fonctionnement, en y ajoutant l'espace du tunnel des navires à hélice et les espaces dans les entre-ponts destinés à l'entourage de la cheminée et à donner accès à l'air et à la lumière dans les chambres à machine.

Le mesurage de ces espaces se pratique de la manière suivante :

On mesure le creux moyen de l'espace occupé par les machines et les chaudières, depuis le can supérieur du bau jusqu'au vaigrage de fond à côté de la carlingue, on mesure trois largeurs ou plus, si on le croit nécessaire, à la moitié du creux dans cet espace ; en tous cas l'une de ces largeurs sera mesurée au milieu et deux autres aux extrémités de cet espace ; on prend la moyenne entre ces largeurs ; on mesure la longueur moyenne de l'espace compris entre les cloisons avant et arrière qui limitent la longueur, mais on en déduit, s'il y a lieu, les parties qui ne sont pas affectées ou nécessaires au bon fonctionnement des machines et des chaudières.

Le produit de ces trois dimensions ainsi mesurées est considéré comme donnant le volume de cet espace au-dessous du pont qui couvre la machine.

On ajoute à ce volume celui des espaces des entre-ponts qui seraient nécessaires au fonctionnement de la machine et à donner accès à l'air et à la lumière.

On y ajoute, de même, le volume de l'espace occupé par le tunnel de l'arbre de l'hélice, et le résultat ainsi obtenu réduit en tonneau de jauge de 100 pieds cubes anglais ou de $2^{m},83$, selon que les mesures sont prises en pieds ou en mètres, donne le tonnage correspondant à la chambre des machines et chaudières, qui sert de base aux déductions dont il s'agit.

Si la chambre des machines se trouve répartie dans plusieurs compartiments, on mesure chacun d'eux séparément comme il vient d'être dit pour le cas où ils se trouvent réunis, et on les additionne pour obtenir le tonnage total des chambres des machines qui sert comme auparavant de base aux déductions totales.

Art. 17. — *Navires à soutes à charbon fixes.*

Dans les navires à soutes à charbon fixes on mesure la longueur moyenne de la chambre à machines et chaudières, y compris les soutes à charbon. — On calcule les surfaces de trois sections transversales du navire (comme il a été exposé dans la détermination, art. 3

et 4, du tonnage brut) jusqu'au pont qui forme le couronnement de la machine.

L'une de ces trois sections doit passer par le milieu de ladite longueur et les deux autres par les extrémités.

On ajoute à la somme des deux sections extrêmes le quadruple de celle du milieu, et l'on multiplie ce résultat par le tiers de la distance qui sépare les sections. Ce produit divisé par 100 si les mesures sont prises en pied anglais ou par 2,83 si elles sont prises en mètres, donne le tonnage de l'espace dont il s'agit.

Si les machines, chaudières et soutes à charbon se trouvent dans des compartiments séparés, on les mesure séparément, d'après la méthode qui vient d'être exposée, et on en fait l'addition.

Dans les navires à hélice le volume intérieur du tunnel sera mesuré en prenant la longueur, largeur et hauteur moyennes, et le produit des trois dimensions divisé par 100 ou par 2.83, selon que les mesures sont prises en pieds anglais ou en mètres, donne le tonnage de cet espace.

On détermine de la même manière le tonnage dans les entreponts ou dans les constructions couvertes et closes sur le pont supérieur :

a. Des espaces destinés à l'entourage de la cheminée;

b. Des espaces destinés à donner accès à l'air et à la lumière dans les chambres à machines ;

c. Des espaces, s'il y en a, nécessaires au fonctionnement et au service des machines.

Art. 18. — Au lieu du mesurage des soutes fixes, on pourra appliquer les règles pour les soutes à cloisons mobiles de l'article 16.

Art. 19. — Pour les *bateaux remorqueurs* les déductions ne sont pas limitées à 50 o/o du tonnage brut; l'on déduit tous les espaces occupés par les machines, chaudières et soutes à charbon.

Toutefois si ces navires ne sont pas exclusivement destinés au service du remorquage, la déduction dont il vient d'être question ne peut dépasser 50 o/o du tonnage brut.

V.

DOCUMENTS PUBLIÉS PAR LA COMPAGNIE DU CANAL DE SUEZ DÉCLARATIONS FAITES EN SON NOM DEVANT LA COUR D'APPEL DE PARIS.

N° 36. — (16 octobre 1868.)

Exposé de M. Ferdinand de Lesseps, président-directeur de la Compagnie, à MM. les membres de la Commission chargée d'examiner les conditions de l'exploitation du Canal, au nom du Conseil d'administration et du Comité de direction :

Le président recommande l'adoption, comme tonneau marin type, de l'un des tonneaux de mer actuels les mieux établis. Le tonneau officiel anglais lui paraît se présenter comme un excellent terme moyen. Il exprime le vœu d'une entente internationale pour l'adoption d'un même mode de mesurage officiel des navires pour toutes les nations. (Voir nos 44 et 45, pages 323 et 333).

N° 37. — (Octobre et novembre 1868.)

Extrait du procès-verbal des séances tenues, sous la présidence de M. Rumeau, par la Commission de navigation, chargée en 1868 d'examiner les conditions de l'exploitation du Canal :

Avis de la Commission : Le tonneau officiel anglais serait le meilleur type.

En attendant un règlement international qui serait alors adopté, la Compagnie doit s'en tenir purement et simplement au tonnage établi par les papiers de bord sans distinction de pavillon.

N° 38. — (11 janvier 1870.)

Lettre du duc d'Albuféra, vice-président de la Compagnie du Canal au ministre des Affaires étrangères (M. le duc de Gramont).

La Compagnie rappelle ses démarches antérieures pour obtenir, dans l'intérêt de la marine française qui est, dit-elle, la moins bien traitée, une solution internationale de la question du jaugeage.

En attendant une entente universelle, elle demande que la marine française soit dès à présent soumise au mode de jaugeage anglais.

N° 39. — Rapport présenté par M. Ferdinand de Lesseps au nom du Conseil d'administration à l'assemblée générale des actionnaires de la Compagnie du Canal, 24 août 1871.

Première mention de la tonne de capacité envisagée à un point de vue autre que celui du jaugeage officiel.

N° 40. — (3 mai 1872.)

Lettre de M. Ch. Aimé de Lesseps, vice-président de la Compagnie du Canal, à un actionnaire de la Compagnie :

La Compagnie du Canal entend par le tonneau de capacité, le volume nécessaire pour contenir le tonneau de mer français de 1,000 kilogrammes. Le Conseil a entendu percevoir autant de fois 10 francs qu'un navire est capable de porter de fois un tonneau de 1,000 kilogrammes.

N° 41. — (Juin 1872.)

Réponse de la Compagnie du Canal au Mémoire à consulter de la Compagnie des messageries maritimes :

La Compagnie du Canal, lorsqu'elle a établi ses calculs, comptait sur le passage de la flotte à voile.

N° 42. — (4 juillet 1872.)

Lettre de M. Ferdinand de Lesseps au ministre des affaires étrangères (M. le comte de Rémusat), communiquée à l'Assemblée générale des actionnaires de la Compagnie du Canal du 31 juillet 1872:

A l'occasion de la plainte du Gouvernement italien par la voie diplomatique, le Président suggère l'exemple de la Compagnie des Messageries maritimes, s'adressant au Tribunal de commerce de Paris pour faire juger la légalité du nouveau mode de perception.

N° 43. — Rapport de M. F. de Lesseps à l'Assemblée générale des actionnaires de la Compagnie du Canal du 31 juillet 1872.

Situation financière. — Les charges annuelles de la Compagnie étant d'environ 16 millions, les recettes qui seraient supérieures à 16 millions, donneraient un bénéfice à distribuer aux actionnaires.

Le paiement des dépenses obligatoires est désormais largement assuré.

N° 44. — (17 janvier 1873.)

Extraits du Mémoire soumis au Gouvernement impérial ottoman par M. F. de Lesseps à Constantinople :

Le Président sollicite la réunion de la Commission internationale pour l'unification du tonnage.

Il invoque à l'appui des prétentions de la Compagnie son exposé de 1868. (Voir n° 36, page 308.)

N° 45. — (Février 1873.)

Extraits de la plaidoirie de Me Allou devant la Cour d'appel de Paris.

(Audiences des 31 janvier, 4 et 7 février.)

1er Extrait. — Définition du tonnage de capacité :

La capacité du navire se règle, suivant l'ordonnance de 1681, par la quantité de tonneaux qu'il peut porter en restant navigable.

Un tonneau de mer pesant 1,000 kilogrammes, il s'agit de fixer par le mesurage combien de tonneaux de 1,000 kilogrammes un navire peut porter en restant navigable.

2e Extrait. — Déclarations faites publiquement en Angleterre au nom de la Compagnie du Canal :

La cargaison n'a rien à faire avec le droit. C'est le tonnage enregistré qui est taxé et non la marchandise.

Le défenseur reconnaît qu'elles sont en contradiction avec les prétentions actuelles de la Compagnie.

3e Extrait. — Droit de jauger les espaces consacrés aux passagers :

La Compagnie a le droit de jauger ces espaces tout comme s'ils étaient affectés à la marchandise. Les Messageries ne peuvent pas s'en plaindre, car elles en tirent un bénéfice bien plus élevé.

4e Extrait. — Interprétation de l'article 17 :

La question doit être résolue à Constantinople et par la voie diplomatique. (Voir n° 42, page 321.)

5e Extrait. — La Commission internationale :

La solution du débat est à Constantinople. La Porte est prête à convoquer une convention internationale.

La Compagnie espère la réalisation de cette pensée libérale, si longtemps poursuivie par M. de Lesseps.

N° 46. — (Février 1873.)

Documents produits par Me Allou devant la Cour d'appel de Paris.

I. Déclaration de M. Ferdinand de Lesseps.

II. Déclaration de M. S.-W. Ruyssenaers.

La lettre de M. Dauprat citée par M. S.-W. Ruyssenaers et produite à l'audience à l'appui de la déclaration de ce dernier, atteste que M. F. de Lesseps et M. F. W. Ruyssenaers, ont toujours entendu le tonneau de capacité dans le sens du volume nécessaire pour contenir le tonneau de mer de 1,000 kilogrammes.

(Voir nos 35, 37, 39, 44 et 46.)

N° 47. — Rapport de M. F. de Lesseps à l'Assemblée générale des actionnaires de la Compagnie du Canal du 15 juillet 1873.

1er Extrait. — Situation financière :

Les dépenses annuelles de la Compagnie se montent à 16 millions de francs.

2e Extrait. — Travaux et entretien :

Les dépenses prévues pour les travaux seront soldées au moyen des fonds disponibles en espèces sur les frais de premier établissement.

3e Extrait. — Litige avec la Compagnie des Messageries.

Les Messageries prétendent ne payer que sur le tonneau de poids. Cette prétention est inadmissible.

(Voir n° 45 ci-dessus.)

N° 48. — (16 août 1872.)

Lettre de M. de Lesseps à S. E. Nubar-Pacha (communiquée à la Commission internationale du tonnage) :

La Compagnie du Canal se déclare satisfaite de l'interprétation donnée par le Gouvernement impérial ottoman à l'article 17 de l'acte de concession.

Sans reconnaître aux puissances qui ont réclamé auprès de la Sublime Porte le droit de juger les conditions du contrat, la Compagnie admet qu'elles cherchent à s'entendre pour déterminer équitablement un tonnage uniforme et réel. C'est ce que la Compagnie a déjà fait légalement par elle-même par sa décision du 4 mars 1872.

(V. nos 12, 36 et 44, pages 103, 308 et 323.)

N° 36.

Exposé de M. Ferdinand de Lesseps, président-directeur de la Compagnie, à MM. les membres de la Commission chargée d'examiner les conditions de l'exploitation du Canal, au nom du Conseil d'administration et du Comité de direction (Extrait).

(16 octobre 1868.)

. . . .

X. Du mode de mesurer le tonnage :

Il convient d'adopter comme tonneau marin type l'un des tonneaux de mer actuels les mieux établis. Le tonneau officiel anglais paraît se présenter comme un excellent terme moyen.

Vœu exprimé d'une entente internationale pour l'adoption d'un même mode de mesurage officiel des navires pour toutes les nations.

« L'article 17 de notre concession détermine ainsi qu'il suit le mode de péage dans le Canal :

» Pour indemniser la Compagnie des dépenses de construction, d'entretien et d'exploitation qui sont mises à sa charge par les présentes, nous l'autorisons dès à présent et pendant toute la durée de sa jouissance telle qu'elle a été déterminée par les paragraphes 1 et 3 de l'article précédent, à établir et percevoir, pour le passage dans les canaux et les ports en dépendant, des droits de navigation, de pilotage, de remorquage, de halage ou de stationnement, suivant des tarifs qu'elle pourra modifier à toute époque, sous la condition expresse :

» 1° De percevoir ces droits sans aucune exception ni faveur sur tous les navires dans des conditions identiques ;

» 2° De publier les tarifs trois mois avant la mise en vigueur dans les capitales et les principaux ports de commerce des pays intéressés ;

» 3° De ne pas excéder, pour le droit spécial de navigation, le chiffre maximum de 10 francs par tonneau de capacité des navires et par tête de passagers.

» Notre règle de conduite est toute tracée dans le libellé de l'article 17 de notre acte de concession. Notre préoccupation constante doit être de percevoir des droits strictement égaux pour les navires de toutes les nations.

» Tous les navires sont porteurs de permis de navigation sur lesquels le tonnage officiel est indiqué. Le jaugeage déterminé dans chaque pays pour servir de base à la perception des impôts ou droits de toute nature que les navires ont à payer est donc très-exact en principe.

» Mais, ainsi que vous ne l'ignorez pas, Messieurs, la méthode de jaugeage diffère d'une manière très-sensible suivant les pays, et la Compagnie ne peut percevoir ses droits dans des conditions qui avantageraient certains pavillons.

» *On peut dire que la comparaison entre les trois méthodes de jaugeage, française, anglaise et américaine, donne pour résultat qu'un navire jaugé 300 tonnes en France ne serait jaugé en Angleterre que 230 tonneaux et 150 à 200 en Amérique.*

» *Il convient, en conséquence, d'adopter comme tonneau marin type l'un des tonneaux de mer actuels les mieux établis, satisfaisant en même temps et les intérêts de la Compagnie et ceux de la marine.*

» *La jauge officielle française serait sans contredit tout à l'avantage de la Compagnie, mais peut-être donnerait-elle lieu à de justes réclamations. Le tonneau officiel anglais paraît se présenter comme un excellent terme moyen.*

» *Une fois le tonneau type adopté, la question se simplifie ; il suffirait, en effet, d'établir avec exactitude le rapport existant entre le tonneau type choisi par la Compagnie pour servir de base à la perception de ses droits, et ceux des autres nations maritimes.*

» *A présentation des permis de navigation portant la jauge officielle on surtaxerait ou détaxerait les navires des différences en plus ou en moins qui existeraient entre leur tonnage établi d'après les mesures de leur pays et le même tonnage rapporté au tonneau marin type de la Compagnie.*

» *L'opinion a été exprimée de tenir compte, dans une certaine mesure, du chargement réel du navire toutes les fois que ce chargement réel dépasserait la jauge officielle déclarée: il s'agirait ici d'interpréter l'article de notre acte de concession qui détermine le droit de péage. Nous n'hésitons pas à admettre l'interprétation la plus libérale et à adopter, comme base de perception, le mode le plus avantageux pour le commerce, soit la base du jaugeage officiel.*

» *Le tonnage proportionnel appliqué à tous les navires, suivant un barême rendu public et qui aurait le mérite de déterminer une perception égale pour tous les navires, ne serait pas une innovation : cette manière de procéder, simple et équitable, découlant logiquement des termes de notre acte de concession, est appliquée sur le Bas-Danube en vertu d'une convention internationale.*

» Nous appelons votre examen le plus attentif sur l'adoption du tonneau type, et l'application proportionnelle de ce tonneau au tonneau officiel des diverses nations; et permettez-nous, Messieurs, d'émettre le vœu que la mesure prise par la Compagnie universelle du Canal maritime de Suez devienne l'occasion d'une entente internationale, désirée par tous les marins, pour l'adoption d'un même mode de mesurage officiel des navires chez toutes les nations (1).

N° 37.

Extrait du procès-verbal des séances tenues par la Commission de navigation, chargée, en 1868, d'examiner les conditions de l'exploitation du Canal.

(Octobre-novembre 1868.)

Avis de la Commission.
Le tonneau officiel anglais serait le meilleur type.
La Compagnie doit s'en tenir au tonnage officiel résultant des papiers de bord sans distinction de pavillon, jusqu'à ce qu'une entente internationale ait amené pour l'unification des jaugeages un règlement qui serait alors adopté.

L'exploitation du Canal maritime de Suez, envisagée au double point de vue de l'intérêt de la navigation commerciale et de celui de la Compagnie, donne lieu à des questions importantes qui ont été étudiées simultanément par les ingénieurs de la construction du Canal et par le chef du service du transit et des transports.

Avant d'arrêter sur ces travaux les bases d'un projet définitif d'organisation, M. le président-directeur de la Compagnie a demandé sur un certain nombre de questions, l'avis d'une commission spéciale ainsi composée :

---

(1) *L'extrait qui précède est l'exacte reproduction du texte original imprimé en 1868 par la Compagnie du Canal. La Compagnie a publié de nouveau en 1872 et en 1873, dans ses recueils de documents sur la question du tonnage, certaines parties de ces exposés; mais les extraits y sont incomplets. Ni dans l'un ni dans l'autre on ne trouve les sept paragraphes imprimés ci-dessus en italiques et qui donnent à l'exposé sa véritable signification.*

MM. Dupuy de Lôme, conseiller d'État, directeur du matériel au ministère de la marine ;

Jaurès, vice-amiral ;

Le vicomte Exelmans, contre-amiral, administrateur de la Compagnie;

Le comte de France, ancien capitaine de frégate, administrateur de la Compagnie;

Rumeau, inspecteur général des ponts et chaussées, membre de la Commission consultative des travaux ;

Lebasteur, inspecteur général des ponts et chaussées, *idem ;*

De Fourcy, ingénieur en chef des ponts et chaussées, *idem ;*

Chevalier, ingénieur en chef des ponts et chaussées, *idem ;*

Pascal, ingénieur en chef des ponts et chaussées, *idem ;*

Hanet-Cléry, ingénieur des mines, *idem ;*

De Combarieu, officier supérieur de la marine impériale, *idem ;*

Sollier, ingénieur des constructions navales, membre du Conseil des travaux de la marine;

Vésinier, ingénieur des constructions navales, directeur des ateliers des Messageries impériales ;

Desfaudais, officier de marine, commandant des paquebots des Messageries impériales ;

Voisin-Bey, ingénieur en chef des ponts et chaussées, directeur général des travaux de la Compagnie du Canal de Suez ;

A. Lavalley, ingénieur, entrepreneur des travaux du Canal ;

Borel, ingénieur, entrepreneur des travaux du Canal ;

Guichard, chef du service du transit et des transports de la Compagnie en Égypte ;

Laroche, ingénieur des ponts et chaussées, chef de la division de Port-Saïd ;

Larousse, ingénieur hydrographe, chef de la division de Suez ;

Gioja, ingénieur, chef de la division d'El-Guisr;

Capiat, ingénieur des constructions navales, chef du service des travaux de la Compagnie à Paris ;

Buquet, agent technique au service du transit.

Cette Commission s'est réunie les 16, 20 et 23 octobre et le 14 novembre 1868, et elle a successivement donné son avis sur les différentes questions soumises à son examen.

Dans l'intervalle de ces réunions, la Commission consultative des travaux, composée de MM. Rumeau, Lebasteur, Chevalier, de Fourcy, Fascal, de Combarieu, Hanet-Cléry, et aidée dans quelques-unes de ses séances de la collaboration de MM. l'amiral Jaurès, le commandant Desfaudais, Lavalley, des ingénieurs de la Compagnie et du chef du service du transit et des transports, a procédé à des études préparatoires qui ont servi de base aux délibérations générales. Elle a consacré à ces travaux deux séances, le 19 octobre et le 23 octobre.

Ont en outre assisté aux séances générales :

MM. Ferdinand de Lesseps, président-directeur ;
Le duc d'Albuféra, vice-président du Conseil d'administration ;
Le comte de Lesseps, membre du comité de direction ;
Le baron de Lesseps, — —
Le vicomte Tirlet, — —
Delamalle, administrateur, membre adjoint du Comité ;
P. Merruau, secrétaire général de la Compagnie ;
Marius Fontane, chef du bureau de l'exploitation à Paris ;
Ch. de Lesseps, secrétaire du président-directeur.

Extrait du rapport de la Commission chargée d'examiner en 1868, les conditions de l'exploitation du Canal.

QUESTION DU TONNAGE.

Huitième et neuvième questions.

Quel tonneau type convient-il d'adopter comme base de la perception des droits ?

Quel rapport existe-t-il entre le tonneau type choisi et les tonneaux officiels des diverses nations ?

Le système indiqué par M. le président-directeur consisterait à prendre pour tonneau type le tonneau officiel anglais, qui paraît le plus exactement calculé, et d'établir pour les navires des autres nations un tableau de proportionnalité qui serait rendu public.

M. le directeur général des travaux rappelle que c'est ainsi qu'il a été procédé dans le Bas-Danube; il donne lecture du barême des proportionnalités qui y est appliqué et qui est annexé à la convention internationale relative à la navigation de ce fleuve.

Il ressort de cette pièce que les coefficients sont les mêmes pour les trois grandes puissances maritimes, l'Angleterre, la France et les États-Unis. Le mode de jaugeage de ces puissances est cependant différent.

Il paraît douteux à quelques membres que les coefficients de comparaison adoptés n'aient pas été fixés par des considérations autres que le rapport des tonnages réels.

Un membre fait observer que les coefficients insérés dans l'acte du Bas-Danube peuvent être exacts, mais rapportés à des moyennes entre un grand nombre de navires; qu'appliqués à un bâtiment déterminé, ils conduisent à des résultats inexacts. Les jaugeages ne sont même pas comparables entre navires d'un même pavillon. C'est ainsi, par exemple, qu'en France, deux navires de capacité notablement différente, l'un mixte, muni d'une petite machine, l'autre exclusivement à vapeur, peuvent avoir la même cote officielle.

Mais cet état de choses, ajoute-t-il, paraît devoir bientôt disparaître. *La question de l'unification des jaugeages est soumise à une Commission internationale, et une solution parait devoir intervenir prochainement.*

Ce membre considère que le mieux, pour le moment, serait d'ajourner toute décision sur la huitième et la neuvième question posée par M. de Lesseps, et il propose qu'en attendant le règlement international à intervenir, la Compagnie s'en tienne purement et simplement, pour la perception des droits, au tonnage établi par les papiers de bord, sans distinction de pavillon.

La Commission adopte cette proposition.

RÉSOLUTIONS DE LA COMMISSION SUR LES HUITIÈME ET NEUVIÈME QUESTIONS.

Quel tonneau type convient-il d'adopter comme base de la perception des droits?

Quel rapport existe-t-il entre le tonneau type choisi et les tonneaux officiels des diverses nations?

La Commission reconnait que le tonneau officiel anglais serait le meilleur type à adopter. Mais elle constate qu'aucun rapport exact ne saurait être établi entre ce tonneau type et le tonnage officiel des autres nations, les jaugeages n'étant même pas toujours comparables entre navires d'un même pavillon.

La question de l'unification des jaugeages étant soumise actuellement à une commission internationale, et une solution paraissant devoir intervenir prochainement :

La Commission est d'avis qu'*en attendant un règlement international, qui serait alors adopté, la Compagnie du Canal de Suez doit s'en tenir purement et simplement, pour la perception des droits, au tonnage établi par les papiers de bord sans distinction de pavillon.*

Tel est, Monsieur le président-directeur, le résultat sommaire des travaux de la Commission que vous avez nommée pour examiner les principales conditions de l'exploitation du Canal maritime de Suez.

Le président de la Commission,

RUMEAU.

. . . .

N° 38.

Lettre du duc d'Albuféra, vice-président de la Compagnie du Canal, au ministre des affaires étrangères.

« Paris, 11 janvier 1870.

» Monsieur le Ministre,

La Compagnie rappelle ses démarches antérieures pour obtenir dans l'intérêt de la marine française, qui est la moins bien traitée, une solution

» M. le président de la Compagnie de Suez a eu l'honneur de signaler, le 15 septembre dernier, au département des affaires étrangères, les difficultés que devraient rencontrer la perception des droits de transit dans le Canal de Suez, par suite des divers modes de jaugeage adoptés par les différents gouvernements, et l'*infériorité dans laquelle se trouvait placée la marine marchande française par rapport à la marine anglaise.*

» Il transmettait, le 17 septembre, à M. le ministre, une copie de sa correspondance avec le Gouvernement autrichien, constatant le projet qu'avait ce Gouvernement d'adopter le mode de jaugeage anglais.

internationale de la question du jaugeage.

En attendant une entente universelle, elle demande que la marine française soit dès à présent soumise au mode de jaugeage anglais.

» Il rappelait que, par son acte de concession, la Compagnie du Canal, tenue d'assurer le même traitement à toutes les marines, pouvait édicter un règlement établissant des droits proportionnels, mais il ajoutait :

» *Je n'ai pas voulu que, par une décision définitive, la Compagnie de Suez vînt devancer les conclusions de la Commission internationale, dont la réunion a été provoquée par le Gouvernement français, et je serais reconnaissant à Votre Excellence si elle voulait bien, par sa haute influence, hâter une solution qui doit faire cesser un état de choses procurant un avantage réel sur notre marine, aux marines anglaise et américaine*; mais, en attendant, je me permets d'indiquer à Votre Excellence un moyen pratique de faire cesser, avant l'ouverture du Canal, l'état d'infériorité dans lequel se trouve la marine française par rapport à la marine anglaise. *Le mode de jaugeage anglais étant unanimement reconnu le meilleur, le Gouvernement français pourrait immédiatement décréter son application en France. Alors, si les autres puissances n'adhéraient pas à cette solution, la Compagnie du Canal de Suez, en vertu de ses actes de concession, établirait un tarif proportionnel basé sur le mode de jaugeage franco-anglais.* »

M. le prince de la Tour d'Auvergne voulut bien répondre le 16 octobre :

« Je ne puis que confirmer l'exactitude des informations qui vous » ont été données sur les démarches faites par le gouvernement de » l'Empereur pour provoquer l'adoption, par les diverses puissances, » d'un mode uniforme de jaugeage basé sur la méthode anglaise. » Mon département s'est en effet préoccupé précédemment de cette im- » portante question, de concert avec les autres administrations compé- » tentes, et, sur les instances de la Commission européenne du Da- » nube, il s'est mis en rapport avec le gouvernement de S. M. Bri- » tannique, pour élaborer en commun un système international de » jaugeage, destiné à être soumis à l'acceptation de tous les États.

» Ces démarches n'ont pas encore abouti à un résultat définitif, » mais elles se poursuivent, et l'ouverture du Canal de Suez aura

» pour effet de hâter une solution qui intéresse le commerce mari- » time du monde entier, en faisant ressortir l'impossibilité de main- » tenir plus longtemps l'état de choses actuel. »

» Le Canal de Suez est ouvert à la navigation depuis le 17 novembre dernier. Chaque navire qui se présente est taxé conformément au tonnage officiel; on peut donc dire que chaque passage de navire cause un réel dommage à la marine française.

» Il devient équitable et urgent de faire cesser un tel état de choses, et *je viens renouveler auprès de Votre Excellence la demande du 15 septembre dernier, c'est-à-dire, en attendant une entente universelle, de soumettre dès à présent la marine française au mode de jaugeage anglais.*

» Veuillez, etc.

» *Le vice-président de la Compagnie du Canal de Suez,*

» Signé : DUC D'ALBUFÉRA. »

N° 39.

Rapport présenté par M. Ferdinand de Lesseps, au nom du Conseil d'administration, à l'Assemblée générale des actionnaires du 24 août 1871.

Première mention de la tonne de capacité envisagée à un autre point de vue que celui du jaugeage officiel.

Nous vous avons fait connaître à votre précédente réunion que le Conseil s'était occupé des moyens de déterminer d'une manière définitive le mode de perception de 10 francs par tonne de capacité que la Compagnie est autorisée à faire payer pour les droits de passage à travers le Canal.

Avant l'inauguration du Canal, des négociations entamées par le Gouvernement français faisaient espérer que les autres gouvernements s'entendraient pour l'unification du tonnage, ce qui devait simplifier l'application d'un tarif unique et égal pour tous les pays. La Commission chargée d'élaborer un travail préparatoire et d'appliquer provisoirement un tarif d'une exécution pratique, avait été d'avis de percevoir jusqu'à nouvel ordre, les droits de navigation d'après les papiers officiels délivrés aux navires, suivant en cela l'usage adopté dans tous les ports du monde où l'on a établi des taxes de navigation.

L'accord ne s'étant pas encore produit entre les divers gouvernements, le Conseil a de nouveau examiné la question; il s'est demandé comment devait être entendue la tonne de capacité, quel serait le mode légal et pratique de la définir autrement qu'on ne procède actuellement, quel avantage en retirerait la Compagnie ou quels inconvénients en résulteraient au point de vue du développement de la navigation.

Afin de préparer une étude sérieuse de ces questions importantes, le Conseil a chargé, pendant le siége de Paris, un de ses chefs de service de rédiger un rapport qui servît d'élément à l'enquête nécessaire . . . .
. . . .

N° 40.

Lettre de M. Ch.-Aimé de Lesseps, vice-président de la Compagnie du Canal de Suez, à un actionnaire de la Compagnie.

« Paris, le 3 mai 1872.

» MONSIEUR,

» Un honorable actionnaire d'Auxerre, M. Frontier-Millon, nous a » écrit une lettre où il nous pose les mêmes questions que vous nous » posez; voici quelle a été notre réponse :

La Compagnie du Canal entend par le tonneau de capacité le volume nécessaire pour contenir le tonneau de 1,000 kilogrammes.

» MONSIEUR,

» C'est en se jouant des chiffres, et dans un but que vous me per- » mettrez de ne pas qualifier, puisque nous avons dû déférer aux » tribunaux les auteurs et propagateurs des manœuvres que vous me

» signalez, que les adversaires de la Compagnie cherchent à faire » croire que le Conseil a adopté une prétendue tonne anglaise » de $2^{m},83^{c}$ comme base de la perception des droits.

» J'ai l'honneur de vous envoyer par la poste un exemplaire d'une » brochure que vient de publier M. Mourette, administrateur de la » Compagnie, sur la question. La lecture de ce document vous per- » mettra de vous rendre compte du but recherché par le Conseil, et » des moyens qu'il a dû adopter pour atteindre ce but. *Le Conseil a* » *entendu: 1° percevoir autant de fois dix francs qu'un navire est* » *capable de porter de fois un tonneau de mille kilogrammes, ou, en* » *d'autres termes, un mètre cube rempli d'eau, soit que le navire soit* » *plein, soit que le navire soit vide; 2° ramener tous les navires à* » *un mode de mesurage donnant le plus exactement possible le nom-* » *bre de tonneaux de mille kilogrammes ou d'un mètre cube rempli* » *d'eau (ou tonneau de mer suivant les termes de la loi), qu'un navire* » *est capable de porter.*

« *Il a été reconnu par le Conseil, ainsi que par tous les gouverne-* » *ments, que le mode de mesurage usité légalement en Angleterre* » *est celui qui donne le plus exactement la quantité de tonneaux de* » *mer que peut porter un navire. C'est pourquoi la Commission eu-* » *ropéenne du Danube qui, comme nous, perçoit des droits, adopte le* » *droit de mesurage anglais pour base de la perception des droits.*

» Je le répète, poursuivant un but que les tribunaux connaîtront, » les adversaires de la Compagnie trompent les actionnaires, et je » vous suis reconnaissant, Monsieur, de m'avoir fourni l'occasion de » rétablir aux yeux des hommes de bonne foi la stricte réalité des » faits.

» Veuillez agréer, etc.

» Pour le président,

» *Signé :* CH.-AIMÉ DE LESSEPS. »

« Vous me demandez en outre si l'évaluation de 6,000,000 de tonnes » représentait des tonnes françaises ou anglaises. *Il n'y a presque pas* » *de différence (à peu près 1 0/0) entre la tonne de mer anglaise et* » *la tonne de mer française;* la première est de 1,000 kilogrammes, » la seconde de 1,015 kilogrammes, et non pas et jamais pour les » Anglais le tonneau n'a été que de $2^{m}83$.

» *C'est cette base du tonneau de mer de 1,000 kilogrammes* (*ou un* » *mètre cube d'eau*) *et de 1,015 kilogrammes pour l'Angleterre* qui a » été le fond légal et sérieux de toutes nos statistiques, *et le total* » *de 11,000,000 de tonnes que nous avons constaté comme susceptible* » *de passer par le Canal* (*en supposant toutes les autres voies aban-* » *données*) *représente 11,000,000 de tonneaux de 1,000 à 1,015 kilo-* » *grammes que les navires étaient capables de porter.*

» *C'est encore cette même base que le Conseil a adoptée, et, pour* » *résumer catégoriquement toutes les conséquences de la décision prise,* » *à partir du premier juillet prochain, tout navire passant par le* » *Canal, vide ou plein, paiera autant de fois 10 francs qu'il est* » *capable de porter de fois un tonneau de mer de 1,000 kilogrammes* » *ou un mètre cube d'eau.*

» Veuillez agréer, etc.

» Pour le président,

» *Signé :* Ch.-Aimé de Lesseps. »

N° 11

Réponse de la Compagnie du Canal de Suez au Mémoire à consulter de la Compagnie des Messageries maritimes

(Juin 1872)

La Compagnie du Canal, lorsqu'elle a établi ses calculs comptait sur le passage de la flotte à voiles.

Le rédacteur du Mémoire est allé rechercher M. de Lesseps en Angleterre, lorsqu'en 1856, avant la formation de la Compagnie, le futur président-directeur du Canal de Suez *entreprend* (page 15), *une campagne d'agitation qui devait le mettre successivement en contact avec le public commercial de treize des plus grandes villes du Royaume-Uni.*

Ici l'auteur confond deux choses absolument distinctes : il confond *le droit écrit* réservé à la Compagnie du Canal de Suez par l'acte de concession et *l'opinion personnelle qu'exprime* verbalement le futur directeur de la Compagnie sur la façon dont il compte appliquer ce droit.

Il est certain qu'en 1856, c'est-à-dire à l'époque où M. Ferdinand de Lesseps constatait, dans le public commercial anglais, une réelle sympathie pour l'œuvre du percement de l'isthme, il ne prévoyait pas cette longue opposition du Gouvernement anglais, laquelle n'a permis d'exécuter qu'en treize ans un travail qui aurait pu être achevé en quatre ou cinq ans.

Dans cette situation d'esprit, et *à cette époque*, M. Ferdinand de Lesseps ne voit que deux choses :

1° L'achèvement rapide du canal de Suez ;

2° La flotte passant par le cap de Bonne-Espérance et à attirer vers la mer Rouge.

Il ne prévoit pas, en effet, d'une part, que l'opposition du Gouvernement britannique coûtera de nombreux millions à la Compagnie du Canal de Suez; que cette opposition reculera de plus de dix ans l'ouverture du Canal à la grande navigation ; *d'autre part, que, pendant ces dix années, la flotte maritime se transformera et abandonnera la voile pour la vapeur* (1).

Et en effet, donnant son opinion personnelle sur la façon dont il entend appliquer l'acte de concession, il se tient en-deçà des droits que cet acte lui donne : *remuer des marchandises à travers les océans*, dit avec raison le Mémoire (page 37), *au moyen de la vapeur, était, il y a dix ans, une folie ruineuse.*

Ce qui prouve qu'à cette époque M. Ferdinand de Lesseps *n'interprétait pas* l'acte de concession, mais donnait simplement *son opinion personnelle* sur la façon dont il conviendrait de limiter les péages, c'est que le futur président de la Compagnie étant là, M. Lange, *en présence et au nom de M. de Lesseps, dit que le droit de tonnage à l'entrée du Canal serait de 10 francs par tonneau,* Y COMPRIS LE REMORQUAGE *d'une extrémité à l'autre.*

Or, l'acte de concession et les statuts rendent absolument indépendants l'un de l'autre le droit de transit de 10 francs et le droit de remorquage.

L'opinion première de M. Ferdinand de Lesseps se justifie : il

(1) Extrait du Rapport lu à l'Assemblée générale des actionnaires du 2 juin 1868 : « *Il y a quatorze ans, à l'occasion des études faites pour le passage dans le Canal, nous avions tenu plus de compte de la voile que de la vapeur.* »

C'est le contraire qui a lieu aujourd'hui (page 19 du Rapport).

croyait achever le Canal en quatre ou cinq ans, et *il se préparait à attirer les navires à voiles;* il faisait des concessions; il disait aux armateurs : « Non-seulement je ne vous prendrai *que* 10 francs par tonneau de registre, mais encore dans ces 10 francs *seront compris les frais de remorquage.* »

N° 42.

Lettre de M. de Lesseps au ministre des affaires étrangères (communiquée à l'Assemblée générale des actionnaires de la Compagnie du Canal du 31 juillet 1872).

Paris, 4 juillet 1872.

« Monsieur le comte,

A l'occasion de la plainte du Gouvernement italien par la voie diplomatique. M. de Lesseps suggère l'exemple de la Compagnie des Messageries s'adressant à la justice française.

» M. le ministre d'Italie à Paris m'a fait part de ses démarches au » ministère des affaires étrangères au sujet de la nouvelle base de » perception pour les droits de navigation mise en vigueur, à partir » du 1er juillet 1872, par la Compagnie du Canal de Suez. Je crois » devoir transmettre à Votre Excellence la copie d'une dépêche que » j'ai adressée le 19 du mois dernier au Gouvernement égyptien en » réponse à des réclamations faites par la diplomatie italienne tant » à Constantinople qu'à Alexandrie. « *J'ai communiqué également » cette dépêche à M. Nigra, auquel j'ai dit que les divers gouverne» ments ne me paraissaient pas être compétents pour contrôler la lé» galité de la décision prise par le Conseil d'administration de la » Compagnie du Canal de Suez; mais que, en dernier lieu, la com» pagnie française des Messageries maritimes avait assigné la Com» pagnie du Canal de Suez devant le Tribunal de commerce de Paris » pour faire juger la question de la légalité de notre nouvelle base de » perception* (1).

---

(1) *V. la plaidoirie de Me Allou déclarant que la question doit être résolue à Constantinople et par la voie diplomatique.* (*N° 45, page 332.*)

21

» Quelle que soit l'issue du jugement à intervenir, j'ai ajouté qu'il » serait fort à désirer de voir les gouvernements s'entendre pour l'u- » nification d'une jauge de capacité réelle, afin de donner aux » papiers de bord des navires de toutes les nations un caractère de » vérité et de justice qu'ils n'ont pas depuis longtemps, et qui paraît » être seulement représenté aujourd'hui par le mesurage anglais » connu sous le nom de *gross tonnage*.

» Veuillez agréer, etc.

» *Signé :* FERDINAND DE LESSEPS. »

N° 43.

Rapport de M. Ferdinand de Lesseps à l'Assemblée générale des actionnaires de la Compagnie du Canal, du 31 juillet 1872.

. . . .

SITUATION FINANCIÈRE.

Les charges annuelles de la Compagnie étant d'environ 16 millions, les recettes qui seraient supérieures à 16 millions donneraient un bénéfice à distribuer aux actionnaires.

Le paiement régulier des dépenses obligatoires est désormais largement assuré.

Nous vous disions, le 12 mars dernier, que la Compagnie était entrée dans l'exercice 1872 avec un commencement d'actif de . . . . Fr.	3.170.000.
Notre évaluation des recettes de toute nature était de	15.000.000.
Ensemble	18.170.000.
A déduire pour les dépenses de l'exercice 1872. .	15.940.000.
Encaisse prévu pour le 31 décembre 1872 . . Fr.	2.230.000.

Nous ajoutions que nos espérances allaient au-delà de ces résultats, auxquels nous avions cherché à donner le caractère d'une certitude aussi absolue que possible.

Nous ajoutions : « Toutes ces causes réunies nous conduisent à » penser que vous ne tarderez pas à recevoir la récompense de votre

» foi persévérante dans l'avenir du Canal de Suez; et dès la fin de » cette année, *les recettes qui seraient supérieures à 16 millions de » francs donneraient un excédant disponible.* »

Si, d'une part, il peut être téméraire de parler de l'avenir avec une précision que donnent seuls les faits accomplis; d'autre part, nous ne devons pas nous abstenir de vous soumettre quelques chiffres sur les résultats probables de l'exercice courant.

Nos charges annuelles étant d'environ 16 millions, cette somme représente par mois en chiffre rond. . . . . 1.340.000.

D'où il suit que tout ce qui dépassera une recette moyenne mensuelle de . . . . 1.340.000. forme un fonds susceptible de vous être attribué.

Nous ne reviendrons pas sur ce fait, actuellement acquis pour tous, que le *paiement régulier de nos dépenses obligatoires est désormais largement assuré* . . . .

N° 44.

Extraits du Mémoire soumis au Gouvernement ottoman par M. Ferdinand de Lesseps, à Constantinople, le 17 janvier 1873.

M. F. de Lessep sollicite la réunion de la Commission internationale pour l'unification du tonnage.

Il invoque à l'appui des prétentions de la Compagnie du Canal l'exposé de 1868.

Un an avant l'ouverture du Canal à la grande navigation, en 1868, le Conseil d'administration de la Compagnie forma une commission d'amiraux, d'ingénieurs et de délégués de compagnies maritimes, afin de régler diverses questions concernant la navigation du Canal. Parmi ces questions se trouvait celle du droit de passage. Le président du Conseil d'administration expliqua les circonstances qui permettaient à la Compagnie de ne pas se conformer au système de jauge officielle dont les Gouvernements reconnaissent eux-mêmes l'inexactitude. Il demanda si la Commission serait d'avis de commencer par prendre pour base de la perception le maximum du droit légal, c'est-à-dire la « tonne de capacité » ou d'adopter provisoirement dans les premiers temps de l'ouverture du Canal la tonne de jauge officielle, bien que chaque nation eût, pour ses navires, un mesurage particulier et différentiel, ce qui était contraire au principe d'égalité pour tous les pavillons recommandé par le firman de concession (1).

La Commission, tout en reconnaissant l'exactitude des principes émis par le président du Conseil, fut d'avis de s'en rapporter provisoirement au tonnage des papiers officiels de bord, en attendant le moment d'appliquer la taxe légale calculée sur la tonne de capacité (2).

. . . .

Un fait antérieur à la question qui se débat aujourd'hui a démontré que, si la Compagnie croyait nécessaire d'élever son tarif au-delà des prévisions de l'acte de concession, ce serait au Gouvernement ottoman qu'elle devrait s'adresser, et, dans ce cas, comme dans le cas actuel, des tiers qui ne sont pas intervenus au contrat passé entre le Gouvernement égypto-ottoman et la Société financière du Canal n'auraient aucun titre de réclamation à invoquer contre un nouveau tarif.

La Sublime Porte a déjà jugé qu'aucun engagement n'a été pris par elle envers des tiers pour la fixation des tarifs de la Compagnie, car, il y a deux ans, elle a autorisé une augmentation de un franc en permettant d'élever de 10 à 11 francs la taxe de navigation du Canal.

Quoique la Compagnie n'ait point été dans le cas de profiter de cette autorisation, elle n'en a pas moins été accordée sans que l'on ait eu besoin de consulter des armateurs qui ont actuellement la prétention d'être appelés à interpréter, suivant leur intérêt particulier, un acte de concession dont les charges n'ont pas été supportées par eux.

Il résulte des faits qui viennent d'être exposés que ni les gouvernements, ni les tribunaux étrangers n'ont le droit d'interpréter les termes de l'acte de concession délivré à la Compagnie universelle du Canal maritime de Suez, ni de contester la légalité des tarifs établis en vertu de la concession, et que ce droit appartient exclusivement, suivant les formes de la jurisprudence administrative, à la souveraineté du territoire où la concession a été accordée et où elle s'exécute.

---

(1) *Ces indications sont en contradiction absolue avec le texte de l'exposé de 1868. (V. n° 36, p. 308.)*

(2) *L'avis de la Commission est tout autre. (V. n° 37, p. 340.)*

Cependant, pour mettre fin à toute contestation, *la Compagnie concessionnaire sera reconnaissante à Sa Majesté impériale si, après avoir prononcé souverainement sur notre droit d'appliquer la taxe de navigation d'après les calculs de la tonne de capacité, elle veut bien inviter toutes les puissances maritimes, à l'occasion de la taxe de navigation sur le Canal de Suez, à réunir une commission qui serait appelée à définir pour l'avenir, d'une manière vraie, équitable et égale pour les pavillons de toutes les nations, la capacité réelle et utilisable des navires en dehors de l'espace qu'il est juste de réserver pour l'équipage, les agrès, apparaux et machines des navires.*

La Compagnie universelle du Canal maritime de Suez sera heureuse de concourir avec un représentant du Khédive d'Egypte et sous les auspices de Sa Majesté, à la solution officielle d'une question aussi intéressante pour le commerce général. Son président se met entièrement dans ce but à la disposition de la Sublime Porte.

Constantinople, le 17 janvier 1873.

Ferd. DE LESSEPS.

N° 45.

Extraits de la plaidoirie de Me Allou pour la Compagnie universelle du Canal maritime de Suez.

COUR D'APPEL DE PARIS (1re CHAMBRE)

PRÉSIDENCE DE M. GILARDIN, PREMIER PRÉSIDENT

(Audiences des 31 janvier, 4 et 7 février 1873.)

1er EXTRAIT.

Définition du tonneau de capacité.

La capacité du navire se règle sui-

. . . . . L'unité, lorsqu'il s'agit du chargement des navires, c'est ce qu'on appelle le tonneau.

Le tonneau est à la fois un poids et un volume, relativement à l'espace nécessaire pour recevoir un tonneau dans les conditions de son poids déterminé.

vant l'ordonnance de 1681, par la quantité de tonneaux qu'il peut porter en restant navigable.

Un tonneau de mer pesant 1,000 kil. il s'agit de fixer par le mesurage combien de tonneaux de 1000 k. un navire peut porter en restant navigable.

Avec le système décimal le poids du tonneau de mer a été fixé en France à 1,000 kilogr., représentant un chiffre qui était, en mesures antérieures, le chiffre de 2,000 livres.

. . . . . *Un tonneau de mer pesant 1,000 kilogr., quel espace faudra-t-il pour recevoir dans un navire un tonneau de mer d'un semblable poids ?.....* On est arrivé, au point de départ, avec l'ordonnance du mois d'août 1681, à reconnaître que l'espace nécessaire..... devait être de 42 pieds cubes qui, aujourd'hui, dans le système nouveau, représentant 1 mètre cube 44.....

Maintenant il faut que je place sous les yeux de la Cour l'ordonnance du mois d'août 1681, dans laquelle Colbert disait « *que la capacité d'un navire se règle par la quantité de tonneaux qu'il peut porter.* »

Qu'il peut porter, c'est-à-dire en restant navigable, sans rien sacrifier de son agencement intérieur, des parties nécessaires aux manœuvres indispensables à la conduite du navire, en ne tenant compte que de l'espace qui peut être véritablement utilisé pour le transport de la marchandise.

. . . .

Nous entrons, avec le décret du 27 vendémiaire an II, dans un ordre d'idées nouveau; il ne s'agit plus de savoir ce que pèse le tonneau de mer, il ne s'agit plus de savoir quel est l'emplacement qu'occupe un tonneau de mer; mais *il s'agit*, comme la Cour le voit, *de fixer par le mesurage combien, en définitive, de tonneaux de mer peut contenir un navire.*

Par quelle opération, par quels calculs, *par quelles données scientifiques pourra-t-on arriver à fixer combien de tonneaux de 1,000 kilogr. un navire peut porter en restant navigable ?...*

. . . .

Ainsi, si vous me permettez de résumer les résultats auxquels nous aboutissons après ce que je viens de dire à la Cour, le tonneau poids représente 1,000 kilogr.; le tonneau volume, l'espace nécessaire pour recevoir le tonneau de mer, est de 42 pieds cubes ou 1 mètre cube 44 pour parler le langage qui nous est imposé aujourd'hui. Rien de modifié, rien de changé à cet égard.

Mais pour déterminer combien de fois chaque navire peut contenir, sans cesser d'être navigable, de tonneaux de mer du poids de 1,000 kilogr. le mode de jaugeage, cherchant d'abord à se rapprocher le plus intimement possible de la réalité des choses, a subi en 1837 une transformation profonde sous l'effort, sous l'influence de la concurrence avec les autres puissances maritimes.

. . . .

Le Tribunal de commerce dit qu'avec le système de la Compagnie, la perception du droit devient absolument arbitraire.

C'est une erreur très-grave. Le Tribunal a raisonné comme s'il s'agissait de l'élévation illimitée du droit de passage. Si le firman n'avait rien dit à cet égard, tout eût été arbitraire en effet. Mais *l'application de tel ou tel mode de jaugeage ne saurait comporter d'extension illimitée, comme le taux de la taxe. La limite, c'est la capacité réelle ; le procédé de jaugeage ne peut jamais aller au delà ; mais il peut aller jusque-là.*

Voici donc ce qu'il faut se demander :

La Compagnie avait-elle le droit, en employant l'unité monétaire française, le franc, et l'unité maritime française, le tonneau de mer de 1,000 kilogrammes, de fixer le mode de mesurage de la capacité des navires en tonneaux de mer par un procédé à elle, nouveau ou ancien?

Manifestement oui.

. . . .

Nous arrivons à 1856.

Nos adversaires s'attaquent ici avec plus de vivacité et plus de bonheur à l'interprétation de M. de Lesseps. *On met ici réellement M. de Lesseps en contradiction avec lui-même.*

L'objection se rattache au voyage fait par M. de Lesseps, en 1856, en Angleterre.

Vous vous rappelez cette grande agitation, ces conférences, ces meetings, ces discours, où M. de Lesseps allait hardiment chercher ses contradicteurs. C'est en Angleterre qu'était le foyer de la résistance organisée contre l'entreprise du Canal ; c'est là qu'il fallait combattre et vaincre le discrédit dans lequel l'entreprise était tenue en Angleterre ; les démarches faites par le gouvernement de la Reine auprès du Gouvernement égyptien ou à Constantinople avaient paralysé les efforts de M. de Lesseps.

Il alla au-devant de ses adversaires ; il les chercha sur leur propre

2e Extrait.

Déclarations faites publiquement en Angleterre, en 1857, au nom de la Compagnie :

« La cargaison n'a » rien à faire avec » le droit. C'est le » tonnage enregistré qui est taxé et » non la marchandise. »

Le défenseur reconnaît qu'elles sont en contradiction avec les prétentions actuelles de la Compagnie.

terrain, et je suis bien convaincu que l'Angleterre sentit la grandeur de cette attitude et qu'elle fut frappée en présence de cet homme qui venait seul, non pas comme le représentant d'un grand pouvoir, d'une grande puissance étrangère, mais comme une sorte d'ambassadeur de lui-même, d'ambassadeur de sa pensée, de son génie !

Il se présentait librement au milieu d'un peuple libre, et il disait hardiment à tous : Vous arrêtez une grande œuvre, cela n'est pas digne de vous, et vous devez être les premiers à bénéficier de l'entreprise que vous bafouez ; vous vous laissez arrêter par un sentiment étroit, mesquin et jaloux, en présence d'une œuvre qui est l'œuvre de la France et non de l'Angleterre; eh bien ! je viens à vous avec les chiffres, avec les calculs des ingénieurs. Je m'adresse à vous, comme un homme sincère et loyal à des adversaires qu'il respecte et qu'il veut convaincre, parce qu'il les respecte ; je veux vous montrer comment le Canal ne nuira à personne, comment il profitera à tous, comment il sera une grande œuvre de civilisation et de progrès et comment vous devez vous incliner devant l'entreprise, quoique française, et vous incliner devant elle, quoique Anglais !

Voilà comment M. de Lesseps a fait cette difficile et glorieuse campagne ; il l'a poursuivie avec un merveilleux courage.

M. de Lesseps s'en allait ainsi, cheminant de meeting en meeting, à travers la population anglaise qui, dans la générosité de sa nature, répondait par un accueil cordial à cette attitude résolue. C'est là que M. de Lesseps a compris véritablement ses adversaires.

Il a pris la parole dans treize meetings, au milieu de tous les grands centres, et il a réuni, dans une série de procès-verbaux qui pourront passer sous les yeux de la Cour, tout ce qui se rattache à cette glorieuse campagne. Nos adversaires disent qu'à la traverse de cette agitation engagée par M. de Lesseps en Angleterre, *il y a eu des déclarations faites par lui, à Newcastle notamment, et à Birmingham, qui, très-nettement prennent pour point de départ le jaugeage officiel anglais.*

C'est vrai.

A Newcastle d'abord :

M. Plummer. — Vous parlez de 10 francs par tonne. Est ce un tarif uniforme ? Ou y aurait-il de la distinction entre les navires ? Et ce droit serait-il perçu sur les navires ou sur les chargements ?

M. Lange. — Je regrette de dire que les navires de Newcastle qui passeront chargés par le Canal auront à payer le même droit que d'autres navires avec des chargements plus précieux. C'est le navire qui paie ; donc, tous les navires devront payer les mêmes droits. Le prix du passage a été considéré par d'autres Chambres de commerce comme très-modéré. C'est un prix maximum qui ne peut pas être dépassé. Si, plus tard, on le trouve nécessaire, un changement peut être fait pour attirer au Canal quelque commerce particulier, et, si le droit est trop fort pour les navires faisant le commerce du charbon, le tarif peut être modifié.

M. Hunter. — Devrons-nous comprendre ainsi que si un navire de 1,000 tonneaux paie 400 liv. st. (10,000 francs) comme montant des droits, ceci couvrira les droits sur le chargement ?

M. Lange. — Précisément...

Il est bien entendu que M. Lange, c'est M. de Lesseps ; il est le représentant de la Compagnie, il assistait M. de Lesseps. Mais j'admets qu'on peut opposer à M. de Lesseps les paroles de M. Lange, il n'y a pas ici d'équivoque.

La Cour voit que, dans une certaine mesure, pour l'avenir, les transformations sont bien réservées, même par la réponse de M. Lange.

Mais il est certain que la citation vise bien la question du tonnage.

A Birmingham, la question est de nouveau posée :

L'Alderman Holyday. — Beaucoup de choses ont été dites sur l'avantage du projet ; mais je n'ai encore rien entendu relativement au droit de tonnage imposé aux navires, question très-importante.

Le Président. — Un maximum de 10 francs par tonne a été mentionné... Ce n'est qu'un maximum que la Compagnie ne peut dépasser. Il lui est permis de modifier ce droit, mais seulement en le diminuant.

M. S.-S. Lloyd. — Prenez un navire de 1,000 tonnes venant de Sydney ou Bombay ; donc, la dépense, au tarif de 10 francs par tonne, serait de 400 liv. st. pour passer à travers le Canal.

M. Everett. Y a-t-il quelque différence dans le tarif pour les cargaisons de charbon ou de thé ?

M. Lange. — Les charbons paieront autant que la cargaison la plus précieuse de thé ou de sucre... La cargaison n'a rien à faire avec le droit, parce que c'est le tonnage enregistré qui est taxé et non la marchandise.

Si vous demandez pourquoi nous avons fixé 10 francs, ou ceci, ou cela, ou autre chose, nous devrons nous en référer aux notes et mémoires par lesquels on est arrivé pas à pas à ces résolutions. Nous ne pouvons dépasser ces 10 francs et sans doute cette charge sera modifiée si nous trouvons qu'elle est trop lourde pour certains articles.

M. l'Alderman Holyday insiste et dit : qu'il croyait que la question de savoir de quelle manière la Compagnie arriverait à fixer le taux du droit était une belle question à traiter. Par exemple pour le coton... il y a 2,240 livres dans une tonne de coton, et il a y 4,800 huitièmes de penny par livre.

M. Lange dit qu'un farthing par livre faisait 50 shillings (ou .63 fr.) par tonne, tandis que le droit ne serait en réalité que de 10 francs par tonne de *tonnage enregistré.*

Le Président a rappelé... que la question était simplement celle-ci : serait-il avantageux pour le commerce d'avoir une route plus courte de 5,000 milles que la route actuelle, au moyen d'un canal que les navires pourraient traverser en dix heures environ aux frais de 10 francs par tonne de tonnage enregistré ? »

Ce que je veux faire remarquer d'abord à la Cour, à l'occasion des emprunts faits aux discours de M. de Lesseps, en 1856, c'est que les négociants anglais ne se trompaient pas, avec leur intelligence, quant à la perception du droit aux termes de la concession, et regardaient très-bien la question, avec le texte même du firman, comme une question ouverte.

Il n'y avait rien, à leurs yeux, dans le firman, qui fît obstacle *de plano* à ce que la question du tonnage se trouvât subordonnée à la proportion réelle des marchandises transportées ; c'est déjà là une considération d'une certaine valeur. *Maintenant il est parfaitement certain que, dans l'entraînement oratoire de ces grandes assemblées, il y a eu de la part de M. de Lesseps des concessions aux interpellations du moment. Mais ce n'est pas avec de pareilles improvisations qu'on peut arriver à la détermination du droit !*

La question n'est pas là ; elle est dans la signification véritable des expressions « Tonneau de capacité, » employées par le firman. Si l'expression est formelle en elle-même et dans les éléments qui l'entourent, les paroles de M. de Lesseps n'y feront rien ; d'un autre côté, si le texte du firman dément catégoriquement mes prétentions, vous n'avez pas besoin d'autre chose.

Mais la citation est de bonne guerre, et quand il s'agit de rechercher la pensée de M. de Lesseps, vous avez bien le droit de le mettre en contradiction avec lui-même.

La situation actuelle, d'ailleurs, était régie en fait par les papiers de bord pour tous les pavillons. M. de Lesseps ne songeait encore qu'à une règlementation universelle et internationale, pour trancher la question du tonnage; il s'arrêtait donc, interpellé rapidement, au fait lui-même, et sans entendre engager l'avenir.

Les questions se posent, les réponses se croisent, l'argumentation se presse, la démonstration veut écarter l'obstacle de la contradiction; *M. de Lesseps a parlé ainsi, non pas assurément dans la pensée de tromper ses auditeurs, mais pour ramener à lui, en surmontant toutes les résistances, des esprits rétifs et rebelles.*

Voyez, d'ailleurs, par un exemple bien frappant, ce que peuvent être de pareils entraînements : avec le langage cité, le droit de remorquage lui-même serait compris dans le chiffre de 10 francs. Or, il en est exclu de la manière la plus expresse par le firman.

Est-ce que vous oseriez prétendre que le remorquage doit être compris dans le droit du passage, parce que M. de Lesseps l'a dit au cours d'une improvisation précipitée?

Je ne veux pas désavouer M. de Lesseps ; assurément la Compagnie est son œuvre ; M. de Lesseps est son représentant le plus élevé; mais il est incontestable que ce n'est pas là le terrain légal du débat, et que ce n'est pas là que peut être la détermination du droit de chacun.

Quand M. de Lesseps parlait ainsi, il croyait qu'il faudrait 200 millions et quelques années seulement pour l'achèvement du Canal. Mais les efforts de l'Angleterre ont doublé l'importance des sacrifices imposés à la compagnie et la durée même de ses travaux ; toutes les facilités, tous les accommodements qu'il rêvait à la première heure sont devenus impossibles; à son grand regret, il a fallu songer surtout aux intérêts de la Compagnie, quand il aurait voulu, de toute son âme, les concilier avec les intérêts du commerce du monde !

Mais nous avons mieux que le langage précipité des assemblées, que les improvisations hâtives.

Le texte d'abord de l'article 17 du firman de 1856 est là.

Le droit de passage est fixé à 10 francs par tonne de capacité.

Cherchons donc, dès qu'il s'est agi de l'application de la règle, comment M. de Lesseps et la Compagnie l'ont entendue, l'ont interprétée, cette fois officiellement. En 1868 (1), M. de Lesseps constitue la première grande Commission qui était appelée à régler la question

---

(1) *V. n° 56 l'exposé de M. de Lesseps à la Commission (p. 308). Le rapprochement entre les déclarations de 1857 et celles de 1868 est ce qui condamne le plus les prétentions actuelles de la Compagnie du Canal.*

du péage; vous savez comment la question a été posée et comment elle a été résolue en présence de M. Dupuy de Lôme, aujourd'hui administrateur des Messageries.

. . . .

3e Extrait.

La Compagnie du Canal a le droit de jauger, tout comme s'ils étaient affectés à la marchandise, les espaces consacrés aux passagers qui sont une source de bénéfices bien plus larges pour les Messageries.

Nos adversaires ajoutent : Mais il y a des bâtiments des Messageries dans lesquels le jaugeage nouveau constate un nombre de tonnes de marchandises supérieur à la réalité. »

J'ai dit que nous acceptions la lutte sur ce terrain; mais prenez garde : quand les Messageries arrivent à circonscrire intentionnellement l'emplacement de la marchandise, pour étendre l'espace réservé aux voyageurs, parce que la tonne humaine représente pour aller au Japon, par exemple, 4,000 francs, et que la tonne de marchandises ne représente que 150 francs, vous m'accorderez, bien que je ne suis pas obligé d'entrer dans de pareils calculs et que j'ai le droit, avec le principe que je revendique, de jauger la capacité du navire, au point de vue des possibilités du transport de la marchandise, dont les Messageries ont, dans leur intérêt, modifié la condition.

. . . .

. . . .

4e Extrait.

La question d'interprétation de l'article 17 doit être résolue à Constantinople et par la voie diplomatique.

La convention de 1866 ne peut relever que de l'interprétation de ceux-là mêmes qui l'ont passée avec M. de Lesseps; elle sera interprétée en Égypte, elle sera interprétée à Constantinople; cette interprétation pourra être sollicitée, dans un sens ou dans l'autre, par l'intervention diplomatique. *Je comprends bien l'Italie, au lieu de faire un procès* (elle aurait pu le faire au même titre que les Messageries), *adressant une protestation par la voie diplomatique au Gouvernement du Khédive et de la Porte.*

Je comprends les Messageries luttant à Constantinople, comme elles le font à cette heure même (après le jugement qu'elles ont obtenu et qui leur échappera, elles le sentent bien), *pour obtenir le dernier mot de la question. A merveille!*

On se montre respectueux aujourd'hui de cette souveraineté qu'on méconnaissait hier.

. . . .

. . . .

Il y en a une autre, c'est cette forme diplomatique dont j'ai déjà parlé à la Cour, et dont je reconnais très-bien l'opportunité et la signification dans une pareille matière. Très-bien! Qu'on dise au Gouvernement français : Appuyez-nous à Constantinople, en Égypte; la Compagnie de Suez abuse du droit qu'elle a de percevoir une redevance; défendez nos intérêts! L'Italie l'a fait. L'Angleterre elle-même l'a tenté. En ce moment même, on le tente à Constantinople, et les Messageries y ont un plénipotentiaire ardent et passionné.

C'est la diplomatie qui permet de résoudre les difficultés qui se rattachent précisément à l'exercice du droit de souveraineté dans les rapports des puissances entre elles.

Voilà la forme vraie, régulière, et voilà comment se trouvent sauvegardés tous les droits.

La souveraineté est ainsi respectée, elle est sollicitée, elle n'est pas traînée violemment dans le prétoire d'une justice étrangère.

Tout est ainsi concilié, et jusqu'au respect même de la justice.

. . . .

5e Extrait.

La solution du débat est à Constantinople. La Porte est prête à convoquer une convention internationale.

La Compagnie espère la réalisation de cette pensée libérale si longtemps poursuivie par M. de Lesseps.

... La solution définitive de ce grand débat n'est pas ici, Messieurs, quoi qu'il arrive et quoi que vous fassiez.

On s'agite à Constantinople!

La Porte est prête à prendre l'initiative d'une grande convention internationale pour débattre et fixer ces questions si graves.

Ce que nous espérons, c'est la réalisation de cette pensée libérale, si longtemps poursuivie par M. de Lesseps.

Que toutes les puissances maritimes s'assemblent dans un grand congrès, dans une grande assemblée internationale!

Que ce congrès étudie, au point de vue de la civilisation, du progrès et de l'intérêt du monde, la question du tonnage et les questions accessoires!

Que l'unité se poursuive de ce côté encore dans les relations des nations entre elles!

Que dans cette réunion solennelle, on nous écoute à notre tour! Qu'on entende les représentants de la Compagnie du Canal de Suez pour leur permettre de rappeler ses luttes, ses sacrifices et la grandeur de son œuvre! Qu'on les laisse invoquer hautement le droit qui appartient à chacun de poursuivre librement la rémunération de ses efforts!

Nous ne demandons pas autre chose aux grandes puissances assemblées, et ce que nous attendons de vous, Messieurs, c'est de pouvoir nous présenter devant elles tenant à la main un de ces arrêts comme vous savez les rendre, préparant d'avance la solution définitive du débat, et dans lequel les grands principes seront posés de manière à concilier à la fois les préoccupations généreuses du patriotisme et le devoir impérieux de la justice.

(Journal le *Canal de Suez*, du 2 mars 1873.)

---

n° 46.

Documents produits par Mᵉ Allou devant la Cour d'appel de Paris.

(31 janvier, 4 et 7 février 1873.)

I. — DÉCLARATION DE M. FERD. DE LESSEPS.

La lettre de M. Daupratinvoquée par M. S. W. Ruyssenaërs et produite à l'audience à l'appui de la déclaration de ce dernier, constate que M. Ferdinand de Lesseps et M. S. W. Ruyssenaërs ont toujours entendu le tonneau de capacité dans le sens du volume nécessaire pour contenir le tonneau de mer de 1,000 kilogrammes.

« Le soussigné, ancien ministre plénipotentiaire, président, fondateur et directeur de la Compagnie universelle du Canal maritime de Suez, *seul rédacteur* de l'acte de concession octroyé le 5 janvier 1856 par le Vice-Roi d'Égypte et confirmé par firman du Sultan,

» Déclare qu'en employant les termes de tonneau de capacité des navires pour la taxe de navigation, il a eu en vue de préserver la Compagnie du Canal de Suez, lorsqu'elle serait constituée, de l'application d'un tonnage faussement représenté par les papiers de bord délivrés par les divers gouvernements (1). »

II. — DÉCLARATION DE M. S. W. RUYSSENAERS,

Consul général des Pays-Bas en Égypte.

Paris, le 5 décembre 1872.

A M. Ruyssenaers, Consul général des Pays-Bas, en Égypte.

Mon cher ami,

Dans une déclaration que j'ai remise le 29 septembre dernier au président du Tribunal de commerce de la Seine, j'ai dit : « En

(1) *V. les déclarations de 1857 (nº 45, page 327) et de 1868 (nº 36, page 308).*

employant les termes de tonneau de capacité des navires pour la taxe de navigation, j'ai eu en vue de préserver la Compagnie du Canal de Suez, lorsqu'elle serait constituée, de l'application d'un tonnage faussement représenté par les papiers de bord délivrés par les divers gouvernements. »

J'apprends votre présence à Paris. Comme ami de S. A. Mohamed Saïd et ayant sa confiance, je vous ai consulté, en 1855, sur la rédaction de la concession que le Vice-Roi allait m'octroyer.

Dans le premier projet de concession de 1856, il était dit que la taxe serait de « dix francs par tonne ». Vous me fîtes observer que l'interprétation de ce mot *tonne* pourrait, dans l'avenir, soulever des difficultés, attendu que les navires transportaient un nombre de tonnes bien supérieur au nombre indiqué par les papiers de bord.

L'intention formelle de S. A. Mohamed Saïd, que vous représentiez, et la mienne étant de baser la perception sur la capacité réelle des navires, le premier projet de concession fut modifié et le mot *capacité* ajouté au mot *tonne*.

Je vous prie, mon cher ami, de vous reporter à cette époque et de me dire sincèrement ce qui s'est passé, en 1855, entre nous, ce que nous entendions alors, Son Altesse, vous et moi, par les mots *tonneau de capacité*, employés dans l'acte définitif de concession du 5 janvier 1856.

Tout à vous,

Signé : FERD. DE LESSEPS.

Paris, le 6 décembre 1872.

A M. Ferdinand de Lesseps, président-directeur de la Compagnie du Canal de Suez.

Mon cher ami,

Je puis répondre d'autant plus facilement à l'appel que vous faites à mes souvenirs que je les ai recueillis et fait connaître déjà à plusieurs reprises depuis que cette question du tonnage a été soulevée, notamment, il y a sept ou huit mois, à M. Dauprat (1).

A l'époque où la concession fut modifiée, en 1855, S. A. Mohamed Saïd avait bien voulu me charger d'arrêter, d'accord avec vous, les changements que vous jugeriez nécessaires de proposer au Vice-Roi. En relisant attentivement avec vous le projet définitif, je vous ai fait observer que l'indication de 10 francs la *tonne* était bien vague et pouvait prêter à l'équivoque ; j'ajoutai que je connaissais par expérience que les navires, selon la nationalité à laquelle ils appartenaient, chargeaient un nombre de tonnes *bien supérieur à celui porté sur les papiers de bord ;* que par cette raison il était d'usage dans les affrétements de fixer à un prix de... par tonne ou mesure, pour autant de tonnes ou mesures *délivrées au déchargement*.

Après quelques instants de réflexion, cherchant un terme plus précis, vous m'avez répondu :

« On m'a déjà fait cette observation, nous ajouterons « Tonne de capacité », cela dit tout. »

Cette expression m'a paru indiquer la CAPACITÉ RÉELLE du navire, le complet chargement qui pouvait y être placé ; c'est le sens que j'y

---

« (1) Trois personnes, MM. Ferdinand de Lesseps, S. W. Ruyssenaers, consul général des Pays-Bas en Égypte, et de Chancel, officier de la marine française, ont concouru à rédiger l'acte de concession.

» Malheureusement, M. de Chancel n'est plus, et son témoignage fait défaut.

» *M. Ferdinand de Lesseps a toujours déclaré qu'il avait entendu, par tonneau de capacité, le tonneau de mer de 1,000 kilogrammes, à l'exclusion de toutes autres qualifications de tonneaux qu'il connaissait toutes à merveille.*

» M. S. W. Ruyssenaers, que j'ai l'avantage de connaître depuis vingt-sept ans, et dont chacun proclame la parfaite loyauté, interrogé par moi, le 25 mai dernier, sur ce qu'il avait entendu par tonneau de capacité lors de la rédaction de l'acte de concession, m'a répondu : « *par tonne de capacité, j'entendais alors ce que j'entends » encore aujourd'hui, ce que je connaissais très-bien par ma propre expérience, le tonneau de mer, dont les multiples constituent, suivant les navires, la charge que chacun » d'eux peut porter.* »

» Les déclarations si concordantes de ces deux rédacteurs survivants de l'acte de concession devraient être de quelque poids dans la balance, même aux yeux des partisans du mètre cube.

» *Signé :* DAUPRAT.

» Ex-premier second drogman de l'ambassade de France à Constantinople ; ex-agent principal des Messageries maritimes. »

donnais dans ma pensée; j'acceptai par conséquent cette rédaction, et elle fut approuvée par S. A. Mohamed Saïd.

Voilà, mon cher ami, la vérité en toute sincérité sur les explications qui ont eu lieu entre nous à cette époque. . . . .

Votre tout dévoué,

Signé : S. W. Ruyssenaers,

Consul général des Pays-Bas en Égypte.

N° 47.

Rapport de M. Ferdinand de Lesseps à l'Assemblée générale des actionnaires de la Compagnie du Canal du 15 juillet 1873.

1er Extrait

Situation financière. — Les dépenses annuelles de la Compagnie se montent à 16 millions de francs.

Les comptes de l'Exercice 1872 font ressortir les chiffres suivants :

RECETTES.

Les produits réalisés par notre service financier et comprenant principalement les placements de fonds disponibles et les bénéfices de change, se sont élevés à. . . . . Fr.		462.716 61
L'exploitation du domaine de la Compagnie a donné :		
1° Pour les locations de terrain, les essais de culture et les locations de bâtiments. . Fr. 220.645 91		
2° Pour les ventes de terrains. . 836.077 43		1.056.723 54
Le transit des navires et des barques, augmenté des droits accessoires de pilotage, remorquage, etc., a produit.	16.518.925 18	
Le trafic sur le matériel de la Compagnie s'est élevé à.	35.749 08	
La location du matériel flottant et diverses recettes ont rapporté.	38.126 30	16.592.800 56
A reporter. . . . . . Fr.		18.112.240 71

Report. . . . . . . Fr.		18.112.240 71
Les bénéfices sur les travaux exécutés pour divers par notre service de l'entretien se chiffrent par. . . . . Fr.	112.502 28	
Auxquels sont venus s'ajouter pour	22.929 22	
De locations de matériel et de fournitures de lest aux navires.		135.432 »
Enfin les recettes diverses du service des eaux ont été de.		77.351 75
Total de la recette générale de l'exercice 1872. . Fr		18.325.024 46

TRAVAUX ET ENTRETIEN.

2e EXTRAIT

Les dépenses prévues pour les travaux seront soldées au moyen des fonds disponibles en espèces sur les frais de premier établisssement.

Suivant les prévisions des ingénieurs de l'ancienne Commission scientifique internationale, nous nous occupons de donner à la jetée de l'ouest un accroissement suffisant.

L'arrêt naturel des sables dans l'angle fermé, en dehors du chenal d'entrée au port, par l'amorce de cette jetée avec le rivage, a élargi la plage de 500 mètres devant la ville. Il convient de prolonger la jetée, pour ramener l'avant-port à sa situation primitive.

C'est à cette conclusion que s'était arrêtée une commission de savants ingénieurs et d'inspecteurs des ponts et chaussées que nous avions priés, au mois d'octobre dernier, d'étudier le régime général de la rade de Port-Saïd.

Nous avons remis en marche, sans retard, le chantier des blocs artificiels, et nous avons passé des marchés pour la fourniture de la chaux necessaire à son approvisionnement jusqu'à la fin de l'année courante. Ce chantier a recommencé à fonctionner le 1er avril dernier.

Les travaux actuellement prévus seront soldés par les fonds disponibles en espèces sur le compte de premier établissement, sans affecter en rien les recettes de l'exercice et sans que, par conséquent, aucun retard soit apporté, de ce chef, au paiement des coupons d'intérêts des actions et des délégations.

Il y a lieu de considérer que les excellents terrains gagnés sur le rivage par suite de l'avancement de la plage, et qui pourront être facilement appropriés, deviendront, dans l'avenir, une compensation de nos dépenses actuelles. . . . .

Nous n'exécuterons le prolongement de la jetée ouest qu'avec la plus grande circonspection, et nous l'arrêterons dès que nous serons certains de suffire par des draguages toujours moins dispendieux, au maintien des fonds. Mais, tout en évitant des dépenses dont la nécessité ne sera pas constatée, nous ne négligerons rien pour continuer à assurer au commerce les conditions d'un transit facile et offrant toute sécurité aux navigateurs.

. . . .

DÉPENSES.

1° Le service des emprunts : pour les *obligations*, l'intérêt et l'amortissement et pour les *bons trentenaires*, l'intérêt seulement en 1872 ainsi que les charges annuelles de nos diverses natures de titres, le contrôle du Gouvernement égyptien, le service des correspondants.

Toutes ces dépenses obligatoires se sont élevées à. . . . . Fr.		11.417.899 87
2° Les frais d'administration générale de la Compagnie en France et en Egypte.		895.617 12
3° Pour le service du domaine, les dépenses de toute nature et les frais d'appropriation de nouveaux terrains ont été de.	396.512 57	
Il a, en outre, été tenu compte, cette année, de.	194.568 »	
représentant la part. revenant au Gouvernement égyptien dans l'exploitation du domaine commun depuis le 23 avril 1869 jusqu'au 31 décembre 1872.		591.080 57
4° Personnel; frais généraux du service du transit, des transports et du télégraphe.	672.801 93	
Dépenses d'exploitation.	941.446 65	1.614.248 58
5° Personnel et frais généraux du service de l'entretien du Canal.	631.003 92	
Réparation du matériel, exploitation du magasin général et des dépôts. . .	110.502 78	
Dépenses d'entretien du Canal. . . .	829.765 03	1.571.271 73
A reporter. . . . . . Fr.		16.090.117 87

Report . . . . Fr.	16.090.117 87
6° Les dépenses diverses du service des eaux se sont élevées à.	163.627 59
Total des dépenses de l'exercice 1872.	16.253.745.46
De la comparaison des recettes de 1872 montant à	18.325.024 46
avec les dépenses qui se chiffrent par..	16.253.645 46
il ressort un bénéfice net de. . . . . Fr.	2.071.279 »

Litige avec la Compagnie des Messageries maritimes.

3e Extrait.

Les Messageries prétendent ne payer que sur le tonneau de poids. Cette prétention est inadmissible.

La nouvelle prétention des Messageries serait de faire consacrer, sous une autre forme, la violation du contrat intervenu entre le Gouvernement égypto-ottoman et les actionnaires du Canal de Suez. L'acte de concession, le contrat liant les deux parties, veut que la perception soit égale pour tous et qu'elle demeure basée sur la capacité des navires. Les Messageries demandent que l'on renonce à cet engagement et que la perception soit basée exclusivement sur le tonneau de poids. La capacité d'un navire étant déterminée suivant le nombre de tonneaux de poids que les navires peuvent transporter en restant navigables, il semblerait que la modification de contrat recherchée par les Messageries n'est pas de nature à modifier vos recettes. Et en effet, dans des conditions normales, les navires sont capables de porter plus de tonneaux de poids que le *gross tonnage* ne signale de tonneaux de capacité. Les relevés statistiques que nous avons dressés prouveraient même que la substitution du tonneau de poids au tonneau de capacité vous procurerait, en somme, des recettes supérieures d'environ 10 0/0 aux recettes basées sur la capacité exprimée par le *gross tonnage*. Mais cette augmentation serait le résultat d'une majoration de taxe frappant les navires de commerce de 10, 15 et 20 0/0, suivant les cas, en exonérant les vapeurs postaux et les navires d'États. Il est évident qu'en destinant toute la capacité d'un navire d'État aux troupes à transporter et aux lourds canons à recevoir, qu'en aménageant la plus grande partie d'un paquebot postal de façon à recevoir des passagers ou de puissantes machines assurant une vitesse extraordinaire au steamer subventionné dans ce but, il ne reste que peu ou pas de place pour recevoir des marchandises. Par conséquent en substituant le tonneau de poids, exclusivement affecté aux marchandises, au tonneau de capacité, seul visé par l'acte de concession, vous favoriseriez injustement les navires de guerre et les paquebots-poste des Messageries au détriment des vapeurs de commerce.

Nous extrayons le passage suivant d'une brochure qui vient d'être publiée à Londres par M. A. Stuart, ingénieur anglais, sur les droits du Canal :

« Deux classes de navires de commerce passent le Canal : la pre-
» mière se compose de paquebots-poste aménagés pour transporter
» les passagers, ayant une grande quantité de lest et ne pouvant, en
» conséquence, prendre qu'un faible poids additionnel ; la seconde
» se compose de steamers ordinaires destinés à porter du charge-
» ment, et aussi de quelques navires à voiles. Cette seconde classe
» peut toujours porter un nombre de tonnes en poids *supérieur* au
» *gross tonnage*. Les conséquences de la nouvelle prétention des Mes-
» sageries maritimes sont donc évidentes ; les vapeurs postaux, déjà
» soutenus par de fortes subventions gouvernementales, ne paieraient
» presque aucun droit de transit, tandis que les steamers de com-
» merce ordinaires et les navires à voiles seraient chargés d'une taxe
» supérieure ; de telle sorte que, dans ce procès, la Compagnie du
» Canal défend les intérêts du commerce général contre les préten-
» tions exclusives d'une Compagnie postale. »

Nous avons résisté aux Messageries lorsque cette Société menaçait gravement vos intérêts, attaquait votre droit, voulait faire violer votre contrat ; nous résisterons à la même Société, et avec la même énergie, lorsqu'elle émet une prétention nouvelle ayant pour but de favoriser abusivement les paquebots-poste subventionnés au détriment des vapeurs de commerce ordinaires (1) . . . .
. . . .

---

(1) *Que devient avec cette argumentation la garantie tirée de l'ordonnance de 1681, sur laquelle s'est basé l'arrêt de la Cour de Paris, consacrant en cela les doctrines soutenues au nom de la Compagnie de Suez ?* (*V. nos 40, 45 et 46, pages 317, 325 et 334*).

N° 48

Lettre de M. de Lesseps à S. E. Nubar-Pacha.

Paris, le 16 août 1873.

Monsieur le ministre,

La Compagnie se déclare satisfaite de l'interprétation donnée par le Gouvernement impérial ottoman à l'article 17 de l'acte de concession.

Je viens de recevoir la lettre que Votre Excellence m'a fait l'honneur de m'adresser le 6 août par ordre de S. A. le Khédive et qui accompagnait la traduction des instructions vizirielles exprimant l'opinion de la Porte relativement au système de tonnage devant servir de base à la perception de la taxe sur les navires traversant le Canal de Suez. Je m'empresse d'y répondre.

La Sublime Porte ayant reconnu que, d'après l'article 17 de l'acte de concession du 5 janvier 1856, la Compagnie du Canal de Suez était fondée à percevoir son droit de passage à raison de 10 francs par tonne de capacité utilisable des navires, et que les auteurs de l'acte de concession n'avaient eu nullement en vue les papiers de bord de telle ou telle puissance, la Compagnie de Suez se déclare satisfaite et ne peut que rendre hommage à l'esprit de justice et de loyauté qui a dicté l'interprétation des conseillers de S. M. I. le Sultan.

Si les puissances qui ont réclamé auprès de la Sublime Porte ne sont pas satisfaites de leur côté, la Compagnie de Suez, sans leur reconnaître le droit de juger les conditions d'un contrat bilatéral passé en dehors de leur intervention et de leur autorité, admet parfaitement que dans l'intérêt de la vérité universelle du tonnage et sous un point de vue scientifique d'utilité générale, elles cherchent à s'entendre entre elles dans le but de déterminer officiellement pour tous les pavillons un tonnage égal équitable et réel.

C'est ce que la Compagnie de Suez avait déjà fait pour elle-même par sa décision légale du 4 mars 1872, en conformité des termes formels de son acte de concession.

Sur le rapport d'une commission composée d'amiraux, d'ingénieurs, de hauts fonctionnaires du Gouvernement français, tous étrangers à l'administration du Canal, elle avait adopté le système Moorsom, lequel n'est qu'un procédé de mesurage, et avait déterminé, au moyen de ce système, le *net tonnage*, c'est-à-dire la capacité utilisable des navires.

Il est important de faire observer que le *net tonnage* employé par la Compagnie de Suez est encore au-dessous de la capacité réelle de cargaison que les navires sont susceptibles de porter dans des conditions normales.

Veuillez agréer, etc.

Signé : Ferd. de Lesseps.

N° 49.

Lettre de M. Ferdinand de Lesseps à S. E. Nubar Pacha, ministre des affaires étrangères.

La Chenaie (Indre), 9 septembre 1873.

Monsieur le ministre,

La Compagnie du Canal aussi bien que celle des Messageries doit demeurer étrangère aux délibérations de la Commission internationale.

Des publications récentes faites par la Compagnie des Messageries maritimes et le départ pour Constantinople de M. Girette, administrateur de cette Société, permettent de pressentir la nouvelle attitude de nos adversaires.

S. M. I. le Sultan ayant déclaré que le droit des actionnaires de Suez est de percevoir les taxes du Canal sur la capacité utilisable des navires sans tenir compte des papiers officiels de telle ou telle nation, et Sa Hautesse ayant ensuite exprimé l'opinion que le système de mesurage Moorsom est celui qui permet de déterminer avec le plus d'exactitude la réelle capacité utilisable, les Messageries cherchent à faire croire que le tonnage officiel anglais est actuellement le résultat de l'application de la méthode Moorsom.

Je vous serai très-obligé de vouloir bien remettre à S. A. le Khédive la reproduction littérale des règles de Moorsom, ainsi que deux numéros du *Bulletin* de la Compagnie de Suez. Le premier contient la seule règle connue de Moorsom pour déterminer la capacité nette utilisable des navires ; le second reproduit les lettres écrites par les directeurs des Messageries, avec quelques courtes observations de notre part.

Il résulte de calculs indiscutables, que si nous appliquions absolument la méthode Moorsom, nos perceptions actuelles seraient sensiblement accrues.

Quant au départ de M. Girette, je suis d'avis que l'administration du Canal de Suez, aussi bien que celle des Messageries, doit rester étrangère aux délibérations des délégués des puissances maritimes qui ne sont point appelées à juger les conditions d'un contrat passé entre une Compagnie financière et le gouvernement égypto-ottoman(1), mais seulement à étudier les moyens de déterminer un tonnage universel et équitable, pour constater officiellement d'un commun accord et sous un point de vue scientifique la capacité utilisable des navires.

Dans cette situation, je crois devoir vous prier d'informer S. A. le Khédive que je m'abstiendrai de suivre les Messageries dans les démarches qu'elles paraissent vouloir entreprendre à Constantinople, me renfermant strictement dans les termes de l'article 17 du contrat du 5 janvier 1856, si loyalement interprété et expliqué dans la lettre vizirielle adressée à Son Altesse.

Veuillez agréer, etc.

Le président-directeur de la Compagnie universelle du Canal maritime de Suez,

Signé : FERDINAND DE LESSEPS.

---

(1) *V. n° 23, p. 121 à 123, l'opinion exprimée par les délégués français dans l'intérêt de la Compagnie du Canal.*

VI.

DOCUMENTS PRODUITS PAR LA COMPAGNIE DES MESSAGERIES MARITIMES.

N° 50. — Rapport du Conseil d'administration de la Compagnie des Messageries maritimes à l'Assemblée générale des actionnaires (29 mai 1873).

N° 51. — (9 avril 1873.) Lettre de M. Girette à l'ambassadeur de France à Constantinople (M. le comte de Vogüé) :

L'administrateur délégué des Messageries annonce sa résolution de quitter Constantinople pour ne pas s'exposer à mettre une entreprise française en contradiction flagrante avec l'ambassade de France. Il laisse à l'arbitrage de l'ambassadeur et du corps diplomatique la préparation des solutions à donner par la Porte à un débat commercial qui ne doit pas dégénérer en conflit politique. Il constate qu'il n'a rien fait sans que l'ambassadeur en fût préalablement averti et que toutes ses démarches ont tendu à chercher un terrain de conciliation.

— V. n° 10, page 98, la réponse de l'ambassadeur (10 avril 1873).

N° 52. — (10 mai 1873.) Lettre des administrateurs au ministre des affaires étrangères (M. le comte de Rémusat) :

Exposé *des phases successives : 1° du litige engagé devant les tribunaux français, entre la Compagnie des Messageries maritimes et la Compagnie du Canal de Suez; 2° des négociations poursuivies à Constantinople pour obtenir du Gouvernement auteur de la concession l'interprétation de l'article 17.*

Suggestion des moyens de venir en aide à l'entreprise du Canal, tout en respectant les obligations de l'acte de concession.

Nouvel appel à l'intervention du Gouvernement français pour la conciliation des intérêts en présence.

N° 53. — (13 août 1873.) Lettre des administrateurs au ministre des affaires étrangères :

Les Messageries se soumettent à la décision du Gouvernement impérial ottoman et sont prêtes à payer la taxe sur la base du tonnage net déterminé par les procédés d'application du système Moorsom tels que les définit le décret du 24 mai 1873.

Si la Compagnie de Suez n'accepte pas cette interprétation, les Messageries réclament une prompte réunion de la Commission internationale.

Les Messageries expriment de nouveau le désir d'une solution par les voies de conciliation.

N° 54. — (1er septembre 1873.) Note soumise à la Commission internationale du tonnage, par la Compagnie des Messageries maritimes sur la question du tonnage de capacité des navires.

55. — (Thérapia, 21 octobre 1873.) Lettre de M. Girette à S. E. Edhem Pacha, Président de la Commission internationale du tonnage :

Observations soumises à la Commission internationale pour redresser l'interprétation erronée donnée aux règles de tonnage de Moorsom, lorsqu'on prétend que, dans sa pensée, le vrai diviseur de la capacité d'un navire est 64 au lieu de 100.

N° 56. — (Thérapia, 28 octobre 1873.) Note soumise par M. Girette à la Commission internationale du tonnage :

Impossibilité de confondre la mesure de la capacité des navires, qui doit être uniforme pour toutes les nations, avec les procédés usités par le commerce pour le mesurage des marchandises. Preuves à l'appui.

N° 57. — (Péra, 18 novembre 1873.) Lettre de M. Girette au chargé d'affaires de France à Constantinople (M. G. Le Sourd) :

M. Girette proteste contre les dénonciations calomnieuses qui le signalent dans la presse comme conspirant avec les puissances étrangères contre l'influence française. Il n'a fait que défendre devant la Commission internationale les intérêts d'une entreprise française, en tenant l'ambassade de France au courant de toutes ses démarches et sans jamais manquer à la modération ni à la droiture.

N° 58. — (Paris, 29 novembre 1873.) Lettre des administrateurs au ministre des affaires étrangères (M. le duc Decazes) :

Les administrateurs s'associent à la protestation de M. Girette (18 novembre 1873), et se déclarent solidaires de leur collègue qui n'a agi qu'en vertu de leurs instructions en suggérant la possibilité de résoudre les difficultés pendantes par la concession à l'entreprise du Canal d'une surtaxe transitoire.

N° 59. — (18 février 1874.) Lettre des administrateurs au ministre des affaires étrangères (M. le duc Decazes) :

Dans une pensée de conciliation, les administrateurs avaient renouvelé l'offre d'étendre aux perceptions indûment faites depuis le 1er juillet 1872, les bases de la transaction adoptée par le Gouvernement impérial ottoman sur la proposition unanime de la Commission internationale sanctionnée par tous les gouvernements représentés dans cette Commission.

Cette offre n'ayant pas été acceptée, les administrateurs sont obligés de poursuivre le litige.

60. — Tableaux résumant les données comparatives des calculs du tonnage pour les neuf paquebots de la Compagnie des Messageries maritimes actuellement affectés au service de la ligne principale de l'Indo-Chine.

A. — Répartition des poids constituant le déplacement du navire en pleine charge pour chacun des neuf paquebots.

B. — Tonnage des paquebots établi sur les bases fixées par la Commission internationale.

C. — Rapport du volume au poids chargé selon les divers états de déplacement du navire correspondant à diverses hypothèses du poids des objets d'armement embarqués.

D. — État récapitulatif des sommes indûment perçues par la Compagnie du Canal sur les paquebots des Messageries, du 1er juillet 1872 au 28 avril 1874.

N° 50.

RAPPORT DU CONSEIL D'ADMINISTRATION DE LA COMPAGNIE DES MESSAGERIES MARITIMES A L'ASSEMBLÉE GÉNÉRALE DES ACTIONNAIRES

(29 mai 1873.)

. . . .

Litige avec la Compagnie du Canal de Suez.

A plusieurs reprises, nous vous avons entretenus de l'entreprise du Canal maritime de Suez. Nous ne l'avons jamais fait que dans les termes d'une cordiale sympathie pour l'œuvre d'un Français éminent, accomplie au moyen de capitaux courageusement souscrits en France, et universellement considérée comme honorant notre pays. Depuis que cette œuvre a été commencée, nous n'avons jamais discuté devant vous si vos intérêts d'exploitation auraient à souffrir de l'ouverture à la navigation universelle d'une voie maritime abrégée, vers ces contrées de l'extrême Orient dont les plus riches échanges avec l'Europe ne pouvaient guère s'opérer jusque-là que sous le pavillon des compagnies postales. Loin de là, nous avons été les premiers à seconder les études de l'entreprise. C'est un paquebot des Messageries qui, derrière la frégate française inaugurant officiellement la navigation dans le Canal, a jalonné pour la flotte du commerce cette route abordée avec tant d'hésitation par la majorité des capitaines. L'Angleterre, qui avait pourtant, entre toutes les nations, le plus grand intérêt à ce que cette voie devînt promptement la route commerciale pratique, ne confiait pas au Canal le transit de ses correspondances. Nous avons sollicité en votre nom et obtenu du Gouvernement français l'autorisation de donner l'exemple de la confiance. Vos paquebots sont les premiers et ont été longtemps les seuls qui aient entretenu par le Canal les communications postales. Vous représentiez en France le noyau principal des intérêts maritimes qui pouvaient, dans l'état de l'industrie de la navigation à vapeur, alimenter le Canal et l'utiliser. Car il avait été promptement reconnu que les navires à voiles, sur le passage desquels la Compagnie de Suez avait, à l'origine, fondé son principal espoir de revenus, ne pouvaient pas s'y engager utilement; et, en fait, ils n'y ont jamais passé.

Indépendamment de votre appui moral et du concours de vos capitaines, dont l'un a donné le type du balisage, faute duquel le transit, aujourd'hui facile et rapide, ne s'accomplirait, comme il le faisait jusque-là, qu'au risque d'échouages et de lenteurs multipliés, vous avez apporté à l'œuvre un revenu annuel qui a dépassé un million de francs. Et cependant, quels avantages avez-vous reçu de la Compagnie du Canal en échange de ce concours? Vous pouviez, il est vrai, par suite du percement de l'Isthme, — et nous avons saisi l'occasion de le déclarer dans vos assemblées, — faire rentrer périodiquement à Marseille les paquebots retenus au-delà de Suez, tant que la communication postale ne s'opérait que par la voie ferrée. Vous pouviez attendre de cette modification une économie relative dans vos dépenses.

Non-seulement nous avons été les premiers à vous le dire; nous avons, en quelque sorte, escompté cette économie dans le contrat qui n'a doublé le service sur vos lignes de Chine et du Japon qu'au moyen de la réduction de près de moitié du complément de subvention proportionnellement nécessaire. Mais nous vous avons fait connaître aussi, et nous avons indiqué au département des finances les conséquences de moins-value qu'entraînerait pour votre trafic l'accès des mers d'Orient librement ouvert à toutes les concurrences. Nos prévisions sur ce dernier point se sont trouvées promptement vérifiées. La moyenne de votre fret, comme celle du fret de la Compagnie postale anglaise, est descendue au quart de ce qu'elle était avant l'inauguration de la nouvelle voie.

Avons-nous pour cela modifié notre ligne de conduite? Nous sommes-nous plaints des effets de la concurrence? Avons-nous sollicité quelqu'une de ces combinaisons particulières qui, tout en paraissant sauvegarder le principe de l'identité de traitement imposé à la Compagnie du Canal envers tous les navires par l'acte de sa concession, nous eût réservé un traitement de faveur? Avons-nous représenté que vos paquebots transitaient périodiquement et à des intervalles rapprochés, à ce point que le même navire pouvait avoir à payer six fois, dans une année, le prix du passage? Avons-nous fait valoir que, construits spécialement en vue de la navigation rapide et du transport des passagers, pourvus d'appareils puissants et traînant par conséquent avec eux des approvisionnements de combustible exceptionnellement développés, ces paquebots ne peuvent transporter que des quantités de marchandises très-inférieures au port utile que leur assigne théoriquement le tonnage officiel ; que d'ailleurs ils sont astreints à partir à jour et à heures fixes, chargés ou non, ayant ou non des passagers à bord, en tout temps, même en temps d'épidémie? Nous n'y avons jamais songé.

Votre entreprise est habituée à se défendre contre les concurrences: menacée dans ses intérêts par cet abaissement prévu du fret qui devait profiter au commerce général, elle a pris le seul parti auquel elle pût honorablement recourir. Mettant résolûment de côté les grands navires construits depuis dix ans à peine en vue du trafic limité mais fructueux qui lui avait en fait appartenu jusqu'au percement de l'Isthme, elle en a construit de nouveaux, d'un échantillon plus ample et calculé pour compenser par la quantité des marchandises transportées la moins-value déterminée par la concurrence dans le prix du transport.

Mais une telle résolution ne pouvait être prise sans imprudence qu'autant que les relations de l'armateur avec la Compagnie du Canal se trouveraient légalement réglées et garanties. La garantie existe. Le Vice-Roi d'Egypte, d'accord avec M. Ferdinand de Lesseps, l'avait inscrite dans le firman de concession de 1856, ultérieurement ratifié par S. M. I. le Sultan. L'article 17 de cet acte a expressément fixé à 10 francs le maximum qui ne pourrait jamais être dépassé pour le prix du droit spécial de navigation applicable à *la tonne de capacité des navires*. Nous avons fait notre compte en conséquence et nous avons calculé, par exemple, que votre paquebot le *Meï-Kong*, dont le tonnage officiel est fixé à 1,900 tonneaux, paierait 19,000 francs chaque fois qu'il traverserait le Canal, et, s'il le passait six fois dans l'année, que le tribut à subir par votre exploitation pour cette navigation annuelle de 240 lieues par un seul navire, ne dépasserait jamais la somme si considérable de 114,000 francs. En somme, dans ces conditions, nous pouvions compter que nous n'aurions pas à payer, de ce chef, plus de 1,100,000 francs par année.

Nous tenions cette garantie pour certaine et d'autant plus imprescriptible que le fondateur de l'entreprise avait fait solennellement en Angleterre, en présence du Commerce assemblé à son appel, les déclarations suivantes, depuis lors traduites et publiées par ses propres soins dans un recueil dédié au Parlement britannique : « Le droit de » 10 francs est un maximum qui ne pourra jamais être dépassé. La » cargaison n'a rien à faire avec le droit, parce que c'est le tonnage » enregistré qui est taxé et non la marchandise. »

Le texte est précis. Le sens n'en est pas douteux, puisque en Angleterre l'on n'entend pas autre chose par le tonnage enregistré que ce qu'on entend en France par le tonnage officiel.

Un autre gage, et cette fois un gage direct, nous avait été donné de la garantie résultant de l'article 17. En 1868, ayant à régler son exploitation qu'elle s'apprêtait à inaugurer, la Compagnie du Canal avait voulu prendre avis d'une commission d'hommes spéciaux, amiraux et ingénieurs, sur les questions à résoudre, au premier rang desquelles se plaçait l'organisation du péage; et, dans cette commission, M. de Lesseps avait appelé, avec notre assentiment, l'ingénieur en chef de vos ateliers et l'un de vos meilleurs capitaines. M. Dupuy de Lôme, qui n'est devenu que depuis lors notre collègue, la présidait. Il existe deux témoignages irrécusables de ce qui s'est dit et fait à cette occasion, en 1868 : d'abord l'exposé lu devant la Commission par le président-fondateur au nom du Conseil d'administration et du Comité de direction de la Compagnie; en second lieu, l'avis formulé par la Commission. Le premier document, dont nous avons retrouvé très-récemment le véritable texte, ne laisse aucun doute sur les intentions de la Compagnie du Canal. C'est le tonnage officiel qu'elle a exclusivement en vue comme base de la taxe, et c'est le tonnage officiel anglais que M. de Lesseps recommande en termes exprès à la Commission comme étant, de tous les tonnages officiels, le plus favorable au commerce, *qui pourrait,* disait-il, *se plaindre légitimement si on donnait la préférence au tonnage officiel français.*

L'avis de la Commission n'est pas moins précis. Tout en reconnaissant le mérite comparatif du tonnage officiel anglais, elle recommande à la Compagnie de percevoir purement et simplement la taxe sur chaque navire, quelle que soit sa nationalité, d'après le tonnage officiel établi par ses papiers de bord, en attendant qu'un tonneau type, c'est-à-dire une unité de mesure des navires commune à toutes les nations, ait pu être consacré par un concert international.

En fait, la Compagnie du Canal a suivi cet avis jusqu'au 4 mars 1872. Elle a perçu les droits sur la base du tonnage officiel déterminé par les papiers de bord; et encore, en 1872, n'a-t-elle cessé de reconnaître l'autorité des papiers de bord qu'en usant d'une interprétation ambiguë qui est une sorte d'hommage implicitement rendu à cette autorité. Elle a décidé qu'à compter du 1er juillet, elle percevrait la taxe sur la base du *gross tonnage* anglais (c'est-à-dire du tonnage brut), inscrit (disait-elle), aussi bien que le *net registered tonnage* sur les papiers de bord des steamers anglais. La conséquence de cette décision était de substituer, comme expression de la capacité des navires à vapeur, au tonnage net qui se rapporte légalement aux espaces disponibles dans le navire après déduction de l'emplacement de la machine et de ses accessoires, le tonnage brut qui, n'admettant aucune déduction, n'est la mesure légale que des navires à voiles.

D'après les indications explicites de la Compagnie, ce nouveau mode de procéder devait élever de 40 à 45 0/0 le produit de la perception sur les navires à vapeur français. La vérité est que le nouveau système, appliqué depuis onze mois à tous les navires qui transitent par le Canal, frappe vos paquebots d'une aggravation de droit de plus de 60 0/0. Votre paquebot *le Meï-Kong* paie aujourd'hui, pour chaque traversée, 32,500 francs au lieu de 19,000 francs. En somme, le tribut déjà si élevé de 1,100,000 francs que vous aviez annuellement à subir, se trouve porté au chiffre exorbitant d'environ 1,700,000 francs par année.

Ces considérations, nous les avons soumises à M. de Lesseps aussitôt que la décision du 4 mars 1872 nous a été connue. Contrairement à ce qui s'était passé dans des conditions si courtoises en 1868, nous n'avions pas même été avisés des études intérieures à l'issue desquelles la décision du 4 mars a été prise. La Compagnie s'est bornée à nous communiquer, en même temps qu'elle le livrait au public, le recueil des documents de ce qu'elle a appelé *l'enquête sur la question du tonnage*. N'ayant pu être entendus à cette enquête, nous n'avons rien négligé, du moins, pour éclairer la Compagnie du Canal, non-seulement sur la violation du droit des armateurs, mais sur les conséquences d'une telle mesure, aussi inquiétante qu'onéreuse pour le commerce maritime. Cette conduite, l'événement l'a prouvé, devait infailliblement ralentir l'évolution qui substituera les navires à vapeur à la flotte à voiles pour les échanges entre l'Europe et l'extrême Asie. Ne réussissant pas à être écoutés, nous avons consigné nos observations dans un Mémoire à consulter, signé avec nous par nos conseils juridiques, et nous avons soumis ce travail à la Compagnie du Canal après l'avoir fait précéder d'une lettre qui contenait l'appel le plus cordial à la conciliation; nous avons en même temps communiqué la lettre et le Mémoire au Département des affaires étrangères. Ni du Département ni de la Compagnie, aucune réponse ne nous a été faite, et dès lors nous avions un devoir à remplir, recourir à la justice pour la défense de vos droits.

Vous savez quelles phases successives a traversées ce procès en France. Nous avons, à la suite d'un débat approfondi, obtenu gain de cause devant le Tribunal de commerce de la Seine. Devant la Cour d'appel, notre adversaire a triomphé, contrairement aux conclusions, aussi fermes que nettes, développées en faveur du jugement de première instance par le ministère public. La Cour a prononcé l'annulation du jugement.

Nous avons, à notre tour, déféré à la Cour de cassation l'arrêt de la Cour d'appel comme entaché de violation de la loi, et nous entretenons l'espoir qu'il sera réformé. Mais, à supposer que l'arrêt puisse être maintenu, nous avons dû introduire devant le Tribunal de commerce une nouvelle instance tendant à obtenir qu'il soit établi, à dire d'experts, que la perception de la taxe, telle qu'elle est pratiquée à l'entrée du Canal, est en contradiction avec la doctrine, en matière de tonnage, sur laquelle reposent les conclusions soutenues par la Compagnie du Canal et l'arrêt qui se les est appropriées.

Cette doctrine se résume en deux mots :

La Compagnie est maîtresse de jauger comme elle le voudra la capacité utilisable des navires. Deux conditions seulement lui sont imposées : ne pas faire payer à l'armateur un nombre de tonnes de capacité plus grand que le nombre de fois $1^{m},45$ que le navire peut contenir dans les parties utilisables pour le fret, ni que le nombre réel de tonneaux de 1,000 kilogrammes qu'il peut porter sans cesser d'être navigable. L'expertise démontrera qu'en exigeant du *Meï-Kong*, par exemple, la taxe sur le pied d'un tonnage de capacité de 3,250 tonneaux, la Compagnie du Canal étend arbitrairement, et en dehors de tout droit, les facultés de transport de ce navire, qui ne peut pas porter, en restant dans les lignes d'eau que comporte sa navigation, un poids utile de plus de 1,350 tonnes de 1,000 kilogrammes, et ne devrait pas être taxé, par conséquent, dans l'esprit de l'arrêt, pour plus de 13,500 francs.

Nous avons, ainsi que les conseils juridiques qui ont mis tant de savoir et d'éloquence au service de votre cause, la plus ferme confiance dans ces moyens de droit ; mais nous ne faisons aucune difficulté de déclarer que c'est autant au point de vue moral qu'en vue des conséquences matérielles à en faire dériver en France, que nous en poursuivrons le succès. Nous ne sommes animés contre la Compagnie du Canal d'aucun sentiment hostile. Nous formons, au contraire, des vœux sincères pour le développement de son entreprise et nous sommes tout prêts à consentir, en ce qui nous concerne, la part de sacrifices que le Gouvernement ottoman, après entente avec les puissances maritimes, jugerait utile d'imposer au commerce pour soutenir l'existence du Canal et celle de la Compagnie qui l'a creusé. Car nous n'avons jamais hésité à reconnaître que c'est au Gouvernement ottoman qu'il appartient de donner à ce débat sa solution définitive.

Vous ne l'ignorez pas en effet, Messieurs, la décision du 4 mars, contre l'application de laquelle nous avions demandé protection à la justice française, parce que les statuts de la Société du Canal annexés à l'acte de concession de 1856 attribuaient aux Tribunaux de la Seine juridiction sur tous litiges intéressent la Société, la décision du 4 mars a soulevé d'autres plaintes. En Angleterre, en Italie, en Autriche, les armateurs lésés ont fait parvenir leurs réclamations au Gouvernement de S. M. le Sultan par la voie diplomatique, et, lorsque nous avons obtenu gain de cause devant le Tribunal de commerce, nos adversaires nous ont dénoncés à Constantinople comme usurpant sur le droit souverain de la Porte, dont ils ont ainsi obtenu la protestation.

Pressentant cette intervention, nous avions nous-mêmes, à l'issue du procès de première instance, chargé l'un des membres de notre Conseil de se rendre à Constantinople. Notre collègue a démontré au Gouvernement impérial la bonne foi qui avait constamment dirigé notre conduite, et, après cinq mois de séjour en Turquie, il a laissé la question du péage à l'examen de la Porte, disposée elle-même à ne statuer qu'après avoir dégagé, avec le concours des représentants des puissances maritimes, les éléments d'une solution équitable et pratique.

Nous ne saurions mieux vous éclairer sur les vues qui président à cette étude qu'en vous lisant la dépêche que le ministre des affaires étrangères de Turquie adressait à l'ambassadeur ottoman à Paris, le 25 décembre dernier. Voici cette dépêche, que nous reproduisons textuellement :

« Des publications récentes faites par la Compagnie du Canal de » Suez ont été signalées à l'attention du Gouvernement impérial. » Quelques-unes de ces publications ont trait à la modification de la » perception du péage du Canal et donnent à supposer que la Sublime » Porte aurait sanctionné ce changement. Les autres se rattachent à » la juridiction dont relève la Compagnie.

» Quant aux premières, je me bornerai à dire que *si le nouveau » mode de perception de la taxe du Canal avait reçu l'approbation » souveraine, un firman impérial en eût instruit le public*. La vérité » est que *le Gouvernement impérial s'est réservé de s'entendre avec » les autres puissances sur une unité de tonnage et d'étudier ensuite » la question du péage, de façon qu'elle puisse arriver à fixer un » droit qui donne satisfaction, autant que possible, aux exigences du » commerce maritime et aux besoins de la Compagnie du Canal*. » D'ailleurs, Votre Excellence trouvera ci-joint une copie de la lettre » par laquelle M. de Lesseps s'engage, au nom de la Compagnie, à » se soumettre à la décision qui sera ultérieurement prise par le » Gouvernement impérial à cet égard. »

Cette lettre est un véritable programme, aussi précis qu'il est mesuré ; et nous ne pouvons qu'en attendre l'application avec une pleine confiance. La Porte déclare qu'elle n'a pas approuvé la modification du péage. Cette seule affirmation suffirait à établir qu'elle n'a jamais songé, lorsqu'est intervenue la ratification impériale donnée à l'acte de concession de 1856, à attacher aux mots *tonne de capacité* une signification autre que celle que l'usage commercial, aussi bien que la tradition officielle, dans tous les pays du monde, donne à la tonne de jauge ou de capacité.

Ce programme de la dépêche du 25 décembre, nous l'avons constamment soutenu à Constantinople. Vainement on a voulu insinuer que nous aurions fomenté une sorte de coalition des intérêts étrangers contre l'existence même de la Société du Canal. Soutenir l'entreprise tout en la contenant dans les limites du droit ; hâter la réunion de la

Commission internationale sur la proposition de laquelle le tonnage type sera consacré; concéder, dès à présent, à la Compagnie du Canal une surtaxe temporaire d'une quotité limitée, mais suffisante pour lui permettre d'attendre le moment où la simple progression de son revenu normal lui garantira non-seulement l'existence mais la prospérité durable : telles sont les seules suggestions qui aient été faites en votre nom à Constantinople; et certainement elles sont de nature à préparer les voies à la meilleure solution de ce long débat dans l'intérêt même de la Compagnie du Canal.

Cette conduite est celle que nous dictait notre responsabilité envers la Compagnie, et nous espérons que mieux connue, elle ramènera à votre cause une large part des sympathies que la cause adverse s'est conciliées en France à votre détriment. Vous connaissez nos habitudes de réserve. Nous ne recourons jamais à la publicité en dehors des nécessités de vos services. C'est donc seulement à l'occasion de cette Assemblée, et en vous rendant le compte qui vous était dû, que nous avons voulu faire parvenir ces explications à la connaissance du public. Nous n'avons pas manqué de les soumettre, en même temps, à M. le ministre des affaires étrangères. En toute occurrence, depuis vingt-deux ans, le pays et le Gouvernement nous ont trouvés disposés à servir, de tous nos moyens, les intérêts français à l'extérieur. Toute notre conduite, à l'égard de l'entreprise du Canal de Suez, a été conforme à ces traditions qui sont l'honneur de votre Compagnie et dont nous n'avons jamais dévié.

N° 51.

LETTRE DE M. GIRETTE A L'AMBASSADEUR DE FRANCE A CONSTANTINOPLE (M. LE COMTE DE VOGUÉ).

(9 avril 1873.)

L'administrateur délégué des Messageries annonce sa résolution de quitter Constantinople pour ne pas s'exposer à montrer une entreprise française en contradiction flagrante avec l'ambassade de France. Il laisse à l'arbitrage de l'ambassade et du corps diplomatique la préparation des solutions à donner par la Porte à un débat commercial qui ne doit pas dégénérer en conflit politique. Il constate qu'il n'a rien fait sans que l'ambassadeur en fût préalablement averti et que toutes ses démarches ont tendu à chercher un terrain de conciliation.

Péra, 9 avril 1873.

Monsieur le comte,

Je viens prendre congé de Votre Excellence, mon intention étant de quitter Constantinople pour rentrer à Paris. L'importante affaire qui m'avait conduit ici, à la suite de M. Ferdinand de Lesseps, n'est pas terminée, vous le savez mieux que personne. Mais après les paroles de M. le comte de Rémusat devant l'Assemblée nationale, je serais exposé, en poursuivant mes démarches, à montrer une entreprise française en opposition flagrante avec l'ambassadeur de France, et il m'a paru que, sans déserter les intérêts qui me sont confiés, je devais à Votre Excellence de me retirer personnellement de la lice. Mes collègues en ont jugé de même : c'est d'après leurs instructions, qu'en prenant congé des ambassadeurs et des chefs de mission avec lesquels je me suis trouvé en rapport au sujet du Canal de Suez, j'ai laissé entre leurs mains, aussi bien qu'entre les vôtres la recherche des solutions, je dirais presque l'arbitrage dont on peut seulement attendre la conclusion à donner par la Porte à ce long

(*V. N° 10, p. 98, la réponse de l'ambassadeur de France à M. Girette.*)

débat. La lettre aux ambassadeurs, dont j'ai l'honneur de vous remettre ci-joint une copie, a été écrite dans cette pensée.

Qu'il me soit par cela même permis, monsieur le comte, d'exprimer la surprise et le sentiment pénible avec lesquels je vois se poursuivre une tendance à transformer en conflit politique, ce qui, pour tous ceux qui s'en sont occupés à Constantinople, n'a jamais été qu'une difficulté de droit commercial. L'ambassadeur d'Angleterre, que l'on dénonce comme animé de desseins hostiles à l'entreprise du Canal, ne l'a jamais envisagée devant moi que comme une œuvre d'intérêt universel, une grande œuvre dont l'existence devrait être maintenue et l'avenir assuré même au prix de sacrifices à imposer au commerce, pourvu que la direction en fût dégagée de toutes prétentions arbitraires. Cette appréciation est commune aux ministres d'Autriche, des États-Unis d'Amérique et d'Italie. On peut dire qu'à des nuances près, elle est celle de tout le Corps diplomatique et du Gouvernement turc lui-même. Je l'affirme, Monsieur le comte, il n'y a là aucun élément dont un conflit politique puisse sortir s'il n'est imprudemment provoqué.

Pour ma part, je n'ai pas à me défendre d'avoir de près ou de loin encouragé une conspiration imaginaire contre les intérêts de la France. Les précédents de toute ma vie protestent contre une telle imputation. Et d'ailleurs Votre Excellence est mon témoin. Je ne lui ai rien caché de mes démarches. Plus la neutralité qui vous interdisait de me venir en aide à l'origine a penché vers nos adversaires, jusqu'à faire place récemment à la manifestation d'une protection exclusive, plus je me suis imposé le devoir de vous tout dire. Je n'ai pas cessé, depuis le premier jour, de chercher un terrain sur lequel la conciliation des intérêts pût se réaliser, abstraction faite de ce qu'exigeait la rigueur du droit, et c'est toujours à vous le premier que j'ai porté mes réflexions et mes calculs. Mon espoir était que cette conduite vaudrait à la cause des Messageries, qui est une cause toute française, quelque intérêt sympathique. Elle m'a valu du moins votre bienveillance personnelle, et, si je n'ai pas eu l'appui de l'ambassade de France, j'emporte de mes relations avec l'ambassadeur le plus reconnaissant souvenir.

Veuillez, monsieur le comte, en agréer l'expression avec les assurances de ma haute considération et de mon respect.

Signé : GIRETTE.

N° 52

LETTRE DES ADMINISTRATEURS DE LA COMPAGNIE DES MESSAGERIES MARITIMES AU MINISTRE DES AFFAIRES ÉTRANGÈRES (M. LE COMTE DE RÉMUSAT).

Exposé 1° des phases successives du litige engagé devant les tribunaux français entre la Compagnie des Messageries maritimes et la Compagnie du Canal de Suez; 2° des négociations poursuivies à Constantinople pour obtenir du gouvernement auteur de la concession, l'interprétation de l'article 17.

Suggestion des moyens de venir en aide à l'entreprise du Canal tout en respectant les obligations de l'acte de concession.

Nouvel appel à l'intervention du Gouvernement français pour la conciliation des intérêts en présence.

Paris, 10 mai 1873.

MONSIEUR LE MINISTRE,

A l'occasion de l'entretien que vous avez bien voulu accorder à notre collègue, M. Girette, nous croyons opportun de retracer les phases successives du litige qui se poursuit entre la Compagnie du Canal de Suez et la nôtre. Nous voudrions en déduire les conditions d'une solution équitable et pratique dans l'intérêt des deux parties.

Et d'abord, nous établirons qu'il n'a pas dépendu de nous d'empêcher que ce litige ne fût engagé. Les Messageries constituent en France le groupe principal des intérêts maritimes qui peuvent alimenter le Canal de Suez; la Compagnie avait donc été bien inspirée lorsqu'en 1868, au moment où elle organisait son exploitation, elle avait appelé à concourir à cette organisation l'ingénieur qui dirige nos ateliers et l'un de nos capitaines.

Le précédent de 1868 n'a pas été suivi en 1872. Ce n'est que par la publication des *Documents de l'Enquête sur le tonnage* que nous avons connu la décision du 4 mars qui modifiait les conditions de la perception du péage étudiées en 1868 avec la coopération de nos délégués; et, non-seulement nous n'avons pas été appelés à discuter la modification qui devait aggraver, dans la proportion de 67 0/0, les charges imposées au transit de nos paquebots, mais la Compagnie ne nous a pas même avertis qu'elle procédât à une enquête, nous privant ainsi de tous moyens d'y être entendus.

Nos représentations ne se sont pas fait attendre. Exprimées verbalment dès le jour où la décision du 4 mars 1872 a été publiée, elles se sont formulées dans une lettre du 13 juin aux administrateurs de la Compagnie du Canal précédant un mémoire à consulter en date du 11 du même mois que nous avons soumis le 17, au département des affaires étrangères.

Le mémoire du 11 juin traitait à fond les questions soulevées par la décision du 4 mars. Il contenait, au point de vue du droit, tous les arguments que nous avons ultérieurement produits en justice. Il faisait ressortir, au point de vue économique les puissantes considétions qui auraient dû empêcher la Compagnie du Canal de passer outre. Il était conçu dans l'esprit de conciliation et de sympathie pour l'entreprise du Canal dont nous ne nous sommes jamais départis. Aucune réponse ne fut faite à nos communications, et, comme nous étions en devoir de couvrir, en temps utile, les intérêts de nos actionnaires, le 26 juin nous avons assigné la Compagnie devant le Tribunal de commerce de la Seine.

Au moment où il a été introduit, le procès convenait à la Compagnie du Canal qui ne s'en cachait pas. Elle y trouvait une diversion utile aux prétentions d'un groupe de ses actionnaires, contre lequel elle soutenait difficilement un autre procès. Vous trouveriez, monsieur le ministre, la preuve de l'esprit dont elle était animée à cet égard dans la lettre que vous a écrite M. de Lesseps le 4 juillet 1872 et qu'il a publiée, lettre qui reprochait au Gouvernement italien de réclamer contre la décision du 4 mars par la voie diplomatique, lui opposant l'appel adressé par les Messageries au Tribunal de commerce de la Seine « *pour faire juger la question de la légalité de la nouvelle base de perception* ».

Le Tribunal de commerce donna gain de cause aux Messageries. Le jugement du 26 octobre, fortement motivé, déclarait que le maximum spécifié par l'article 17 de l'acte de concession, cahier des charges de l'entreprise, ne pouvait se comprendre qu'autant qu'il reposait sur des facteurs ayant une signification précise et invariable; et que le contrat ayant été rédigé par M. de Lesseps, d'après sa propre déclaration au point de vue des lois et usages français, les deux facteurs du maximum, le tonneau comme le prix du passager, étaient nécessairement les mesures monétaire et maritime ayant force de loi en France au moment de la concession.

De ce jugement la Compagnie du Canal ne se borna pas à interjeter appel devant la Cour de Paris.

Elle le dénonça à Constantinople comme une usurpation sur le droit souverain du Sultan, et, déclarant qu'elle s'en remettait à la décision de Sa Majesté impériale, obtint de la Sublime Porte une protestation contre l'intervention des tribunaux français.

Cette protestation, vous le savez, monsieur le ministre, n'impliquait pas, comme l'a prétendu la Compagnie, que la Porte eût approuvé la décision du 4 mars 1872 ; loin de là, le ministre des affaires étrangères de Turquie écrivait le 25 décembre à l'ambassadeur ottoman à Paris :

« Des publications récentes faites par la Compagnie du Canal de » Suez ont été signalées à l'attention du Gouvernement impérial. » Quelques-unes de ces publications ont trait à la modification de la » perception du péage du Canal et donnent à supposer que la Sublime Porte aurait sanctionné ce changement. Les autres se » rattachent à la juridiction dont relève la Compagnie.

» Quant aux premières, je me bornerai à dire que, *si le nouveau » mode de perception de la taxe du Canal avait reçu l'approbation » souveraine, un firman impérial en eût instruit le public*. La vérité » est que le Gouvernement impérial s'est réservé de s'entendre avec » les autres puissances sur une unité de tonnage et d'étudier ensuite » la question du péage, de façon qu'on puisse arriver à fixer un » droit qui donne satisfaction, autant que possible, *aux exigences du » commerce maritime et aux besoins de la Compagnie du Canal*. D'ailleurs Votre Excellence trouvera ci-joint une copie de la lettre par » laquelle M. de Lesseps s'engage, au nom de la Compagnie, à se » soumettre à la décision qui sera ultérieurement prise par le Gou- » vernement impérial à cet égard. »

Rapprochée de l'exposé de M. de Lesseps devant la Commission d'organisation de 1868 et de ses déclarations aux meetings anglais de 1857, il semblait que cette manifestation des intentions de la Sublime Porte dût produire un effet décisif. A Birmingham, M. Lange, au nom et en présence de M. de Lesseps, avait dit :

« *La cargaison n'a rien à faire avec le droit, parce que c'est le* » *tonnage enregistré qui est taxé et non la marchandise.* »

A la Commission de 1868, parlant au nom du Conseil d'administration et du Comité de direction, parlant en outre au moment où il importait le plus à la Compagnie de mesurer exactement l'étendue de son droit et d'en bien régler l'usage, puisqu'elle organisait son exploitation dont l'inauguration était imminente, le président fondateur ne dit pas un mot de la théorie du tonneau de capacité réelle et utilisable. Écartant le système de la perception sur le chargement réel examiné à titre d'hypothèse, il admet expressément que le droit de navigation doit être perçu sur la base du tonnage officiel, et, faisant remarquer que la Compagnie est obligée d'appliquer à tous les navires un traitement identique, il écarte comme type le tonneau de jauge officiel français qui « *serait sans contredit, assure-t-il, à l'a-* » *vantage de la Compagnie, mais peut-être donnerait lieu à de justes* » *réclamations,* »

Il propose l'adoption du « *tonneau officiel anglais, excellent terme* » *moyen* qui serait *appliqué d'après une manière de procéder simple* » *et équitable découlant logiquement de l'acte de concession.* » L'autorité de cette déclaration de principe s'accroît du fait établi devant la Cour d'appel que, dans la réimpression par les soins du Conseil d'administration de la Compagnie, en 1872, de l'exposé de 1868 parmi les « documents de l'enquête sur le tonnage » sept paragraphes sur treize, les sept paragraphes qui donnaient à cet exposé sa vraie signification, ont été supprimés sans aucune indication qui avertit le public qu'il avait sous les yeux un texte tronqué.

D'autres considérations ont dominé la justice. On avait fait valoir avec éloquence, devant la Cour d'appel, la nécessité de soutenir la grande œuvre du Canal de Suez, due à l'initiative et aux capitaux de la France, œuvre infructueuse jusque-là pour les actionnaires qui l'avaient courageusement accomplie. Malgré les conclusions développées dans le langage le plus ferme et le plus impartial par le ministère public pour la confirmation du jugement de première instance, la Cour en a prononcé l'annulation. Elle a jeté, par son arrêt en matière de tonnage maritime, les fondements d'une doctrine sans précédents et dont l'application comporte, ainsi que nous le démontrerons, un grand péril pour les intérêts qu'on a cru sauvegarder.

Les conclusions déposées au nom de la Compagnie du Canal se résumaient à soutenir que : « responsable de la perception égale de la taxe, » elle avait dû être autorisée à l'établir sur le procédé d'évaluation du » tonnage le plus propre à révéler pour les navires de tout pavillon, » abstraction faite des jaugeages officiels, la capacité réellement uti- » lisable ou *l'espace susceptible de contenir sans innavigabilité un* » *nombre déterminé de tonneaux français de mer*. »

Visant ces conclusions, la Cour a posé en principe « que l'article » 17 du firman de concession se réfère à la monnaie française du » franc et à la tonne maritime française ; que les mots : *tonne de* » *capacité* s'entendent d'une mesure de vide ou de volume par oppo- » sition à la tonne effective et matérielle de marchandises; » et « que » cette mesure de la tonne, qui n'a jamais varié en France depuis » l'ordonnance de 1681 de Colbert, est, dans le système métrique ac- » tuel, le cube d'un mètre quarante-quatre centièmes. »

La Cour a admis d'autre part « que la convention (c'est ainsi que » l'arrêt définit l'acte de concession) n'ayant prescrit à la Compagnie » de Suez aucune jauge officielle ni aucune méthode déterminée de » tonnage, la Compagnie est libre d'adopter le mode de jaugeage qui » lui convient le mieux, pourvu qu'il ne soit jamais perçu qu'un » maximum de 10 francs par tonne de capacité d'un mètre quarante- » quatre centimètres réellement existante dans les parties du navire » disponibles au fret et au transport. »

Enfin, la Cour invoquant l'approbation tacite que le Sultan et le Khédive auraient donnée au règlement du 4 mars 1872, motive son arrêt par la considération de fait ci-après qui en détermine exactement la portée dans le sens des conclusions de la Compagnie du Canal :

« L'exécution de la concession a eu lieu dans le sens qui autorisait » la Compagnie de Suez à ne s'astreindre à aucun tonnage officiel et » à régler le péage du Canal sur le *nombre* VRAI *des tonnes qu'un* » *navire* POUVAIT PORTER SANS CESSER D'ÊTRE NAVIGABLE. »

Nous nous sommes pourvus en cassation contre cet arrêt; l'application qu'il a faite de l'ordonnance de 1681 consacrant manifestement une violation de la loi, et nous avons la confiance qu'il sera réformé.

Mais, à supposer que l'arrêt de la Cour d'appel puisse être maintenu, nous avons le droit, et c'est un devoir pour nous, d'en tirer les conséquences qu'il comporte. C'est pourquoi nous sollicitons du Tribunal de commerce de la Seine l'autorisation de faire établir, à dire d'experts, que la perception de la taxe de navigation, telle que l'a réglée la décision du Conseil d'administration du 4 mars 1872, frappe nos paquebots dans des proportions de beaucoup supérieures à leur tonnage de capacité, calculé selon la doctrine de l'arrêt. Par exemple, notre paquebot *l'Ava*, dont le tonnage officiel est de 1,900 tonneaux, est taxé par la Compagnie sur le pied de 3,200 tonnes, quoique ne pouvant porter dans les lignes d'eau qui sont imposées à sa navigation, plus de 1,350,000 kilogrammes de poids utile, il ne doive, selon l'arrêt, être soumis au péage que pour une capacité correspondant à ce poids utile, soit 1,350 tonneaux. Sauf des variations tenant à leur échantillon respectif, les quinze navires qui forment l'effectif habituel de nos services de l'Indo-Chine se présentent, au point de vue du péage, dans des conditions analogues. Si l'expertise judiciaire confirme nos calculs, nous serons donc en droit, non-seulement de répéter les sommes indûment perçues depuis le 1er juillet 1872 pour la proportion excédant le tonnage officiel, mais encore celles qui correspondent à l'excédant du tonnage officiel sur le tonnage de capacité tel que l'a défini l'arrêt de la Cour d'appel.

Assurément, une telle conséquence est bien inattendue pour la Compagnie du Canal dont les conclusions ont servi de point de départ à l'arrêt qui la détermine. Elle montrera combien, dans ces questions peu connues de la science appliquée aux combinaisons nautiques, il est téméraire de s'aventurer hors de la ligne que les lois et les usages ont étroitement tracée. Elle fera peut-être mieux apprécier la valeur de l'arbitrage que le tonnage officiel, résultat de l'expérience séculaire, semble avoir réalisé pour donner la mesure conventionnelle de la capacité envisagée comme moyenne de l'utilisation nécessairement variable des navires, selon les circonstances commerciales et suivant l'état du vent et de la mer.

Mais nous ne perdons pas de vue, monsieur le ministre, que les solutions les plus favorables à attendre des tribunaux français ne sauraient amener la conclusion définitive d'un débat qui embrasse des questions d'avenir, et sur lequel S. M. I. le Sultan, dans sa puissance souveraine, a seul le droit de prononcer en dernier ressort.

Si, au début du litige, la Compagnie du Canal, dont la concession a pour titre principal le firman impérial de 1866, n'avait pas exclu cet acte du nombre des documents qu'elle a publiés à l'appui de la décision du 4 mars ; si même, en réponse à notre mémoire à consulter, elle avait invoqué ce firman qui a rendu aux tribunaux égyptiens, pour tous litiges intéressant l'entreprise du Canal, la juridiction attribuée aux tribunaux français par les statuts annexés à l'acte de concession du 5 janvier 1856, peut-être aurions-nous fait comme les armateurs italiens auxquels, le 19 juin, M. de Lesseps opposait notre exemple. Malgré le moyen de droit que nous réservait l'article 14 du code civil ; malgré l'exception que nous autorisait à soulever la non-publication dans les formes légales des modifications apportées indirectement aux statuts par le firman impérial de 1866, peut-être aurions-nous saisi de notre réclamation le Gouvernement égyptien et la Sublime Porte. Vous n'ignorez pas que, même en provoquant de la part du Gouvernement impérial la protestation qu'il a formulée contre le jugement du Tribunal de commerce, M. de Lesseps s'est abstenu d'invoquer le firman de 1866 et que c'est seulement par les communications des ambassadeurs à celui de nos collègues qui nous représentait à Constantinople, que nous avons connu la vérité sur cette question de la juridiction laissée, par nos adversaires, dans une obscurité qu'ils avaient intérêt à ne point dissiper. En un mot, ils voulaient se réserver, pour le jugement de leurs litiges, la juridiction française, qu'ils n'auraient pu nous contester en vertu du firman impérial de 1866, sans en perdre eux-mêmes le bénéfice.

Ainsi tardivement éclairés, nous avons spontanément dégagé notre responsabilité d'une équivoque à laquelle nous nous étions trouvés mêlés sans le savoir ; et, faisant au Gouvernement impérial la soumission qui lui était due, nous n'avons plus défendu la compétence du Tribunal de commerce de la Seine que dans les limites où la juridiction française couvre les intérêts de tout Français en vertu de l'article 14 du Code civil.

Nous savions dès lors, et nous le savons pour la nouvelle instance qui s'engage à Paris comme pour les précédentes, que le jugement à intervenir ne pouvait avoir d'effet que sur le territoire français et ne serait exécutoire en territoire ottoman qu'autant que la Sublime Porte voudrait le permettre.

C'est de ce moment-là, c'est-à-dire de la fin de novembre, que datent les démarches faites en notre nom à Constantinople, et qu'on a dénoncées comme tendant à liguer les intérêts étrangers dans une coalition menaçante pour l'existence même de l'entreprise du Canal, invention chimérique contre laquelle s'élèvera, nous en sommes certains, le témoignage de l'ambassadeur de France, et qu'il nous suffira de quelques mots pour dissiper.

Lorsqu'elle nous accuse aussi gratuitement, la Compagnie du Canal oublie que les armateurs anglais et italiens avaient devancé par la voie diplomatique la plainte que nous avons déférée au Tribunal de commerce de la Seine; elle oublie que, sous la pression exercée par les légations à Constantinople, elle avait été mise en demeure dès le 22 juin 1872 (1), par le Gouvernement du Khédive, de surseoir à toute modification de la taxe. Elle nous imputait devant les premiers juges toute la responsabilité de l'agitation que cette modification avait fait naître. Devant la Cour d'appel, son éloquent défenseur renouvelait ces objurgations et ces doléances, et il ne s'apercevait pas qu'en dénonçant publiquement l'égoïsme des Messageries, qui, pour une misérable perte de cinq à six cent mille francs par année, exposaient la France à perdre le tribut de six à sept millions que la modification du péage impose annuellement aux pavillons étrangers, il soulevait bien autrement lui-même les passions et les résistances qu'on nous accuse d'avoir suscitées.

La vérité est qu'à Constantinople comme à Paris, notre attitude a toujours été conciliante et modérée. Elle s'est manifestée dans notre première lettre du 13 juin 1872 aux administrateurs de la Compagnie du Canal. Vous en trouverez également la trace, monsieur le ministre, dans celle que nous vous avons écrite le 4 décembre 1872, et vous nous permettrez de faire remarquer que nulle part cette tendance ne s'est plus accusée que dans la correspondance de M. Girette à Constantinople.

Le 8 février, notre collègue suggère l'idée d'une surtaxe que s'imposerait temporairement le commerce pour aider la Compagnie à s'affranchir des difficultés du début. La suggestion est mal reçue. Par une lettre du « 12 février à Khalil-Cherif-Pacha, M. de Lesseps » repousse toute augmentation de tarif qui serait de nature à inquié- » ter le commerce pour l'avenir. La Compagnie ne veut, dit-il, que » son droit et l'application de l'article 17 ».

(1) *V. n° 12, p. 105.*

M. Girette répond « qu'imposer à un navire jaugé 1,000 tonneaux » la taxe de 10 francs sur 1,500 tonneaux qu'on déclare arbitrairement » représenter son tonnage réel et utilisable, c'est exactement faire la » même chose que si on élevait la taxe de 10 à 15 francs, » et envoyant le 15 février cette réponse à Khalil-Chérif-Pacha, notre collègue termine sa communication par les considérations suivantes :

» Je me plais à le redire, parce que c'est un fait à l'honneur de » tout le monde, la sympathie pour l'œuvre du Canal, pour son fondateur, pour la Compagnie qui l'a courageusement exécutée avec » lui, ne rencontre, à Constantinople, aucune exception. Elle se traduit » par le commun désir de soutenir l'entreprise, tout en la contenant dans les limites du droit. Et c'est ainsi, sans autre ligue, que » s'est, de proche en proche, accréditée la pensée de l'aider à s'affranchir des difficultés du début par la concession d'une surtaxe » que s'imposerait temporairement le commerce.

» Ce n'est pas une proposition dont j'aie pris l'initiative et qui » appartienne à la Compagnies des Messageries ; je n'ai été, en la formulant, que l'écho du sentiment général dont je crois encore être » l'interprète, lorsque j'exprime ici le regret que cette suggestion n'ait » pas été mieux accueillie. »

Soutenir la Compagnie du Canal tout en la maintenant dans les limites du droit, tel a été, dès le début du litige, tel est encore notre but, monsieur le ministre.

Le droit, la Compagnie du Canal cherche en vain à le faire reconnaître, en dehors des données que tout le monde commercial accepte comme règle commune en matière de tonnage maritime et que M. de Lesseps, tout le premier, a formellement reconnues en 1857 et en 1868 comme s'imposant à son entreprise.

La dépêche du 25 décembre 1872, que nous avons reproduite au début de cette lettre, prouve d'ailleurs surabondamment que la Sublime Porte, dont l'approbation, malgré les appréciations de l'arrêt du 11 mars, n'a jamais été donnée à la modification du péage, ne reconnaît pas d'autre mesure du tonnage que celle qui prévaut dans tous les ports du monde. Si elle avait entendu sanctionner en 1866 un régime de tonnage exceptionnel, elle n'aurait pas d'hésitation à le déclarer lorsqu'il s'agit d'une entreprise dont elle apprécie hautement l'utilité pour son empire et qu'elle voudrait, par conséquent, voir prospérer.

Mais, loin de là, elle laisse paraître le fond de sa pensée lorsqu'elle énonce ses intentions dans ces quelques mots que nous reproduisons de nouveau, parce qu'ils résument tout un programme. « La vérité » est que le Gouvernement impérial s'est réservé de s'entendre avec » les autres puissances sur une unité de tonnage, et d'étudier ensuite » la question du péage, de façon qu'elle puisse arriver à fixer un » droit qui donne satisfaction, autant que possible, aux exigences du » commerce maritime et aux *besoins* de la Compagnie du Canal. »

La conclusion est claire: C'est l'étude des besoins de la Compagnie et non celle du droit exceptionnel que la Compagnie prétend faire sortir de l'acte de concession qui est l'objet de la sollicitude de la Sublime Porte. C'est le droit commun du commerce maritime dont elle veut satisfaire les exigences qui domine cette étude, et le procédé que la Porte envisage comme le plus propre à concilier les exigences du commerce avec les besoins de la Compagnie est la révision du tarif à appliquer à l'unité de tonnage que proposera la Commission internationale.

A ce programme aucune objection raisonnable ne peut être opposée.

Toutes les puissances maritimes sont disposées à favoriser la réunion de la Commission internationale qui déterminera un type unique de tonnage, non pas seulement, comme le voudrait M. de Lesseps, pour les rapports de la marine commerciale du monde avec le Canal de Suez, mais pour servir de base unique aux péages de toute nature qui grèvent partout les navires.

La Compagnie du Canal, en voulant exclure de l'examen de cette Commission les tonnages résultant de la jauge légale, désavouerait les demandes pressantes qu'elle adressait au département des affaires étrangères, les 15 et 17 septembre 1869, par l'organe de M. de Lesseps, et, le 11 janvier 1870, par celui de M. le duc d'Albuféra pour obtenir, disait-elle, dans l'intérêt de la marine française, l'application aux navires français des procédés de jaugeage anglais.

Le département des affaires étrangères, de son côté, ne voudra pas désavouer le langage que tenait le prince de la Tour d'Auvergne, répondant, le 16 octobre 1869, aux premières demandes de la Compagnie :

« Je ne puis, — disait le ministre, — que confirmer l'exactitude » des informations qui vous ont été données sur les démarches faites

» par le Gouvernement de l'Empereur pour provoquer l'adoption par » les diverses puissances d'un mode uniforme de jaugeage basé sur » la méthode anglaise. Mon département s'est en effet préoccupé » précédemment de cette importante question de concert avec les » autres administrations compétentes et, sur les instances de la Com- » mission européenne du Danube, il s'est mis en rapport avec le Gou- » vernement de Sa Majesté impériale pour élaborer en commun un » système international de jaugeage destiné à être soumis à l'accepta- » tion de tous les États; les démarches n'ont pas encore abouti à un » résultat définitif et l'ouverture du Canal de Suez aura pour effet de » hâter une solution qui intéresse le commerce maritime du monde » entier en faisant ressortir l'impossibilité de maintenir plus longtemps » l'état de choses actuel. »

Le décret du 28 décembre 1872 a consacré une première réalisation de la promesse du prince de la Tour d'Auvergne. Après un travail de dix ans, la Commission française du tonnage a purement et simplement proposé l'adoption par la France du système de mesurage anglais. Ses propositions ont été agréées et, à compter du 1er juin prochain, la France et l'Angleterre auront une mesure commune du tonnage maritime. Cette mesure ayant été précédemment adoptée par d'autres nations maritimes, il est permis d'espérer que l'unification serait prochainement réalisée, ou que du moins bien peu d'exceptions resteraient à rallier au système adopté par le plus grand nombre, si les efforts de la Commission qui doit être réunie sur la convocation de la Sublime Porte s'appliquaient exclusivement à faire accepter le tonneau officiel anglais comme unité internationale.

Il est à présumer que si le programme assigné à la Commission devait comprendre l'étude de l'unité nouvelle que prétend faire prévaloir la Compagnie du Canal, le terme de ses travaux serait indéfini. A plus forte raison en serait-il ainsi si la Commission n'avait à s'occuper que de cette dernière étude, et au point de vue exclusif du péage dans le Canal de Suez, car aucun des délégués des puissances maritimes ne pourrait, dans ce cas, se dégager de la préoccupation de l'influence possible d'une pareille innovation sur le régime fiscal, qui s'applique partout ailleurs au corps du navire, et tout porte à croire que l'accord international n'arriverait pas à se réaliser.

L'une des causes qui ont le plus indisposé et inquiété le commerce étant la prétention de la Compagnie du Canal de fixer sans contrôle le tonnage des navires, la première mesure à prendre, avant même de réunir la Commission internationale, serait, pour la Sublime Porte, d'ordonner le retour à l'application de la taxe sur la base du tonnage officiel constaté pour chaque navire par ses papiers de bord. L'arrêt du 11 mars, en admettant que le mesurage des navires serait laissé à la discrétion d'une entreprise privée, a créé une situation sans précédent. Partout, en effet, les navires sont couverts par la loi de leur pays, et ils ne supportent les taxes que sur la base du tonnage déterminé par les certificats nationaux dont ils sont porteurs. S'il y a exception, la nation dont les navires dans les ports d'un autre pays sont soumis à la règle de ce pays en matière de tonnage, a du moins le droit d'appliquer à titre de réciprocité sa propre règle aux navires de l'autre pays. La Compagnie du Canal de Suez, qui n'est pas souveraine, mais simplement concessionnaire de la voie maritime qu'elle exploite, ne peut légalement exercer aucun des droits du souverain, ne pouvant offrir à son tour aucune réciprocité. Le contrôle des papiers de bord est donc, entre l'exploitation du Canal et le navire, une garantie indispensable, et il n'y a pas un jour à perdre pour restituer à la navigation cette sécurité dont elle ne devra jamais être privée, même par suite de l'adoption d'un type uniforme de mesurage pour toutes les nations, puisque la constatation du tonnage nouveau, qui résultera pour chaque navire de l'adoption du type uniforme, sera substituée sur les papiers de bord à celle du tonnage ancien, calculé pour ce navire selon la loi particulière de son pays.

Et comme on pouvait craindre que le retour à la perception sur la base du tonnage officiel n'affectât les recettes de la Compagnie jusqu'à mettre son existence en péril, on a généralement adopté à Constantinople la suggestion de la concession d'une surtaxe temporaire pour lui assurer le moyen d'attendre la décision définitive de S. M. I. le Sultan, décision subordonnée elle-même à la réalisation de l'unification du tonnage par la Commission internationale. La surtaxe s'appliquerait, de même que la taxe normale de 10 francs, au tonnage officiel établi par les papiers de bord.

On était en outre généralement d'accord pour conseiller à la Porte de renvoyer à titre d'étude à la Commission internationale l'examen de la taxe applicable au tonneau type. Pour notre part, acceptant l'augmentation qui pourrait résulter, à la charge des navires à vapeur français, de l'adoption du système de mesurage anglais telle que l'a réalisée le décret du 28 décembre, nous croyons que la Compagnie du Canal aura promptement toutes les ressources dont elle a besoin non-seulement pour soutenir son entreprise, mais pour distribuer à ses actionnaires des profits légitimes d'une importance qui s'accroîtra chaque année, si au nouveau type on applique, sans modification, la taxe de 10 francs fixée à titre de *maximum* par le firman de concession. Nous n'hésitons pas à reconnaître que ce *maximum* devrait transitoirement être élevé dans la mesure nécessaire s'il était reconnu, après examen des besoins et des ressources de la Compagnie, que la taxe de 10 francs dût la laisser hors d'état de donner dès à présent à ses actionnaires un commencement de rémunération.

Et, en exprimant cette opinion, nous ne prétendons pas limiter la prérogative du Gouvernement impérial, qui statuera dans la plénitude de son droit; mais nous prenons la liberté d'appeler votre attention, monsieur le ministre, sur les conclusions de la note remise au grand Vizir par notre collègue le 7 mars dernier et dont nous avons l'honneur de vous adresser ci-joint une copie. Quelque incertitude qui s'attache toujours au calcul des probabilités, les prévisions de la note du 7 mars et les faits observés depuis lors sont de nature à encourager la confiance dans le rapide accroissement des revenus de la Compagnie du Canal, si les garanties offertes par la décision de la Porte au commerce maritime déterminent dans toute son ampleur le mouvement qui s'annonce pour la substitution d'une flotte à vapeur de construction spéciale à la flotte à voiles encore si largement appliquée à desservir les échanges entre l'Occident et l'extrême Orient. Le plus sûr moyen de stimuler cette expansion est d'alléger les charges de la navigation, et surtout de la prémunir contre toute aggravation arbitraire.

Nous croyons en effet que le rétablissement de rapports de mutuelle confiance entre le commerce et la Compagnie, qui ne peut prospérer que de la prospérité du commerce, l'intérêt collectif apporté par les puissances maritimes à favoriser les combinaisons qui feront renaître de bons rapports, et la sollicitude de la Sublime Porte à les réaliser donneraient au crédit de l'entreprise un plus solide fondement et un plus sûr essor que les fluctuations aléatoires de confiance et d'alarmes par lesquelles elle a passé jusqu'ici.

Il ne nous appartient pas d'indiquer les combinaisons diverses qui pourraient conduire au but. L'ambassadeur de France, qui, tout en refusant à notre collègue le concours officiel que vos instructions interdisaient de lui donner, s'est toujours montré si disposé à recueillir les suggestions tendant à aplanir les voies vers une conciliation qu'il désire plus que personne, saura certainement dégager les éléments de la conclusion qui devra la réaliser.

Aujourd'hui, comme au début du litige, nous désirons sincèrement de notre côté, monsieur le ministre, une solution qui concilie les intérêts en présence. Nous comprendrions difficilement qu'au lieu de s'y prêter à son tour, la Compagnie du Canal persistât dans la voie d'exigences à outrance où elle s'est engagée au risque de faire sortir d'un litige purement commercial un conflit politique que rien ne justifie et que la prévoyance du Gouvernement français saura conjurer.

Veuillez, monsieur le ministre, agréer l'assurance de la haute et respectueuse considération avec laquelle nous sommes vos très-humbles et très-obéissants serviteurs.

Les administrateurs,

Signé : Armand Behic — Dupuy de Lôme — Denion du Pin — Girette.

N° 52.

LETTRE DES ADMINISTRATEURS AU MINISTRE DES AFFAIRES ÉTRANGÈRES (M. LE DUC DE BROGLIE).

(13 août 1873.)

Les Messageries se soumettent à la décision du Gouvernement impérial ottoman et sont prêtes à payer la taxe sur la base du tonnage net déterminé par les procédés d'application du système Moorsom tels que les définit le décret du 24 mai 1873. — Si la Compagnie de Suez n'accepte pas l'interprétation de la Porte, les Messageries réclament une prompte réunion de la Compagnie internationale. Les Messageries expriment de nouveau le désir d'une solution par les voies de la conciliation.

Monsieur le ministre,

Le journal de Constantinople *la Turquie*, du 16 juillet dernier, a publié le texte de la lettre vizirielle à S. A. le Khédive d'Égypte notifiant la décision de la Sublime Porte relativement au tonnage qui doit servir de base à l'application de la taxe de navigation dans le Canal maritime de Suez.

Plus complet et plus précis que la version qui nous avait été précédemment communiquée et que nous avons eu l'honneur de mettre sous vos yeux par notre lettre du 15 juillet, ce texte ne se prête à aucune équivoque.

Loin d'approuver, comme certaines publications tendraient à le faire croire, la marche suivie par la Compagnie du Canal, qui aboutit, en fait, à l'application de la taxe aux navires à vapeur sur le tonnage brut et non sur le tonnage net, le Gouvernement impérial constate que cette Compagnie, pour la détermination du tonnage, a toujours agi, avant et depuis le 1er juillet 1872, sans l'autorisation du Gouvernement, et que « ce procédé n'a pas manqué de soulever » les réclamations des puissances ».

Admettant en principe que, lorsqu'elle a ratifié l'acte de concession délivré par le vice-roi d'Égypte, la Sublime Porte a entendu l'expression « tonneau de capacité » dans un sens absolu sans avoir en vue le tonnage inscrit sur les papiers de bord de telle ou telle puissance, le Gouvernement impérial se montre dominé par la nécessité d'appliquer aux navires de toutes nationalités le traitement égal que prescrivent les articles 14, 15 et 17 du contrat. Et, comme il fait remarquer que les différents gouvernements n'ont pas encore adopté un système de tonnage identique, et que, d'un autre côté, il ne se reconnaît pas à lui-même « le pouvoir de fixer un mode de mesurage » définitif qui n'a pas encore été adopté par les autres gouvernements, » le Gouvernement impérial arrive aux conclusions suivantes :

« Dans cet ordre d'idées, il serait naturel d'adopter le tonnage qui » donnerait, avec la plus grande approximation, la capacité utilisable. » Or, comme parmi les systèmes officiels actuellement en usage, le » système Moorsom est évidemment celui qui en approche le plus, » la Sublime Porte est d'avis qu'on devrait s'en tenir au *net tonnage* » fixé d'après ce système. Toutefois, dans le cas où les puissances » ou M. de Lesseps ne désireraient pas continuer à maintenir ce » système, il serait nécessaire de réunir une Commission internationale à l'effet de déterminer la capacité utilisable. »

Ainsi donc, monsieur le ministre, la décision de S. M. I. le Sultan, — car la lettre vizirielle constate que la délibération du conseil des ministres a été soumise à Sa Majesté, qui a ordonné d'agir en conformité, — admet deux alternatives : ou l'application, comme base de la taxe de 10 francs, du *tonnage net* fixé d'après le système Moorsom, ou bien la réunion d'une commission internationale pour adopter officiellement une mesure uniforme de cette capacité.

Déjà, par notre lettre du 15 juillet dernier, nous avons eu l'honneur de vous faire connaître que, sous la réserve des revendications que nous poursuivons par les voies de droit pour le passé, nous étions prêts à nous soumettre à la décision de la Sublime Porte, c'est-à-dire à payer la taxe, à l'avenir, sur la base du *tonnage net* déterminé par le système Moorsom, tel qu'il est adopté depuis 1854 en Angleterre, et que la France se l'est approprié par les décrets du 24 décembre 1872 et du 24 mai 1873.

Pour caractériser exactement le système Moorsom et ne laisser subsister aucune incertitude sur les conséquences de son application, il nous suffira d'invoquer le rapport dans lequel le ministre du commerce a exposé les raisons qui ont déterminé le Gouvernement français à s'y rallier :

« Le tonnage officiel — disait le ministre — est la base de la » perception des taxes auxquelles les navires de commerce sont sou» mis dans presque tous les pays.... Le tonnage officiel anglais a » l'avantage d'être toujours proportionné au volume effectif des na» vires... La plupart des nations maritimes emploient aujourd'hui la » méthode anglaise. Récemment encore elle a été appliquée en Au» triche, aux États-Unis et en Allemagne. Après avoir pris l'avis » d'une commission spéciale, j'ai pensé avec mes collègues aux dé» partements des affaires étrangères, de la marine et des finances, » que la France devait aussi adopter cette méthode. »

Voilà les motifs de la réforme du 24 décembre 1872. L'article 1er du décret, les articles 14 à 20 du décret complémentaire du 24 mai 1873 en déterminent les conditions fondamentales, qui se résument en quelques mots :

Le *tonnage brut* d'un navire à vapeur est le produit de la division de la capacité cubique totale du navire (mesuré à vide avant la mise en place de la machine motrice et de ses accessoires) par le diviseur type 2^m,83.

Le *tonnage net* du même navire s'obtient en déduisant du tonnage brut, suivant des règles précises, les espaces occupés dans le navire : 1° par le logement de l'équipage, et 2° par la machine motrice et ses accessoires. Le *tonnage net* est le tonnage officiel des navires à vapeur.

D'après la déclaration de la lettre vizirielle, c'est ce tonnage net, déterminé d'après le système Moorsom, qui doit servir à la perception de la taxe de 10 francs par tonneau de capacité des navires à l'entrée du Canal de Suez. En d'autres termes, le navire à vapeur paiera à la Compagnie du Canal autant de fois 10 francs qu'il contient de fois l'unité de volume $2^{m},83$, mesurée après défalcation des espaces occupés par le logement de l'équipage et par la machine et ses accessoires.

L'option entre l'application immédiate du système Moorson ou la réunion d'une commission internationale est déférée, par la lettre vizirielle, aux puissances maritimes et à la Compagnie du Canal. Représentant en France les intérêts maritimes les plus considérables que touche la décision impériale, nous venons, monsieur le ministre, vous prier de prendre acte que nous acceptons, pour ce qui nous concerne, l'application du système Moorsom, qui n'est autre que le système français tel qu'il a été réglé à nouveau par les décrets précités du 24 décembre 1872 et du 24 mai 1873. Comme, d'un autre côté, le gouvernement impérial de Turquie a invité S. A. le Khédive d'Egypte à pourvoir aux mesures nécessaires pour l'exécution de sa décision, nous adressons au Gouvernement de Son Altesse une copie de la présente lettre. Nous faisons en même temps connaître à la Compagnie les limites dans lesquelles nous entendons à l'avenir acquitter le péage.

Nous ne terminerons pas, monsieur le ministre, sans affirmer de nouveau les dispositions conciliantes dont nous n'avons pas cessé d'être animés, quoi qu'on en ait dit, depuis que se débat cette difficile question du tonnage. Elles sont constatées par les lettres que nous avons eu l'honneur d'adresser à M. le comte de Rémusat et à vous-même, les 4 janvier, 10 mai et 15 juillet dernier. En résistant à des prétentions dont la réalisation, selon nous, ne compromettrait pas moins l'avenir de la Compagnie du Canal que les intérêts de la navigation universelle, nous n'avons pas fait acte d'hostilité. Nous n'avons fait que notre devoir; et ce n'est pas de nous que viendrait l'obstacle à ce qu'il fût pris, au moment opportun, telles mesures que le Gouvernement, auteur de la concession, s'il les jugeait nécessaires, pourrait concerter avec les puissances maritimes pour venir transitoirement en aide à l'entreprise, tout en respectant le droit et les intérêts légitimes des armateurs.

Veuillez, etc.

Les administrateurs,

Signé : Armand Béhic, — Dupuy de Lôme, — Denion du Pin, — Girette.

N° 54.

LA QUESTION DU TONNAGE DE CAPACITÉ DES NAVIRES.

Note soumise à la Commission internationale du tonnage par la Compagnie des Messageries maritimes.

Le jaugeage est une opération complexe qui a pour but de constater officiellement, au point de vue du péage des taxes auxquelles est soumis en tous pays le corps du navire, la capacité utilisable des bâtiments de mer pour le transport des marchandises ; en d'autres termes, la *possibilité* moyenne d'utilisation commerciale du navire.

Deux éléments doivent nécessairement se combiner pour la solution de ce problème :

1° Le vide resté disponible dans les flancs du navire, décompte fait du logement des équipages et des espaces occupés par les engins, agrès et approvisionnements nécessaires à la navigation ;

2° La quantité et le poids des marchandises susceptibles d'être logées dans ce vide.

Le vide du navire ne saurait offrir une quantité constante, attendu que, suivant la nature du voyage à accomplir, suivant les parages à fréquenter, suivant les saisons et d'autres circonstances encore qui influent sur l'importance de l'armement, la partie des cales restée disponible pour l'arrimage des marchandises à fret est plus ou moins considérable.

En ce qui concerne les quantités ou le poids des marchandises à loger dans le navire, l'incertitude et la variabilité ne sont pas moindres.

D'abord le navire portera plus ou moins, suivant que sa carène sera plus ou moins immergée. Or, cette immersion variera en raison du plus ou moins de tirant d'eau qui pourra être donné au navire, suivant le degré d'approfondissement des ports qu'il sera appelé à fréquenter, et suivant que les eaux dans lesquelles il devra naviguer seront plus ou moins tranquilles et permettront, par suite, de réduire sans danger l'espace resté libre entre le pont supérieur et la ligne de flottaison. C'est ainsi que, sur les fleuves et plus encore sur les canaux, on voit des bateaux qui naviguent avec leur pont affleurant pour ainsi dire le courant, ce qui les met en mesure de transporter un poids infiniment plus lourd qu'ils ne pourraient le faire si la navigation s'accomplissait dans des eaux tumultueuses.

L'appréciation de la quantité de marchandises qu'un navire peut transporter, en moyenne, suppose donc d'abord la fixation théorique d'un tirant d'eau moyen, qui, suivant les circonstances, pourra être inférieur ou supérieur à la réalité.

Ce tirant d'eau hypothétique étant fixé, et le vide disponible moyen étant mesuré, un nouvel élément d'incertitude se présente. Les marchandises sont de densités très-différentes ; en d'autres termes, le rapport du poids au volume diffère pour chacune des denrées qu'un navire de mer, dans le cours de sa carrière, est destiné à recevoir successivement dans ses flancs.

Trois exemples, empruntés à la table des densités comparées, rendront sensibles les proportions que peuvent atteindre ces différences.

Un mètre cube, qui est le volume normal de 1,000 kilogrammes d'eau distillée, répond scientifiquement à l'espace nécessaire pour loger 23,000 kilogrammes de platine, qui est le plus dense des métaux connus. Le même espace suffit à peine à loger 80 kilogrammes de moelle de sureau, qui figure au contraire au dernier degré de l'échelle de densité des végétaux. En d'autres termes, tandis que 1,000 kilogrammes de platine tiennent dans l'espace resserré de 43 millimètres cubes, il ne faut pas moins de 12 mètres cubes 1/2 pour contenir 1,000 kilogrammes de moelle de sureau.

Le fret commercial ne se règle exclusivement d'ailleurs, ni par le poids, ni par l'encombrement de la marchandie à transporter. Il est le résultat de ces deux éléments que le commerce combine librement en se guidant sur les données de l'expérience. Pour suppléer en certains cas à l'absence de conventions particulières, cette combinaison est faite *a priori* dans les places maritimes, au moyen de tarifs arrêtés par les Chambres de commerce. C'est ainsi que, dans le tarif de Bordeaux, par exemple, un poids de 1,000 kilog., représenté par 4 barriques de vin, est réputé occuper un espace de 1 mètres cubes 44; tandis que les laines, quelque pressées qu'elles soient, occupent en moyenne 2 mètres cubes 50 par 1,000 kilog.

Indépendamment de ces différences dans le rapport du poids au volume, le chargement d'un navire de mer doit encore tenir compte des avantages et des inconvénients que telle espèce de marchandise offre comparativement à telle autre pour l'arrimage et la stabilité du navire. C'est ainsi qu'on pourra, toutes proportions gardées, immerger plus fortement un navire s'il est chargé de charbon, ou de guano, par exemple, que s'il porte exclusivement du fer ou du plomb.

De toutes ces considérations et de bien d'autres, qu'il serait trop long d'énumérer, il résulte que pour calculer la quantité moyenne de marchandises que le navire pourra recevoir, dans les circonstances diverses qui se succéderont dans le cours de son existence active, il faut faire encore une hypothèse et le supposer chargé, dans tous les cas, de marchandises assorties.

D'où la conclusion, reposant sur des preuves irréfutables, qu'il ne saurait y avoir, pour les navires, de mesure de capacité absolue ou *réelle*, mais seulement une mesure relative de leur capacité moyenne.

A qui appartenait-il de formuler cette hypothèse, de l'asseoir sur des études statistiques étendues et suffisamment approchées, et de l'imposer enfin aux intérêts et aux prétentions contradictoires ?

Le législateur seul avait qualité pour assumer un pareil arbitrage; et il devait tendre à le régler dans les meilleures conditions d'impartialité, car s'il était intéressé à donner la base la plus large à l'assiette des taxes que les navires étrangers auraient à payer dans les ports relevant de sa domination, il n'avait pas un moindre intérêt, la réciprocité étant nécessairement la règle des rapports internationaux, à ne pas surélever la base de la perception des mêmes taxes auxquelles ses propres navires seraient soumis dans les ports étrangers.

C'est par ces raisons que les gouvernements de tous les pays civilisés ont été conduits à faire fixer, sous l'autorité de la loi, le tonnage des navires, fixation qui exclut de la part de tout particulier ou de toute organisation collective autre qu'un État reconnu, le droit de contester la validité du tonnage légal.

Un Etat peut sans doute, et il y en a des exemples, imposer sa loi en matière de tonnage aux navires étrangers. Mais dans ce cas il soumet ses propres navires à la réciprocité. Et encore ce mode de procéder n'a-t-il eu pour effet que de disposer les principaux Etats maritimes à concerter l'adoption d'une règle uniforme pour le calcul du tonnage. De là l'entente intervenue dans ces dernières années entre la plupart des grandes nations des deux mondes pour l'adoption du système Moorsom. La réunion de la commission internationale convoquée par la Sublime Porte, à l'occasion du différend qu'a soulevé l'application de la taxe à l'entrée du Canal de Suez, n'a pas d'autre but.

Ceci posé, il convient d'examiner par quels procédés le législateur est arrivé à déterminer le tonnage officiel de capacité de chaque navire.

Il faut distinguer entre le jaugeage des bateaux à voiles et celui des bateaux à vapeur.

Nous nous occuperons d'abord des premiers.

Ainsi que nous l'avons dit plus haut, le jaugeage des navires exige deux constatations distinctes, savoir :

Celle du vide disponible dans les cales pour le logement des marchandises ;

Celle du nombre de fois 1,000 kilog., autrement dit du nombre de tonneaux de mer composé de marchandises assorties, c'est-à-dire de poids et d'encombrement moyen qui pourra se loger dans ce vide sans entraîner pour le navire une immersion excessive.

Le premier des deux termes de ce problème, c'est-à-dire le mesurage du vide existant dans les navires, était le plus facile à résoudre.

Ce mesurage devant, en effet, procéder d'une opération mathématique, ne pouvait présenter que des résultats positifs, sauf les minimes écarts dus à la différence des méthodes employées.

Jusqu'au décret du 24 décembre 1872, qui a rendu applicable à la

France le système anglais, la France et l'Angleterre avaient suivi des voies différentes pour constater le vide intérieur du navire.

D'après la méthode tracée par le savant Legendre, la mesure des navires était prise en France au moyen d'un parallélipipède tracé autour du navire suivant ses trois dimensions principales, c'est-à-dire la longueur, la largeur et le creux.

Or, comme le mesurage de ce parallélipipède devait nécessairement donner un cube plus considérable que la capacité de l'objet enveloppé dans ses limites, il dut être corrigé par une réduction conventionnelle représentant la différence entre la capacité du parallélipipède circonscrit et la capacité intérieure du navire.

En Angleterre, depuis 1854, la mesure de capacité, au lieu d'être calculée par induction, est, au contraire, directement supputée par un procédé qui consiste à mesurer mathématiquement, pour chaque navire divisé en tranches, la capacité des cales et de tous les autres espaces réputés aptes à être consacrés au fret.

Il est à remarquer que ces deux méthodes, quoique très-différentes entre elles, arrivent à des résultats sensiblement égaux, ce qui est leur justification réciproque.

Le vide du navire étant ainsi mesuré, il restait à déterminer et à évaluer en tonneaux de 1,000 kilog. la quantité de marchandises qui pouvait y être logée.

Or, ainsi qu'on l'a dit, le rapport du poids au volume, en d'autres termes la densité variant considérablement entre une sorte de marchandise et une autre, il fallait avant tout supposer que le chargement à loger serait composé soit de marchandises assorties, soit d'une seule marchandise de poids moyen.

Il est facile de comprendre que cet arbitrage constitue la partie délicate de l'opération du jaugeage.

Si, en effet, pour un navire dont les cales cubent 2,000^{mc}, on admet que le tonneau de marchandises assorties occupe 3^{mc}, le tonnage de capacité sera évalué à 666 tonneaux. Si l'on suppose que le tonneau occupe 2^{mc}, le tonnage sera de 1,000 tonneaux. Si l'on admet 1^{mc} 50 elle s'élèvera à 1,333 tonneaux. Si enfin on admettait par impossible la parité entre le tonneau et le mètre cube, le tonnage de capacité deviendrait 2,000 tonneaux.

Hâtons-nous de dire que ces chiffres ne sont donnés que pour servir d'exemple, attendu que, pour les derniers rapports qui viennent d'être supposés, le navire ne pourrait pas matériellement porter en poids les quantités qu'ils expriment.

Quel était donc le diviseur que le législateur adopterait pour tenir compte de tous les faits variables qui influent sur le régime du navire en ce qui concerne sa faculté de transport?

Sur ce point particulier qui, ainsi qu'on l'a dit, constitue l'élément le plus important et le plus délicat des opérations de jaugeage, la méthode anglaise et la méthode suivie en France jusqu'au récent décret d'unification de ces méthodes, se rapprochaient sensiblement l'une de l'autre.

En effet, le diviseur admis en Angleterre pour traduire, en tonneaux de mer transportables, le nombre de pieds cubes accusé par le mesurage des navires, est le chiffre 100, ce qui équivaut à dire que l'espace réputé nécessaire en moyenne pour loger utilement un tonneau de mer dans le vide disponible du navire est égal à 100 pieds cubes.

Dans le système pratiqué en France jusqu'au récent décret d'unification de 1872, le diviseur admis a été de 3m,80, savoir: 1 mètre pour corriger la différence qui existe entre la contenance cubique du parallélipipède circonscrit et la capacité intérieure du navire; 2m,80 pour le rapport existant entre le poids de la marchandise et l'espace destiné à la contenir.

Or, 2m,80 est, à très-peu près, la parité de 100 pieds cubes anglais.

D'où il résulte que le produit du tonnage officiel des navires à voiles, en Angleterre, s'écarte fort peu du produit obtenu par le procédé autrefois pratiqué en France. La différence, s'il en existe, est à peine de 4 à 5 0/0.

Lorsque la navigation par la vapeur a commencé à jouer un rôle appréciable dans le commerce des transports d'outre-mer, il a fallu approprier à ce nouvel instrument nautique les procédés exclusivement adoptés jusqu'alors pour le jaugeage des bâtiments à voiles.

Le bâtiment à vapeur porte avec lui un moteur lourd et encombrant. Le combustible nécessaire pour alimenter ce moteur occupe, dans les flancs du steamer, une place qui, dans le navire à voile, peut être utilisée pour loger des marchandises à fret. Il n'eût été ni logique ni équitable de ne pas tenir compte, dans la jauge des bâtiments de cette nature, de la moins-value considérable que ces diverses circonstances apportent à leur utilisation. Il y avait donc lieu de déduire de la jauge de ces navires, considérés comme navires à voiles, les espaces occupés par la machine et par les approvisionnements de combustible, tout comme, dans les voiliers, on déduit les espaces affectés aux nécessités de l'armement.

Mais ici plusieurs causes nouvelles d'incertitudes se présentaient.

S'agissait-il d'un navire à roues ou à hélice? Le poids ou l'encombrement de l'appareil devait être plus ou moins grand.

Plus ou moins grands également devaient être les espaces et le poids absorbés par l'emmagasinement du combustible, selon que le moteur du navire, étant plus ou moins puissant, consommait par suite plus ou moins de houille; selon que, surtout, le navire, affecté à des traversées plus ou moins lointaines, devait rencontrer sur son parcours des escales et des moyens de ravitaillement plus ou moins rapprochés.

Ajoutons que, dans ce dernier cas, la donnée était nécessairement variable, le bâtiment pouvant être affecté, dans le cours de son existence, à des voyages accomplis dans des conditions très-différentes.

Sur ce point encore se révélait l'absolue nécessité de l'adoption d'une moyenne conventionnelle qui fût censée embrasser tous les cas et répondre à toutes les circonstances variables que le navire à vapeur était destiné à traverser.

Cette nécessité a été reconnue par les Gouvernements de toutes les nations maritimes.

La France et l'Angleterre avaient adopté, pour y satisfaire, des méthodes différentes dans leurs procédés, mais conduisant à des résultats sensiblement analogues.

L'ordonnance de 1839 qui a régi cette matière en France jusqu'au décret d'unification de 1872, tranchait la question en décidant que, pour tous les navires à vapeur, le tonnage accusé par la jauge du bâtiment, considéré comme navire à voile, serait réduit de 40 0/0. En d'autres termes, le législateur avait décidé que la machine et les approvisionnements des navires à vapeur de toute sorte seraient considérés comme absorbant, dans la majorité des cas, 40 0/0 de la capacité utilisable du navire.

Les Anglais avaient adopté un procédé plus précis. Voici en quoi il consiste :

Aux termes du *Merchant Shipping Act* de 1854, on commence par cuber l'emplacement occupé par la machine, y compris le tunnel de l'hélice, s'il s'agit d'un navire mû par un propulseur de ce système. La capacité cubique occupée par l'appareil ainsi constatée est majorée de 50 0/0, s'il s'agit de machines à roues, et de 75 0/0, s'il s'agit de navires à hélice. Cette majoration est censée représenter l'approvisionnement normal du navire en combustible.

Le nombre des pieds cubes résultant de l'addition de ces deux éléments, auquel s'ajoute, comme sur les navires à voile, le prélèvement nécessaire pour le logement de l'équipage, est ensuite déduit de la capacité brute ou *gross tonnage*. Le volume réputé disponible pour le fret, après cette déduction, est divisé par le chiffre 100, c'est-à-dire par le diviseur type qui a été appliqué pour déterminer le tonnage brut. Le quotient de cette seconde division est le *tonnage net enregistré*, c'est-à-dire le tonnage officiel du navire à vapeur.

Ajoutons, pour compléter cet exposé, sans le surcharger de détails, que si l'espace à déduire pour la machine et ses accessoires est inférieur à 37 0/0 de la capacité brute, pour les navires à roues, et à 32 0/0, pour les navires à hélice, l'armateur, au terme du bill de 1854, a le droit d'exiger que le tonnage officiel de son navire soit calculé sur la base uniforme de ces coefficients de 32 ou 37 0/0.

On voit que nous ne sommes pas éloignés des 40 0/0 admis par l'ancienne législation française, et ici encore on est autorisé à dire que, dans les deux pays, on arrive à des résultats sensiblement analogues par des procédés essentiellement différents.

Est-ce par l'effet du hasard que les législateurs des deux grands pays maritimes sont arrivés à des formules équivalentes sinon semblables? Pour être arbitrées, ces formules ne s'approchent-elles pas autant que possible de la vérité et de la justice?

La formule adoptée par le législateur est et doit être admise comme étant le résultat d'une expérience séculaire. On rappellera d'ailleurs ici, pour mémoire, que, en ce qui concerne les navires à voiles, la méthode indiquée par Legendre reposait sur une étude accomplie par ce savant et portant sur plus de 4,000 navires de toutes dimensions.

Est-il admissible que personne puisse se dire en mesure de proposer des formules plus rationnelles et plus approchées de la vérité, et prétendre les imposer, à son profit, aux intérêts opposés ?

C'est ce que n'ont point pensé la plupart des nations maritimes qui, avant ou après la France, se sont successivement approprié le système Moorsom, système que la Sublime Porte recommandait récemment à la Compagnie du Canal de Suez comme étant évidemment, de tous les systèmes officiels actuellement pratiqués, celui dont l'application exprime avec la plus grande approximation la capacité utilisable des navires.

Seule, la Compagnie du Canal de Suez en a jugé autrement. Il nous reste à examiner les procédés par lesquels elle prétend arriver à constater ce qu'elle appelle la capacité *réelle* des navires.

Partant de ces deux points de vue également faux, que le tonnage légal des navires est contraire à la réalité des faits et que, maîtresse du canal, elle est en droit d'en tirer, à son profit, le plus grand parti possible, la Compagnie de Suez a substitué, de sa seule autorité et pour son usage exclusif, au tonnage déterminé par la loi un mode de mesurage des navires sans précédents et non moins illogique qu'arbitraire.

La décision en date du 4 mars 1872, par laquelle le Conseil d'administration de cette Compagnie a accompli cette révolution dans ses rapports avec le public naviguant, porte, en effet :

« A partir du 1er juillet 1872, le *gross tonnage* ou *tonnage brut* » inscrit sur les papiers de bord des navires jaugés d'après la mé» thode anglaise actuellement en usage servira de base à la percep» tion. »

Ce qui équivaut à dire que les navires à vapeur seront considérés par la Compagnie de Suez, pour l'appréciation de leur faculté de transport, comme s'ils étaient purement et simplement des navires à voiles, c'est-à-dire sans déduction aucune afférente à cette partie de la capacité qui, dans les bâtiments à vapeur, se trouve absorbée par le poids et l'encombrement de l'appareil moteur et des approvisionnements en combustible.

Une telle prétention choquait tellement la raison que la Compagnie de Suez a cru devoir chercher à la motiver dans le préambule, rendu public, de la décision dont il s'agit.

Cette explication peut être ramenée aux affirmations suivantes :

Quoique le mode de mesurage anglais soit le plus élevé de tous les modes usités pour déterminer le jaugeage légal des navires, il n'atteint pas la capacité réelle des navires.

Nous estimons que cette infériorité est de 30 0/0.

En conséquence, nous augmentons, de notre propre autorité, dans la proportion de 30 0/0 les chiffres accusés par le gross tonnage.

D'autre part, nous admettons, en ce qui concerne les navires à vapeur, le principe d'une déduction représentant le poids et l'encombrement du moteur et des approvisionnements; mais sans nous arrêter aux bases de déduction consacrées soit par la législation française de 1839, soit par le Merchant Shipping Act *de 1854, nous arbitrons la déduction à opérer à 25 0/0.*

Or, comme la quantité à ajouter et la quantité à déduire se trouvent sensiblement égales, nous écartons ces deux valeurs et nous concluons, pour plus de simplicité, que les navires à vapeur seront toujours supposés doués d'un tonnage de capacité réelle, égal au gross tonnage, c'est-à-dire à la mesure légale anglaise applicable aux navires à voiles, sans tenir compte d'aucune déduction.

Tel est le régime que la Compagnie de Suez s'est crue en droit d'appliquer à la marine à vapeur de toutes les nations.

Ce n'est pas tout. Par une dernière disposition qui témoigne combien elle se croit maîtresse de régler à sa volonté ses rapports avec la navigation, la Compagnie du Canal déclare, comme conclusion de sa décision du 4 mars 1872, qu'elle « ne renonce pas pour l'avenir » à l'application de tel mode nouveau de jaugeage qui se présenterait » avec des avantages de précision supérieurs à ceux du mode actuel. »

Autant vaut dire que la Compagnie réglera désormais à sa guise le mesurage des navires qui doit servir de base à la perception du péage.

C'est dans cet état que la question se trouve portée devant la Commission internationale.

Au moment où cette Commission inaugure ses travaux, il nous sera permis de résumer, en toute déférence pour les pouvoirs dont elle est revêtue, les considérations principales qui nous semblent dominer la question soumise à sa haute appréciation.

Le tonnage de capacité ne saurait découler de données absolues, puisqu'il a pour objet de formuler la faculté *moyenne* d'utilisation commerciale des navires, faculté essentiellement variable, selon le rapport du poids au volume des marchandises que le navire est successivement appelé à transporter, suivant le tirant d'eau qu'il peut recevoir, suivant la vitesse qu'il doit fournir, et s'il s'agit d'un navire à vapeur, suivant les dimensions de l'appareil moteur dont il est muni et l'importance proportionnelle de l'approvisionnement de combustible que comporte normalement le fonctionnement de l'appareil.

La fixation officielle du tonnage appartient dans chaque pays au souverain, parce qu'elle s'impose aux intérêts opposés comme un arbitrage nécessaire. Elle constitue l'exercice d'un droit régalien qui a principalement pour but l'assiette des taxes que le corps du navire doit payer. Il est désirable toutefois qu'elle soit réglée par tous les États dans des conditions identiques.

Le système *Moorsom*, ainsi que le reconnaît le Gouvernement ottoman, est, de tous les systèmes, celui qui donne la plus grande approximation possible de la capacité utilisable des navires. Il n'a été adopté successivement par les principales nations maritimes, après des siècles de tâtonnements et de négociations, que parce que, plus précis que tous les autres, il ne modifie pas sensiblement l'ensemble des charges qui grèvent la navigation et qu'il se prête absolument à l'application à tous les navires d'un traitement identique. C'est donc celui qu'il importe de généraliser.

Il n'y a aucune raison pour qu'il soit établi, en vue du péage spécial des droits de navigation à l'entrée du Canal de Suez, un autre mode de mesurer la capacité des navires que celui qui préside aux rapports de la navigation universelle avec tous les ports du monde et avec l'entrée des fleuves et des détroits. Comment admettre, en effet, qu'il y eût, en ce qui concerne le Canal de Suez, un mode de procéder considéré comme donnant une mesure plus exacte de la capacité utilisable, et que cette mesure ne devînt pas la règle des rapports généraux de la navigation avec le fisc de tous les pays? Après avoir hésité, pendant de si longues années, à s'entendre pour l'adoption du système qui tend à prévaloir aujourd'hui, les puissances maritimes voudraient-elles s'exposer à aggraver de plus de 50 0/0 les charges générales de cette industrie?

La Compagnie des Messageries maritimes accepte pour elle-même le système Moorsom comme règle du péage des droits de navigation que ses navires doivent acquitter à l'entrée du Canal de Suez. Ce faisant, elle ne se met pas en contradiction avec les doctrines qu'elle a soutenues depuis que se débat, soit devant les tribunaux, soit dans les conseils de la Sublime Porte et de l'Europe, cette question si complexe du tonnage. Elle a soutenu, il est vrai, d'accord en cela avec la Compagnie du Canal, que la loi maritime française avait été l'objectif des stipulations de l'article 17 de l'acte de concession et que c'était, par conséquent, au tonneau de jauge et de capacité, tel que le définissait la loi en vigueur en France au moment de la concession, que devait normalement s'appliquer la taxe maximum de 10 francs dont la perception était autorisée par cet article. Mais, d'une part et depuis, la France, par le décret du 28 décembre 1872, s'est approprié le système Moorsom, qui a été substitué depuis lors au régime édicté par les ordonnances de 1837 et de 1839, comme règle légale du tonnage français, et d'autre part, les modifications déterminées par ce changement de régime ne sont pas telles que les intérêts de la navigation aient gravement à en souffrir.

Ajoutons que, aussitôt que la Sublime Porte eut évoqué le litige, les administrateurs de la Compagnie des Messageries se sont engagés à se soumettre pour l'avenir à la décision impériale. C'est pour l'exécution de cet engagement que la Compagnie a informé M. le duc de Broglie qu'en ce qui la concernait et comme représentant en France les intérêts maritimes les plus considérables en rapport avec l'exploitation du Canal de Suez, elle était prête, aux termes de la lettre vizirielle du 17 djemazi el ewel 1290, à soumettre les navires à l'application de la taxe sur la base du tonnage net déterminé par le système Moorsom, tel que la France se l'est approprié, ou bien à se soumettre à l'application de la même taxe au tonnage de capacité dont la Commission internationale déterminerait la mesure uniforme et définitive, si la Compagnie du Canal n'acceptait pas la base du système Moorsom.

La Compagnie du Canal, à laquelle les administrateurs ont fait signifier leurs intentions par acte extrajudiciaire, en l'invitant à faire connaître celle des deux alternatives qu'elle aurait choisie, s'est bornée à laisser constater qu'elle n'avait pas à répondre.

Pourtant il sera permis de rappeler ici que la Compagnie du Canal avait toujours prétendu pratiquer le système Moorsom comme base de sa perception et de rappeler aussi que, de même que la Compagnie des Messageries, elle s'était engagée à se soumettre à la décision impériale. Si, dans le cours du litige, la Compagnie du Canal a, tantôt rejeté, tantôt réclamé l'application de la loi française du tonnage, il existe des documents constatant en termes irrécusables qu'elle a, dans deux occasions solennelles, reconnu le système légal de tonnage anglais comme devant être la base la plus équitable de l'assiette du péage. C'est ainsi qu'en 1857, c'est-à-dire immédiatement après la concession de l'entreprise, à Birmingham, en présence des armateurs et des négociants réunis à son appel, M. Ferdinand de Lesseps faisait, lui-même étant présent, par l'organe de son délégué, actuellement son collègue dans le Conseil d'administration de la Compagnie du Canal, sir Daniel Lange, la déclaration suivante :

« *La cargaison n'a rien à faire avec le droit, parce que c'est le tonnage* enregistré *qui est taxé et non la marchandise. Nous ne pouvons, dans aucun cas, dépasser ces dix francs.* »

Le tonnage enregistré, ne l'oublions pas, c'est pour un navire à vapeur le tonnage net déterminé par le système Moorsom, dès lors en vigueur en Angleterre en vertu du bill de 1854.

C'est encore ainsi qu'en 1868, à la veille de l'inauguration de l'exploitation du Canal, s'adressant, en vue de la préparation des mesures administratives dont cette exploitation prochaine rendait l'adoption nécessaire, à une commission d'amiraux, d'ingénieurs et de capitaines formée par ses soins pour éclairer ses résolutions, M. Ferdinand de Lesseps, comme président du Conseil d'administration et du Comité de direction de l'entreprise, exposait dans les termes suivants les vues raisonnées du Conseil et du Comité en même temps que ses vues personnelles sur la solution à donner à la question du tonnage :

« ... Il convient, en conséquence, d'adopter comme tonneau marin » type l'un des tonneaux actuels les mieux établis..... *La jauge* » *officielle française serait sans contredit tout à l'avantage de la* » *navigation, mais peut-être donnerait-elle lieu à de justes réclama-* » *tions.*

» *Le tonneau officiel anglais paraît se présenter comme un excellent* » *terme moyen.*

» Nous n'hésitons pas à adopter comme base de perception le mode » le plus avantageux au commerce, soit la base du jaugeage officiel.

» ... Le tonnage proportionnel appliqué à tous les navires suivant » un barème,... ne serait pas une innovation. Cette manière de pro- » céder, simple, équitable, *découlant logiquement de notre acte de* » *concession*, est appliquée sur le Bas-Danube en vertu d'une con- » vention internationale. »

Après de telles déclarations et quelles que soient les variations auxquelles elle ait pu depuis lors se laisser aller sur la même question, la Compagnie du Canal serait évidemment sans autorité pour contester l'adoption définitive et universelle du système Moorsom comme règle uniforme du tonnage des navires, si la Commission internationale reconnaissait, comme nous ne doutons pas qu'elle ne le constate, qu'il n'y a rien de mieux à faire que de conclure à cette adoption.

Paris, le 1er septembre 1873.

Les administrateurs de la Compagnie des Messageries maritimes :

Armand Béhic, président. — Dupuy de Lome, — Amédée Revenaz, vice-présidents. — Édouard Delessert, — Denion du Pin, — Adolphe Fould, — O. Galline, — Girette, — Lacroix-Saint-Pierre, — Musnier, — Baptistin Pastré, — A. Simons, — West, — P. Coullet, — E. Desvallières, — J. Maison-Haute, Administrateurs-Adjoints.

N° 55.

LETTRE DE M. GIRETTE A SON EXC. EDHEM-PACHA, PRÉSIDENT DE LA COMMISSION INTERNATIONALE DU TONNAGE.

Observations soumises à la Commission internationale pour redresser l'interprétation erronée donnée aux règles de tonnage de Moorsom, lorsqu'on prétend que dans sa pensée le vrai diviseur de la capacité d'un navire est 64 au lieu de 100.

Thérapia, 21 octobre 1873.

Monsieur le président,

Le dernier recueil de documents publié par la Compagnie du Canal de Suez sur les questions déférées à la Commission internationale contient des extraits d'un livre de Moorsom imprimé en 1853, sous le titre . *Revue et analyse des lois sur le mesurage du tonnage*, etc. Un économiste distingué, M. W. Merchant, a pris texte de ces extraits pour établir, dans un mémoire récemment publié, que Moorsom aurait signalé au commerce *le diviseur 64* appliqué à la capacité totale du navire comme étant réellement l'unité-type du tonnage utilisable. Moorsom lui-même aurait ainsi, selon M. Merchant, publiquement condamné comme n'étant qu'une fiction officielle, le *diviseur 100* devenu, sur sa proposition, le principal élément et comme la clef de voûte du système légal de tonnage dont l'Angleterre lui est redevable, système qui a fait le tour du monde et que toutes les législations se seront bientôt approprié sous le nom justement honoré de son auteur.

Cette appréciation repose sur une erreur matérielle. La Commission s'en convaincra si elle veut bien lire les extraits cités, en les rapprochant d'un mémoire postérieur de Moorsom publié dans les *Transactions of the Institution of Naval Architects* (vol. I, 1860), mémoire qui a été lu et discuté devant cette savante Compagnie et dont les conclusions claires et pratiques n'y ont rencontré que les plus flatteuses adhésions.

Moorsom n'a fait aucun désaveu. Après avoir fixé la loi qui régit le mesurage du navire en spécifiant que le navire, exactement cubé dans tous les espaces fermés qu'il comporte même au-dessus du pont supérieur, contient autant de tonnes officielles que sa *capacité totale* contient de fois l'unité-type de 100 pieds cubes, Moorsom se borne à donner subsidiairement au commerce une indication qui peut lui être utile. Il montre par quels simples procédés de calcul le commerce peut évaluer la contenance du navire en tonnes d'affrétement de 40 pieds cubes, ou son port en tonneaux de 1,016 kilogrammes. C'est alors que se produit la formule selon laquelle le nombre 64 joue le rôle de diviseur. Mais tandis que pour déterminer le tonnage officiel, qui exprime mathématiquement la capacité du navire, le diviseur 100, unité de tonnage, agit sur la *capacité totale*, ce n'est pas sur la capacité totale que doit agir le diviseur 64 dont l'emploi est indiqué pour se rendre compte approximativement de ce que le navire peut contenir ou de ce qu'il peut porter : le diviseur 64 n'agit que sur la capacité mesurée *sous le pont de tonnage*. Cette indication : *sous le pont de tonnage* revient à tous les paragraphes extraits du livre de

1853, où M. Merchant paraît ne l'avoir pas remarquée. Elle se retrouve dans tous les paragraphes analogues du mémoire de 1860, et, de plus, on y relève la formule suivante, qui dissiperait toute incertitude s'il en pouvait subsister :

« Pour calculer approximativement, en vue d'un voyage de durée » moyenne, la cargaison à l'encombrement en tonnes de 40 pieds » cubes qu'un navire peut porter, il n'y a qu'à multiplier le *nombre* » *de tonnes de registre contenues sous son pont de tonnage, tel qu'il* » *est relevé à part sur le certificat d'enregistrement*, par le facteur » 1 7/8, et le produit sera l'évaluation approximative de la cargaison » d'encombrement cherchée ».

Ne sachant pas si la Commission avait à sa disposition le mémoire de 1860, dont je viens moi-même de recevoir un exemplaire, j'ai pensé lui être agréable en lui en offrant la copie ci-jointe, et je prends la liberté de lui soumettre en même temps une note dans laquelle j'ai cherché à rendre plus saisissables, en les appliquant à deux navires de la Compagnie des Messageries maritimes, *l'Émirne* et *le Donnaï*, les principes et les formules que Moorsom a développés dans le mémoire dont il s'agit.

La note établit que, calculé d'après l'interprétation inexacte adoptée par M. Merchant, le chargement en poids des deux navires dépasserait, pour *l'Émirne* de 32 0/0, pour *le Donnaï* de 34 0/0, le tonnage approximatif qu'il s'agit d'évaluer d'après la formule de Moorsom. Elle prouve aussi que, même ramené aux proportions admises par Moorsom, le chargement supposé possible serait irréalisable; car ce chargement hypothétique, rapproché de la possibilité maximum constatée par le devis d'armement de chacun de ces navires, dépasse tellement cette possibilité, qu'ainsi surchargés, les navires seraient innavigables.

C'est en confondant deux ordres d'intérêts distincts, — que des affinités naturelles rapprochent sans doute, mais qu'elles ne pourraient mêler sans les atteindre dans leur mutuelle indépendance, — qu'on a voulu représenter l'unité légale du tonnage consacrée par le bill de 1854 comme étant une mesure fictive, arbitraire et constituant une sorte de dissimulation frauduleuse de l'utilisation réelle du navire. Moorsom n'est jamais tombé dans cette confusion; mieux que personne il savait que, si le commerce se sert du navire, l'armateur en vit et ne l'exploite que sous le poids de lourdes charges ; il savait que le navire est soumis à toute une série d'impôts qui lui sont propres et qui frappent le corps du navire en raison de sa capacité relative exprimée par son tonnage, qu'il soit ou ne soit pas chargé de marchandises atteintes elles-mêmes par l'impôt sous d'autres formes et sous l'empire d'autres lois; il ne pouvait pas plus songer à faire dépendre le mesurage du navire des procédés multiples appliqués par le commerce au mesurage des marchandises, qu'il ne pouvait vouloir plier les libres transactions du commerce à la règle uniforme de mesurage sous laquelle l'intérêt public international voulait que les navires de toute nationalité vinssent également se ranger. Moorsom avait pu constater, en outre, la funeste influence que l'imprévoyance de l'ancienne loi de tonnage avait exercée sur la direction des constructions navales, constamment dominée par la recherche des moyens de réduire le tonnage servant de base à l'impôt. Par cette pression même le réformateur comprenait avec quel ménagement il faut toucher à cette assiette de l'impôt dans ses rapports avec une grande et respectable industrie, l'État ne voulant rien perdre des ressources que lui avait précédemment assurées la loi, la navigation ne voulant pas voir aggraver ses charges.

Telles sont les considérations qui ont déterminé la réforme des règlements antérieurs et l'adoption de la règle nouvelle, dont le bienfait n'est nulle part contesté. Le mesurage de la capacité totale du navire a été garanti par des procédés dont l'exactitude ne se prête ni à la dissimulation ni à l'atténuation des faits. L'unité de tonnage, 100 pieds cubes, réalisait ce premier mérite dêtre calculée dans les proportions voulues pour maintenir comme ensemble la statistique du tonnage préexistant; elle ne troublait ni l'assiette ni les résultats généraux de l'impôt; elle constituait un facteur commode pour toutes les combinaisons du calcul, y compris celles qui pouvaient convenir au commerce et que M. Merchant a si singulièrement interprétées. Pour comble de fortune, il se trouvait que l'unité nouvelle, qui, d'après le texte de la loi, est simplement une unité d'espace, ne différait qu'insensiblement du type poursuivi depuis plus de deux siècles par d'autres nations préoccupées de régler l'arbitrage du poids au volume dans la constitution du tonneau. Cette heureuse concordance, en confirmant l'autorité de la loi nouvelle, devait puissamment aider à la faire accepter au dehors. Moorsom avait compté sur ces résultats; car il avait foi dans son œuvre, et c'est lui-même qui le dit dans le mémoire de 1860, que j'ai l'honneur d'envoyer à Votre Excellence en ces quelques mots, qui sont parfaitement clairs.

« On s'est demandé si le tonnage légal d'un navire ne devait pas » représenter comme nombre les tonnes commerciales d'encombre- » ment ou de poids, ou la combinaison des deux, qu'il peut réelle- » ment porter, plutôt que de se borner, comme aujourd'hui, à expri- » mer la capacité relative des navires. Sur ce point, il suffit de faire » remarquer que la nécessité de maintenir dans ses proportions » préexistantes l'état général du tonnage du royaume a été, pour les » raisons déjà données, la condition *sine qua non* imposée par toutes » les commissions publiques pour la solution de la question. D'un » autre côté, le nouveau système est considéré par le commerce ma- » ritime comme constituant un plus juste étalon de capacité, dans » les circonstances générales, que l'estimation des possibilités de char- » gement soit au poids, soit au volume, les cargaisons variant néces- » sairement avec les circonstances toujours variables que peuvent » comporter des voyages plus ou moins longs, pour ne rien dire de » l'impossibilité à peu près reconnue d'arriver à déterminer, par une » règle, la position exacte des tirants d'eau respectifs du navire, — » lége ou en charge, — dont la fixation peut seule guider sûrement » le calcul des poids chargés. C'est pour ces diverses raisons, telles » qu'elles ont été ci-dessus expliquées, qu'on a donné la préférence à » une loi de la nature de celle qui est actuellement établie. » Voilà la réponse de Moorsom.

A la copie du mémoire de Moorsom, de 1860, et à la note sur *l'Émirne* et *le Donnaï*, je prends la liberté de joindre, comme documents pouvant être utilement consultés par la Commission, les devis d'armement des deux paquebots et le tableau du jaugeage du *Donnaï*. Le devis d'armement de *l'Émirne* étant un document original dont le navire doit rester muni, je serai reconnaissant à Votre Excellence de vouloir bien me faire renvoyer ce devis à l'agence des Messageries, à Kiretch-Kapou, lorsqu'il aura été examiné par la Commission, si toutefois vous pensez qu'il puisse être de quelque intérêt pour ses études.

Veuillez, monsieur le président, agréer les assurances de la haute considération avec laquelle je suis,

de Votre Excellence,

Le très-humble et tout dévoué serviteur,

Signé : Girette.

N° 56

NOTE SOUMISE PAR M. GIRETTE A LA COMMISSION INTERNATIONALE DU TONNAGE.

Impossibilité de confondre la mesure de capacité des navires, qui doit être uniforme pour toutes les nations, avec les procédés multiples usités par le commerce, pour le mesurage des marchandises. — Preuves à l'appui.

(Thérapia, 28 octobre 1873.)

La lettre que le soussigné a eu l'honneur d'adresser à S. Exc. le président de la Commission internationale, le 21 octobre courant, énonçait l'appréciation suivante :

« Moorsom ne pouvait pas plus songer à faire dépendre le mesu-
» rage du navire des procédés multiples appliqués par le commerce
» au mesurage des marchandises, qu'il ne pouvait vouloir plier les
» libres transactions du commerce à la règle uniforme de mesurage
» sous laquelle l'intérêt public international voulait que les navires
» de toute nationalité vinssent également se ranger. »

En ce qui concerne les navires, le *desideratum* est de fixer pour tous les pavillons, sans distinction et sans exception, un procédé de mesurage uniforme ne comportant ni suppression ni dissimulation d'aucune fraction de la capacité utilisable à bord pour le chargement commercial. C'est en raison de cette capacité, exprimée pour tous les navires par un diviseur identique ou dénominateur commun, que doit être uniformément appliqué, en tout pays, l'impôt que le corps du navire doit payer.

En ce qui concerne les marchandises, l'armateur et le négociant ont besoin respectivement de toute leur liberté, et les procédés de mesurage, de pesage et d'application du fret doivent pouvoir se modifier, sans entrave légale, de manière à se plier aux usages locaux.

C'est ce qui existe partout dans la pratique du commerce. On en trouve la preuve à Constantinople, dans les règles adoptées par les principales entreprises de navigation de diverses nationalités qui y ont des agences.

Aucune de ces entreprises ne fait usage de ce qu'on appelle en France le tonneau officiel d'encombrement représenté comme l'équivalent du tonneau de poids de 1,000 kilog.

En France, le commerce n'use que rarement aujourd'hui, comme mesure de ses opérations, du tonneau officiel d'encombrement, qui sert principalement d'étalon traditionnel pour les marchés passés par l'État. Le commerce charge les marchandises à tant les 100 kilog. ou le mètre cube, ou à la valeur, selon la nature des marchandises. Le livret ci-joint de la Compagnie Marc Fraissinet, qui a une agence à Constantinople, aussi bien que les livrets de la Compagnie des Messageries maritimes, en font foi. Ils constatent que les deux entreprises se réservent toute liberté de taxer à la valeur, au poids ou au volume, selon la nature et la valeur relatives de la marchandise et en tenant compte du poids et du volume respectifs. C'est ainsi que les *alizaris*, de Marseille pour Naples, sont taxés par la Compagnie Fraissinet, sur le pied de 3 francs par 100 kilos en balles pressées et 7 francs en balles rondes. Même exemple pour les *cotons* et les *laines* : de Marseille pour Gênes, 2 fr. 50 c. par balles pressées, 3 fr. 50 c. par balles non pressées. C'est donc le plus grand volume pour le même poids ou le moindre poids sous le même volume, qui détermine la différence de la taxe. De même on pourrait citer cette différence s'accusant, d'après le tarif des Messageries, à l'occasion de marchandises de valeur, telles que les *cocons de vers à soie* : à Beyrouth les cocons pressés sont actuellement taxés 22 francs les 100 kilos et les cocons non pressés 32 francs.

La Compagnie russe de navigation taxe au poids, au cubage et à la valeur. La mesure de poids est le poud (16^k); le multiple le plus employé étant de 60 pouds ou 970 ^{k}. La mesure de volume est le pied cube et le multiple habituel, 40 pieds cubes. La Compagnie se réserve toute liberté de classer les marchandises dans l'une des trois catégories desquelles procède la taxe, et parmi, les marchandises taxées à la valeur, fait aussi bien entrer les *graines de vers à soie* et les *fourrures* que les *pierres précieuses* et la *bijouterie*. Elle se réserve toute latitude d'arrangement spécial, non-seulement pour les *machines*, mais encore pour le chargement des *grains*.

Une autre grande entreprise, la Compagnie du Lloyd autrichien, charge également au poids, au cubage et à la valeur. La mesure de poids est le *funt*, 100 funts équivalant à 50^{k}. La mesure de volume est le pied cube.

La Compagnie égyptienne *Khédivié* charge à la valeur, au volume à tant la tonne de 40 pieds cubes, et au poids à tant les 20 kantares égyptiens, le kantar équivalant à 36 oques turques, soit 46^{k},152 grammes. Elle charge encore au volume par tonne de 7 ardebs appliquée aux grains, l'ardeb équivalant à 2 hectolitres 76.

En résumé, la loi du commerce est la variété. La marchandise est chargée et taxée selon ce qu'elle vaut, selon ce qu'elle pèse et selon le volume qu'elle occupe. Le poids, le volume, la valeur entrent en ligne de compte selon les usages du lieu du chargement ou de la nation à laquelle appartient le navire. En examinant les livrets et tarifs ci-joints, la Commission internationale se convaincra que, partout, la navigation se préoccupe d'être toujours libre de rencontrer sans entrave les convenances locales du commerce. Il est donc évident que, malgré la similitude des appellations, on ne peut pas confondre la tonne de capacité des navires, dont le type doit être immuable et identique pour tous les navires, avec l'une des unités quelconques, tonnes de poids ou tonnes de volume, d'encombrement ou d'affrétement, qui servent, selon le lieu, à mesurer la marchandises embarquée.

Signé : GIRETTE.

N° 57

LETTRE DE M. GIRETTE AU CHARGÉ D'AFFAIRES DE FRANCE A CONSTANTINOPLE (M. G. LE SOURD)

(Péra, 18 novembre 1873.)

M. Girette proteste contre les dénonciations calomnieuses qui le signalent dans la presse comme conspirant avec les puissances étrangères contre l'influence française. Il n'a fait que défendre devant la Commission internationale les intérêts de la navigation, sans jamais manquer ni à la modération ni à la droiture.

Péra, 18 novembre 1873.

Monsieur le chargé d'affaires,

Deux journaux de Paris, apportés ici par le dernier courrier, contiennent nominativement contre moi d'indignes dénonciations. Les extraits ci-joints vous permettront d'en juger.

La divergence des intérêts peut excuser la vivacité des polémiques; mais la discussion s'abaisse lorsque, pour discréditer un adversaire, elle ne recule pas devant d'aussi grossières inventions. J'en ferais justice en ce qui me concerne, si je publiais la lettre que M. le comte de Vogüé m'a fait l'honneur de m'écrire, lorsque j'ai quitté Constantinople à l'issue de ma première mission. Par respect pour notre ambassadeur, je renonce à me donner cette satisfaction (1). Mais je ne peux pas laisser insinuer que j'aie *conspiré avec l'Allemagne* pour lutter contre le Gouvernement français.

Chargé de défendre devant la Commission internationale des intérêts que la France, jusqu'ici, a toujours trouvés dignes de sa sollicitude, je l'ai fait ostensiblement, avec fermeté, sans manquer jamais ni à la modération ni à la droiture. Ma défense, pour laquelle M. le ministre des affaires étrangères m'avait promis toute liberté, impliquait des rapports de tous les jours avec les délégués étrangers. La question qui nous occupe est une question commerciale de l'ordre le plus élevé, mais ne touche pas à la politique. J'ai donc, sans hésitation, communiqué avec tous les commissaires, sauf les commissaires allemands, quoiqu'ils fussent aussi nos juges. Là le patriotisme parlait : je ne les ai même pas visités : voilà la vérité. Ma conduite est restée celle à laquelle M. le comte de Vogüé rendait témoignage, il y a six mois, en des termes dont je me tiendrai toujours honoré. J'ose espérer, monsieur le chargé d'affaires, que vous voudrez bien en témoigner à votre tour auprès de M. le duc de Broglie, en lui transmettant la présente lettre, et je vous prie d'agréer les assurances de la haute considération avec laquelle je suis votre très-humble et très-obéissant serviteur.

Signé : GIRETTE.

---

(1) *V. nº 10 p. 98*

N° 58.

LETTRE DES ADMINISTRATEURS AU MINISTRE DES AFFAIRES ÉTRANGÈRES (M. LE DUC DECAZES).

(Paris, 29 novembre 1873.)

Les administrateurs transmettent au ministre copie de la lettre de M. Girette à M. le chargé d'affaires de France (18 novembre 1873). Ils s'associent à la protestation et se déclarent solidaires de leur collègue, qui n'a agi qu'en vertu de leurs instructions en suggérant la possibilité de résoudre les difficultés pendantes par la concession à l'entreprise du Canal d'une surtaxe transitoire.

Monsieur le ministre,

Depuis l'origine du procès que la Compagnie des Messageries maritimes soutient contre la Société universelle du Canal de Suez, on a pu lire, dans certains journaux financiers et politiques, une série d'articles où nos actes ont été travestis, les faits altérés et nos intentions appréciées avec autant d'injustice que de violence.

Nous avons laissé ces diatribes sans réponse, nous refusant à transporter dans la presse un débat dont la justice et le Gouvernement étaient saisis.

Il nous eût été cependant facile de répondre à ces attaques, que les intérêts qui se groupent autour de nous sont aussi français que ceux de la Compagnie universelle de Suez.

Nous aurions pu ajouter que, si notre entreprise reçoit du Gouvernement français les subventions qui nous sont si amèrement reprochées, ces subventions sont largement compensées par les charges qui nous incombent et par les services que nous rendons au public, et que, d'ailleurs, le Canal de Suez a reçu de son côté, de Son Altesse le Khédive d'Égypte un concours bien autrement important.

Nous aurions dit, sans crainte de trouver de contradicteurs, que, s'agissant pour notre Compagnie de subir ou de contester les exigences illégales de la Compagnie de Suez ayant pour conséquence de grever notre entreprise d'un péage annuel de 1,700,000 à 1,800,000 francs, au lieu de 1,100,000 francs, il ne pouvait y avoir pour nous aucune hésitation sur la ligne à suivre. Simples mandataires, il ne nous appartenait pas, sous peine d'engager gravement notre responsabilité, de mettre de côté les droits de nos mandants, en raison de certaines appréciations selon nous mal justifiées.

Nous aurions pu enfin, monsieur le ministre, invoquer votre propre témoignage pour constater que, dès le début du conflit, nous sommes entrés spontanément dans des voies conciliantes, en indiquant nous-mêmes un terrain de transaction consistant à établir, sous certaines garanties, une surtaxe à percevoir par le Canal pendant le temps nécessaire pour que, le transit s'accroissant, les recettes de cette entreprise s'élevassent au niveau de ses charges.

Mais, nous le répétons, il ne nous a paru ni convenable ni opportun de transporter devant le public un débat essentiellement gouvernemental et judiciaire.

Encouragés par notre silence et notre dédain, les journalistes qui cherchaient à agiter l'opinion en faveur du Canal ne se sont pas arrêtés dans leurs attaques.

Prenant à partie l'un de nos collègues, que nous avons plus particulièrement chargé du soutien de nos prétentions, à Paris d'abord et ensuite à Constantinople, ce dont il s'aquitte avec autant de compétence que d'énergie, ils n'ont pas craint de l'insulter personnellement en calomniant ses procédés et en mettant en doute son patriotisme.

Nous n'avons pas à défendre M. Girette, qui est entouré du respect de tous ceux qui le connaissent et qui a fait ses preuves dans la vie publique comme dans la vie des affaires.

C'est avec peine que nous obtiendrons de lui qu'il ne relève pas ces griefs. Il s'est borné jusqu'à ce jour à déposer, entre les mains de Son Excellence l'ambassadeur de France auprès de la Porte, une protestation dont nous joignons ici la copie (1).

Nous n'avons rien à ajouter à cette pièce, si ce n'est que nous en

(1) *V. N° 56, p. 396.*

approuvons complétement le contenu et que nous nous déclarons solidaires de notre collègue en reconnaissant que, depuis le commencement de nos débats avec la Compagnie de Suez, M. Girette n'a agi que d'accord avec nous et conformément à la ligne de conduite que nous avons cru devoir lui tracer.

Veuillez agréer, etc.

Signé : Les administrateurs,

ARMAND BÉHIC, — DENION DU PIN, — DUPUY DE LÔME, — WEST, — LACROIX SAINT-PIERRE, — REVENAZ, — SIMONS.

N° 59.

LETTRE DES ADMINISTRATEURS AU MINISTRE DES AFFAIRES ÉTRANGÈRES (M. LE DUC DECAZES).

Paris, le 18 février 1874.

Dans une pensée de conciliation, les administrateurs avaient renouvelé l'offre d'étendre aux perceptions indûment faites depuis le 1er juillet 1872 les bases de la transactions adoptées par le Gouvernement impérial ottoman sur la proposition unanime de la Commission internationale sanctionnée par tous les gouvernements représentés dans cette Commission.

Cette offre n'ayant pas été acceptée, les administrateurs sont obligés de poursuivre le litige.

MONSIEUR,

Nous avons eu le regret d'apprendre que les ouvertures faites en notre nom, par votre bienveillante entremise, pour éteindre le procès pendant entre la Compagnie universelle du Canal de Suez et notre entreprise n'avaient pas été favorablement accueillies. Il ne nous reste plus qu'à défendre le droit de nos actionnaires, et l'affaire dont nous avions, d'après votre désir, sollicité la remise, viendra le 23 de ce mois, devant la Chambre des requêtes de la Cour de cassation.

Notre dernière proposition, vous le savez, monsieur le duc, se résumait à étendre aux perceptions arbitrairement imposées à nos paquebots, depuis le 1er juillet 1872, le bénéfice de l'arrangement transactionnel unanimement recommandé, pour une période transitoire, par la Commission internationale du tonnage, arrangement consacré par l'approbation de toutes les puissances maritimes et sanctionné par la Sublime Porte. Cette offre n'était pas dictée par l'amoindrissement de notre confiance dans la valeur du droit que nous n'avons pas cessé de revendiquer et que les délibérations de la Commission internationale ont assis sur un fondement inébranlable. Elle s'inspirait de l'esprit de modération que nous tenons à honneur d'avoir constamment manifesté depuis l'origine du litige et dont nous avons donné la meilleure preuve en suggérant, les premiers, la pensée de la transaction votée par la Commission, transaction qui n'aurait peut-être pas été réalisée à Constantinople, — M. le chargé d'affaires de France a bien voulu le reconnaître, — sans nos efforts persévérants pour la faire aboutir.

Nous ne reviendrons pas ici sur les démarches que nous avait précédemment conseillées le désir d'une solution amiable. Ce désir, que n'ont découragé ni les refus de la partie adverse, ni les violences d'une polémique agressive à laquelle nous n'avons opposé que le silence, s'est traduit dans les lettres que nous avons adressées au département des affaires etrangères les 17 juin, 4 décembre 1872, 10 mai, 15 juillet, 13,23 août, et 29 décembre 1873, et qui sont toutes demeurées sans réponse. Nous constaterons seulement, monsieur le duc, qu'au moment où la transaction élaborée par la Commission internationale n'attendait plus que la signature des commissaires, celui d'entre nous qui nous représentait à Constantinople a proposé à M. le chargé d'affaires de France et aux commissaires français, M. le baron d'Avril et M. Rumeau, de mettre fin à tout litige en amenant la Commission à consacrer par son vote la recommandation d'appliquer les conditions de cette transaction aux perceptions faites par la Compagnie du Canal depuis le 1er juillet 1872. Les commissaires français ayant déclaré qu'une telle proposition mettrait en péril la transaction adoptée pour l'avenir, notre collègue a répondu qu'il s'abstiendrait de la produire officiellement; mais il a rappelé aux

Commissaires que la revendication du droit pour le passé ne tarderait pas à être poursuivie devant la justice, puisque la Cour de cassation était saisie de notre pourvoi contre l'arrêt de la Cour d'appel de Paris.

Le nouvel échec qu'a rencontré la même proposition renouvelée entre vos mains ne nous laisse plus, monsieur le duc, d'autre issue que cette voie litigieuse. Nous y rentrons avec la même foi dans la bonté de notre cause, avec les mêmes dispositions à user pour la défendre d'autant de modération que de fermeté. Vous vous convaincrez de ces dispositions si vous voulez bien lire le mémoire délibéré par notre conseil, Me Sabattier, pour être distribué à la Cour de cassation et dont nous prenons la liberté de mettre ci-joint un exemplaire sous vos yeux.

Veuillez, monsieur le duc, agréer les assurances de la haute et respectueuse considération, etc.

Les administrateurs,

Signé : Armand Behic,— Dupuy de Lôme,— Denion du Pin,— Girette.

N° 60.

TABLEAUX *résumant les données comparatives des calculs au tonnage pour les neuf paquebots de la Compagnie des Messageries maritimes actuellement affectés au service de la ligne principale de l'Indo-Chine.*

N° 60. **Tableau A.**

RÉPARTITION DES POIDS CONSTITUANT LE DÉPLACEMENT MAXIMUM EN PLEINE CHARGE
de chacun des neuf paquebots actuellement affectés par la Compagnie des Messageries maritimes au service de la ligne principale de l'Indo-Chine.

NOMS des NAVIRES	POIDS FIXES				TOTAL des POIDS FIXES	POIDS VARIABLES					TOTAL des POIDS VARIABLES	POIDS TOTAL ou déplacement maximum en charge
	COQUE	MACHINES et ACCESSOIRES	CHAUDIÈRES PLEINES D'EAU et ACCESSOIRE	LEST FIXE		CHARBONS	EAU DOUCE	LEST VOLANT	VIVRES et OBJETS DE CONSOMMATION	A CHARGER en MARCHANDISES		
	Tonneaux	Tonneaux	Tonneaux	Tonneaux	Tonneaux	Tonneaux	Tonneaux	Tonneaux	Tonneaux	Tonneaux	Tonneaux	Tonneaux
Anadyr	2.114 »	320 »	238 »	170 »	2.842 »	563 »	40 »	100 »	200 »	1.665 »	2.568 »	5.410 »
Iraouaddy.	2.100 »	310 »	228 »	194 »	2.832 »	573 »	40 »	» »	200 »	1.765 »	2.578 »	5.410 »
Peï-Ho	1.820 »	294 »	266 »	86 »	2.466 »	601 »	38 »	78 »	200 »	1.037 »	1.954 »	4.420 »
Meï-Kong	1.820 »	289 »	267 »	90 »	2.466 »	601 »	38 »	83 »	200 »	1.032 »	1.954 »	4.420 »
Sindh.	1.810 »	293 »	267 »	92 »	2.462 »	601 »	38 »	78 »	200 »	1.041 »	1.958 »	4.420 »
Amazone.	1.850 »	292 »	269 »	75 »	2.486 »	601 »	39 »	47 »	200 »	1.047 »	1.934 »	4.420 »
Ava	1.850 »	298 »	267 »	88 »	2.503 »	601 »	38 »	80 »	200 »	998 »	1.917 »	4.420 »
Tigre	2.220 »	274 »	228 »	» »	2.722 »	613 »	36 »	» »	200 »	853 »	1.702 »	4.424 »
Hoogly	1.780 »	254 »	281 »	66 »	2.381 »	690 »	44 »	100 »	138 »	655 »	1.627 »	4.008 »
TOTAL. . . .	17.364 »	2.624 »	2.311 »	861 »	23.160 »	5.444 »	351 »	566 »	1.738 »	10.093 »	18.182 »	41.352 »
		4.935 »										
Navire moyen. . . .	1.929 30	548 30		95 60	2.574 »	544 »	39 »	62 80	193 10	1.121 40	2.020 »	4.594 »

N° 60.

Tableau B.

Tonnage des paquebots des Messageries maritimes
Actuellement affectés au service de la ligne de l'Indo-Chine,
Sur les bases fixées par la Commission internationale du tonnage.

NOMS des NAVIRES	TONNAGE BRUT d'après le système Moorsom (en tonnes de 2m83)	PREMIÈRE MÉTHODE recommandée par la Commission internationale (déduction des machines et soutes fixes)		SECONDE MÉTHODE recommandée par la Commission internationale (Règle du Danube)	
		DÉDUCTIONS (en tonn. de 2m83)	TONNAGE NET (en tonnes de 2m83)	DÉDUCTIONS (en tonn. de 2m83)	TONNAGE NET (en tonnes de 2m83)
Anadyr.......	3.756 49	1.022 66	2.733 83	1.178 97	2.577 52
Iraouaddy.....	3.794 95	1.016 19	2.778 76	1.179 05	2.615 90
Peï-Ho........	3.291 67	970 60	2.321 07	1.014 21	2.277 46
Meï-Kong......	3.285 65	991 93	2.293 72	1.052 18	2.233 47
Sindh.........	3.297 19	992 71	2.304 48	1.055 29	2.241 90
Amazone......	3.256 45	969 18	2.287 27	1.015 46	2.240 99
Ava..........	3.261 84	975 87	2.285 97	1.018 12	2.243 72
Tigre.........	3.171 70	936 32	2.235 38	1.027 93	2.153 77
Hoogly........	2.894 81	954 48	1.940 33	999 98	1.894 83
	30.010 75	8.829 94	21.180 81	9.541 19	20.479 56
Navire moyen	3.334 52	981 10	2.353 42	1.060 13	2.275 50
Capacité exprimée en mèt. cubes.......	9.436 81	2.776 51	6.660 »	3.000 16	6.438 54

N° 60.

Tableau C.

Rapport *existant entre le volume et le poids chargé sur les neuf paquebots de la Compagnie des Messageries maritimes actuellement affectés au service de la ligne principale de l'Indo-Chine, selon les divers états de déplacement du navire correspondant à diverses hypothèses de poids des objets d'armement embarqués.*

N° 60 **Tableau C.**

Rapport existant entre le volume et le poids chargé *sur les neuf paquebots de la Compagnie des Messageries maritimes actuellement affectés au service de la ligne principale de l'Indo-Chine, selon les divers états de déplacement du navire correspondant à diverses hypothèses de poids des objets d'armement embarqués.*

(Le calcul s'applique à un paquebot moyen de 4,594 tonnes de déplacement, et de 550 chevaux de force nominale, conformément aux données des tableaux nos I et II.)

HYPOTHÈSES de CHARGEMENT	DÉPLACEMENT EN TONNEAUX DE 1,000 KILOGR.			CAPACITÉ OU VOLUME EN MÈTRES CUBES			RAPPORT du VOLUME AU POIDS	OBSERVATIONS
	CORRESPONDANT DU DEGRÉ D'ARMEMENT du navire	EN PLEINE CHARGE	COMPLÉMENT DE POIDS à charger	A DÉDUIRE COMME ABSORBÉ PAR L'ARMEMENT	TOTALE	RESTANT UTILISABLE		
1° Le navire gréé, emménagé, complétement armé, approvisionné de charbon, d'eau et de vivres.	3.473	4.594	1.121	3.276	9.436	6.160(1)	3.49	(1) Disponible pour le chargement en marchandises.
2° Le navire complétement armé comme ci-dessus, mais sans eau, ni vivres, ni lest volant.	3.178	4.594	1.416	2.776	9.436	6.660(2)	4.70	(2) On admet que l'eau et les vivres destinés aux passagers et le lest volant peuvent être considérés comme occupant une place utilisable pour le fret; mais il faudrait, à la rigueur, déduire la part des vivres et l'eau nécessaire à l'équipage.
3° Le navire complétement armé comme ci-dessus, mais sans eau, ni vivres, ni lest volant, ni charbon.	2.573	4.594	2.021	1.714	9.436	7.722	3.82	Dans aucune de ces trois conditions le navire ne pourrait être utilisé. Les calculs ainsi poussés à l'extrême ont pour but de démontrer que le rapport du poids au volume de 1m,44 pour 1,000 kil. admis par l'ordonnance de 1681, lorsque le mesurage ne s'appliquait qu'au fond de cale, est absolument inapplicable au calcul du tonnage des navires mesurés selon la méthode de Moorsom.
4° La coque gréée, emménagée, munie de ses accessoires, sans machine ni accessoires, ni aucun approvisionnement à bord.	1.929	4.594	2.665	»	9.436	9.436	3.54	
5° La coque nue (charpente de fer et de bois) sans menuiserie, ni mâture, ni aucun objet d'armement à bord.	1.500	4.594	3.094	»	9.436	9.436	3.05	(Voir n° 26, p. 175, les explications données devant la Commission internationale par M. Zamara.)

N° 60.

Tableau D.

Etat recapitulatif des sommes indûment perçues par la Compagnie du Canal de Suez sur les paquebots de la compagnie des Messageries maritimes, du 1er juillet 1872 au 28 avril 1874.

EXERCICES	NOMBRE DE TRAVERSÉES	SOMMES PAYÉES À LA COMPAGNIE DU CANAL DE SUEZ sur la base du règlement de navigation du 4 mars 1872			SOMMES DUES À LA COMPAGNIE DU CANAL DE SUEZ sur la base du tonnage officiel			EXCÉDANTS INDÛMENT PERÇUS	OBSERVATIONS
		Pour droits DE NAVIGATION	Pour droits DE PILOTAGE	TOTAL	Pour frais DE PASSAGES	Pour droits DE PILOTAGE	TOTAL		
1872...	23	625.207 59	27.673 50	652.881 09	386.944 54	27.673 50	414.618 04	238.263 05	(Du 1er juillet au 31 décembre 1872.)
1873...	59	1.707.658 29	70.957 »	1.778.615 29	1.029.083 47	70.957 »	1.100.040 47	678.574 82	
1874...	25	733.905 20	30.781 50	764.686 70	442.774 02	30.781 50	473.555 52	291.131 18	(Du 1er juin au 28 avril.)
	107	3.066.771 08	129.412 »	3.196.183 08	1.858.802 03	129.412 »	1.988.214 03	1.207.969 05	

Il a été constaté dans le rapport du Conseil d'administration (chap. II. Dépenses) que si la somme de 1,207,969 fr. 05 c. constituant les excédants indûment perçus du 1er juillet 1872 au 28 avril 1874 était définitivement perdue pour la compagnie des Messageries, chaque action perdrait 10 francs.

IMPRIMERIE CENTRALE DES CHEMINS DE FER. — A. CHAIX ET Cie, RUE BERGÈRE, 20, PARIS. — 8125-4.

www.ingramcontent.com/pod-product-compliance
Ingram Content Group UK Ltd.
Pitfield, Milton Keynes, MK11 3LW, UK
UKHW012149240726
13966UKWH00001B/220

9 782011 904355